高等院校数字艺术精品课程系列教材

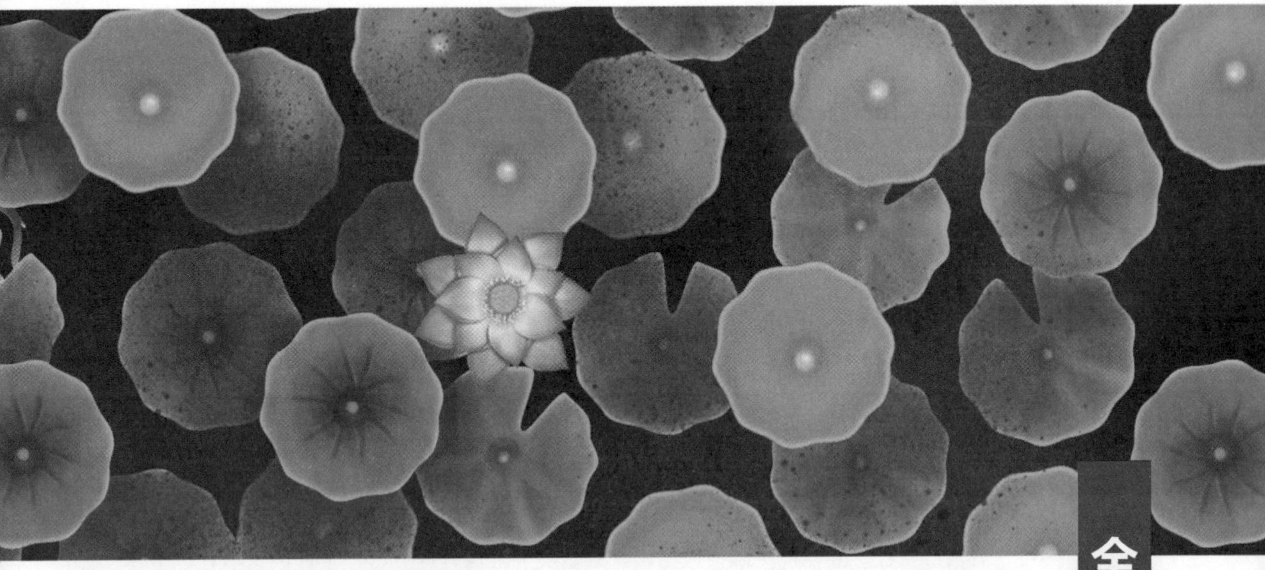

MG动画设计与制作

全彩慕课版

陈皓 李鹏 主编 / 戴灵玥 朱海燕 副主编

人民邮电出版社

北京

图书在版编目（CIP）数据

MG动画设计与制作 ：全彩慕课版 / 陈皓 ，李鹏主编. -- 北京 ：人民邮电出版社，2022.8（2024.2重印）
高等院校数字艺术精品课程系列教材
ISBN 978-7-115-58273-7

Ⅰ. ①M… Ⅱ. ①陈… ②李… Ⅲ. ①动画制作软件－高等学校－教材 Ⅳ. ①TP391.414

中国版本图书馆CIP数据核字(2021)第259221号

内 容 提 要

本书全面系统地介绍了MG动画的相关知识点和基本设计技巧。主要内容包括初识MG动画、After Effects软件基础、MG基础动画制作、MG动态海报制作、MG动态信息图制作、MG动态插画制作、MG动态Logo制作、MG动态图标制作、MG交互界面制作和MG动画短片制作。

除第1章外，全书其余章节的内容介绍均以课堂案例为主线，每个案例都有详细的操作步骤及实际应用环境，学生通过实操可以快速熟悉MG动画技术并领会其中的设计思路。每章的软件操作部分使学生能够深入学习与MG动画相关的软件功能和特色。主要章节的最后还安排了课堂练习和课后习题，可以拓展学生对MG动画的实际应用能力。

本书可作为高等院校、高职高专院校数字媒体艺术类专业课程的教材，也可供初学者自学参考。

◆ 主　　编　陈　皓　李　鹏
副 主 编　戴灵玥　朱海燕
责任编辑　桑　珊
责任印制　焦志炜

◆ 人民邮电出版社出版发行　　北京市丰台区成寿寺路11号
邮编　100164　　电子邮件　315@ptpress.com.cn
网址　https://www.ptpress.com.cn
临西县阅读时光印刷有限公司印刷

◆ 开本：787×1092　1/16
印张：13.75　　2022年8月第1版
字数：352千字　　2024年2月河北第4次印刷

定价：79.80元

读者服务热线：(010)81055256　印装质量热线：(010)81055316
反盗版热线：(010)81055315
广告经营许可证：京东市监广登字20170147号

FOREWORD

前言

编写目的

随着网络信息技术与数码影像技术的高速发展，MG 动画的需求以及应用也产生了质的飞跃。目前，我国很多院校的艺术设计类专业，都将 MG 动画列为一门重要的专业课程。本书邀请行业、企业专家和几位长期从事 MG 动画教学的教师一起，从人才培养目标方面做好整体设计，明确专业课程标准，强化专业技能

培养，安排教学内容；根据岗位技能要求，引入了企业真实案例，通过“慕课”等立体化的教学手段来支撑课堂教学。同时在内容编写方面，本书全面贯彻党的二十大精神，以社会主义核心价值观为引领，传承中华优秀传统文化，坚定文化自信，使内容更好体现时代性、把握规律性、富于创造性。

MG 动画简介

MG 动画是动态图形（Motion Graphics）动画的简称，是指通过将静态图形设计成动态化，以达到信息传达的理想表现形式。按照应用场景，它可以应用于平面设计、UI 设计和视频短片制作等领域。MG 动画内容丰富，发展前景广阔，深受专业设计师以及设计爱好者的喜爱，已经成为当下设计领域内关注度非常高的方向之一。

如何使用本书

Step1　精选基础知识，快速了解 MG 动画

1.1 MG 动画的基本概念

MG 动画即动态图形（Motion Graphics）动画的简称，是指通过将静态图形设计成动态化，以达到信息传达的表现形式，如图 1-1 所示。MG 动画融合了平面设计、动画设计以及电影语言，应用领域丰富广泛，并拥有强大的包容性，能混合搭配各种表现形式以及艺术风格。

图 1-1

1.2 MG 动画的特点

MG 动画具有信息丰富、表现力强、传播便捷、成本较低等特点。信息丰富表现在 MG 动画通过快节奏、简洁化的形式进行动画展示、使得单位时间内承载的信息量较大，令人们可以快速有效地获取大量信息。表现力强表现在 MG 动画有别于传统的视觉展现形式，其展现形式是将文字、图形、图像以及声音等元素进行融合，强大的表现力令动画充满趣味。传播便捷表现在随着互联网的高速发展，时长普遍较短、格式通常为GIF或MP4的MG动画，可以在各种平台以及载体便捷上传播放，易于传播。成本较低表现在 MG 动画相对于传统动画以及实拍影片的制作周期都要短，大部分情况仅需不到 5 人的小团队就可以制作出较为细腻的 MG 动画，大大降低成本。

Step2　知识点解析 + 课堂案例，熟悉设计思路，掌握制作方法

6.1 课堂案例——文化传媒 MG 动态插画制作

完成知识点学习后进行案例制作

了解目标和要求

【案例学习目标】学习使用“Newton”插件制作动画效果。

【案例知识要点】使用“Newton”插件制作动画效果，使用“序列图层”命令调整图层的出场时间。文化传媒 MG 动态海报制作效果如图 6-1 所示。

【效果所在位置】云盘 \Ch06\ 文化传媒 MG 动态插画制作 \ 工程文件 . aep。

精选典型商业案例

慕课视频

文化传媒 MG 动态插画制作

扫码观看案例操作视频

图 6-1

第 6 章　MG 动态插画制作

6.1.1 导入素材

步骤详解

（1）选择“文件 > 导入 > 文件”命令，在弹出的“导入文件”对话框中，选择云盘中的“Ch06\文化传媒 MG 动态插画制作 \ 素材 \01.psd”文件，如图 6-2 所示，单击“导入”按钮，弹出“01.psd”对话框，如图 6-3 所示，单击“确定”按钮，将文件导入“项目”面板中。

图 6-2

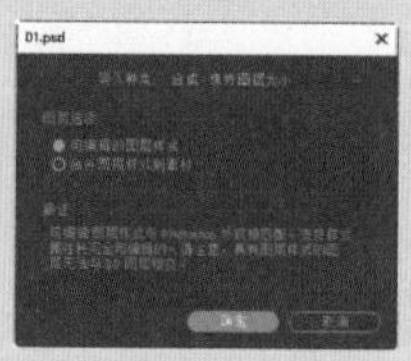

图 6-3

（2）在“项目”面板中双击“01”合成，进入“01”合成的编辑窗口。选择“合成 > 合成设置”命令，弹出“合成设置”对话框，在“合成名称”文本框中输入“最终效果”，“持续时间”设为 0:00:03:00，其他选项的设置如图 6-4 所示，单击“确定”按钮，完成选项的设置，如图 6-5 所示。

Step3　课堂练习 + 课后习题，拓展应用能力

更多商业案例

6.2 课堂练习——教育咨询 MG 动态插画制作

【案例学习目标】学习使用“Joysticks'n Sliders”脚本制作动画效果。

【案例知识要点】使用“Joysticks'n Sliders”脚本中的“Joysticks”制作眼睛的上下左右移动，使用“Joysticks'n Sliders”脚本中的“Sliders”制作眼睛的眨眼状态。教育咨询 MG 动态插画制作效果如图 6-35 所示。

【效果所在位置】云盘 \Ch06\ 教育咨询 MG 动态插画制作 \ 工程文件 . aep。

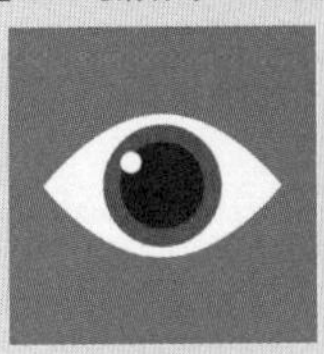

慕课视频 教育咨询 MG 动态插画制作

扫码看操作视频

图 6-35

MG 动画设计与制作（全彩慕课版）

训练本章所学知识

6.3 课后习题——旅游出行 MG 动态插画制作

122

【案例学习目标】学习使用“Duik”插件制作动画效果。

【案例知识要点】使用“Duik”插件添加骨骼制作人物走动动画效果，使用图层基本属性制作风景动画效果，使用“表达式”选项制作影子动画效果。旅游出行 MG 动态插画制作效果如图 6-36 所示。

【效果所在位置】云盘 \Ch06\ 旅游出行 MG 动态插画制作 \ 工程文件 . aep。

慕课视频 旅游出行 MG 动态插画制作 1

慕课视频 旅游出行 MG 动态插画制作 2

图 6-36

Step4　循序渐进，演练真实商业项目制作过程

基础操作

基础动画制作

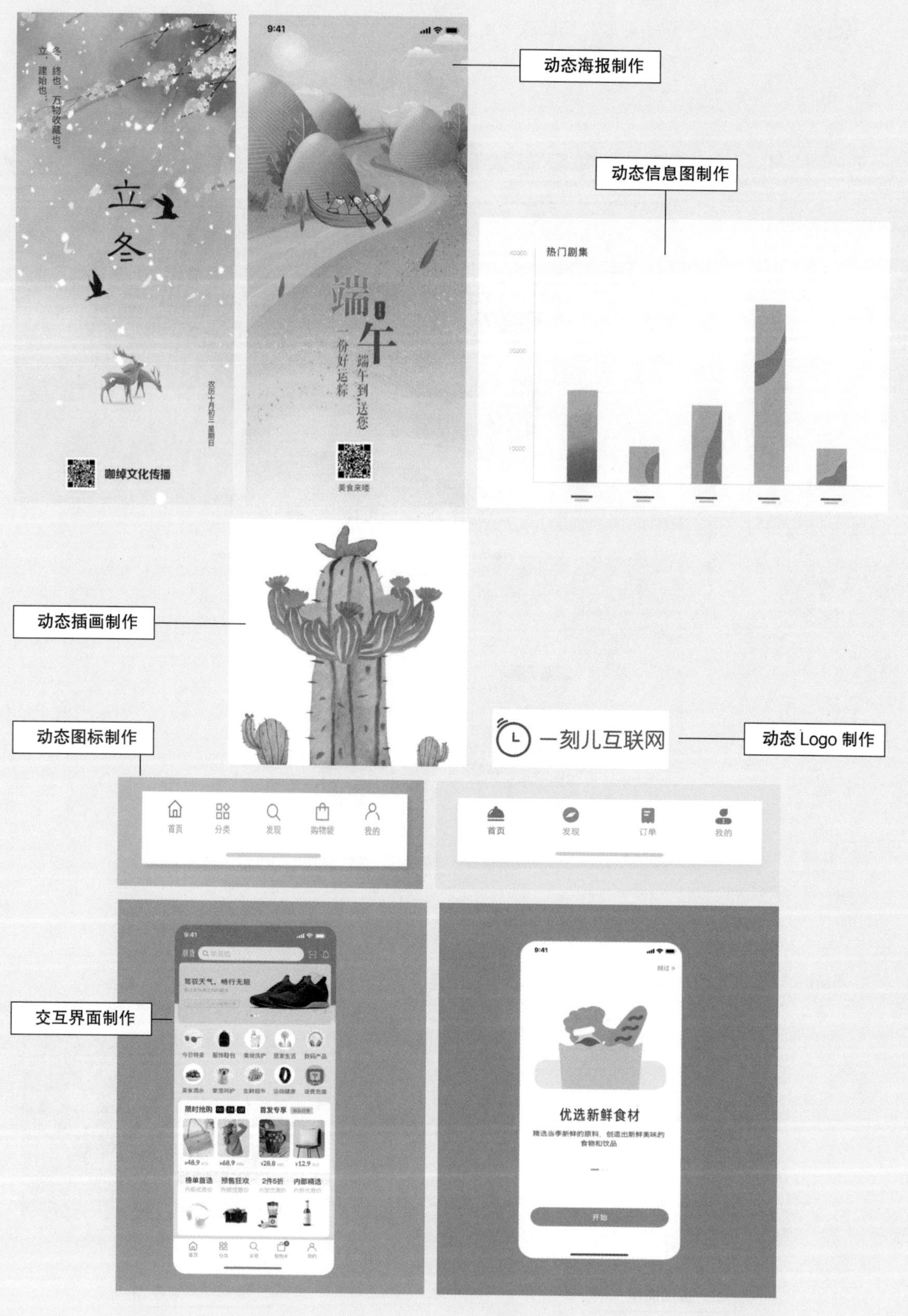

动态海报制作
动态信息图制作
动态插画制作
动态图标制作
动态 Logo 制作
交互界面制作
立冬
冬，终也，万物收藏也。
立，建始也。
农历十月初三 星期日
咖绰文化传播
9:41
端午
一份好运粽
端午到 送您
美食来喽
热门剧集
一刻儿互联网
首页
分类
发现
购物袋
我的
首页
发现
订单
我的
优选新鲜食材
精选当季新鲜的原料，创造出新鲜美味的食物和饮品
开始

动画短片制作

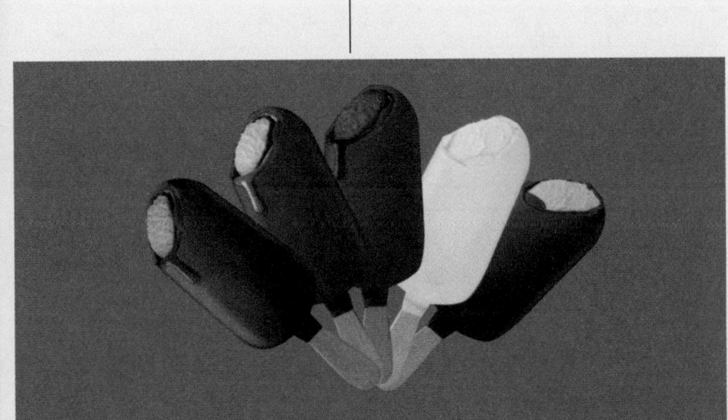

配套资源及获取方式

- 全书慕课视频可直接登录人邮学院网站（www.rymooc.com）或扫描封面上的二维码，使用手机号码完成注册并在首页右上角单击“学习卡”选项，输入本书封底刮刮卡中的激活码，即可在线观看视频。PC 端和移动端都可观看视频。
- 书中扩展案例可扫描书中二维码查看扩展案例操作步骤。
- 所有案例的素材及最终效果文件、全书 10 章 PPT 课件、课程标准、课程计划、教学教案、详尽的课堂练习和课后习题的操作步骤，任课教师可登录人邮教育社区（www.ryjiaoyu.com），在本书页面中免费下载使用。

教学指导

本书的参考学时为 64 学时，其中实训环节为 32 学时，各章的参考学时参见下面的学时分配表。

章	课程内容	学时分配	
		讲授	实训
第 1 章	初识 MG 动画	2	0
第 2 章	After Effects 软件基础	2	2
第 3 章	MG 基础动画制作	4	4
第 4 章	MG 动态海报制作	4	4
第 5 章	MG 动态信息图制作	2	2
第 6 章	MG 动态插画制作	2	4
第 7 章	MG 动态 Logo 制作	4	4

续表

章	课程内容	学时分配	
		讲授	实训
第8章	MG动态图标制作	4	4
第9章	MG交互界面制作	4	4
第10章	MG动画短片制作	4	4
学时总计		32	32

本书约定

本书案例素材所在位置：云盘 / 章号 / 案例名 / 素材，如云盘 /Ch06/ 文化传媒 MG 动态插画制作 / 素材。

本书案例效果文件所在位置：云盘 / 章号 / 案例名 / 效果文件，如云盘 /Ch06/ 文化传媒 MG 动态插画制作 / 工程文件 .aep。

本书中关于颜色设置的表述，如黄色（255、252、0），括号中的数值分别为其 R、G、B 的值。

由于作者水平有限，书中难免存在不妥之处，敬请广大读者批评指正。

编　者

2023年5月

CONTENTS 目录

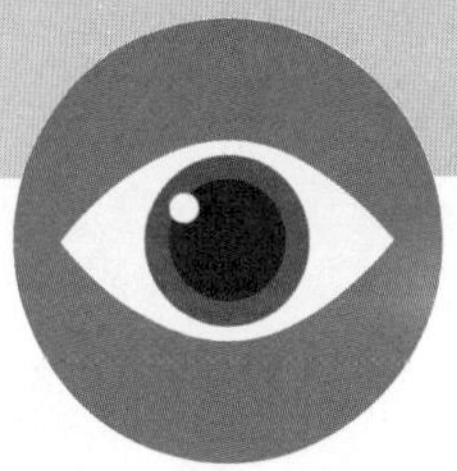

—01—

第 1 章 初识 MG 动画

1.1 MG 动画的基本概念 ………… 2

1.2 MG 动画的特点 …………… 2

1.3 MG 动画的应用领域 ………… 2

1.4 制作 MG 动画的常用软件 …… 4

1.5 MG 动画的设计流程 ………… 4

1.6 MG 动画的学习方法 ………… 5

—02—

第 2 章 After Effects 软件基础

2.1 After Effects 的工作界面 …… 7

2.2 After Effects 的工作流程 …… 12

2.2.1 导入素材 ………… 13

2.2.2 新建合成 ………… 15

2.2.3 管理素材 ………… 16

2.2.4 制作动画 ………… 19

2.2.5 保存预览 ………… 21

2.2.6 渲染导出 ………… 22

2.3 课堂案例——食品餐饮 MG 动态图标素材导入 ………… 28

2.4 课堂练习——食品餐饮 MG 动态图标文件保存 ………… 29

2.5 课后习题——食品餐饮 MG 动态图标渲染导出 ………… 30

—03—

第 3 章 MG 基础动画制作

3.1 课堂案例——弹性动画制作 … 32

3.1.1 绘制图形 ………… 32

3.1.2 动画制作 ………… 33

3.1.3 文件保存 ………… 37

3.1.4 渲染导出 ………… 37

3.2 课堂案例——切换动画制作 … 39

3.2.1 导入素材 ………… 39

3.2.2 动画制作 ………… 39

3.2.3 文件保存 ………… 45

3.2.4 渲染导出 ………… 45

3.3 课堂案例——飞行动画制作 … 47

3.3.1 导入素材 ………… 47

3.3.2 动画制作 ………… 48

CONTENTS 目录

3.3.3 文件保存 …………………… 51

3.3.4 渲染导出 …………………… 51

3.4 课堂案例——摄像机动画制作… 53

3.4.1 导入素材 …………………… 53

3.4.2 动画制作 …………………… 54

3.4.3 文件保存 …………………… 58

3.4.4 渲染导出 …………………… 58

3.5 课堂案例——翻转颜色字制作… 60

3.5.1 输入文字 …………………… 60

3.5.2 动画制作 …………………… 61

3.5.3 文件保存 …………………… 63

3.5.4 渲染导出 …………………… 63

3.6 课堂案例——形状层动画制作… 65

3.6.1 导入素材 …………………… 65

3.6.2 动画制作 …………………… 66

3.6.3 文件保存 …………………… 75

3.6.4 渲染导出 …………………… 75

3.7 课堂案例——喷雾汽车制作 … 77

3.7.1 导入素材 …………………… 77

3.7.2 动画制作 …………………… 78

3.7.3 文件保存 …………………… 83

3.7.4 渲染导出 …………………… 84

3.8 课堂案例——飘落雪花制作 … 85

3.8.1 导入素材 …………………… 86

3.8.2 动画制作 …………………… 86

3.8.3 文件保存 …………………… 91

3.8.4 渲染导出 …………………… 91

3.9 课堂练习——抖动配图制作 … 93

3.10 课后习题——弹性按钮制作 … 93

—04—

第 4 章 MG 动态海报制作

4.1 课堂案例——文化传媒 MG 动态海报制作 ……………………… 95

4.1.1 导入素材 …………………… 95

4.1.2 动画制作 …………………… 96

4.1.3 文件保存 …………………… 100

4.1.4 渲染导出 …………………… 101

4.2 课堂练习——教育咨询 MG 动态海报制作 ……………………… 102

4.3 课后习题——食品餐饮 MG 动态海报制作 ……………………… 103

—05—

第 5 章 MG 动态信息图制作

5.1 课堂案例——IT 互联网 MG 动态饼形图制作 …………………… 105

CONTENTS 目录

5.1.1 导入素材 ………………… 105

5.1.2 动画制作 ………………… 106

5.1.3 文件保存 ………………… 110

5.1.4 渲染导出 ………………… 110

5.2 课堂练习——IT 互联网 MG 动态柱状图制作 ………………… 112

5.3 课后习题——IT 互联网 MG 动态折线图制作 ………………… 113

—06—

第 6 章 MG 动态插画制作

6.1 课堂案例——文化传媒 MG 动态插画制作 ………………… 115

6.1.1 导入素材 ………………… 115

6.1.2 动画制作 ………………… 116

6.1.3 文件保存 ………………… 120

6.1.4 渲染导出 ………………… 120

6.2 课堂练习——教育咨询 MG 动态插画制作 ………………… 122

6.3 课后习题——旅游出行 MG 动态插画制作 ………………… 122

—07—

第 7 章 MG 动态 Logo 制作

7.1 课堂案例——电子数码 MG 动态 Logo 制作 ………………… 124

7.1.1 导入素材 ………………… 124

7.1.2 动画制作 ………………… 125

7.1.3 文件保存 ………………… 133

7.1.4 渲染导出 ………………… 133

7.2 课堂练习——IT 互联网 MG 动态 Logo 制作 ………………… 135

7.3 课后习题——文化传媒 MG 动态 Logo 制作 ………………… 135

—08—

第 8 章 MG 动态图标制作

8.1 课堂案例——旅游出行 MG 动态图标制作 ………………… 137

8.1.1 导入素材 ………………… 137

8.1.2 动画制作 ………………… 138

8.1.3 文件保存 ………………… 143

CONTENTS 目录

8.1.4 渲染导出 ………………… 144

8.2 课堂练习——电商平台 MG 动态图标制作 ………………………… 145

8.3 课后习题——食品餐饮 MG 动态图标制作 ………………………… 146

—09—

第 9 章 MG 交互界面制作

9.1 课堂案例——旅游出行 MG 交互界面制作 ………………………… 148

9.1.1 导入素材 ………………… 148

9.1.2 动画制作 ………………… 149

9.1.3 文件保存 ………………… 179

9.1.4 渲染导出 ………………… 179

9.2 课堂练习——电商平台 MG 交互界面制作 ………………………… 181

9.3 课后习题——食品餐饮 MG 交互界面制作 ………………………… 181

—10—

第 10 章 MG 动画短片制作

10.1 课堂案例——家居装修 MG 动画短片制作 ………………………… 183

10.1.1 导入素材 ………………… 183

10.1.2 动画制作 ………………… 184

10.1.3 文件保存 ………………… 205

10.1.4 渲染导出 ………………… 206

10.2 课堂练习——电子数码 MG 动画短片制作 ………………………… 207

10.3 课后习题——食品餐饮 MG 动画短片制作 ………………………… 208

01 第1章 初识MG动画

本章介绍

随着网络信息技术与数码影像技术的高速发展，MG动画的需求以及应用也产生了质的飞跃，同时想要从事MG动画行业的人员亦需要系统地学习与更新自己的知识体系以适应市场的变化与要求。本章应对这种需求，对MG动画的基本概念、特点表现、应用领域、常用软件、设计流程以及学习方法进行系统讲解。通过本章的学习，读者可以对MG动画有一个宏观的认识，有助于高效便利地进行后续MG动画设计与制作的工作。

学习目标

- 熟悉MG动画的基本概念
- 了解MG动画的特点表现
- 了解MG动画的应用领域
- 熟悉制作MG动画的常用软件
- 熟悉MG动画的设计流程
- 了解MG动画的学习方法

1.1 MG 动画的基本概念

MG 动画即动态图形（Motion Graphics）动画的简称，是指通过将静态图形设计成动态化，以达到信息传达的表现形式，如图 1-1 所示。MG 动画融合了平面设计、动画设计以及电影语言，应用领域丰富广泛，并拥有强大的包容性，能混合搭配各种表现形式以及艺术风格。

图 1-1

1.2 MG 动画的特点

MG 动画具有信息丰富、表现力强、传播便捷、成本较低等特点。信息丰富表现在 MG 动画通过快节奏、简洁化的形式进行动画展示、使得单位时间内承载的信息量较大，令人们可以快速有效地获取大量信息。表现力强表现在 MG 动画有别于传统的视觉展现形式，其展现形式是将文字、图形、图像以及声音等元素进行融合，强大的表现力令动画充满趣味。传播便捷表现在随着互联网的高速发展，时长普遍较短、格式通常为 GIF 或 MP4 的 MG 动画，可以在各种平台以及载体便捷上传播放，易于传播。成本较低表现在 MG 动画相对于传统动画以及实拍影片的制作周期都要短，大部分情况仅需不到 5 人的小团队就可以制作出较为细腻的 MG 动画，大大降低成本。

1.3 MG 动画的应用领域

MG 动画的应用领域广泛，常见的应用领域有平面设计、用户界面（User Interface，UI）设计、视频短片制作。MG 动画应用于平面设计领域时，画面充满趣味、制作方式简洁，常见的具体表现形式有动态标志（Logo），动态海报以及动态插画等，如图 1-2 所示。MG 动画应用于 UI 设计领域时，交互富有情感、内容易于传播，常见的具体表现形式有动态图标、动态闪屏页以及微信动态广告等，如图 1-3 所示。MG 动画应用于视频短片制作领域时，形式丰富多样、设计语言综合，常见的具体表现形式有形象宣传动画、片头片尾动画以及发布会开场动画等，如图 1-4 所示。

动画预览
平面设计 1

动画预览
平面设计 3

图 1-2

水果
动画预览
UI 设计 1
打车会员上线
动画预览
UI 设计 2

图 1-3

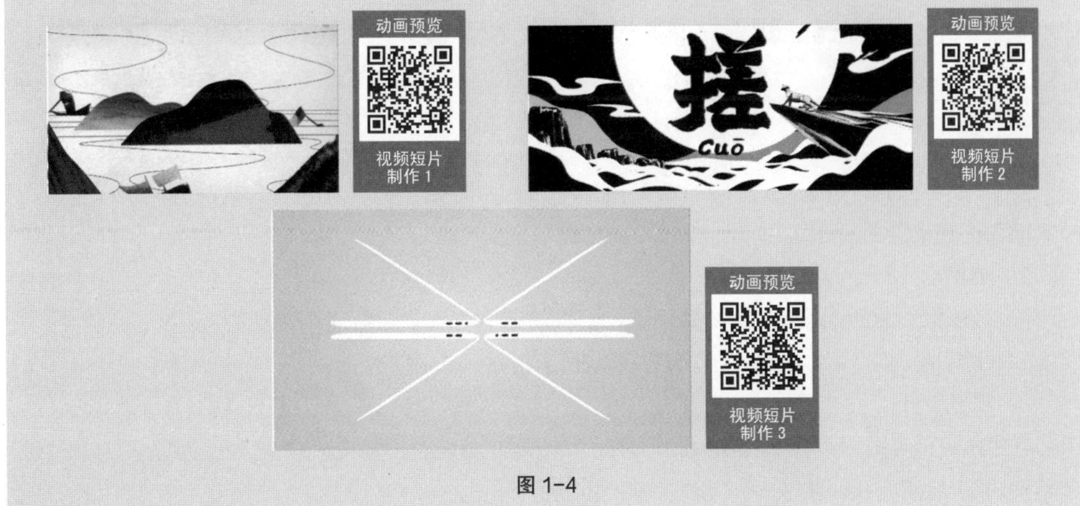

动画预览
视频短片
制作 1
搓
Cuō
动画预览
视频短片
制作 2
动画预览
视频短片
制作 3

图 1-4

1.4 制作 MG 动画的常用软件

制作 MG 动画的常用软件包括视觉设计软件、动画制作软件以及影音剪辑软件这三类，如图 1-5 所示，其中 Final Cut 是只能在 Mac 系统上进行安装操作的软件。视觉设计方面建议先掌握 Photoshop、Illustrator，动画制作方面建议先掌握 After Effects，影音剪辑方面建议先掌握 Premiere。

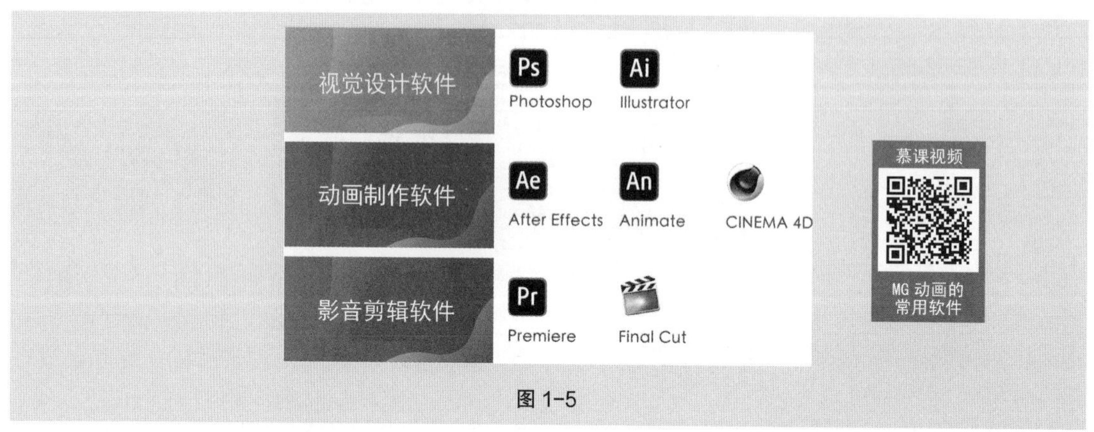

图 1-5

1.5 MG 动画的设计流程

MG 动画的设计流程可以按照文案策划、脚本设计、视觉设计、动画制作、画面配音以及后期剪辑进行，如图 1-6 所示。通常视频短片等项目在制作时往往会由团队分工合作完成，而平面设计与 UI 设计等项目则只需要由一个综合能力较强的人员独立完成即可。

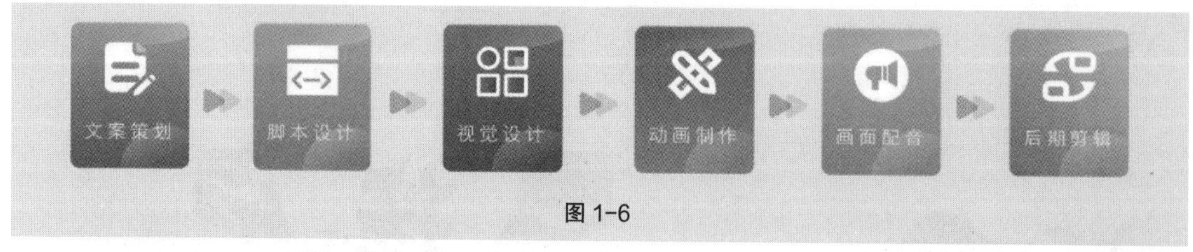

图 1-6

1. 文案策划

针对项目进行相关沟通，明确 MG 动画的初步剧本方案，确定对应的文案，为下一个流程打好基础。

2. 脚本设计

脚本设计是 MG 动画制作的奠基步骤。根据前期的文案，对每一个镜头进行简单绘制，并说明画面中的内容形象、运动方式以及设计风格等。

3. 视觉设计

在脚本设计完成后，运用 Photoshop 和 Illustrator 等相关视觉设计软件。进行视觉元素的绘制，并将需要做动画的图层进行分解，整理好图层关系。

4．动画制作

将视觉稿导入 After Effects 等相关可以进行动画制作的软件，根据前期的脚本设计进行动画制作，实现动态效果。

5．画面配音

MG 动画的声音包括三个方面，即配音、音乐及音效。其中配音难度最高，需要邀请专业的声音工作室对画面进行配音，令声音和动画内容对应。

6．后期剪辑

MG 动画需要不断打磨推敲。最后，运用 Premiere 等相关可以进行剪辑的软件，将整个 MG 动画进行各种剪辑调整，以达到完整流畅的观看效果。

1.6 MG 动画的学习方法

对于 MG 动画的初学者来讲，首先要明确市场现在到底需要什么样的设计师，这样才能有针对性地学习提升。结合市场需求，我们推荐下列学习方法。

1．软件学习

软件学习是 MG 动画设计与制作的基础，设计师即使有再好的想法，但不能通过软件制作出来也是徒劳。我们主要需要掌握的软件有 Photoshop、Illustrator、After Effects，有条件的设计师还可以学习 Animate，如图 1-7 所示。

图 1-7

2．开拓眼界

眼界的开拓至关重要，许多 UI 设计师无法做出美观的界面就是没有看到太多优秀的设计。这里推荐 3 种方法助力设计师开拓眼界。第 1 种：阅读优秀设计师的文章，吸收优秀设计师的经验。第 2 种：阅读优秀书籍，系统学习 MG 动画设计与制作的相关知识和设计应用方法。第 3 种：欣赏优秀的作品，建议设计师每天拿出 1 ～ 2 小时到国内外的优秀网站浏览最新的作品，并加入收藏，形成自己的资料库。

3．临摹学习

眼界开拓后，需要进行相关的设计临摹。临摹的来源首先推荐从互联网上查找真实企业 MG 动画案例，其次可以从第 2 步开拓眼界中的优秀案例进行临摹。临摹一定要保证完全一样并且要多临摹。

4．项目实战

经过一定的积累，此时最好通过制作一套完整的企业项目来进一步提升。从文案策划到后期剪辑，经过一整套项目的实战，会让我们在设计能力上有质的提升。

第 2 章

02 After Effects 软件基础

本章介绍

After Effects 软件作为制作 MG 动画最好用的软件之一，已成为大部分设计师制作动效的首选软件。学好 After Effects软件，不仅能更快速地进行软件的实践操作，更能够为接下来的制作 MG 基础动画项目打下基础。本章对 After Effects 工作界面以及对 After Effects 工作流程环节中的导入素材、新建合成、管理素材、制作动画、保存预览以及渲染导出进行系统讲解。通过本章的学习，读者可以对 After Effects 软件有一个基本的认识，并快速掌握制作 MG 动画的基础操作。

学习目标

- 熟悉 After Effects 的工作界面
- 熟悉 After Effects 的工作流程
- 掌握 After Effects 的素材导入方法

2.1 After Effects 的工作界面

启动 After Effects 软件，可以看到它的工作界面，如图 2–1 所示。

图 2–1

1. 菜单栏

菜单栏包含文件、编辑、合成以及其他菜单。通过菜单栏可以访问多种指令、调整各类参数以及访问各种面板，如图 2–2 所示。

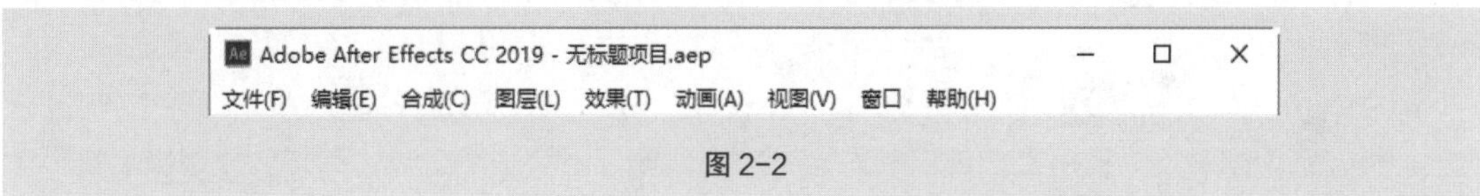

图 2–2

2. 工具栏

工具栏包含用于在合成中添加元素和编辑元素的各类工具，如图 2–3 所示。

图 2–3

- “选取工具”：使用此工具，在“合成”窗口中可以选择和移动对象。
- “手形工具”：使用此工具，当对象被放大至超过“合成”窗口的显示范围时，可以在“合成”窗口中进行拖动，查看超出部分。
- “缩放工具”：使用此工具，在“合成”窗口中单击可以放大显示比例，按住 Alt 键不放，在“合成”窗口中单击可以缩小显示比例。
- “旋转工具”：使用此工具，在“合成”窗口中可以旋转操作对象。
- “统一摄像机工具”：使用此工具，必须要在创建摄像机的基础之上。在该工具按钮上按住鼠标左键不放，会显示出其他 3 个工具，分别是“轨道摄像机工具”“跟踪 XY 摄像机工具”和“跟踪 Z 摄像机工具”，如图 2–4 所示。

- “向后平移（锚点）工具”：使用此工具，在“合成”窗口中可以调整对象的中心点位置。
- “矩形工具”：使用此工具，在“合成”窗口中，可以绘制形状以及为对象创建矩形蒙版。在该工具按钮上按住鼠标左键不放，会显示出其他4个工具，分别是“圆角矩形工具”“椭圆工具”“多边形工具”和“星形工具”，如图 2-5 所示。
- “钢笔工具”：使用此工具，在“合成”窗口中，可以绘制形状以及为对象添加不规则的蒙版图形。在该工具按钮上按住鼠标左键不放，会显示出其他 4 个工具，分别是“添加‘顶点’工具”“删除‘顶点’工具”“转换‘顶点’工具”和“蒙版羽化工具”，如图 2-6 所示。

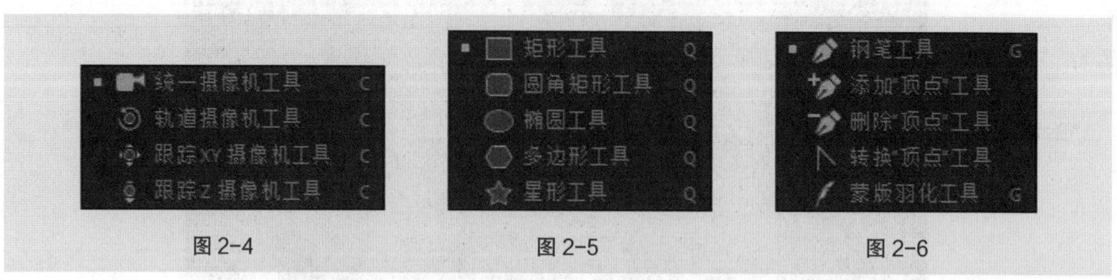

图 2-4　图 2-5　图 2-6

- “横排文字工具”：使用此工具，在“合成”窗口中，可以为对象添加文字，并且进行文字的特效制作。在该工具按钮上按住鼠标左键不放，会显示出另一个工具，即“直排文字工具”，如图 2-7 所示。
- “画笔工具”：使用此工具，在“合成”窗口中，双击进入素材的编辑模式，可以进行绘制操作。
- “仿制图章工具”：使用此工具，在“合成”窗口中，双击进入素材的编辑模式，可以复制素材中的像素。
- “橡皮擦工具”：使用此工具，在“合成”窗口中，双击进入素材的编辑模式，可以擦除多余的像素。
- “Roto 笔刷工具”：使用此工具，在“合成”窗口中，双击进入素材的编辑模式，可以分拖出前景元素。在该工具按钮上按住鼠标左键不放，会显示出另一个工具，即“调整边缘工具”，如图 2-8 所示。
- “人偶位置控点工具”：使用此工具，在“合成”窗口中，可以确定人物动画的关节点位置。在该工具按钮上按住鼠标左键不放，会显示出其他四个工具，分别是“人偶固化控点工具”“人偶弯曲控点工具”“人偶高级控点工具”和“人偶重叠控点工具”，如图 2-9 所示。

图 2-7　图 2-8　图 2-9

3. “项目”面板

“项目”面板主要用于导入、查看以及组织项目中所使用的素材。通过“项目”面板底部可创建新文件夹和合成，以及更改项目和项目设置，如图 2-10 所示。

- 素材预览区：此处用于显示当前选中素材的缩略图以及名称、尺寸、颜色等基本信息。

- 搜索栏：此处用于快速查找所需要的素材。
- 素材列表：此处用于显示当前项目中的所有素材，包括素材的名称、类型以及大小等相关基本信息。
- “解释素材”按钮：单击此按钮可以设置选中素材的 Alpha 通道值、帧速率、开始时间码、上下场、像素长宽比以及循环次数。
- “新建文件夹”按钮：在“项目”面板中，单击此按钮可以新建一个文件夹。
- “新建合成”按钮：在“项目”面板中，单击此按钮可以新建一个合成文件。

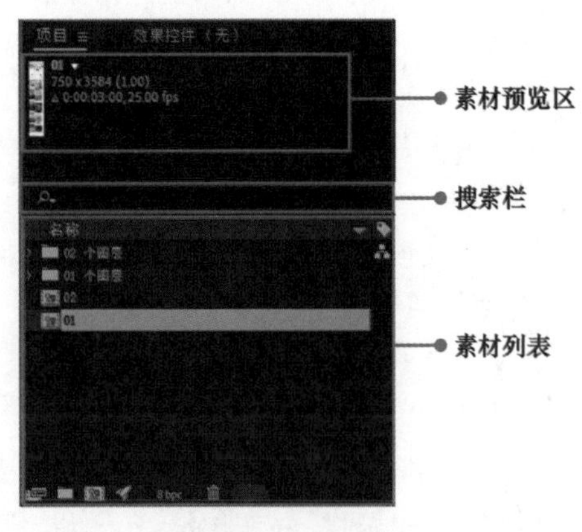

图 2-10

- “项目颜色深度”选项 8 bpc：此处显示了当前项目的颜色深度，单击此处，可以在弹出的“项目设置”对话框中的“颜色设置”选项卡中，修改项目的颜色深度。
- “删除所选项目项”按钮：在“项目”面板中，单击此按钮可以删除当前选中的素材。

4．“合成”窗口

“合成”窗口主要用于显示当前已载入的合成，通过“合成”窗口底部可设置合成的预览、放大比例以及分辨率等，如图 2-11 所示。

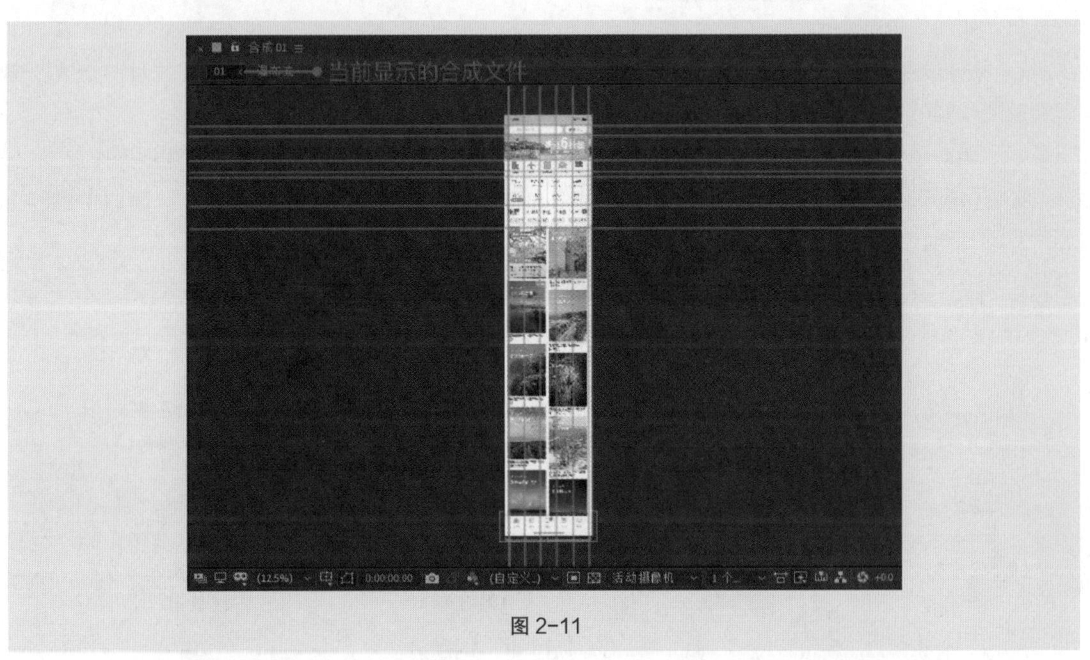

图 2-11

- 当前显示的合成文件：在一个项目文件中可以创建多个合成文件，在此选项下拉列表中可以选择需要在“合成”窗口中显示的合成文件。
- “始终预览此视图”按钮：单击此按钮，将会始终预览当前视图的效果。
- “主查看器”按钮：单击此按钮，将在“合成”窗口中预览项目中的音频和外部视频效果。
- “Adobe 沉浸式环境”按钮：单击此按钮，将在“合成”窗口中开启 Adobe 沉浸式环境的预览效果，此预览效果需要佩戴虚拟现实（Virtual Reality，VR）眼镜。

- “放大率”选项：单击此选项，可以在弹出的下拉列表中选择“合成”窗口的视图显示比例。
- “选择网格和参考线选项”按钮：单击此按钮，可以在弹出的菜单中选择对应的选项，显示“合成”窗口的标尺、网格等。
- “切换蒙版和形状路径可视性”按钮：单击此按钮，可以切换合成视图中蒙版和形状路径的可视性。
- “预览时间”选项：显示当前预览时间，单击此选项，可以在弹出的“转到时间”对话框中设置当前时间指示器的位置。
- “拍摄快照”按钮：单击此按钮，可以捕捉当前“合成”窗口中的视图并创建快照。
- “显示快照”按钮：单击此按钮，可以在“合成”窗口中显示最后创建的快照。
- “显示通道及色彩管理设置”按钮：单击此按钮，可以在弹出的菜单中选择需要查看的通道并进行色彩管理设置。
- “分辨率 / 向下采样系数”选项：单击此选项，可以在弹出的下拉列表中选择“合成”窗口中所显示内容的分辨率，如图 2-12 所示。
- “目标区域”按钮：单击此按钮，在视图中拖曳出一个矩形框，该矩形区域会作为目标区域。
- “切换透明网格”按钮：单击此按钮，视图中的透明背景将以透明网格的形式显示。
- “3D 视图”选项：单击此选项，可以在弹出的下拉列表中选择一种 3D 视图的视角，如图 2-13 所示。
- “选择视图布局”选项：单击此选项，可以在弹出的下拉列表选择一种“合成”窗口的视图布局的方式，如图 2-14 所示。
- “切换像素长宽比校正”按钮：选中此按钮，只可以对素材进行等比例的缩放操作。
- “快速预览”按钮：单击此按钮，可以在弹出的菜单中选择一种在“合成”窗口中进行快速预览的方式，如图 2-15 所示。

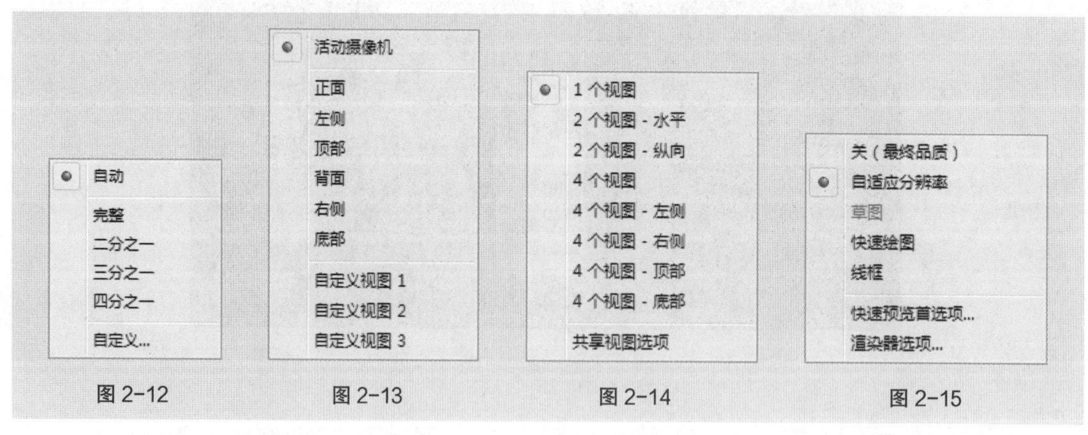

图 2-12　图 2-13　图 2-14　图 2-15

- “时间轴”按钮：单击此按钮，自动选中当前工作界面中的“时间轴”面板。
- “合成流程图”按钮：单击此按钮，可以打开“流程图”窗口，创建项目的流程图。
- “重置曝光度”按钮与“调整曝光度”选项：单击“重置曝光度”按钮右侧的数字，按住鼠标左键左右拖曳可以调整“合成”窗口中的曝光度；单击“重置曝光度”按钮，可以将“合成”窗口中的曝光度重置为默认值。

5. “时间轴”面板

“时间轴”面板主要用于显示当前已载入合成的图层。通过“时间轴”面板可以进行图形动画以及视频编辑的大部分操作，如图 2-16 所示。

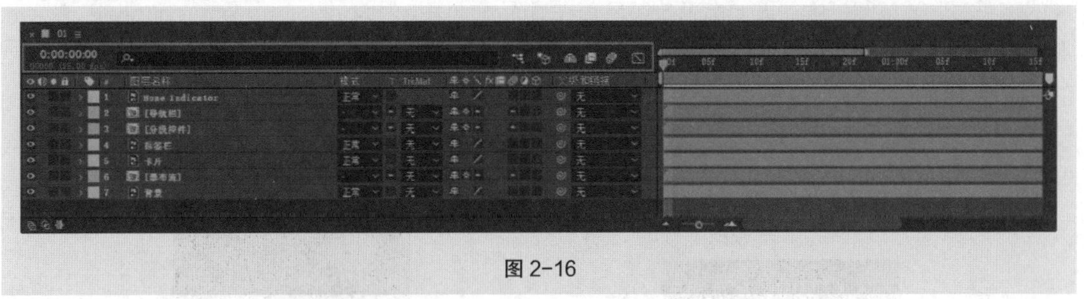

图 2-16

- “当前时间”选项 0:00:00:00 ：显示“时间轴”面板中当前时间指示器所处的时间位置，按住鼠标左键左右拖曳可以调整时间指示器所处的时间位置。
- “合成微型流程图”按钮 ：单击此按钮可以合成微型流程图。
- “草图 3D”按钮 ：单击此按钮，3D 图层中的内容将以 3D 草稿的形式显示，从而加快显示的速度。
- “隐藏为其设置了‘消隐’开关的所有图层”按钮 ：单击此按钮，可以同时隐藏“时间轴”面板中所有设置了“消隐”开关的图层。
- “为设置了‘帧混合’开关的所有图层启用帧混合”按钮 ：单击此按钮，可以同时为“时间轴”面板中设置了“帧混合”开关的所有图层启用帧混合。
- “为设置了‘运动模糊’开关的所有图层启用运动模糊”按钮 ：单击此按钮，可以同时为“时间轴”面板中设置了“运动模糊”开关的所有图层启用运动模糊。
- “图表编辑器”按钮 ：单击此按钮，可以将“时间轴”面板切换到图表编辑器状态，并以此来调整时间轴动画节奏。

6. 其他浮动面板

（1）“信息”面板：此面板主要用来显示素材的相关信息。“信息”面板的上半部分，主要显示 RGB 值、Alpha 通道值、鼠标指针在“合成”窗口中的坐标位置；“信息”面板的下半部分，主要显示选中素材的持续时间、入点、出点等信息，如图 2-17 所示。

（2）“音频”面板：使用此面板可以对项目中的音频素材进行控制，实现对音频素材的编辑，如图 2-18 所示。

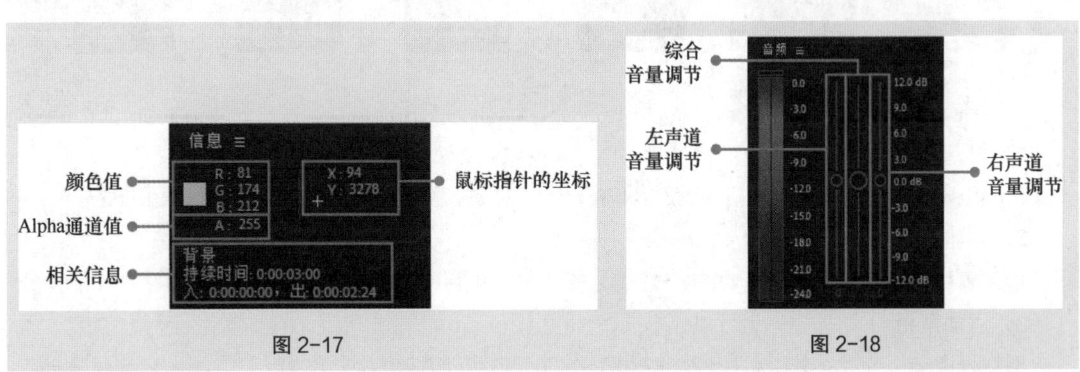

图 2-17　　图 2-18

（3）“预览”面板：此面板主要用于对“合成”窗口中的内容进行预览操作，控制素材的播放与停止，以及进行预览的相关设置，如图 2-19 所示。

（4）“效果和预设”面板：使用此面板可浏览和应用效果以及动画预设。图标按类型标识面板中的每一项。效果图标中的数字指示效果是否在最大颜色深度为 8bpc（bits pov channel，颜色通道位数）、16bpc 或 32bpc 时起作用。可以滚动浏览效果和动画预设列表，也可以通过在面板顶部的搜索框中键入名称的任何部分来搜索效果和动画预设，如图 2-20 所示。

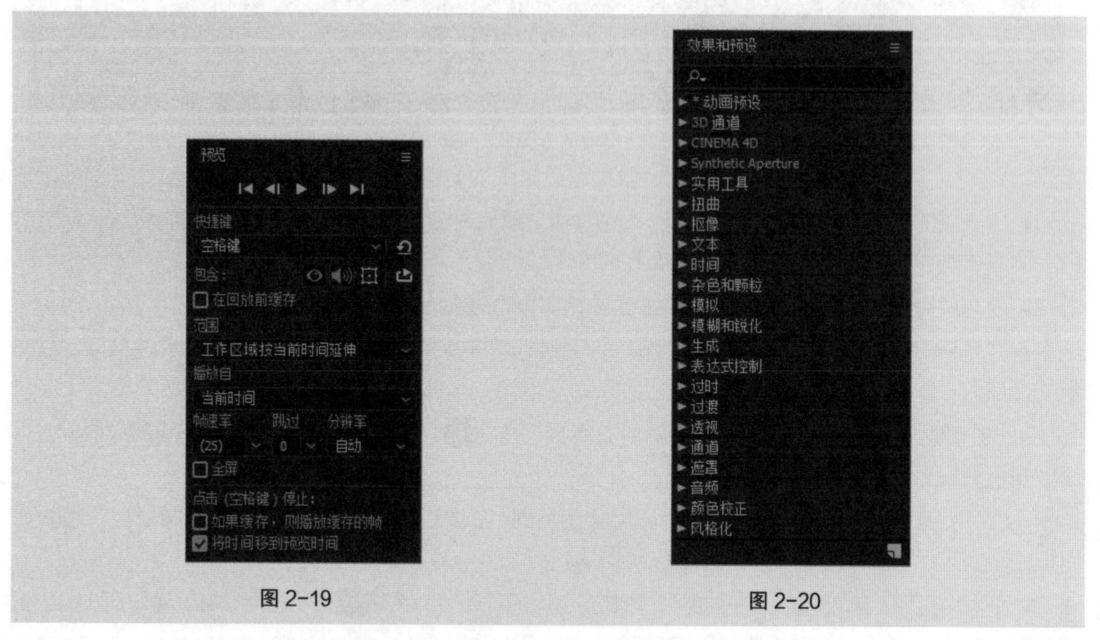

图 2-19　　图 2-20

2.2 After Effects 的工作流程

运用 After Effects 软件制作 MG 动画时，通常需要按照导入素材、新建合成、添加素材、制作动画、保存预览、渲染导出的工作流程进行，如图 2-21 所示。

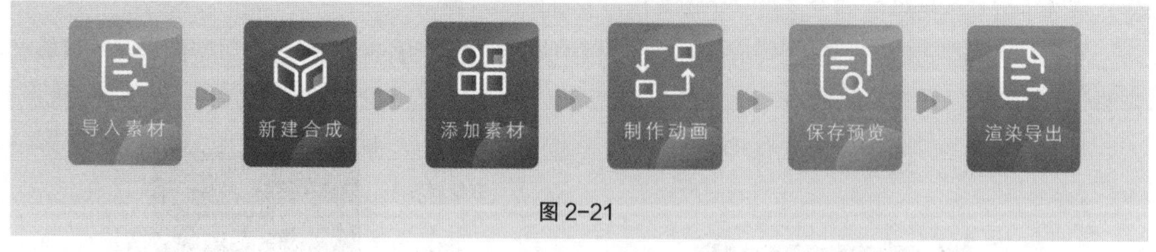

图 2-21

1. 导入素材

自动创建项目后，在“项目”面板中将需要的素材进行导入，便于在合成中进行添加处理。

2. 新建合成

导入素材后，必须创建一个或多个合成，任何素材项目都必须在合成中进行动画的编辑操作。

3. 添加素材

新建合成后，可以将素材添加到合成文件的“时间轴”面板中，接下来就可以制作该素材的动画。

4. 制作动画

添加素材后，可以通过修改图层属性、添加内置效果来制作出最终想要呈现的动画效果。

5. 保存预览

制作动画后，可以将项目进行保存，并且预览制作完成的动画，便于检查动画的制作效果。

6. 渲染导出

动画效果检查没有问题后，可以渲染导出所制作的动画，这样就可以看到所制作的动效了。

2.2.1 导入素材

1. 导入常规素材

方法 1：执行“文件 > 导入 > 文件”命令 (组合键为 Ctrl+I)，在弹出的对话框中选择需要导入的素材，如图 2-22 所示。单击“导入”按钮，导入素材，如图 2-23 所示；多个文件的导入方法也与上述方法基本相同，执行“文件 > 导入 > 多个文件”命令 (组合键为 Ctrl+Alt+I)，在弹出的对话框中选择多个需要导入的素材，如图 2-24 所示。单击“导入”按钮，导入素材，如图 2-25 所示。

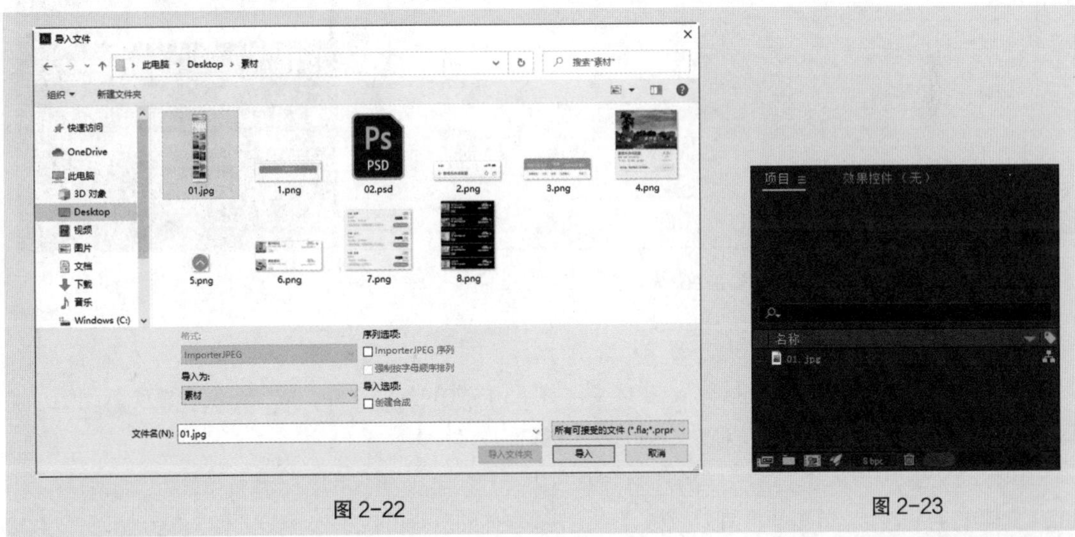

图 2-22　　图 2-23

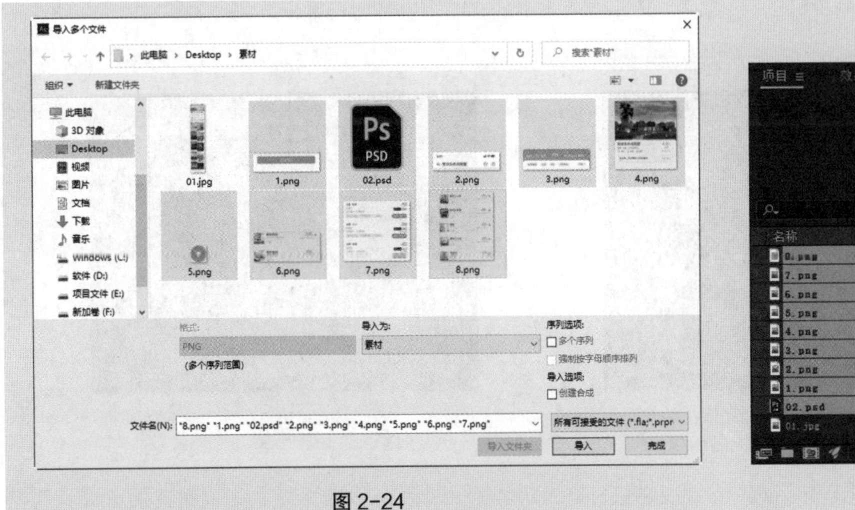

图 2-24

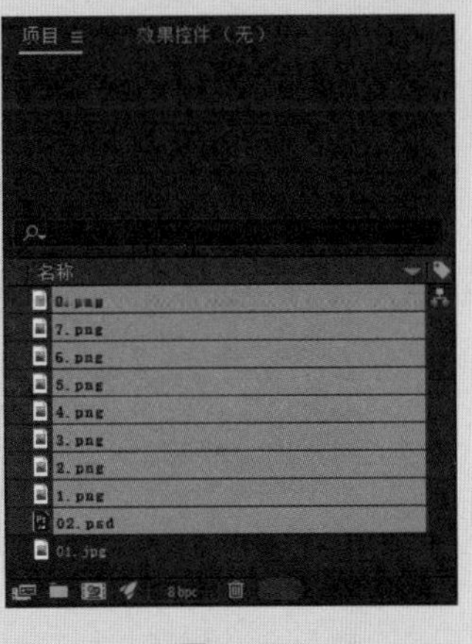

图 2-25

方法 2：在“项目”面板中双击空白处，在弹出的对话框中选择需要导入的素材，单击“导入”按钮，导入素材；或单击鼠标右键，在弹出的菜单中选择“导入 > 文件”命令，在弹出的对话框中选择需要导入的素材，单击“导入”按钮，导入素材。

方法 3：选择需要导入的素材文件或文件夹，将其拖曳到“项目”面板中即可导入素材。

2．导入序列素材

执行“文件 > 导入 > 文件”命令（组合键为 Ctrl+S），在弹出的对话框中选择顺序命名的一系列素材中的第 1 个素材，并且勾选对话框下方的“PNG 序列”复选框，如图 2-26 所示。单击“导入”按钮，导入素材，通常导入后的素材序列为动态文件，如图 2-27 所示。

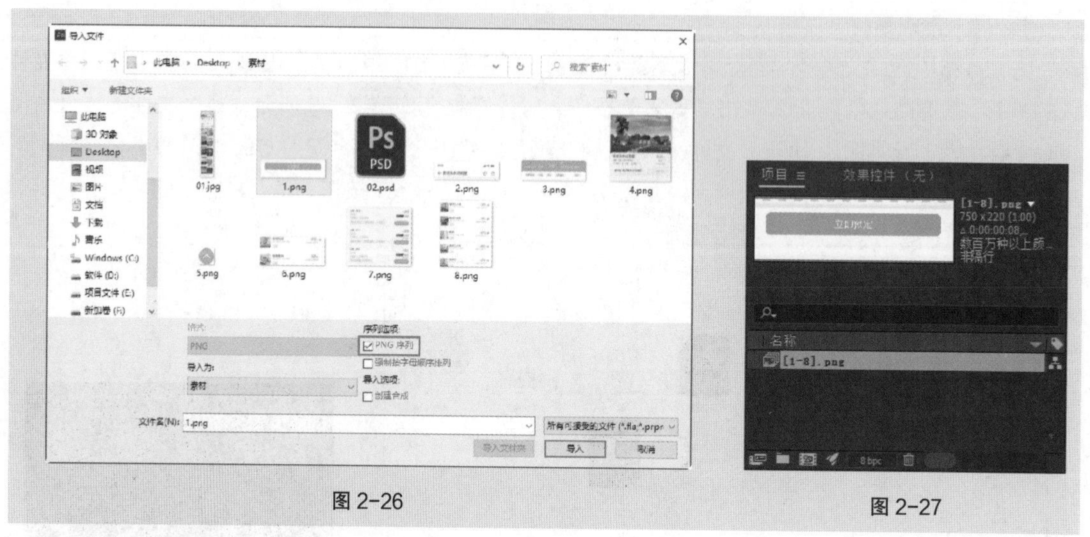

图 2-26　　图 2-27

3．导入分层素材

在 After Effects 中可以直接导入 PSD 文件或 AI 格式的分层文件，以便于制作视觉效果更加丰富的动画，并且在导入过程可以对文件中的图层进行设置处理。

执行“文件 > 导入 > 文件”命令（组合键为 Ctrl+S），在弹出的对话框中选择一个需要导入的 PSD 文件或 AI 文件，单击“打开”按钮，弹出设置对话框，如图 2-28 所示。在“导入种类”选项下拉列表中可以选择将 PSD 文件或 AI 文件导入为哪种类型的素材，如图 2-29 所示。

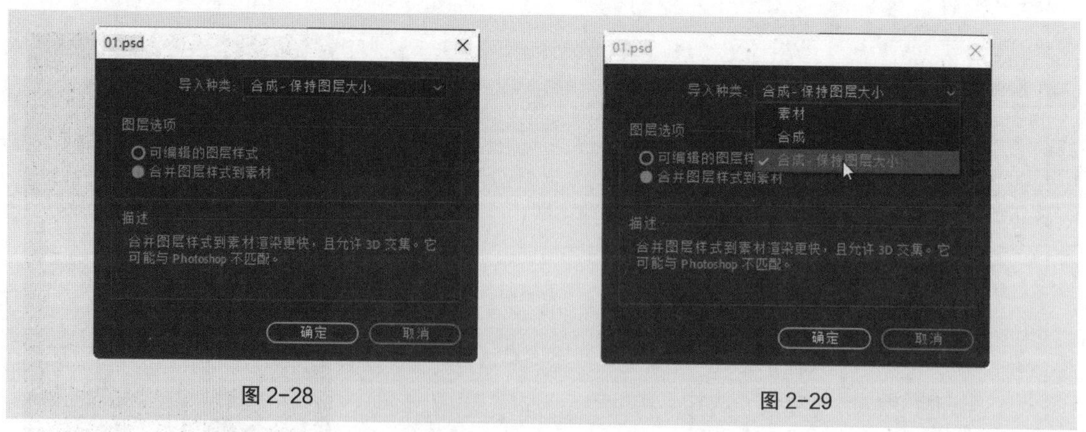

图 2-28　　图 2-29

- 素材：选择“素材”选项，可以将文件中的所有图层合并后进行导入，或者直接选择文件中的某个图层，进行导入。

- 合成：选择“合成”选项，可以将所选择的文件作为一个合成进行导入。文件中的每个图层都作为合成文件的一个单独图层，并且会将文件中所有图层的尺寸统一为合成文件的尺寸。同时针对图层选项可以保留图层样式，或者直接合并图层样式到素材。
- 合成 – 保持图层大小：选择“合成 – 保持图层大小”选项，可以将所选择的文件作为一个合成进行导入。文件中的每个图层都作为合成文件的一个单独图层，并且保持它们图层本身的尺寸。同时针对图层选项可以保留图层样式，或者直接合并图层样式到素材。

2.2.2 新建合成

打开 After Effects 软件，系统会自动新建一个项目文件。After Effects 不可以在项目中直接进行动画的编辑操作，必须在项目中新建一个或多个合成用来进行动画的编辑操作。

方法 1：执行“合成 > 新建合成”命令（组合键为 Ctrl+N），如图 2–30 所示，弹出“合成设置”对话框，在“合成设置”对话框中设置合成文件的名称、尺寸、帧速率、持续时间等选项，单击“确定”按钮，完成合成创建，如图 2–31 所示。

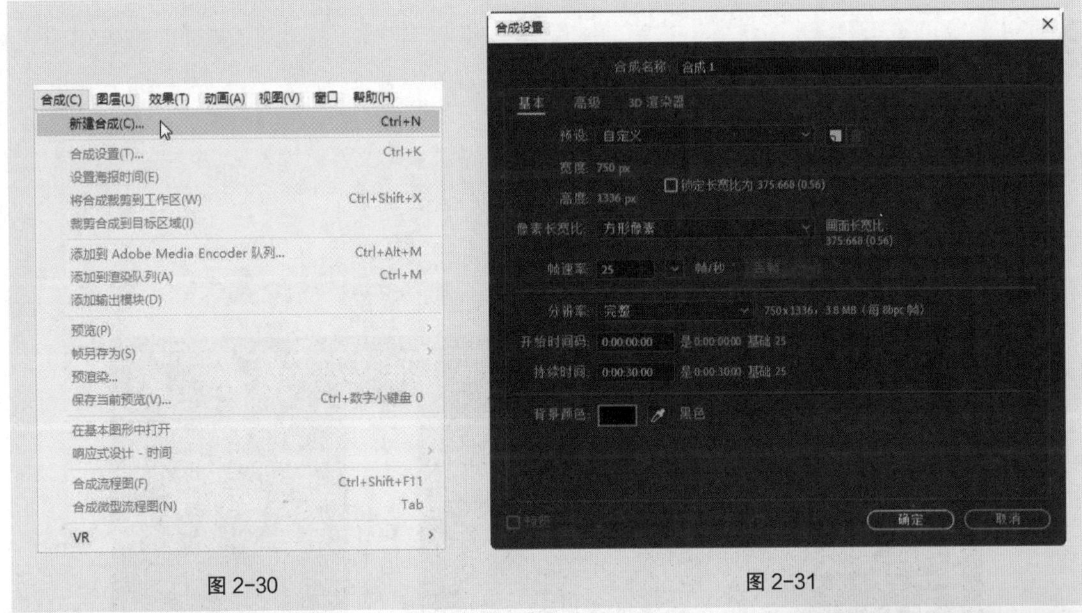

图 2–30

图 2–31

方法 2：在“项目”面板底部单击“新建合成”按钮，如图 2–32 所示，弹出“合成设置”对话框，在“合成设置”对话框中设置合成文件的名称、尺寸、帧速率、持续时间等选项，单击“确定”按钮，完成合成创建。

提示：新建合成后，在编辑制作过程中如果需要对合成文件的相关设置进行修改，可以执行“合成 > 合成设置”命令（组合键为 Ctrl+K），如图 2-33 所示，在弹出的“合成设置”对话框中对相关选项进行修改，如图 2-34 所示。

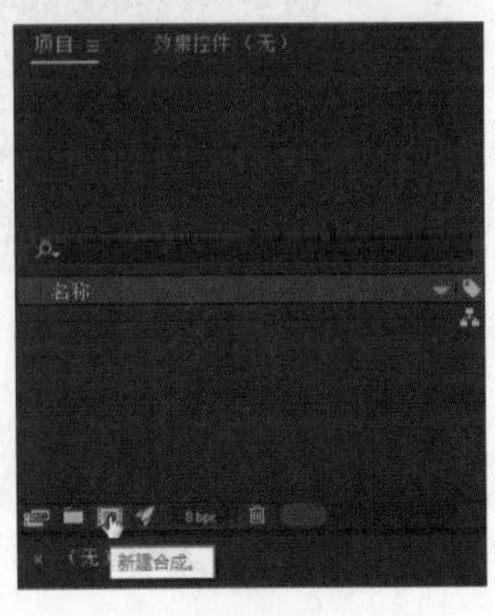

图 2–32

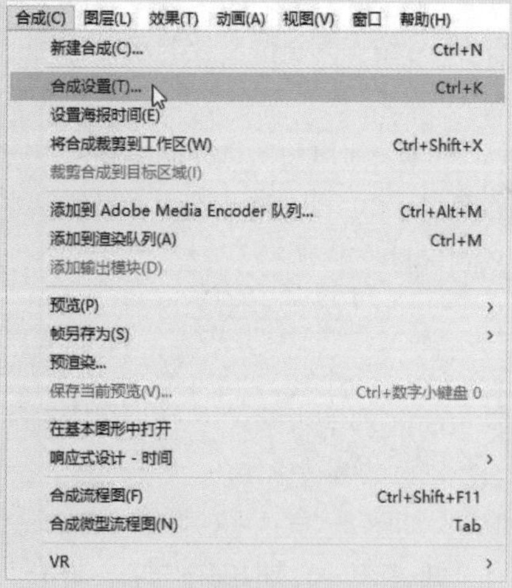

图 2-33

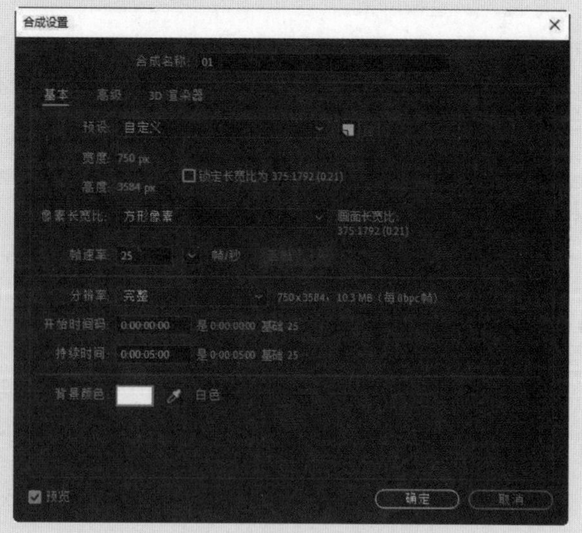

图 2-34

2.2.3 管理素材

1. 添加素材

除了导入种类为合成文件的 PSD 格式和 AI 格式的分层素材文件，导入其他格式的素材都只会出现在“项目”面板中，而不会应用到合成中。在制作时，需要先将“项目”面板中的素材添加到合成中，然后为其制作动画。

方法 1：将素材从“项目”面板中拖曳至“合成”窗口，完成素材添加，如图 2-35 所示。

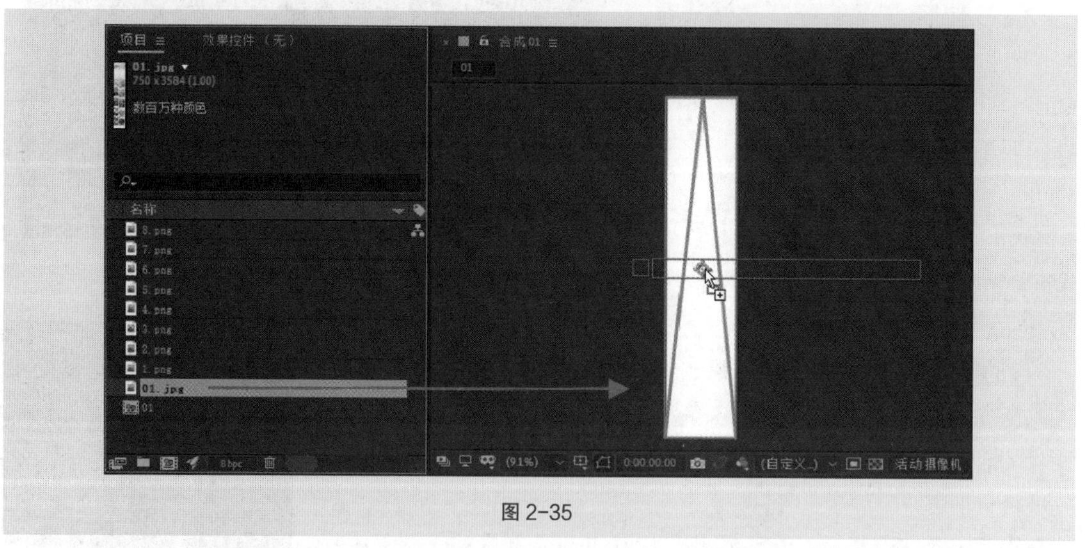

图 2-35

方法 2：将该素材从“项目”面板中拖曳至“时间轴”面板中的图层位置，完成素材添加，如图 2-36 所示。

2. 归类素材

在使用 After Effects 进行动画制作时，通常需要大量的素材，其中包括图像素材、视频素材、声音素材以及合成文件素材等。我们可以根据素材的使用方式以及对应类型进行归类，以保证素材的快速查找。

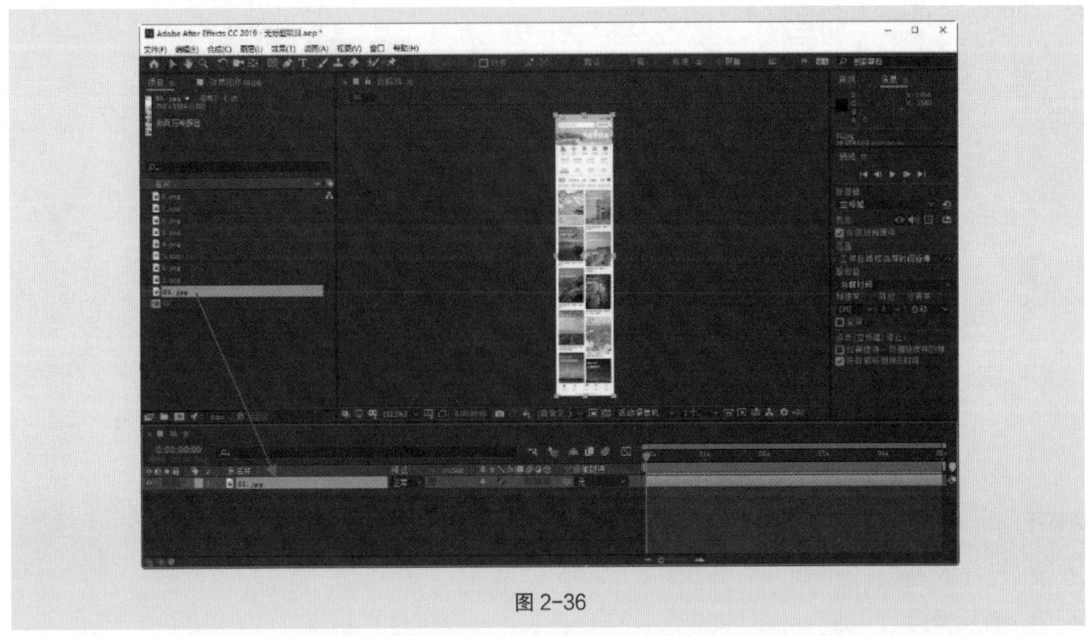

图 2-36

方法 1：执行“文件 > 新建 > 新建文件夹”命令（组合键为 Alt+Shift+Ctrl+S），在“项目”面板中新建一个文件夹，输入文件夹的名称（例如“02”），如图 2-37 所示。在“项目”面板中选中一个或多个素材，将其拖曳至文件夹中，如图 2-38 所示，完成素材归类。

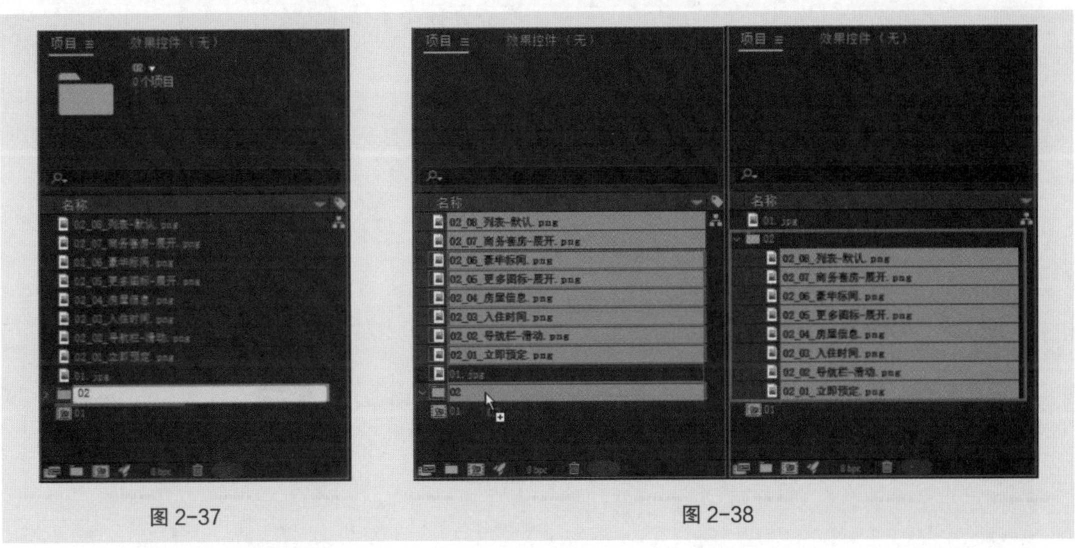

图 2-37　　图 2-38

方法 2：单击“项目”面板底部的“新建文件夹”按钮，如图 2-39 所示，在“项目”面板中新建一个文件夹，输入文件夹的名称。在“项目”面板中选中一个或多个素材，将其拖曳至文件夹中，完成素材归类。

3. 删除素材

多余的素材或文件夹，应该及时进行删除，以保证素材的高效率使用。

方法 1：选择需要删除的素材或文件夹，按 Delete 键，完成素材删除。

方法 2：选择需要删除的素材或文件夹，单击“项目”面板底部的“删除所选项目项”按钮，如图 2-40 所示，完成素材删除。

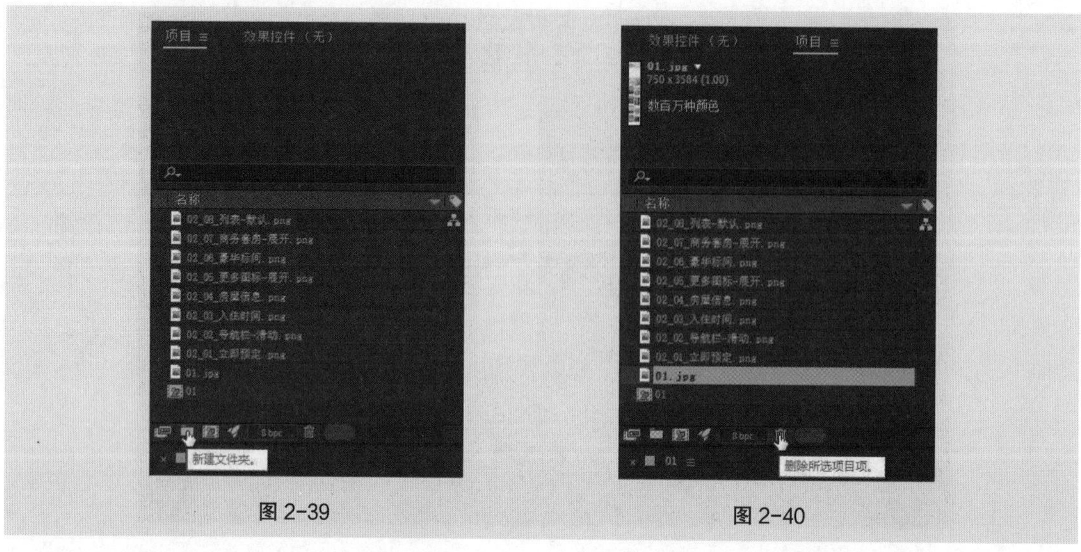

图 2-39　　图 2-40

4．替换素材

在 After Effects 中进行动画制作时，如果对素材进行了调整，可以通过替换素材的方式来修改已经导入的素材。

方法 1：在“项目”面板中选择需要替换掉的素材，执行“文件 > 替换素材 > 文件”命令（组合键为 Ctrl+H），如图 2-41 所示，在弹出的对话框中选择用于替换的素材，如图 2-42 所示，单击“导入”按钮，完成素材替换。

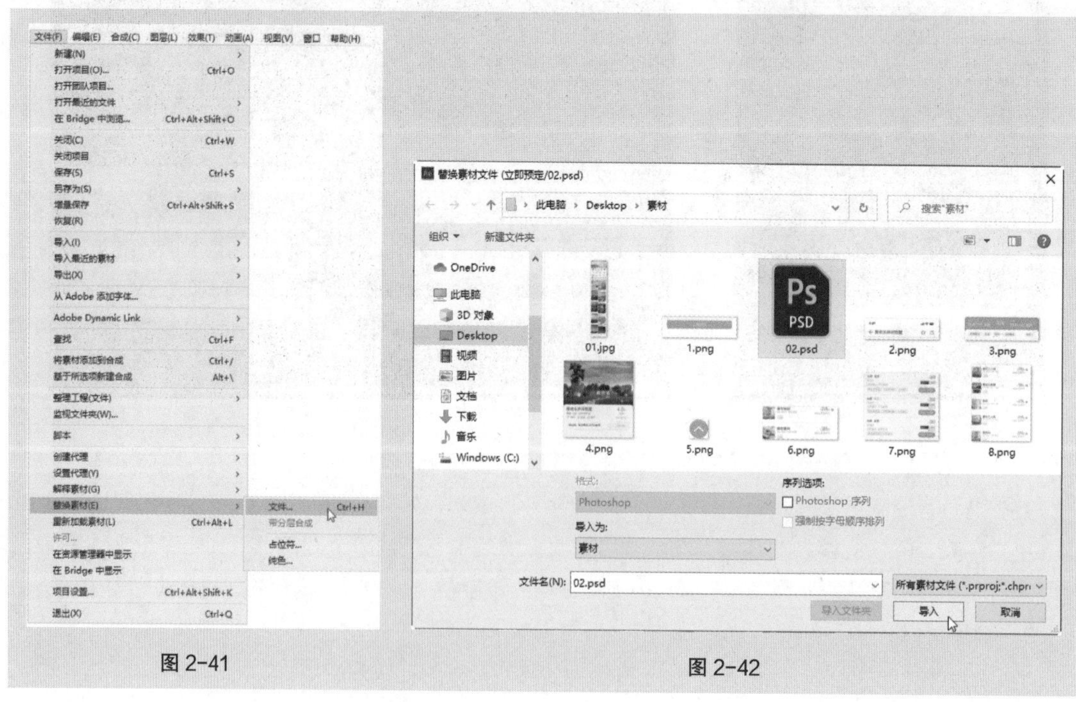

图 2-41　　图 2-42

方法 2：在“项目”面板中选择需要替换掉的素材，单击鼠标右键，在弹出的快捷菜单中执行“替换素材 > 文件”命令（组合键为 Ctrl+H），如图 2-43 所示，在弹出的对话框中选择用于替换的素材，如图 2-42 所示，单击“导入”按钮，完成素材替换。

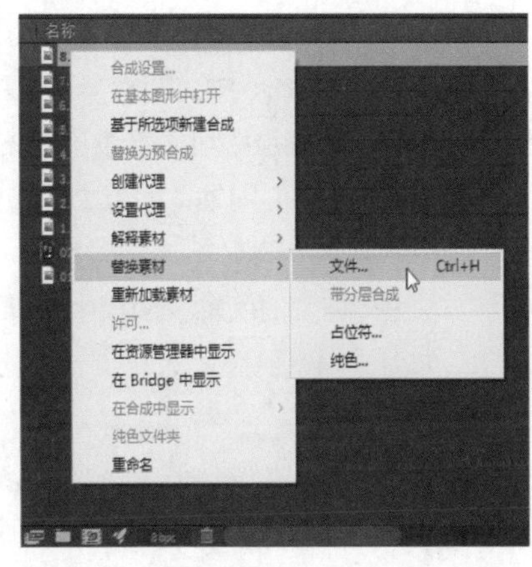

图 2-43

5．查看素材

在 After Effects 中，导入的素材文件都被放置在“项目”面板中。在“项目”面板中的素材列表中选择某个素材，即可在该面板中的预览区域查看该素材的缩览图以及相关信息，如图 2-44 所示。

想要查看素材的大图效果，直接双击“项目”面板中的素材，系统将根据素材的不同类型进入不同的浏览模式，如图 2-45 所示。

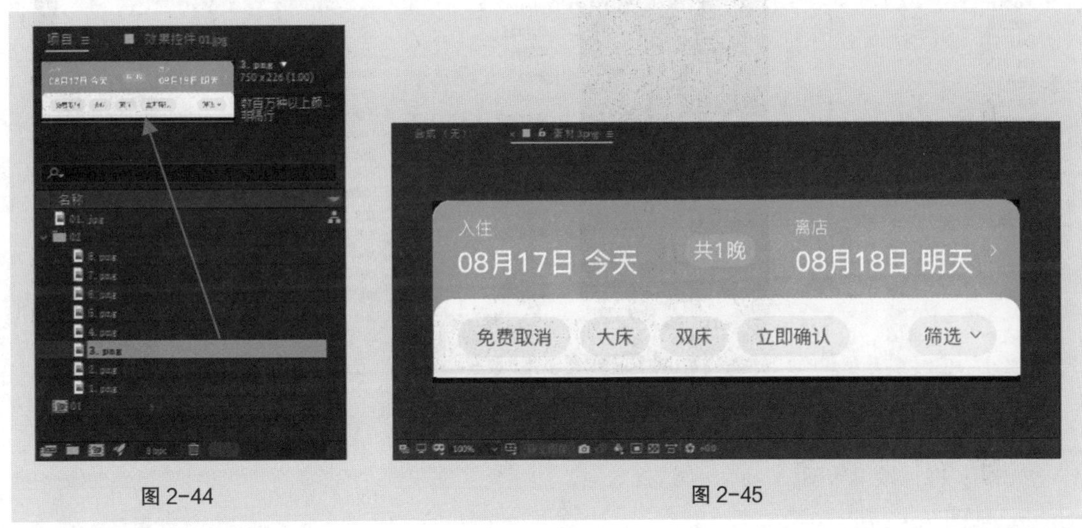

图 2-44　　图 2-45

2.2.4　制作动画

1．修改图层属性

在 After Effects 中，可以修改图层的任何属性，例如大小、位置和不透明度。可以使用关键帧和表达式使图层属性的任意组合随着时间的推移而发生变化，如图 2-46 所示。可使用运动跟踪稳定运动或为一个图层制作动画，以使其遵循另一个图层中的运动。

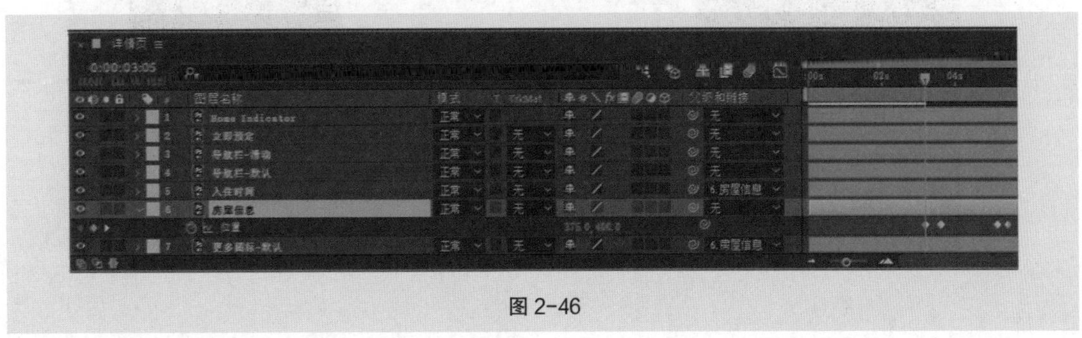

图 2-46

2. 添加内置效果

在 After Effects 中，拥有丰富且强大的自带效果。这些自带效果类似于 Photoshop 中的滤镜，将其应用到不同图层中可以产生不同的动画特效。添加效果的常用方法有以下 3 种。

方法 1：在“时间轴”面板中选择图层，单击“效果”菜单项，弹出的下拉菜单如图 2-47 所示，可以选择效果。

方法 2：在“时间轴”面板中选择图层，单击鼠标右键，在弹出的快捷菜单中选择“效果”中的命令，如图 2-48 所示。

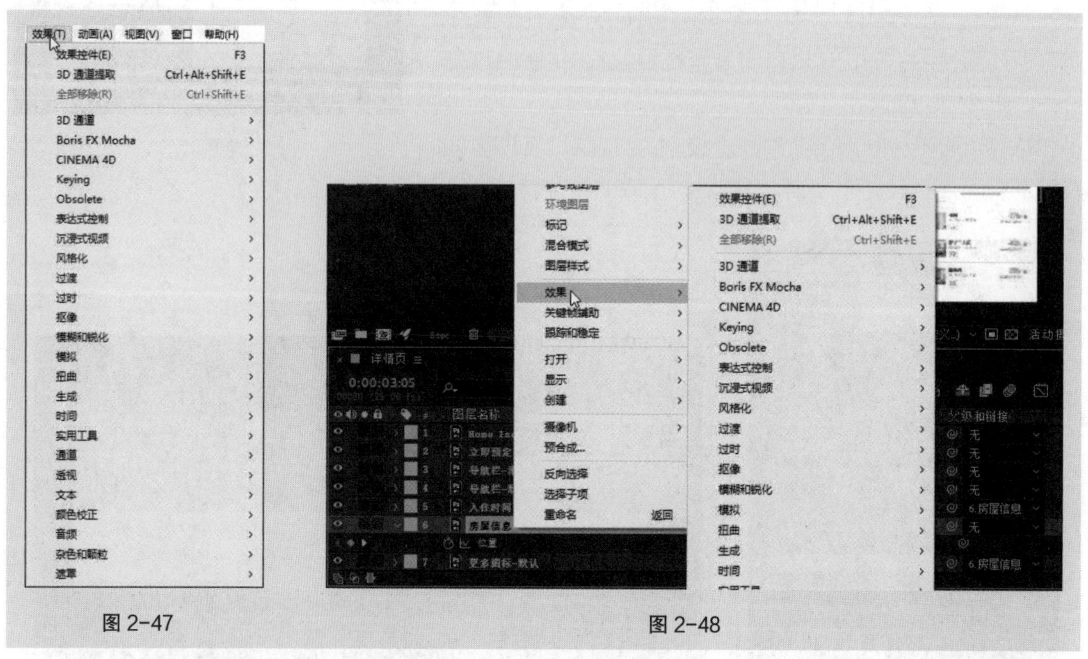

图 2-47　　　　图 2-48

方法 3：在“效果和预设”面板中选择效果，然后将其拖曳到“时间轴”面板中需要添加效果的图层上，如图 2-49 所示。

图 2-49

提示：

- 在“时间轴”面板中选择效果，按组合键 Ctrl+D，可完成同一图层的效果复制，如图 2-50 所示。

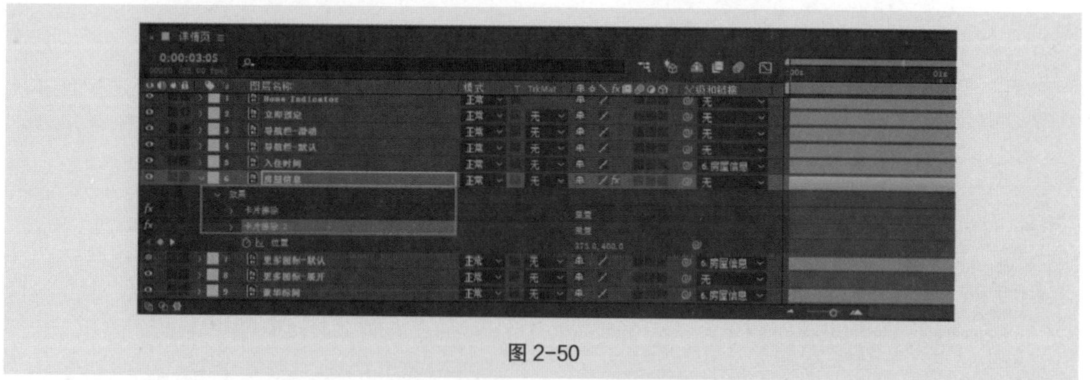

图 2-50

- 在不同图层中复制效果：在“时间轴”面板中选择效果，按组合键 Ctrl+C，选择需要复制效果的图层，按组合键 Ctrl+V，即可完成不同图层的效果复制，如图 2-51 所示。

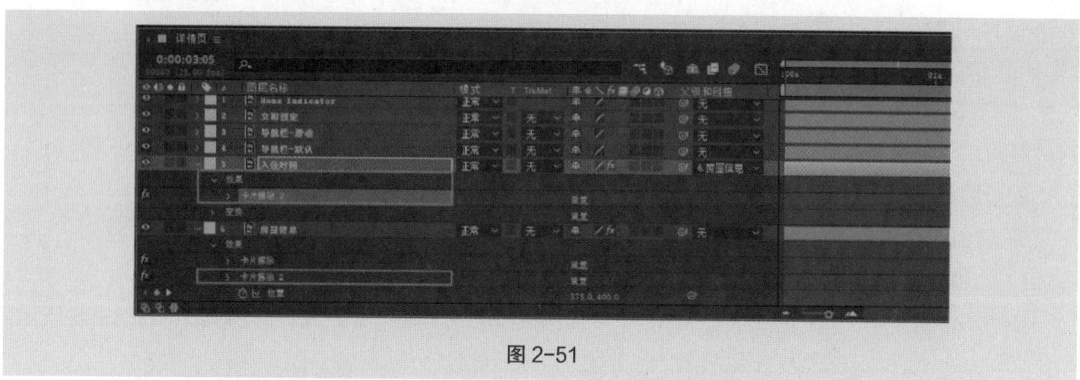

图 2-51

- 在“时间轴”面板中选择效果，按 Delete 键可删除效果，如图 2-52 所示。

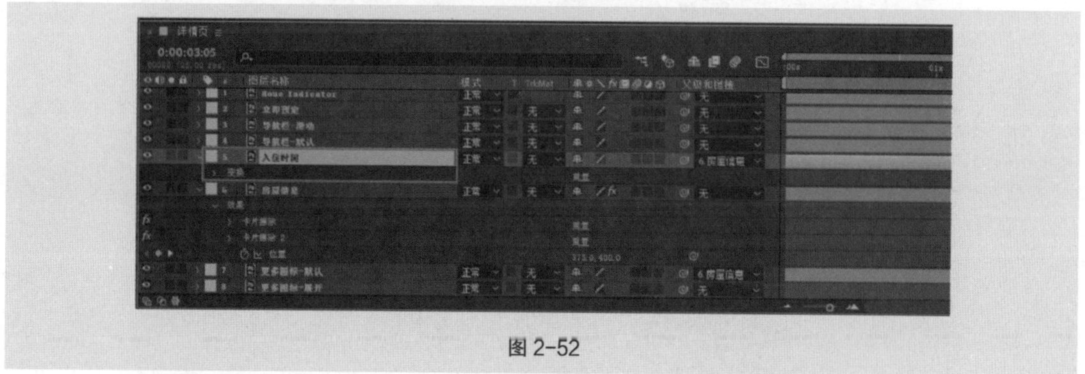

图 2-52

2.2.5 保存预览

1. 保存项目

在使用 After Effects 进行动画制作时，需要随时保存项目文件，防止程序出错或发生其他意外情况而带来不必要的损失。

针对新建的项目文件，执行“文件 > 保存”命令（组合键为Ctrl+S），如图2-53所示，在弹出的“另存为”对话框中进行设置，如图2-54所示，单击“保存”按钮，完成项目保存。

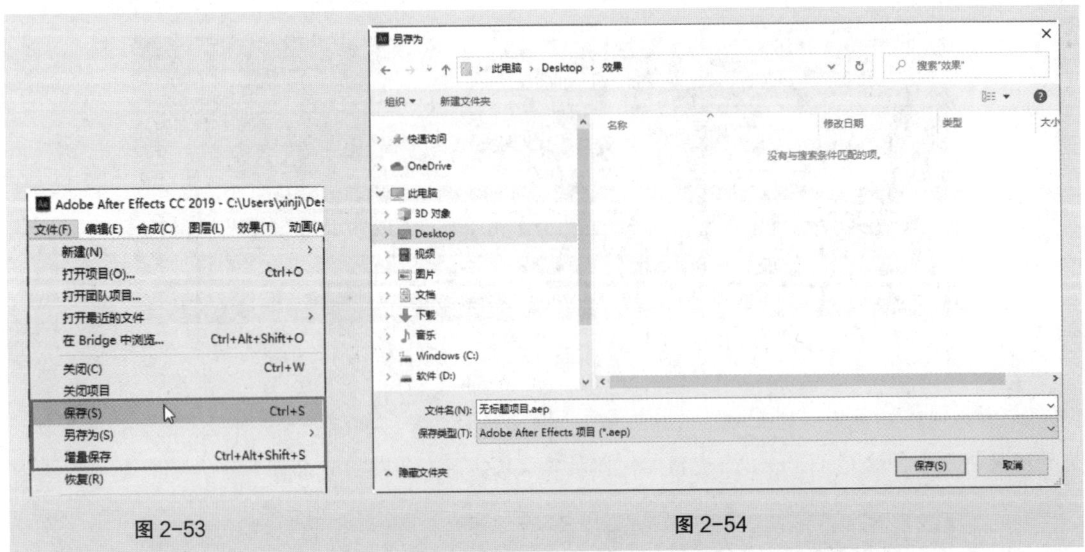

图2-53　　图2-54

如果该项目文件已经被保存过一次，执行“保存”命令时则不会弹出“另存为”对话框，而是直接将原来的文件覆盖。

2. 预览画面

在After Effects中完成动画制作后，还要通过预览确认制作效果是否满足需求。预览时，可以设置播放的帧速率或画面的分辨率来调整预览质量和等待时间。

执行“合成 > 预览 > 播放当前预览”命令（快捷键为空格键），完成画面预览，如图2-55所示。

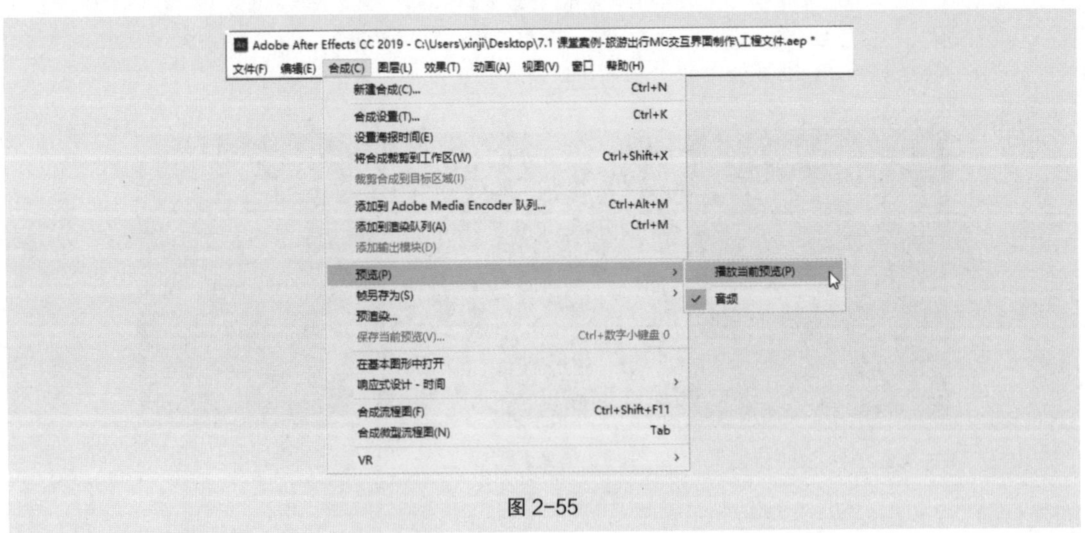

图2-55

2.2.6　渲染导出

在After Effects中预览效果无误后就可以进行渲染和导出。可根据不同动画的呈现要求，设置合成项目的渲染质量、输出格式以及存储位置等。

1. 方法 1

（1）添加到渲染队列

在“项目”面板中选择要进行渲染的合成，执行“合成 > 添加到渲染队列”命令（组合键为 Ctrl+M），打开“渲染队列”面板，如图 2-56 所示。

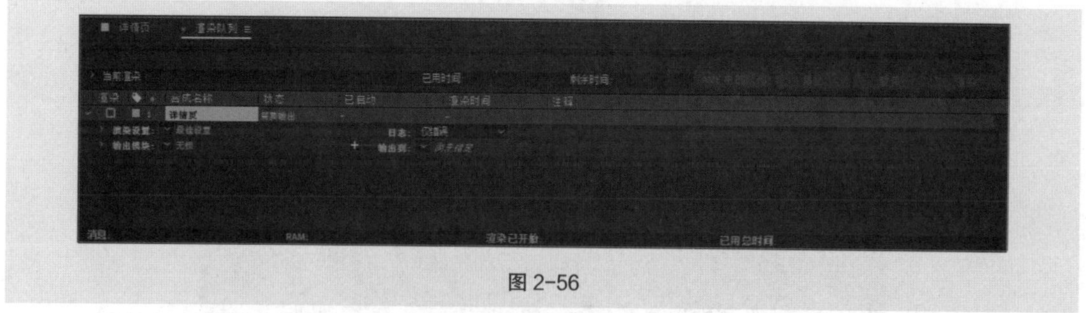

图 2-56

（2）渲染设置

单击“渲染设置”标题右侧的箭头按钮，在弹出的菜单中选择渲染设置模板，默认选择“最佳设置”选项，如图 2-57 所示。或者单击“渲染设置”右侧的蓝色文本，弹出“渲染设置”对话框，进行自定义设置，如图 2-58 所示。

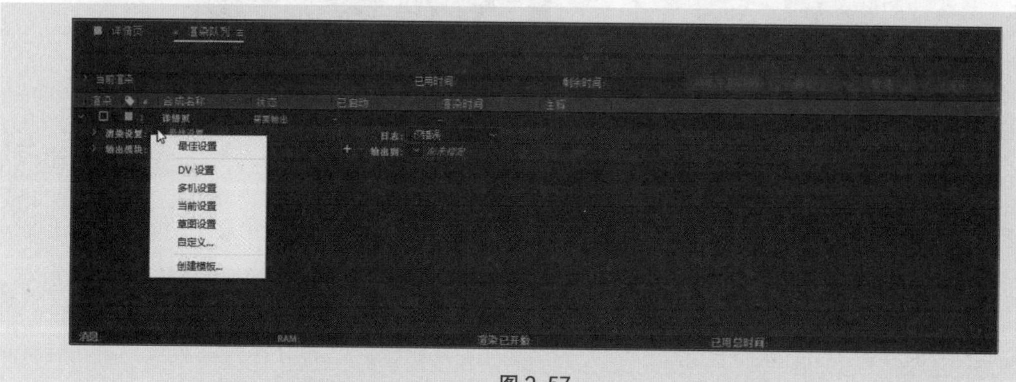

图 2-57

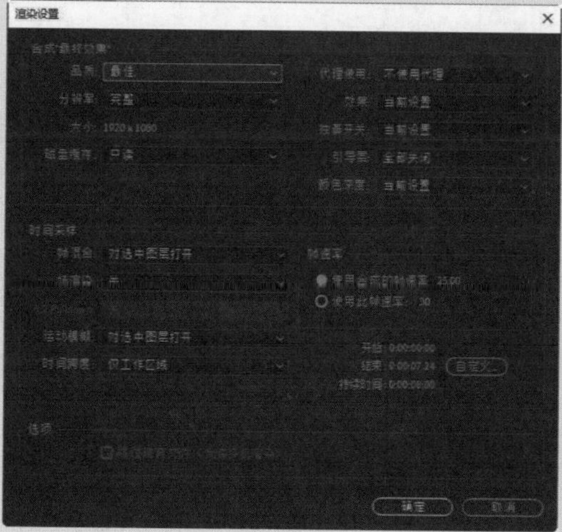

图 2-58

（3）日志

单击“日志”标题右侧的“仅错误”下拉列表框，在弹出的下拉列表框中选择日志类型，如图 2–59 所示，默认选择“仅错误”选项。

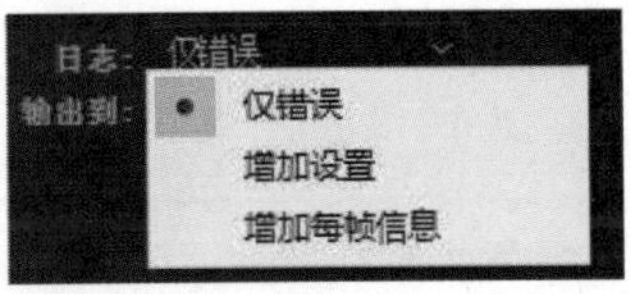

日志：仅错误
输出到：
仅错误
增加设置
增加每帧信息

图 2–59

（4）输出模块

单击“输出模块”标题右侧的箭头按钮，在弹出的下拉列表框中选择输出影片的文件格式，默认选择“无损”选项，如图 2–60 所示。或者单击“输出模块”右侧的蓝色文本，弹出“输出模块设置”对话框，设置输出影片的文件格式。

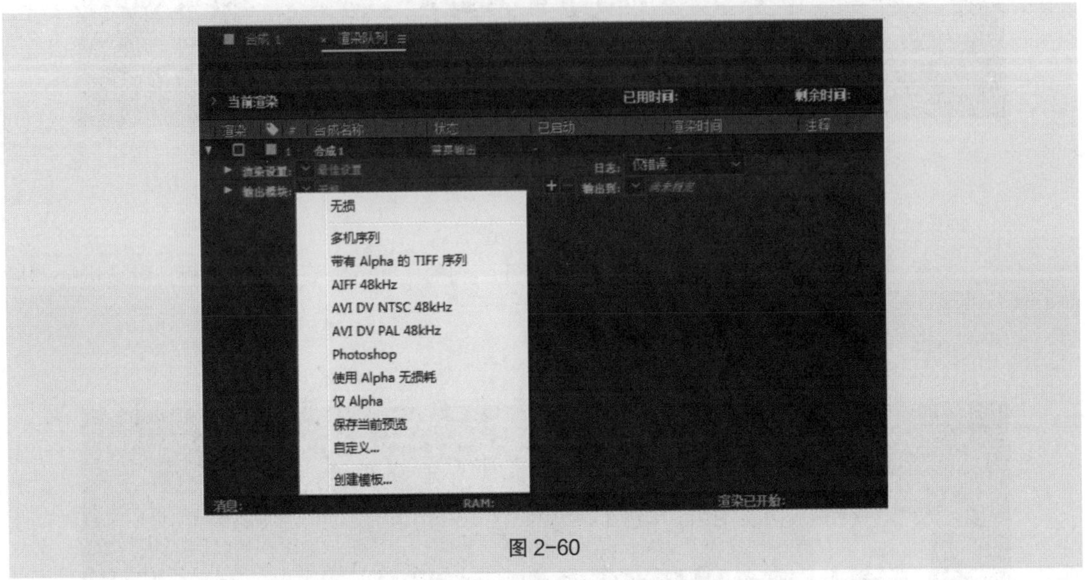

图 2–60

提示：After Effects 软件中提供了多种输出格式，但是对于 MG 动画来说最合适的是 QuickTime 格式，因为这便于之后导入 Photoshop 软件，再输出为 GIF 格式的动画图片文件。

（5）输出到

单击“渲染队列”面板中“输出到”标题旁边的箭头按钮，在弹出的菜单中基于命名惯例选择输出文件的名称，然后选择位置，如图 2–61 所示；或者单击“输出到”右侧的蓝色文本，在弹出的对话框中，输入任何名称，如图 2–62 所示。

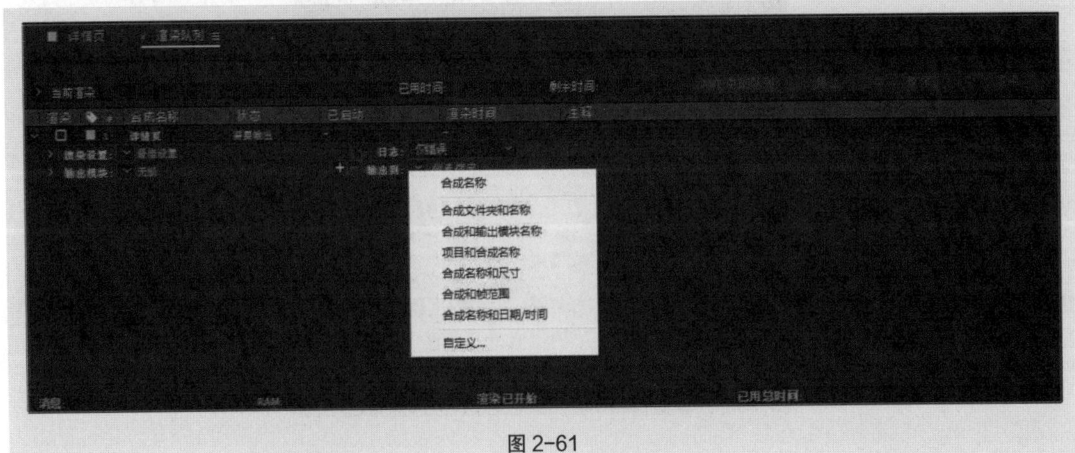

图 2–61

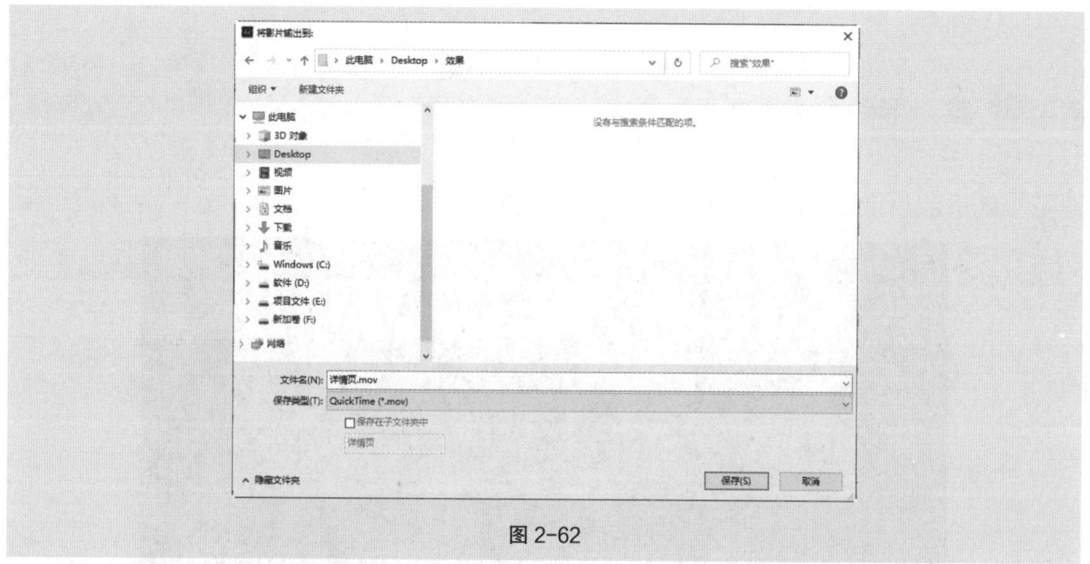

图 2-62

（6）渲染

单击“渲染队列”面板右上角的“渲染”按钮，即可进行渲染输出，并显示渲染进度，如图 2-63 所示。

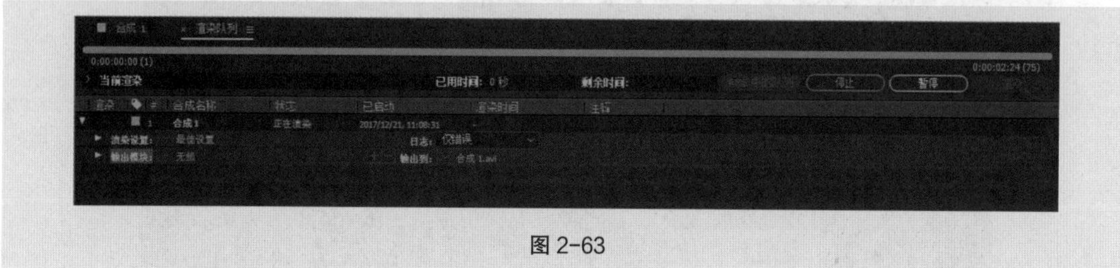

图 2-63

2. 方法 2

（1）添加到 Adobe Media Encoder 队列

在“项目”面板中选择要进行渲染的合成，执行“合成 > 添加到 Adobe Media Encoder 队列”命令（组合键为 Alt+Ctrl+M），打开“渲染队列”面板，如图 2-64 所示。

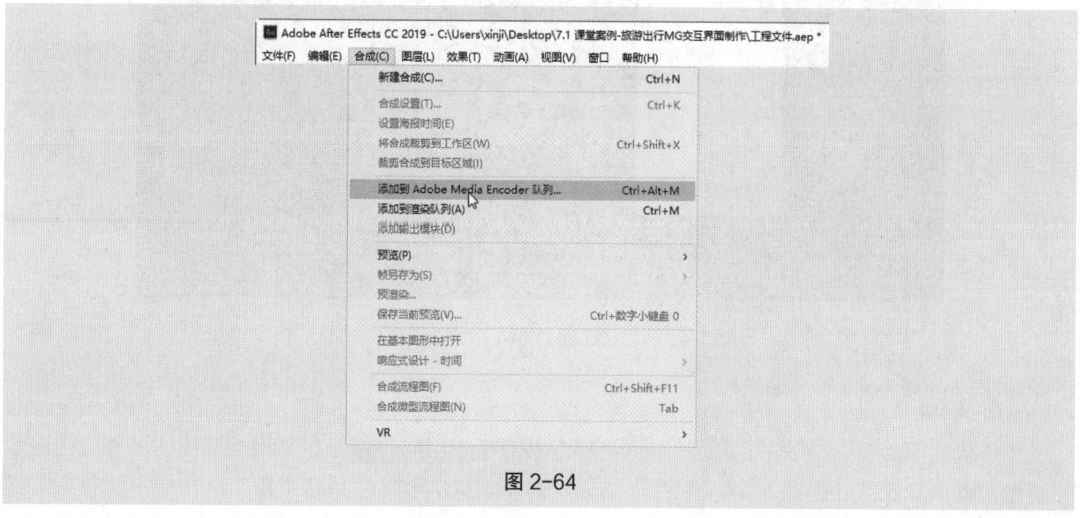

图 2-64

（2）格式

在“队列”面板中，单击“格式”列下方的箭头按钮，在弹出的菜单中选择输出影片的格式，默认选择“H.264”选项，如图2-65所示。或者单击箭头按钮右侧的蓝色文本，在弹出的“导出设置”对话框中，进行自定义设置，如图2-66所示。

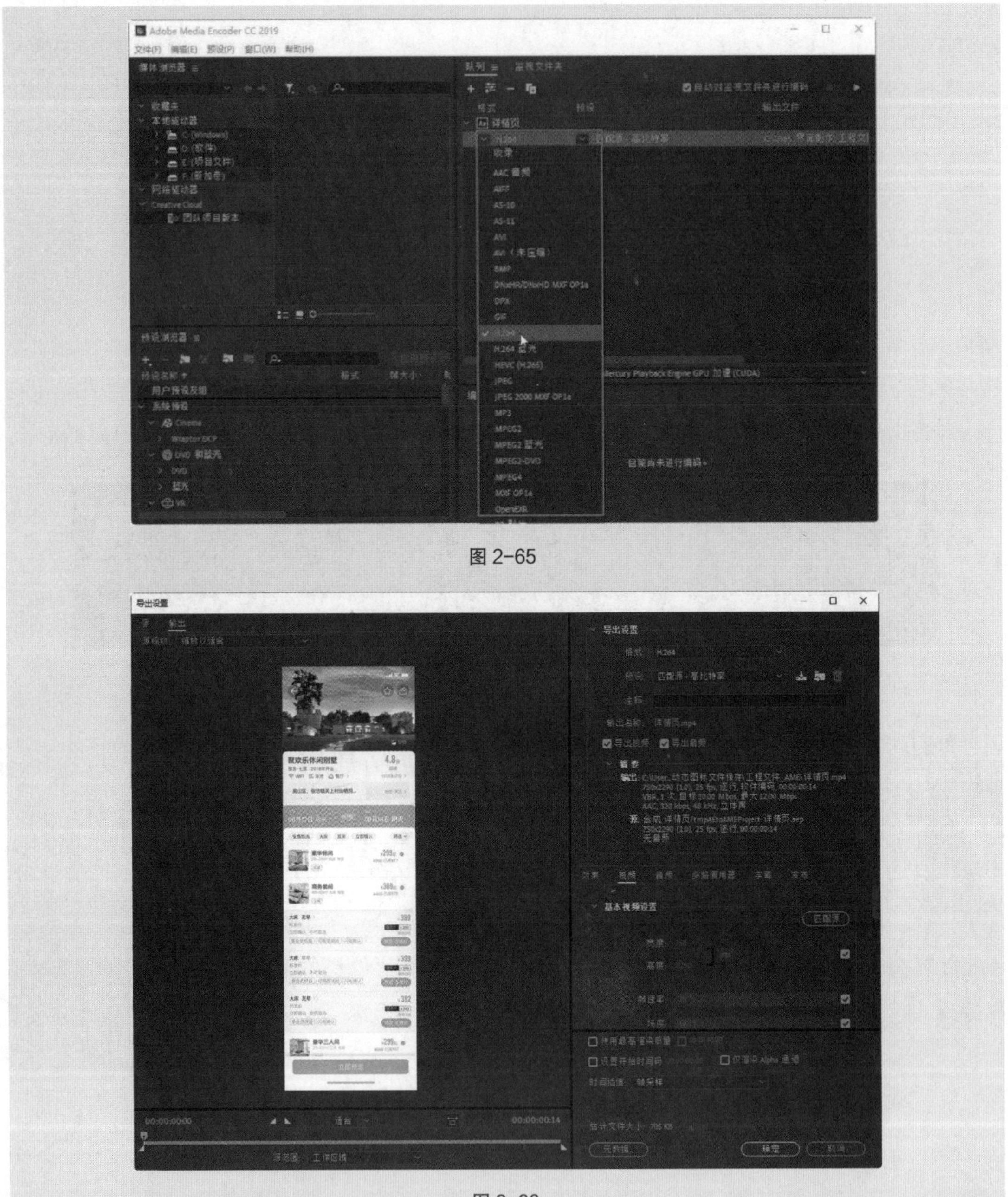

图2-65

图2-66

（3）预设

在“队列”面板中，单击“预设”标题一列下方的箭头按钮，在弹出的菜单中选择输出影片的质量，默认选择“匹配源 - 高比特率”选项，如图2-67所示。或者单击箭头按钮右侧带下画线的文本，在弹出的“导出设置”对话框中进行自定义设置，如图 2-68 所示。

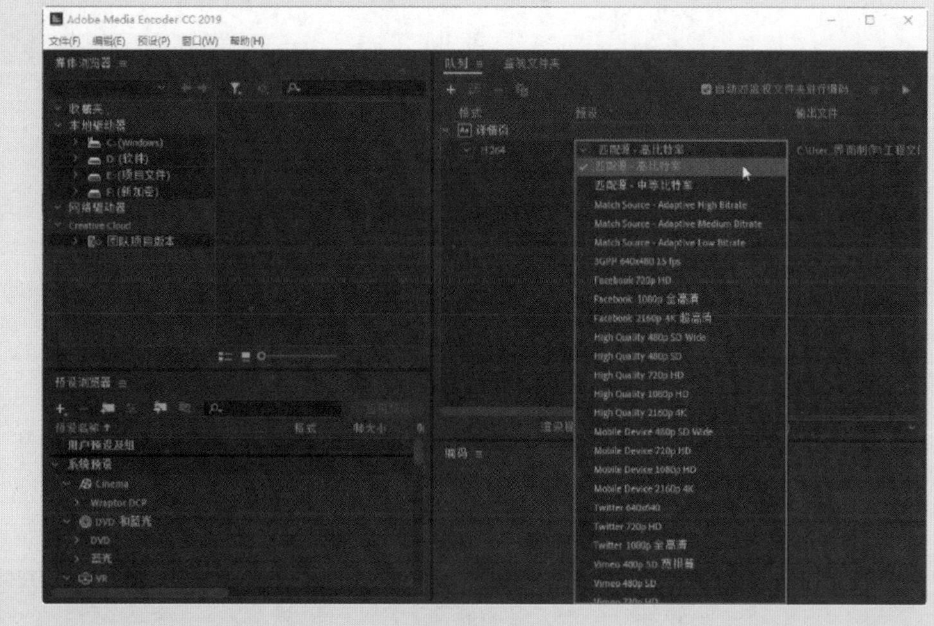

图 2-67

图 2-68

（4）输出文件

在“队列”面板中，单击“输出文件”标题一列下方的蓝色文本，在弹出的“另存为”对话框中基于命名惯例输入文件的名称，然后选择位置，如图 2-69 所示，完成保存输出。

（5）启动队列

单击“队列”面板右上角的三角形按钮▶，即可进行渲染输出，并显示渲染进度，如图 2-70 所示。

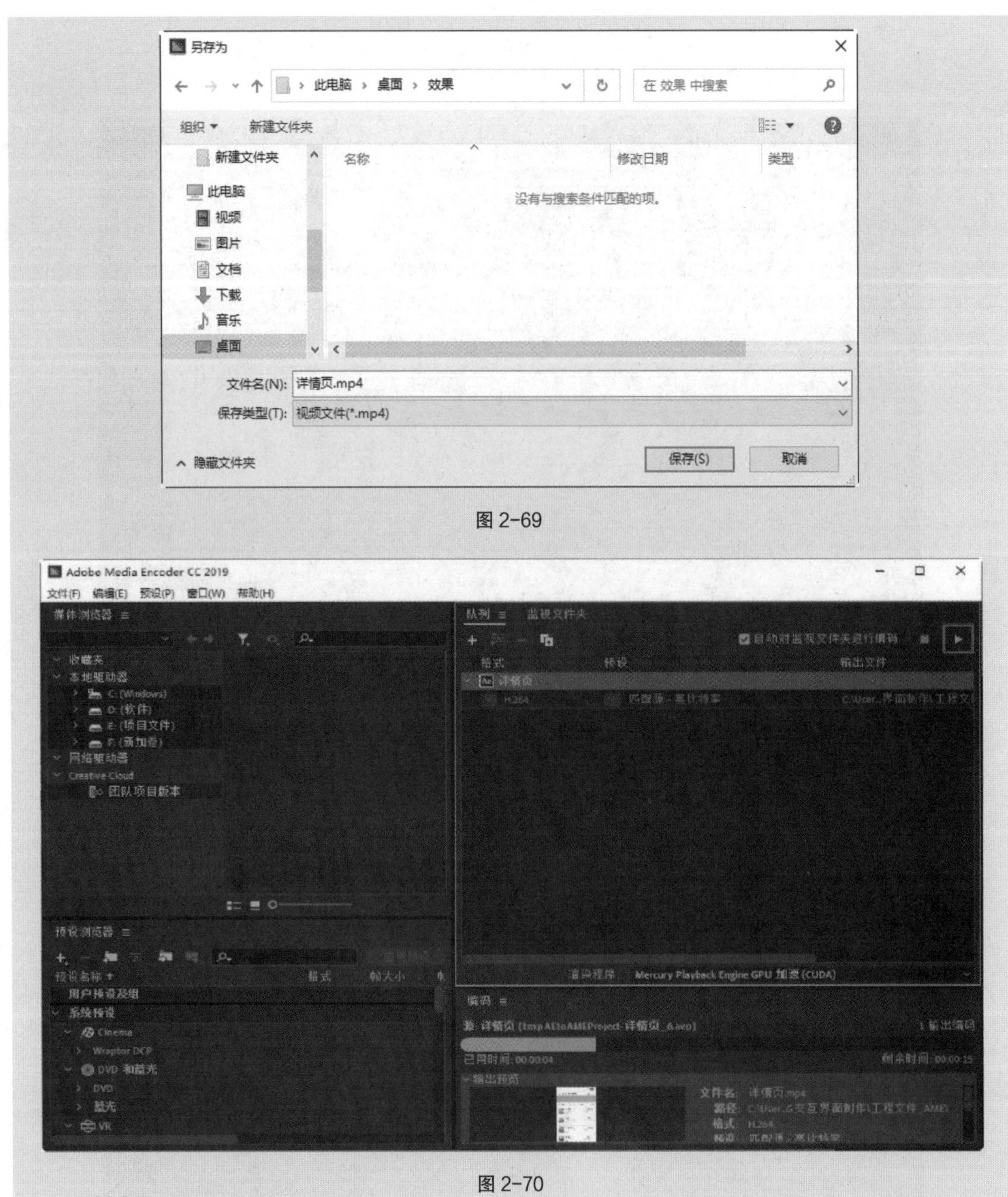

图 2-69

图 2-70

2.3 课堂案例——食品餐饮 MG 动态图标素材导入

【案例学习目标】学习使用“导入”命令导入素材。

【案例知识要点】使用“导入”命令导入素材文件，效果如图 2-71 所示。

【效果所在位置】云盘 \Ch02\ 食品餐饮 MG 动态图标素材导入 \ 素材 \01.ai。

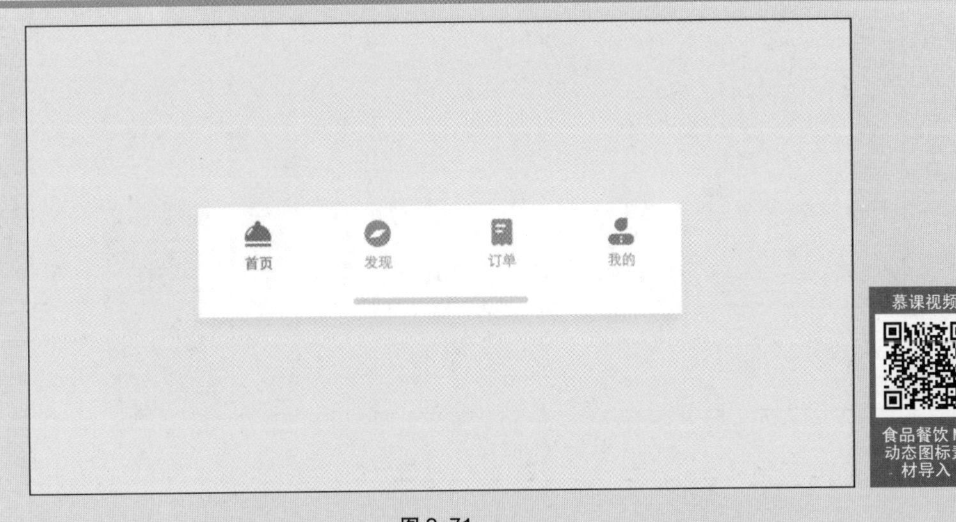

图 2-71

选择“文件 > 导入 > 文件”命令，在弹出的“导入文件”对话框中，选择云盘中的“Ch02\ 食品餐饮 MG 动态图标素材导入 \ 素材 \01.ai”文件，如图 2-72 所示（图中所示为编者 PC 路径，实际路径以云盘为准，以下皆相同），单击“导入”按钮，将文件导入“项目”面板中，如图 2-73 所示。

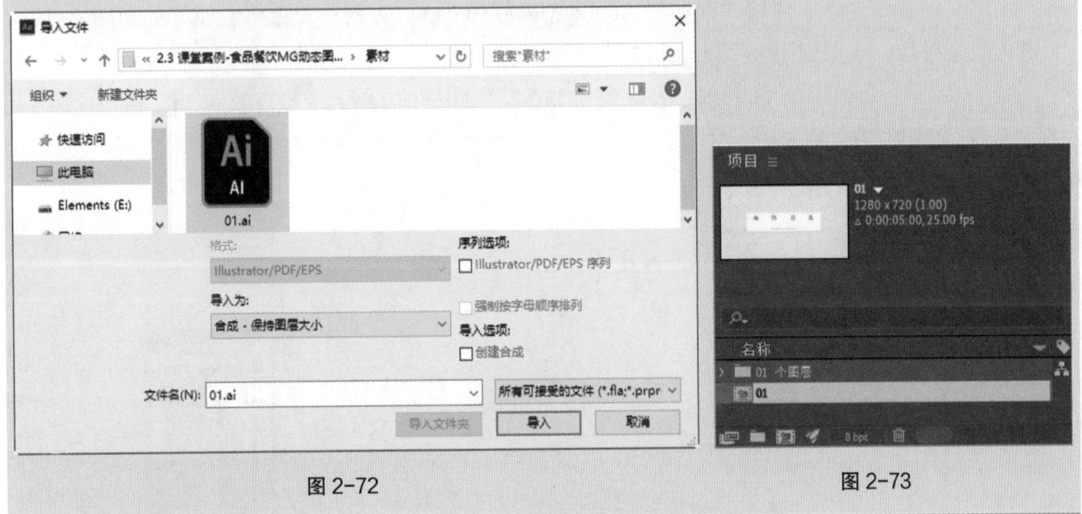

图 2-72　　图 2-73

2.4 课堂练习——食品餐饮 MG 动态图标文件保存

【案例学习目标】学习使用“保存”命令保存动画。

【案例知识要点】使用“保存”命令将制作好的动画进行保存，效果如图 2-74 所示。

【效果所在位置】云盘 \Ch02\ 食品餐饮 MG 动态图标文件保存 \ 工程文件 .aep。

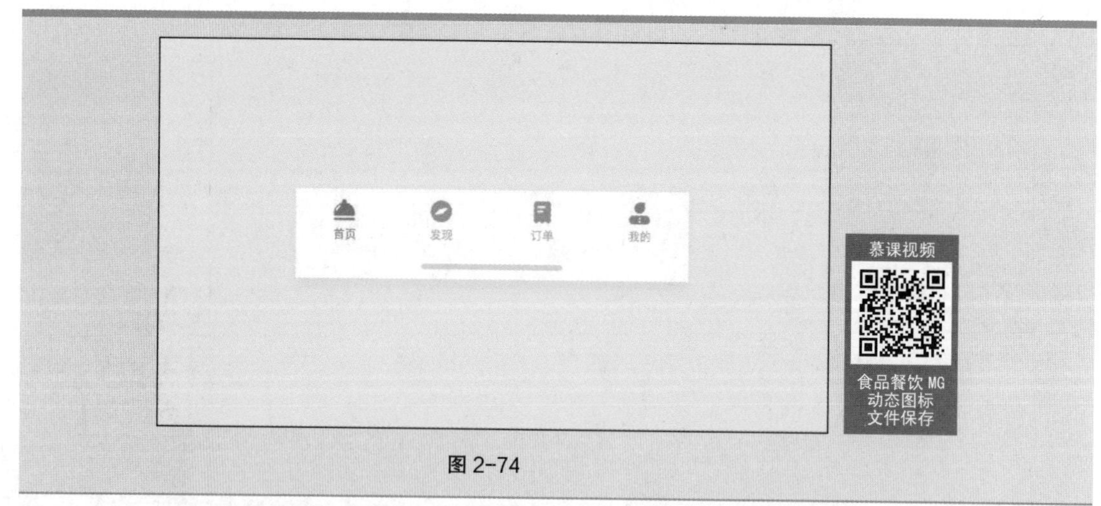

图 2-74

2.5 课后习题——食品餐饮 MG 动态图标渲染导出

【案例学习目标】学习使用“添加到 Adobe Media Encoder 队列”命令渲染导出。

【案例知识要点】使用“添加到 Adobe Media Encoder 队列”命令将制作好的动画文件进行渲染导出，效果如图 2-75 所示。

【效果所在位置】云盘 \Ch02\ 食品餐饮 MG 动态图标渲染导出 \ 最终效果 .gif。

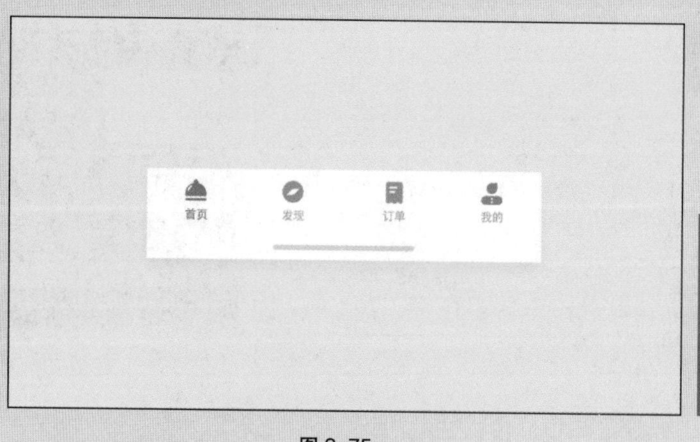

图 2-75

第 3 章

03 MG 基础动画制作

本章介绍

MG 基础动画是通过 After Effects 的常用软件功能制作的动画。熟悉基础动画制作不仅可以快速熟练掌握软件的基本操作，更能为接下来的综合项目实操打下基础。本章从实战角度对 MG 基础动画的素材导入、动画制作、文件保存以及渲染导出进行系统讲解与演练。通过对本章的学习，读者可以对 MG 基础动画有一个基本的认识，并快速掌握制作常用 MG 基础动画的方法。

学习目标

- 掌握 MG 基础动画的素材导入方法
- 掌握 MG 基础动画的制作方法
- 掌握 MG 基础动画的文件保存方法
- 掌握 MG 基础动画的渲染导出方法

3.1 课堂案例——弹性动画制作

【案例学习目标】学习使用形状工具绘制图形，使用“位置”和“缩放”属性制作动画效果，使用“缓动”命令和图表编辑器调节动画速度。

【案例知识要点】使用“矩形”工具和“椭圆”工具绘制图形，利用“位置”属性和“缩放”属性制作位置和缩放动画，单击“图表编辑器”按钮打开“动画曲线”调节动画的运动速度。弹性动画效果如图 3-1 所示。

【效果所在位置】云盘 \Ch03\ 弹性动画制作 \ 工程文件 . aep。

图 3-1

3.1.1 绘制图形

（1）按 Ctrl+N 组合键，弹出“合成设置”对话框，在“合成名称”文本框中输入“最终效果”，设置“背景颜色”为灰白色（239、239、239），其他选项的设置如图 3-2 所示，单击“确定”按钮，创建一个新的合成“最终效果”。

（2）选择“图层 > 新建 > 纯色”命令，弹出“纯色设置”对话框，在“名称”文本框中输入“背景”，将“颜色”设置为灰白色（239、239、239），单击“确定”按钮，在当前合成中建立一个新的灰白色纯色层，如图 3-3 所示。

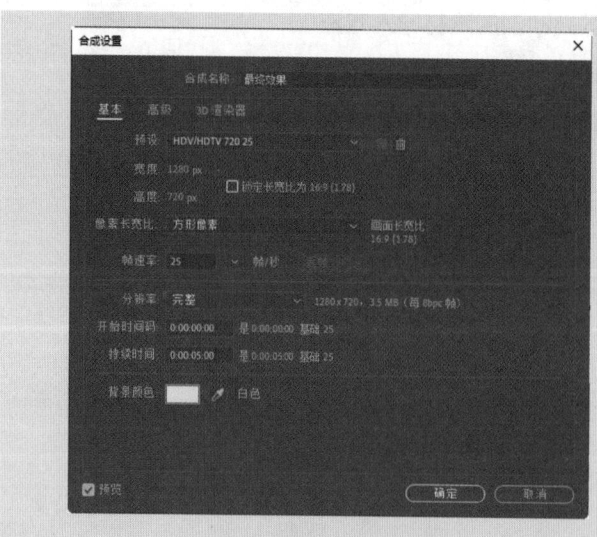

图 3-2

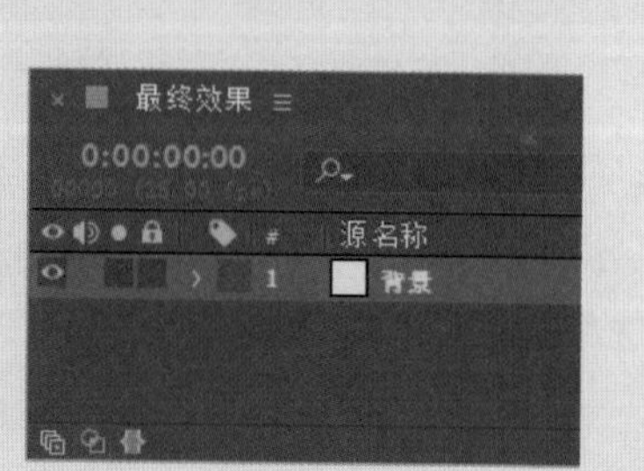

图 3-3

（3）选择“矩形”工具，在工具栏中设置“填充颜色”为黑色，“描边颜色”为白色，“描边宽度”为2像素，在“合成”面板中绘制矩形，效果如图3-4所示。在“时间轴”面板中自动生成一个“形状图层1”图层，如图3-5所示。

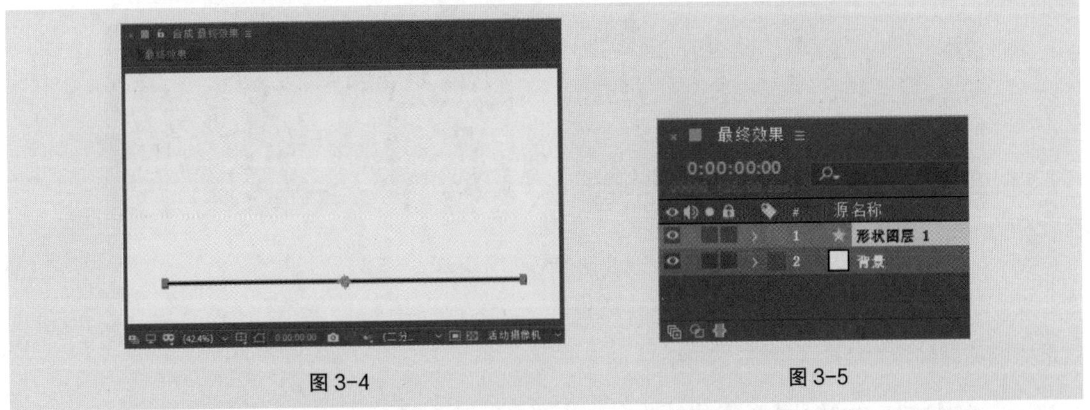

图3-4　　图3-5

（4）选择“椭圆”工具，按住Shift键的同时在“合成”面板中绘制一个圆形，并调整锚点至圆心位置，效果如图3-6所示。在“时间轴”面板中自动生成一个“形状图层2”图层，如图3-7所示。

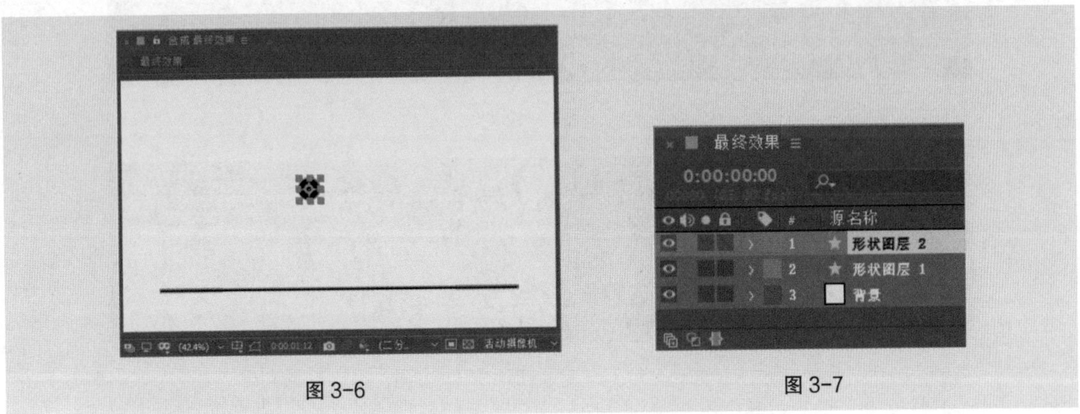

图3-6　　图3-7

3.1.2 动画制作

（1）选中“形状图层2”图层，按S键，展开“缩放”属性，设置“缩放”选项为“0.0，0.0%”，单击“缩放”选项左侧的“关键帧自动记录器”按钮，如图3-8所示，记录第1个关键帧。将时间标签放置在0:00:00:10的位置，设置“缩放”选项为“100.0，100.0%”，如图3-9所示，记录第2个关键帧。

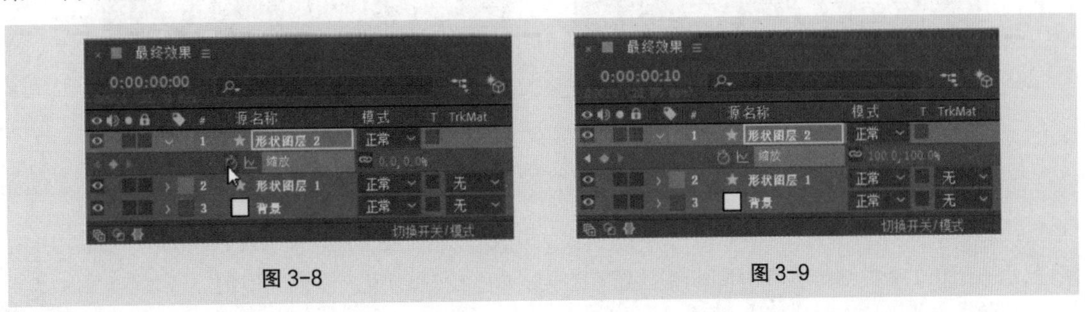

图3-8　　图3-9

（2）将时间标签放置在 0:00:04:01 的位置，单击“缩放”选项左侧的“在当前时间添加或移除关键帧”按钮，如图 3-10 所示，记录第 3 个关键帧。将时间标签放置在 0:00:04:08 的位置，设置“缩放”选项为“0.0，0.0%”，如图 3-11 所示，记录第 4 个关键帧。

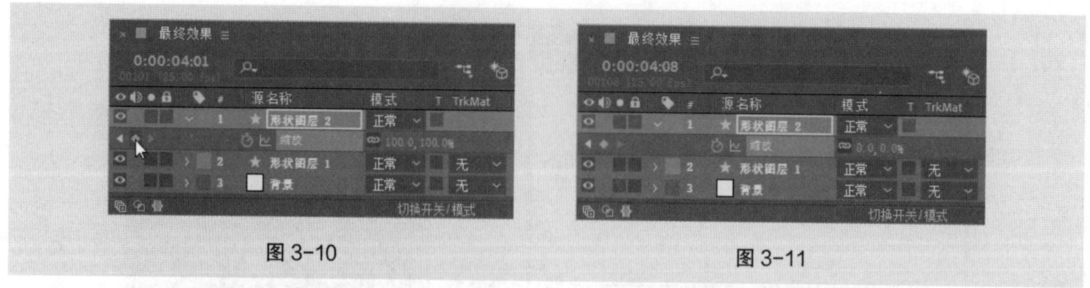

图 3-10

图 3-11

（3）在“时间轴”面板中单击“缩放”属性，选中所有关键帧，如图 3-12 所示。按 F9 键，将选中的关键帧转为缓动关键帧，如图 3-13 所示。

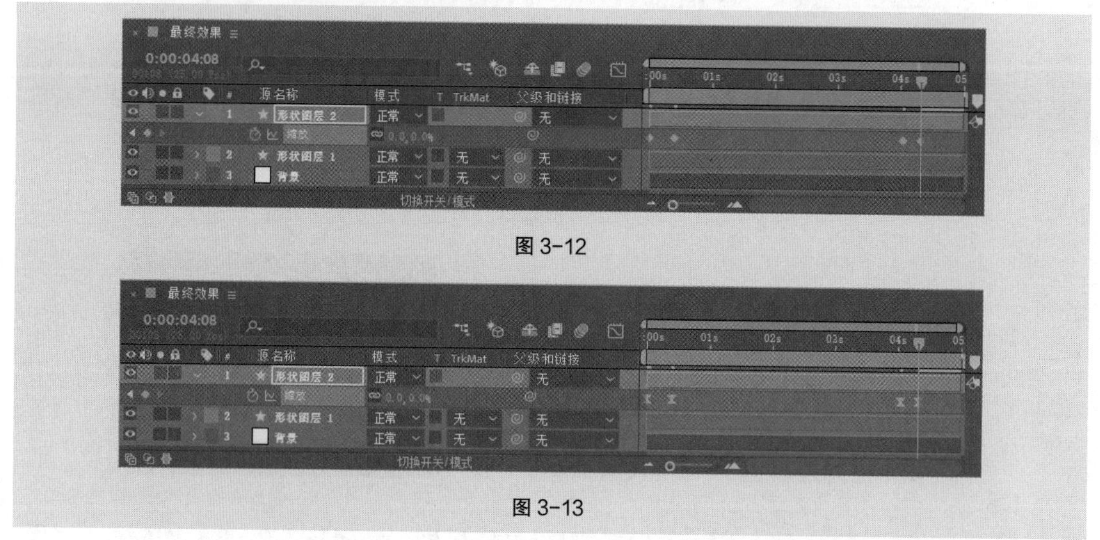

图 3-12

图 3-13

（4）将时间标签放置在 0:00:00:10 的位置，按 P 键，展开“位置”属性，设置“位置”选项为“206.0，110.0”，单击“位置”选项左侧的“关键帧自动记录器”按钮，如图 3-14 所示，记录第 1 个关键帧。将时间标签放置在 0:00:00:20 的位置，设置“位置”选项为“354.0，568.0”，如图 3-15 所示，记录第 2 个关键帧。

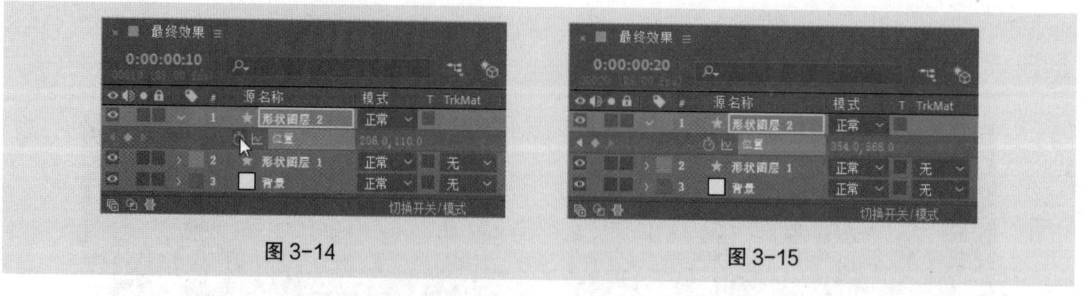

图 3-14

图 3-15

（5）将时间标签放置在 0:00:01:04 的位置，设置“位置”选项为“454.0，190.0”，如图 3-16 所示，记录第 3 个关键帧。将时间标签放置在 0:00:01:12 的位置，设置“位置”选项为“552.0，

568.0”，如图 3-17 所示，记录第 4 个关键帧。

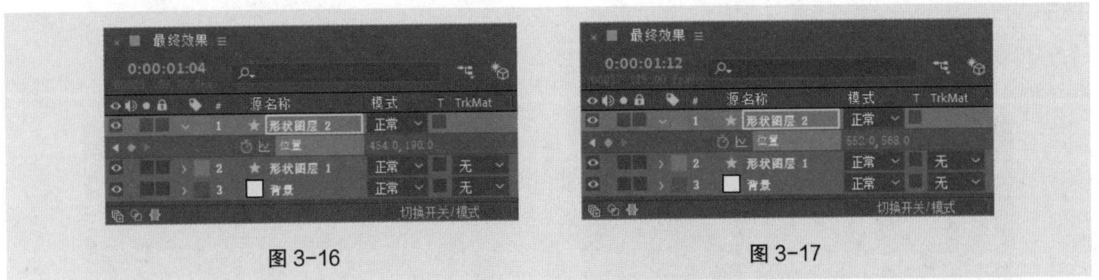

图 3-16　　图 3-17

（6）将时间标签放置在 0:00:01:20 的位置，设置“位置”选项为“628.0，260.0”，如图 3-18 所示，记录第 5 个关键帧。将时间标签放置在 0:00:02:03 的位置，设置“位置”选项为“722.0，568.0”，如图 3-19 所示，记录第 6 个关键帧。

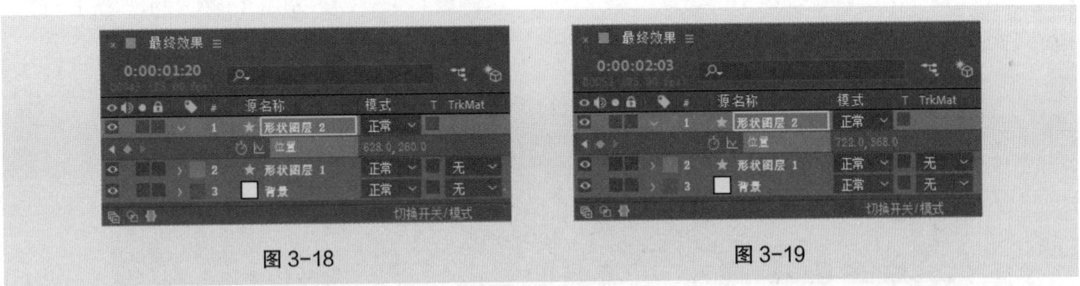

图 3-18　　图 3-19

（7）将时间标签放置在 0:00:02:11 的位置，设置“位置”选项为“790.0，346.0”，如图 3-20 所示，记录第 7 个关键帧。将时间标签放置在 0:00:02:19 的位置，设置“位置”选项为“856.0，570.0”，如图 3-21 所示，记录第 8 个关键帧。

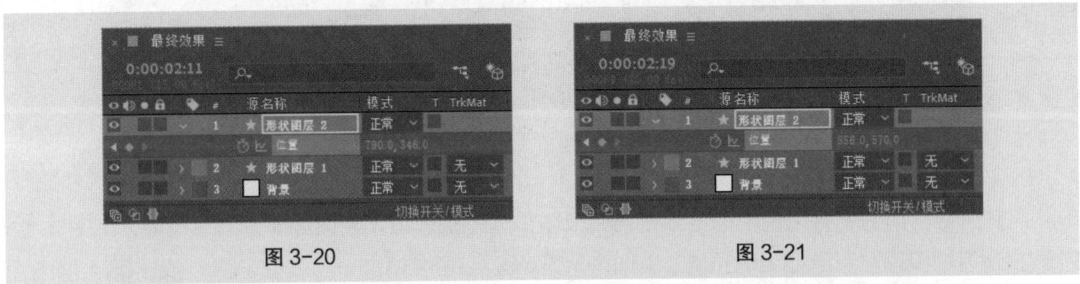

图 3-20　　图 3-21

（8）将时间标签放置在 0:00:03:02 的位置，设置“位置”选项为“902.0，418.0”，如图 3-22 所示，记录第 9 个关键帧。将时间标签放置在 0:00:03:10 的位置，设置“位置”选项为“956.0，566.0”，如图 3-23 所示，记录第 10 个关键帧。

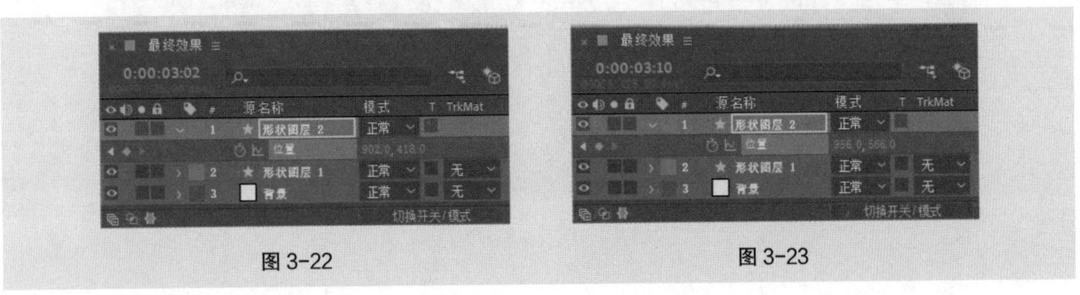

图 3-22　　图 3-23

（9）将时间标签放置在 0:00:03:18 的位置，设置“位置”选项为“994.0，476.0”，如图 3-24 所示，记录第 11 个关键帧。将时间标签放置在 0:00:04:01 的位置，设置“位置”选项为“1030.0，566.0”，如图 3-25 所示，记录第 12 个关键帧。

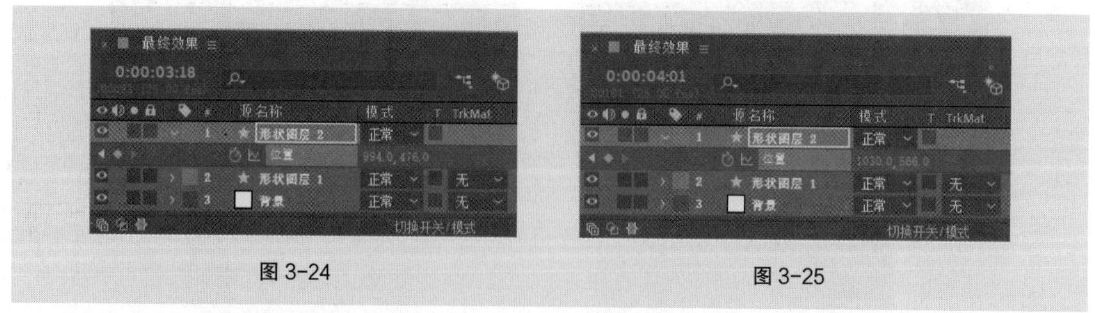

图 3-24　　图 3-25

（10）在“时间轴”面板中单击“位置”属性，选中所有关键帧，如图 3-26 所示。按 F9 键，将选中的关键帧转为缓动关键帧，如图 3-27 所示。

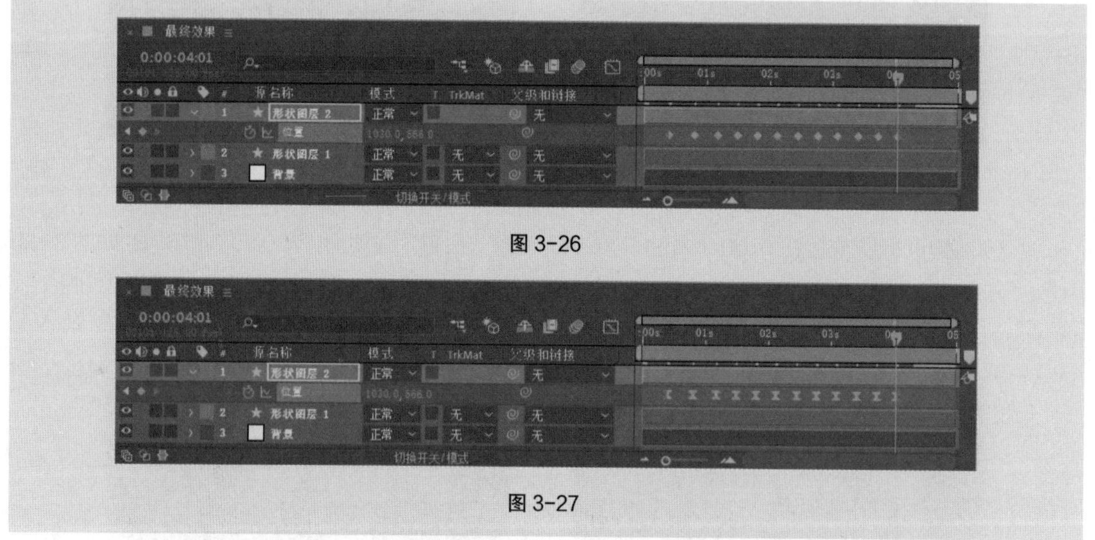

图 3-26

图 3-27

（11）在“时间轴”面板中单击“图表编辑器”按钮，进入到图表编辑器面板中，如图 3-28 所示。分别拖曳控制点到适当的位置，如图 3-29 所示。再次单击“图表编辑器”按钮，退出图表编辑器。弹性动画制作完成，效果如图 3-30 所示。

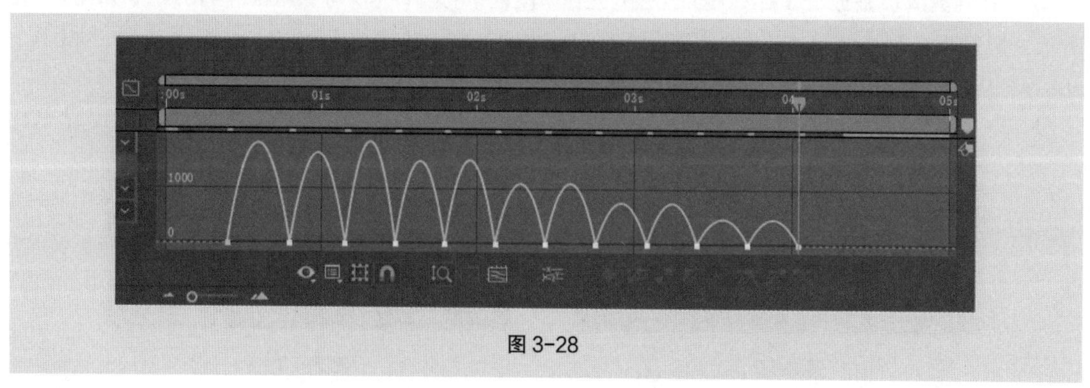

图 3-28

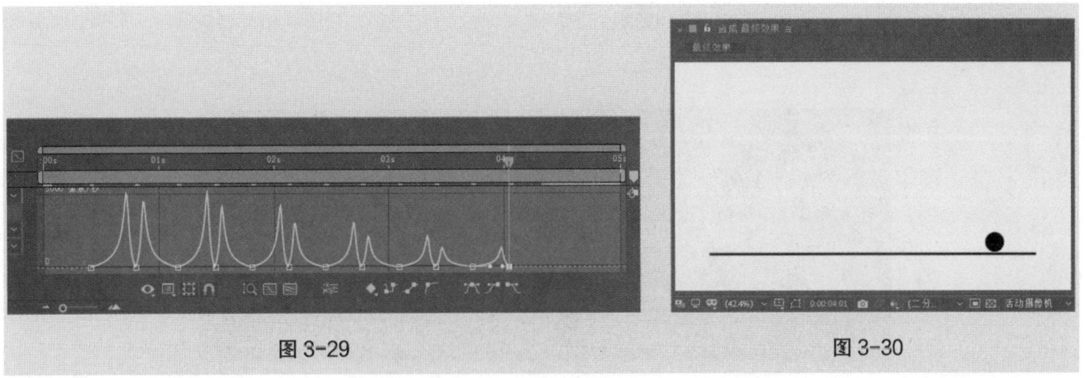

图 3-29　　　　图 3-30

3.1.3　文件保存

选择“文件 > 保存”命令，弹出“另存为”对话框，在对话框中选择要保存文件的位置，在“文件名”文本框中输入“工程文件”，其他选项的设置如图 3-31 所示，单击“保存”按钮，将文件保存。

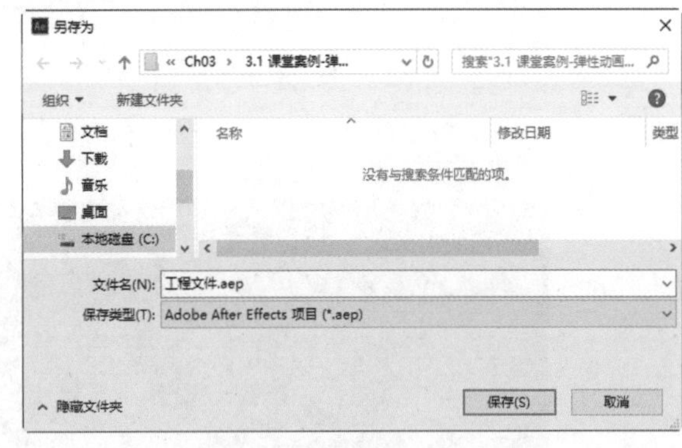

图 3-31

3.1.4　渲染导出

（1）选择“合成 > 添加到 Adobe Media Encoder 队列”命令，系统自动打开 Adobe Media Encoder 软件并将文件添加到 Adobe Media Encoder 软件“队列”面板中，如图 3-32 所示。

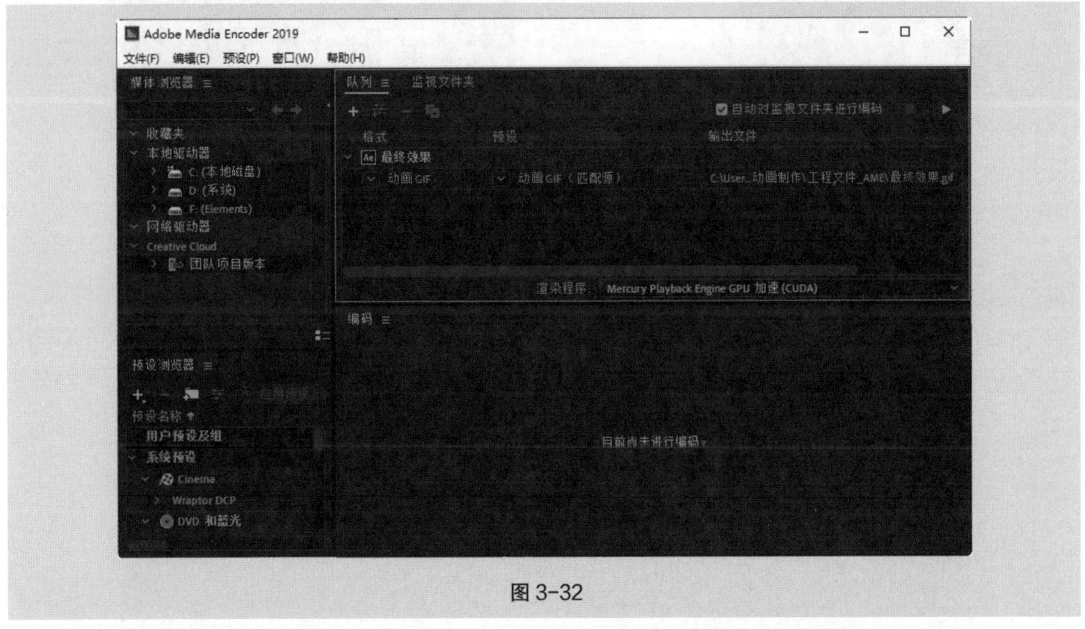

图 3-32

提示：若未安装 Adobe Media Encoder 软件，请根据 After Effects 软件提示，进行下载安装，或直接参考 2.2.6 节渲染导出的方法 1 进行导出。

（2）单击“格式”选项组中的按钮，在弹出的列表中选择“动画 GIF”选项，其他选项的设置如图 3-33 所示。

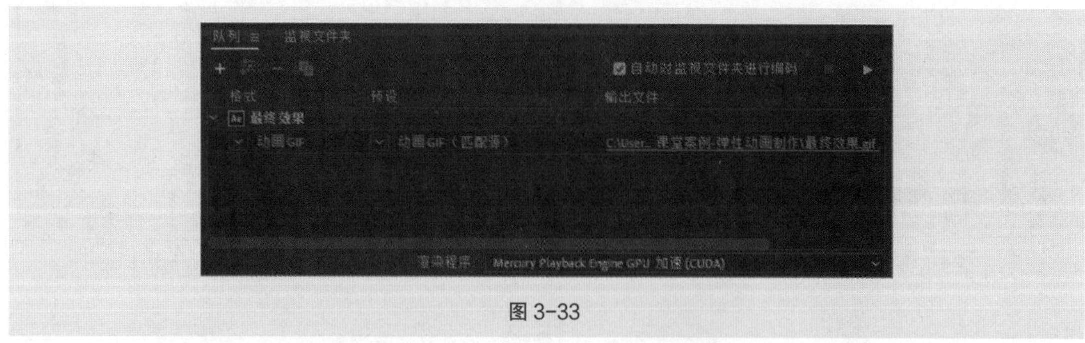

图 3-33

（3）设置完成后单击“队列”面板中的“启动队列”按钮，进行文件渲染，如图 3-34 所示。

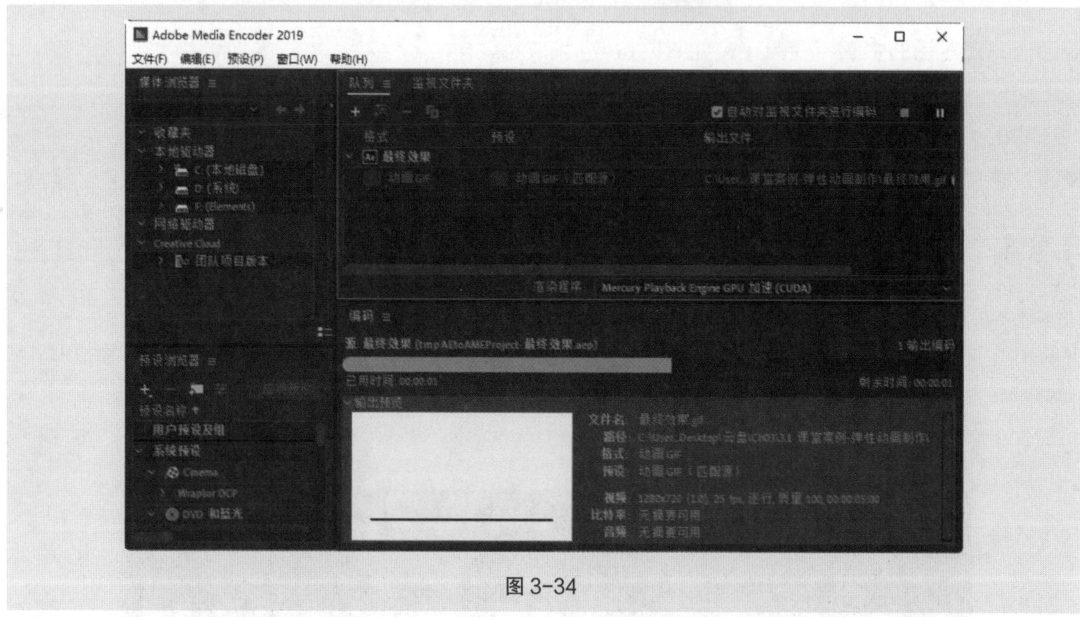

图 3-34

（4）渲染完成后在输出文件位置可以看到 GIF 动画文件，如图 3-35 所示。

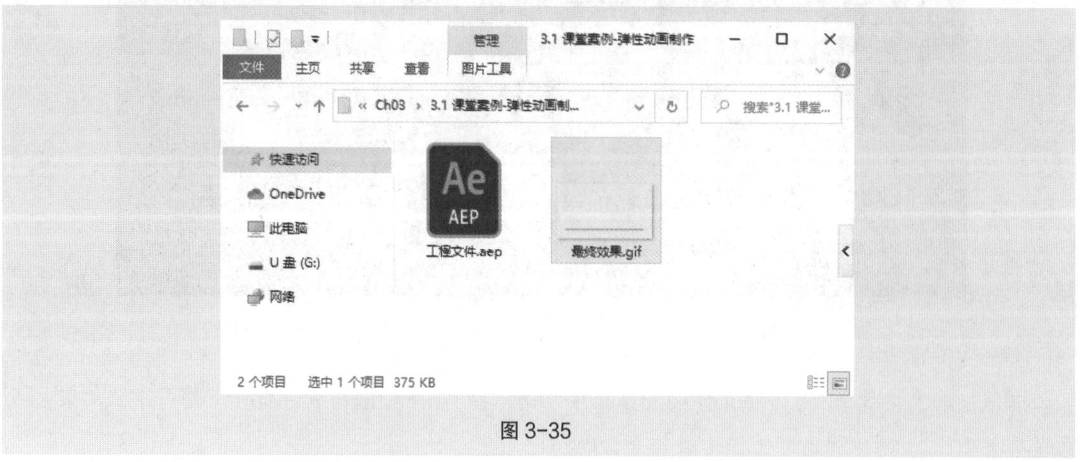

图 3-35

3.2 课堂案例——切换动画制作

【案例学习目标】学习使用钢笔工具绘制图形，使用蒙版工具制作蒙版动画，使用锚点固定轴点。

【案例知识要点】使用“导入”命令导入素材，使用钢笔工具绘制图形，使用椭圆工具创建蒙版动画，使用“向后平移（锚点）工具”按钮调整锚点的位置。切换动画效果如图 3-36 所示。

【效果所在位置】云盘 \Ch03\ 切换动画制作 \ 工程文件 . aep。

图 3-36

3.2.1 导入素材

选择“文件 > 导入 > 文件”命令，在弹出的“导入文件”对话框中，选择云盘中的“Ch03\ 切换动画制作 \ 素材 \01.jpg、02.jpg、03.png ~ 05.png”文件，如图 3-37 所示，单击“导入”按钮，将文件导入“项目”面板中，如图 3-38 所示。

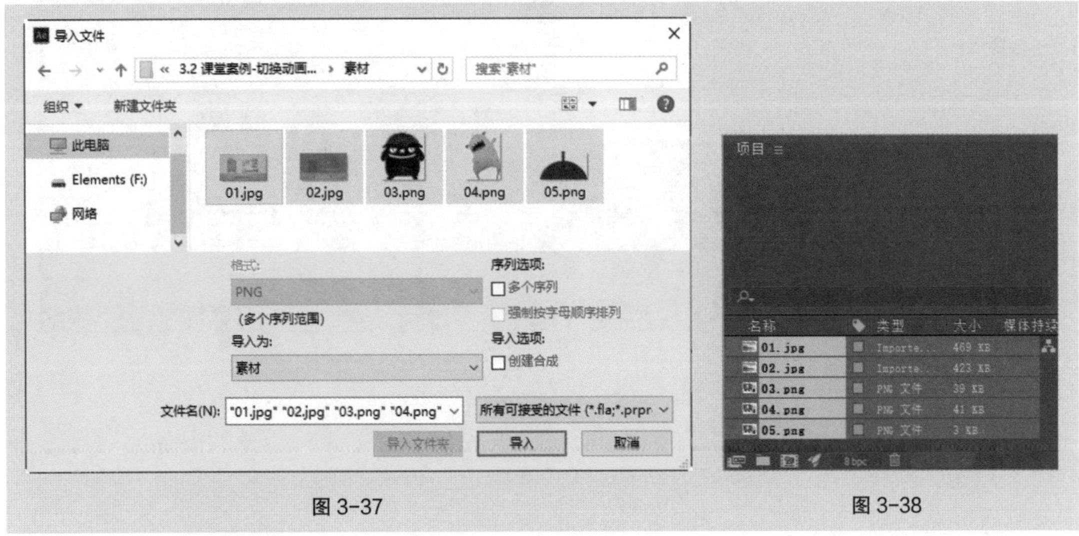

图 3-37　　图 3-38

3.2.2 动画制作

1. 创建“白天”和“黑夜”合成

（1）按 Ctrl+N 组合键，弹出“合成设置”对话框，在“合成名称”文本框中输入“白天”，设置“背景颜色”为黑色，其他选项的设置如图 3-39 所示，单击“确定”按钮，创建一个新的合成“白天”。

（2）按住 Ctrl 键的同时在“项目”面板中选中“01.jpg”和“04.png”文件，并将其拖曳到“时间轴”面板中，图层排列如图 3-40 所示。

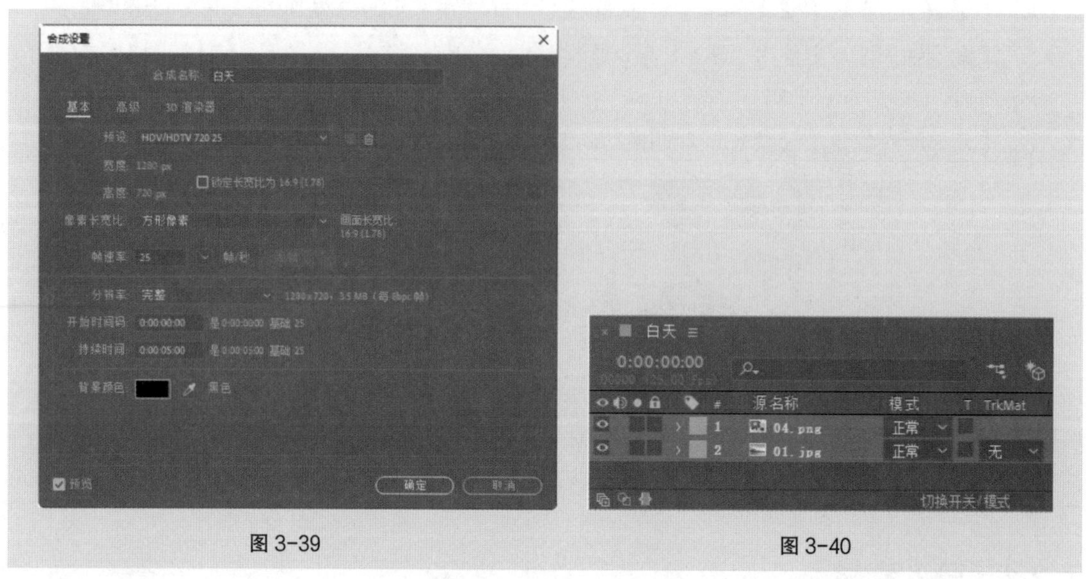

图 3-39　　图 3-40

（3）选中“04.png”图层，按 P 键，展开“位置”属性，设置“位置”选项为“571.0，441.8”，如图 3-41 所示。“合成”面板中的效果如图 3-42 所示。

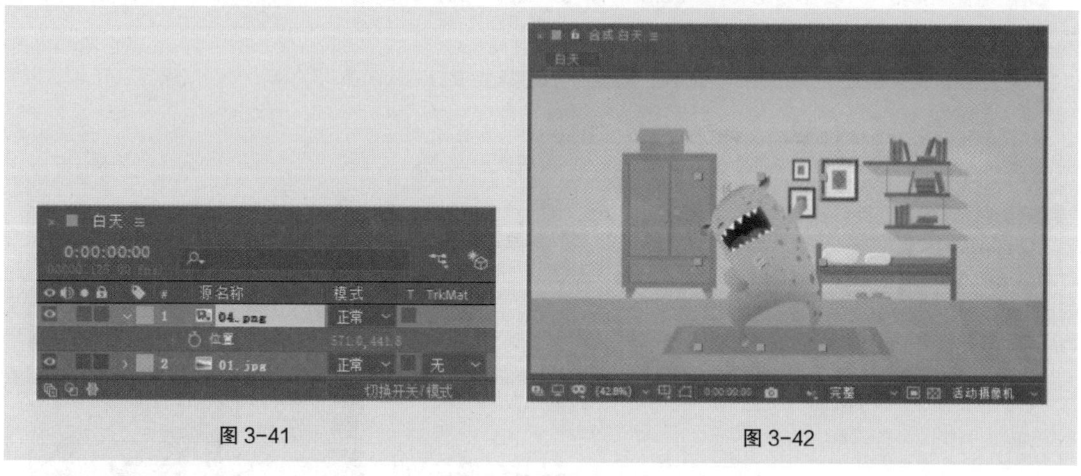

图 3-41　　图 3-42

（4）按 Ctrl+N 组合键，弹出“合成设置”对话框，在“合成名称”文本框中输入“黑夜”，设置“背景颜色”为黑色，其他选项的设置如图 3-43 所示，单击“确定”按钮，创建一个新的合成“黑夜”。

（5）按住 Ctrl 键的同时在“项目”面板中选中“02.jpg”和“03.png”文件，并将其拖曳到“时间轴”面板中，图层排列如图 3-44 所示。

（6）选中“03.png”图层，按 P 键，展开“位置”属性，设置“位置”选项为“606.3，456.2”，如图 3-45 所示。“合成”面板中的效果如图 3-46 所示。

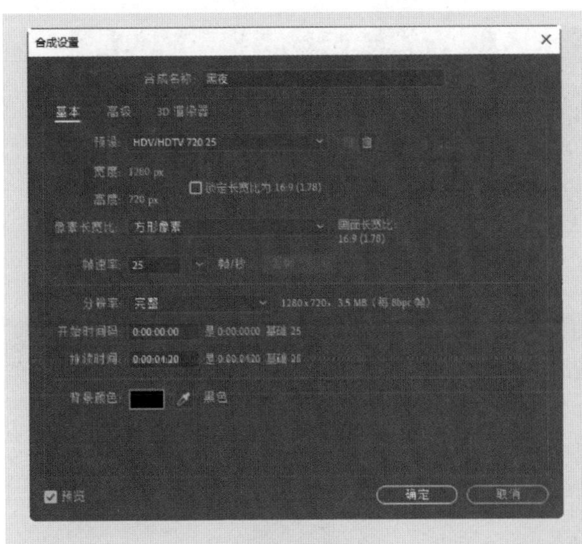

图 3-43

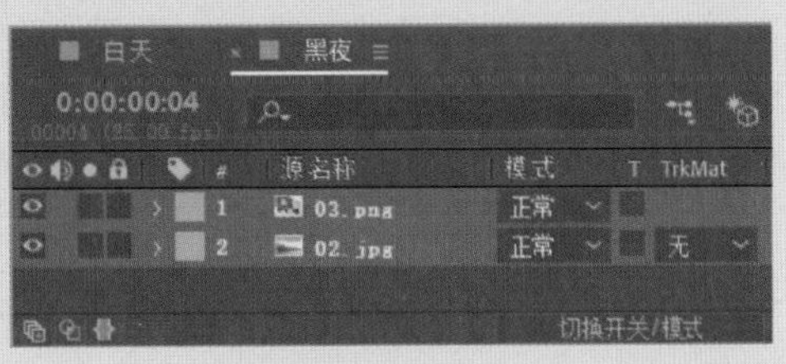

图 3-44

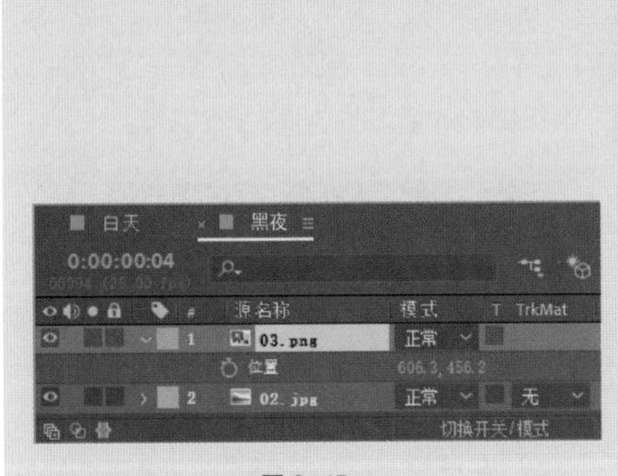

图 3-45

图 3-46

2. 制作转换动画

（1）按 Ctrl+N 组合键，弹出“合成设置”对话框，在“合成名称”文本框中输入“动画”，设置“背景颜色”为黑色，其他选项的设置如图 3-47 所示，单击“确定”按钮，创建一个新的合成“动画”。

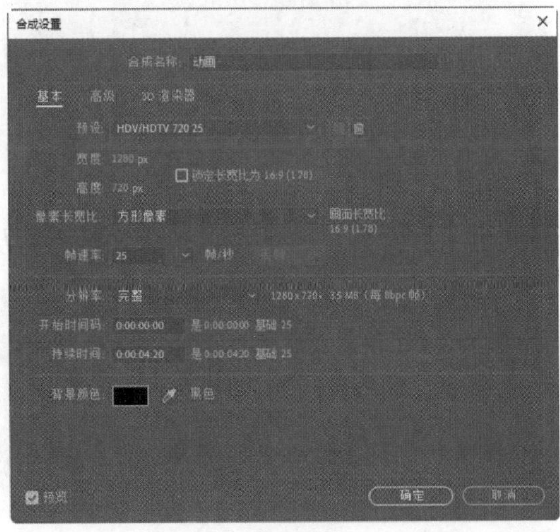

图 3-47

（2）在“项目”面板中选中“白天”合成、“黑夜”合成和“05.png”文件，并将其拖曳到“时间轴”面板中，图层排列如图 3-48 所示。

（3）选中“05.png”图层，按 P 键，展开“位置”属性，设置“位置”选项为“627.0，45.7”，如图 3-49 所示。“合成”面板中的效果如图 3-50 所示。

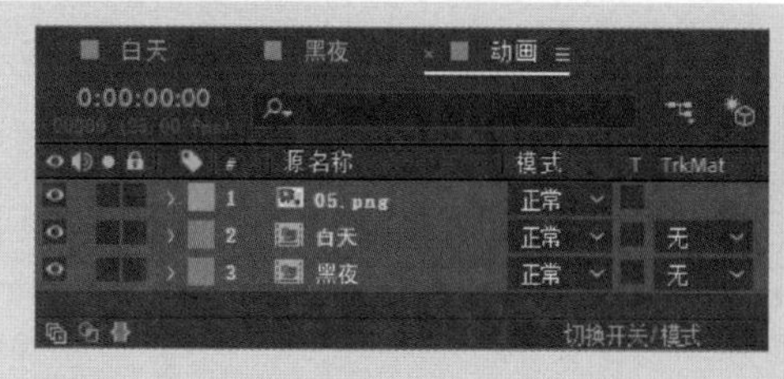

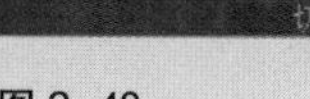

图 3-48

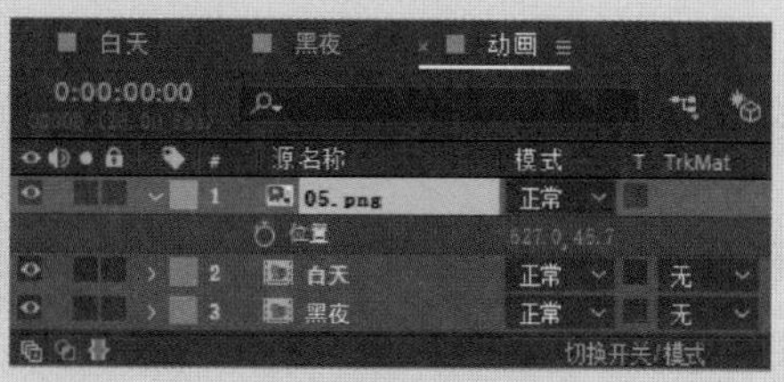

图 3-49

（4）选择“向后平移（锚点）工具”按钮，在“合成”面板中按住鼠标左键，调整灯罩的中心点至上边线的中心位置，如图 3-51 所示。

（5）在“时间轴”面板的空白区域单击鼠标，取消图层的选择。选择“钢笔”工具，在工具栏中设置“填充颜色”为黄色（255、252、0），“描边宽度”为 0 像素，在“合成”面板中绘制图形，效果如图 3-52 所示。在“时间轴”面板中自动生成“形状图层 1”图层。

图 3-50

（6）在“时间轴”面板中拖曳“形状图层 1”图层至“05.png”图层的下方。将“白天”图层的“轨道遮罩”选项设置为“Alpha 遮罩‘形状图层 1’”，如图 3-53 所示。自动隐藏“形状图层 1”图层，“合成”面板中的效果如图 3-54 所示。

图 3-51

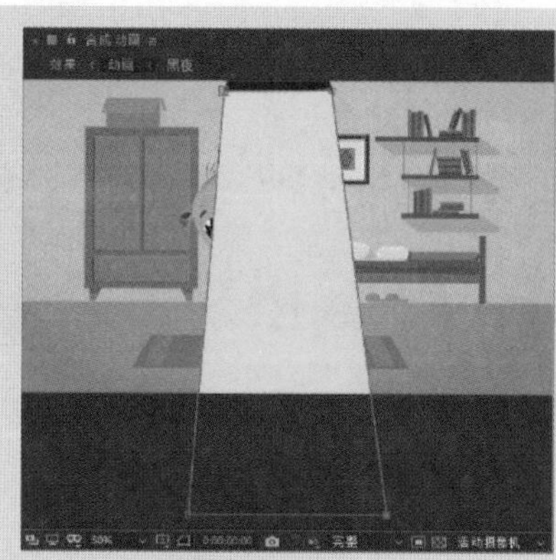

图 3-52

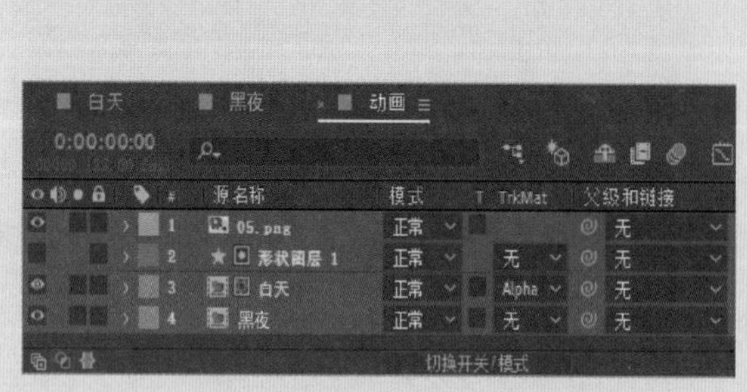

图 3-53

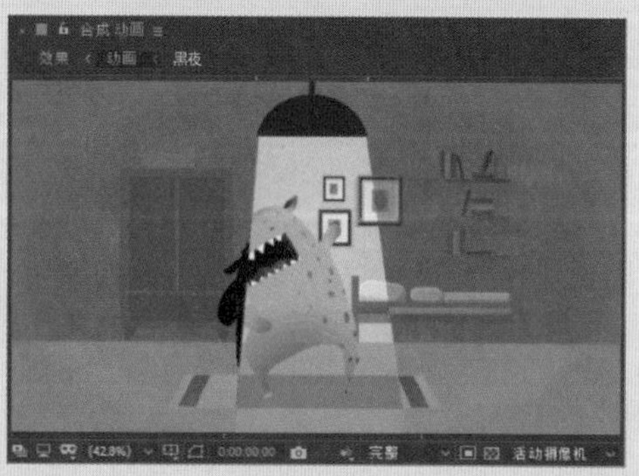

图 3-54

（7）将“形状图层 1”图层的“父集和链接”选项设置为“1.05.png”，如图 3–55 所示。选中“05.png”图层，按 R 键，展开“旋转”属性，如图 3–56 所示。

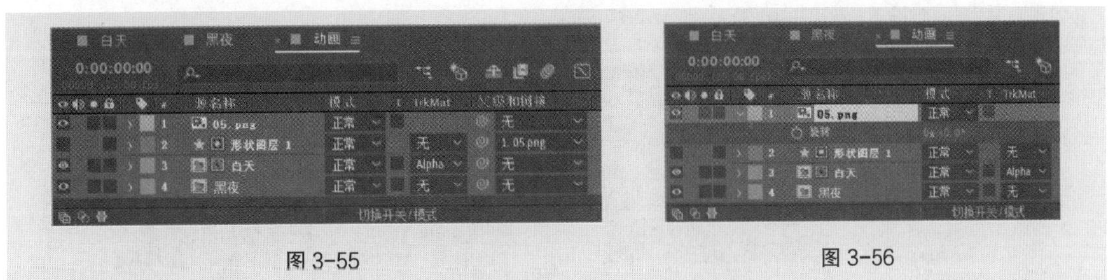

图 3–55　　图 3–56

（8）单击“旋转”选项左侧的“关键帧自动记录器”按钮，如图 3–57 所示，记录第 1 个关键帧。将时间标签放置在 0:00:00:15 的位置，设置“旋转”选项为 0x+47.0° ，如图 3–58 所示，记录第 2 个关键帧。

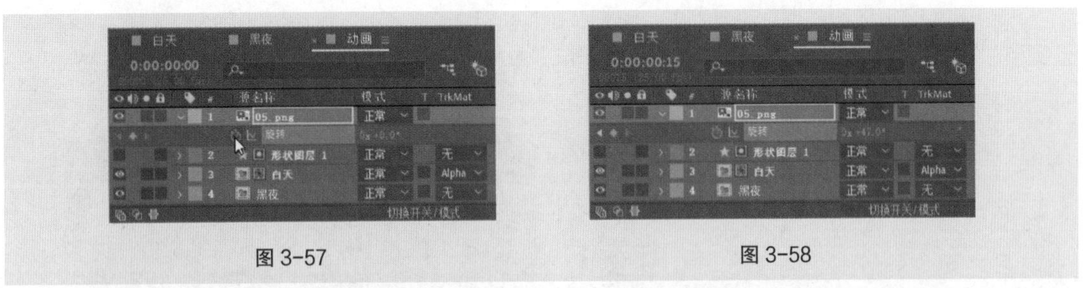

图 3–57　　图 3–58

（9）将时间标签放置在 0:00:01:05 的位置，设置“旋转”选项为 0x+0.0°，如图 3–59 所示，记录第 3 个关键帧。将时间标签放置在 0:00:01:20 的位置，设置“旋转”选项为 0x−43.0°，如图 3–60 所示，记录第 4 个关键帧。

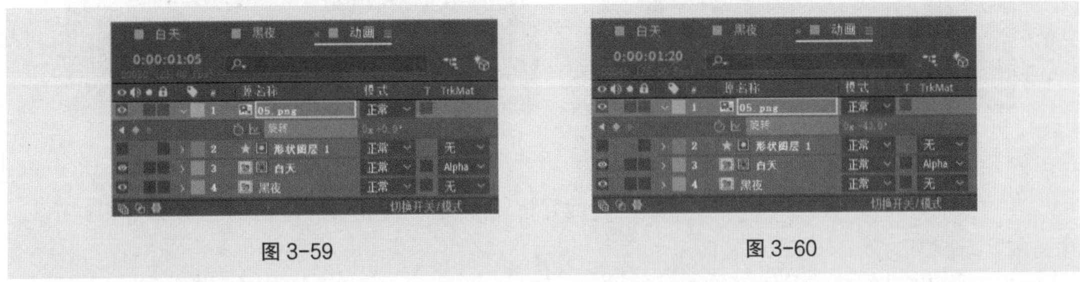

图 3–59　　图 3–60

（10）将时间标签放置在 0:00:02:10 的位置，设置“旋转”选项为 0x+0.0°，如图 3–61 所示，记录第 5 个关键帧。将时间标签放置在 0:00:02:24 的位置，设置“旋转”选项为 0x+47.0°，如图 3–62 所示，记录第 6 个关键帧。

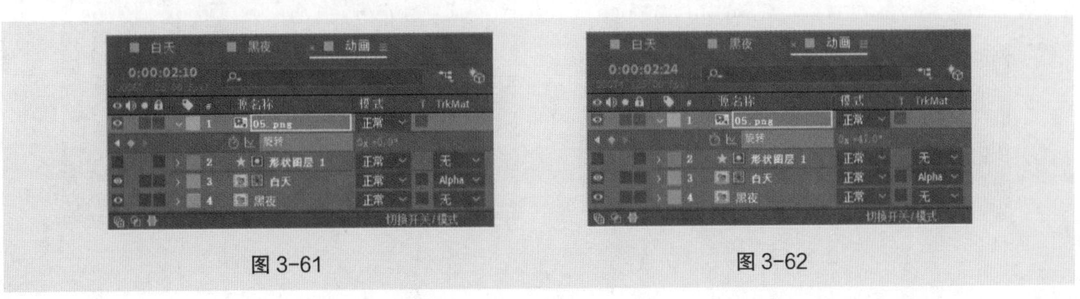

图 3–61　　图 3–62

（11）将时间标签放置在0:00:03:14的位置，设置“旋转”选项为0x+0.0°，如图3-63所示，记录第7个关键帧。将时间标签放置在0:00:04:04的位置，设置“旋转”选项为0x−43.0°，如图3-64所示，记录第8个关键帧。

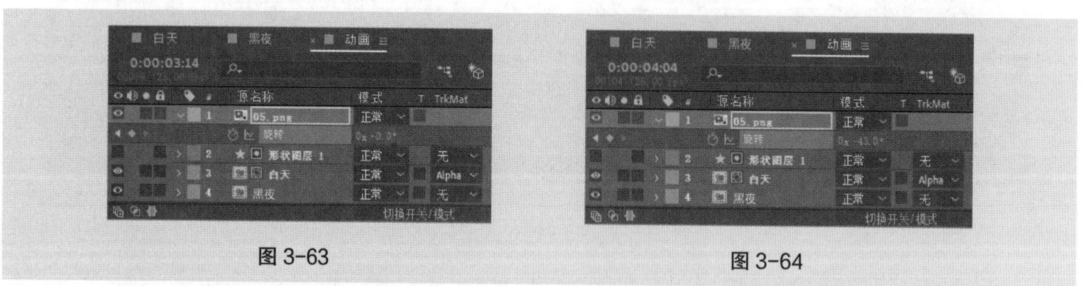

图 3-63　　图 3-64

（12）将时间标签放置在0:00:04:20的位置，设置“旋转”选项为0x+0.0°，如图3-65所示，记录第9个关键帧。

（13）按Ctrl+N组合键，弹出“合成设置”对话框，在“合成名称”文本框中输入“效果”，设置“背景颜色”为黑色，其他选项的设置如图3-66所示，单击“确定”按钮，创建一个新的合成“效果”。

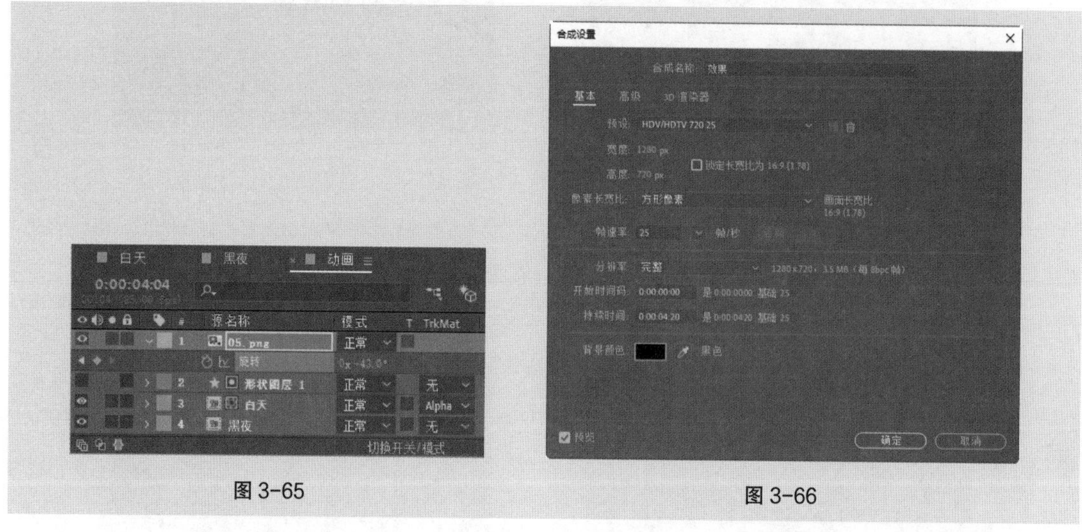

图 3-65　　图 3-66

（14）在“项目”面板中选中“动画”合成并将其拖曳到“时间轴”面板中，如图3-67所示。“合成”面板中的效果如图3-68所示。

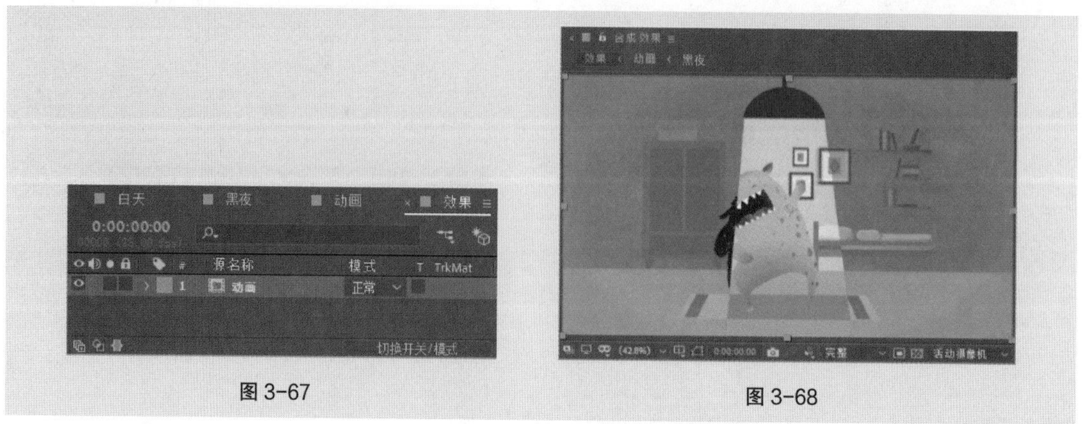

图 3-67　　图 3-68

（15）选中“动画”图层，选择“椭圆”工具，按住 Shift 键的同时在“合成”面板中绘制一个圆形，按 M 键两次展开“蒙版”属性。单击“蒙版路径”选项左侧的“关键帧自动记录器”按钮，如图 3-69 所示，记录第 1 个“蒙版路径”关键帧。

（16）将时间标签放置在 0:00:00:20 的位置，选择“图层 > 蒙版和形状路径 > 自由变换点”命令，在圆形蒙版的周围出现控制框，按住 Ctrl+Shift 组合键的同时，拖曳控制框的右下方控制点到适当的位置，缩放圆形蒙版大小，效果如图 3-70 所示。切换动画制作完成。

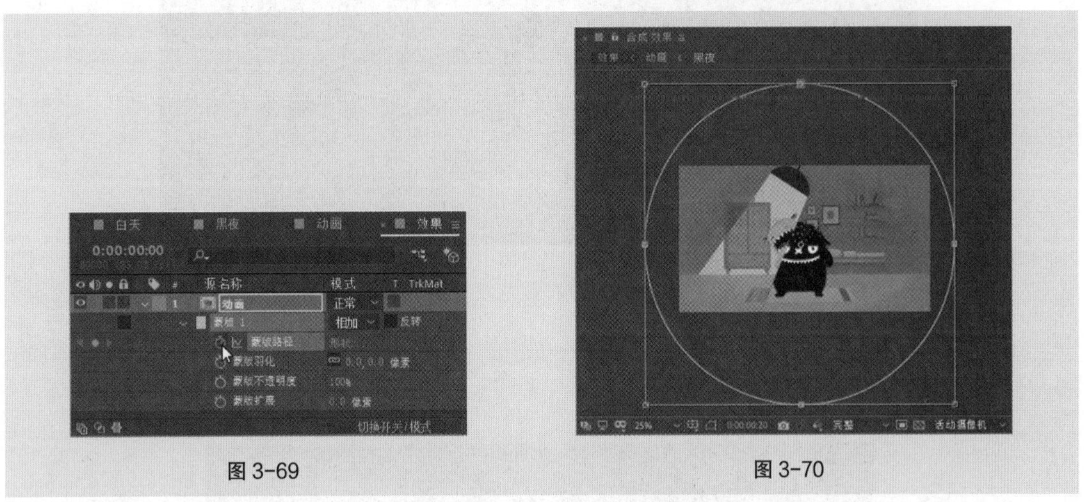

图 3-69　　　　图 3-70

3.2.3 文件保存

选择“文件 > 保存”命令，弹出“另存为”对话框，在对话框中选择要保存文件的位置，在“文件名”文本框中输入“工程文件”，其他选项的设置如图 3-71 所示，单击“保存”按钮，将文件保存。

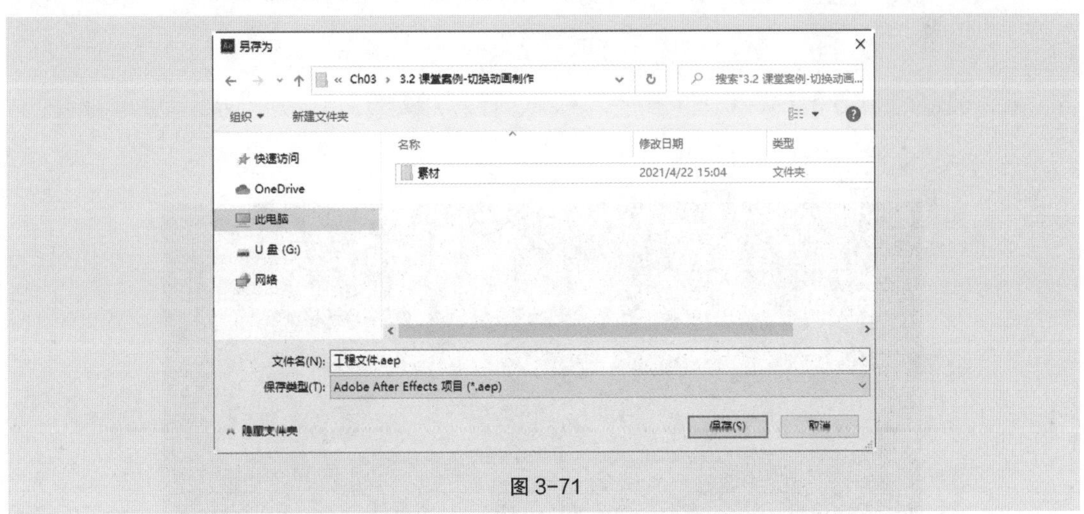

图 3-71

3.2.4 渲染导出

（1）选择“合成 > 添加到 Adobe Media Encoder 队列”命令，系统自动打开 Adobe Media Encoder 软件并将文件添加到 Adobe Media Encoder 软件“队列”面板中，如图 3-72 所示。

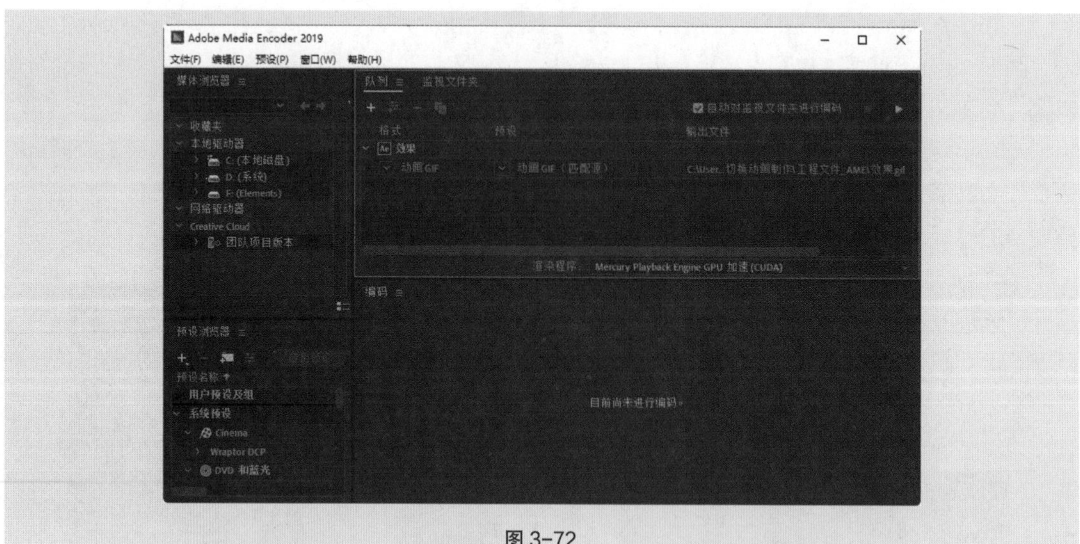

图 3-72

（2）单击“格式”选项组中的按钮，在弹出的列表中选择“动画 GIF”选项，其他选项的设置如图 3-73 所示。

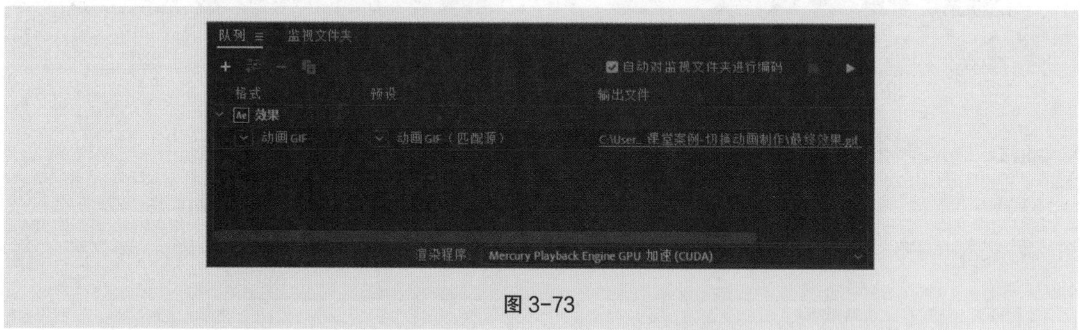

图 3-73

（3）设置完成后单击“队列”面板中的“启动队列”按钮，进行文件渲染，如图 3-74 所示。

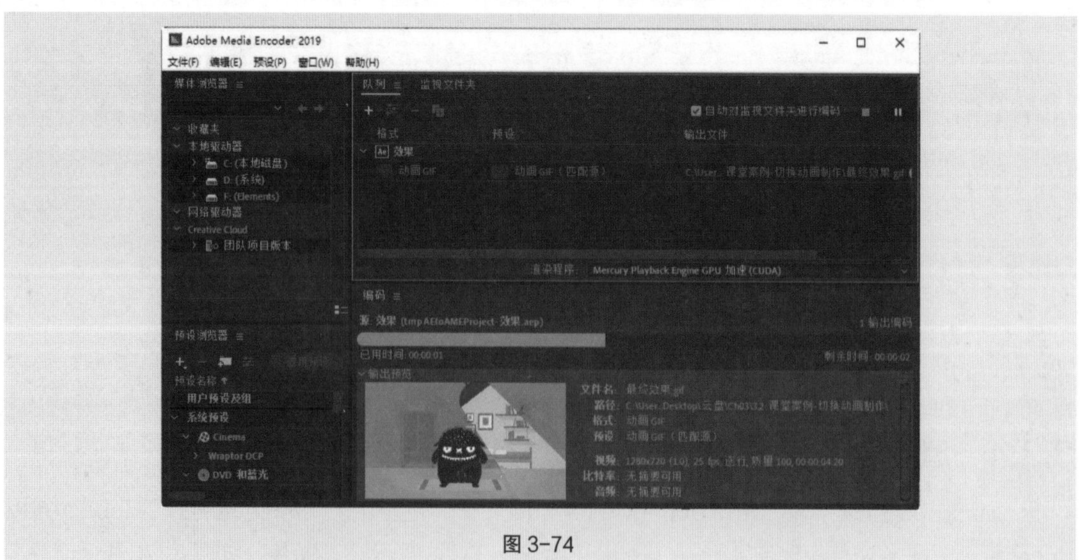

图 3-74

（4）渲染完成后在输出文件位置可以看到 GIF 动画文件，如图 3-75 所示。

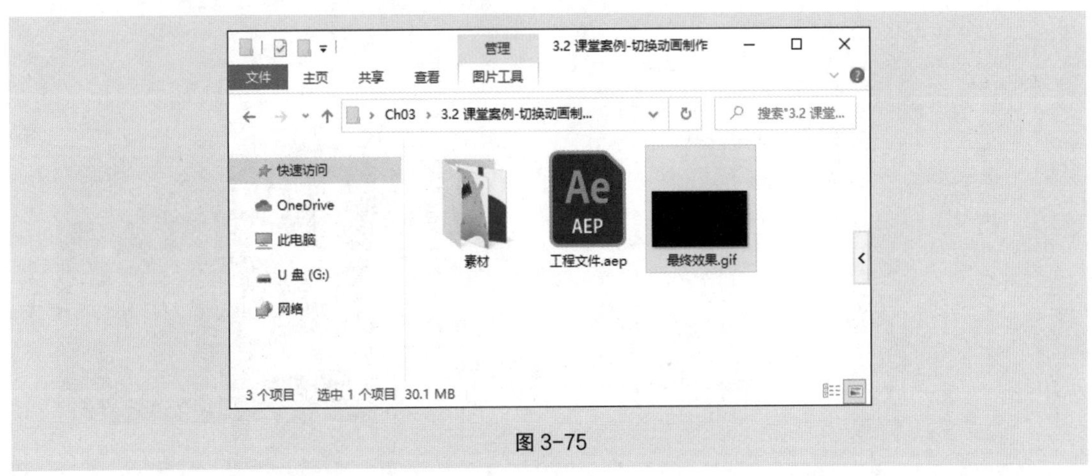

图 3-75

3.3 课堂案例——飞行动画制作

【案例学习目标】学习使用“3D 图层”及“父集和链接”属性制作动画效果。

【案例知识要点】使用“导入”命令导入素材，使用“3D 图层”属性制作飞机动画效果，使用“父集和链接”选项制作动画效果。飞行动画效果如图 3-76 所示。

【效果所在位置】云盘 \Ch03\ 飞行动画制作 \ 工程文件 . aep。

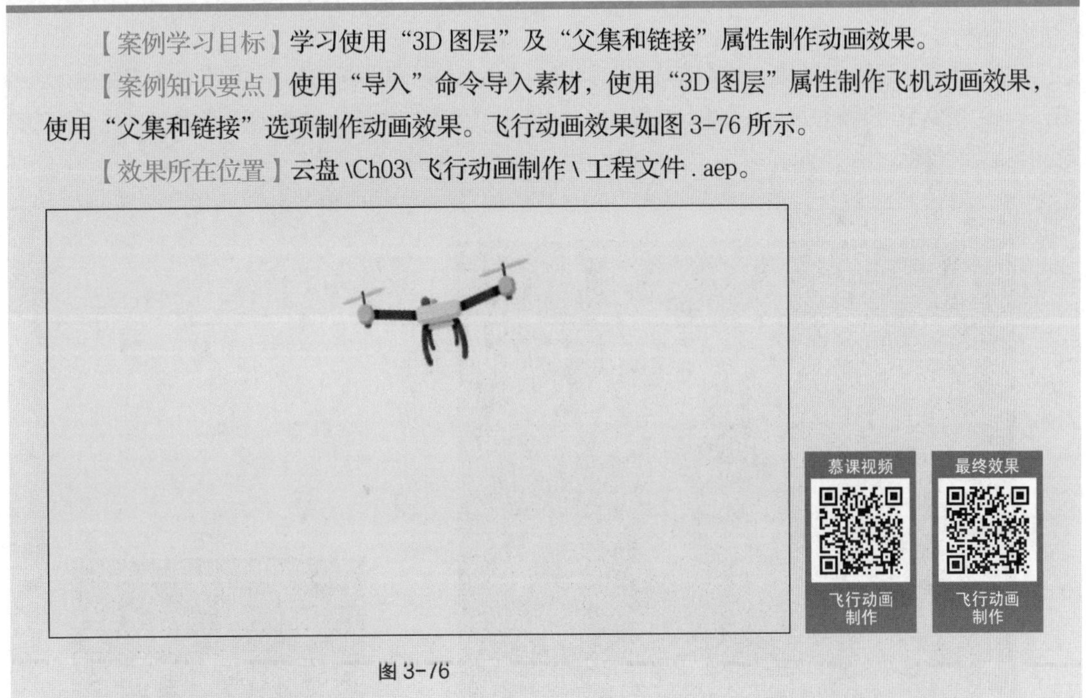

图 3-76

3.3.1 导入素材

选择“文件 > 导入 > 文件”命令，在弹出的“导入文件”对话框中，选择云盘中的“Ch03\ 飞行动画制作 \ 素材 \01.png 和 02.png”文件，如图 3-77 所示，单击“导入”按钮，将文件导入“项目”面板中，如图 3-78 所示。

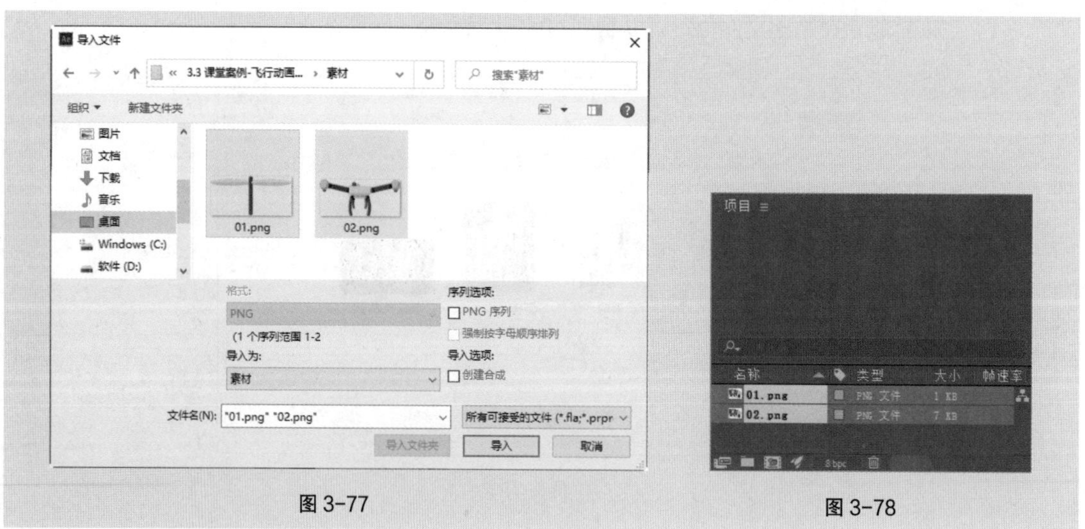

图 3-77　　图 3-78

3.3.2　动画制作

（1）按 Ctrl+N 组合键，弹出"合成设置"对话框，在"合成名称"文本框中输入"最终效果"，设置"背景颜色"为黑色，其他选项的设置如图 3-79 所示，单击"确定"按钮，创建一个新的合成"最终效果"。

（2）选择"图层 > 新建 > 纯色"命令，弹出"纯色设置"对话框，在"名称"文本框中输入"背景"，将"颜色"设置为黄色（255、252、0），单击"确定"按钮，在当前合成中建立一个新的黄色纯色层，如图 3-80 所示。

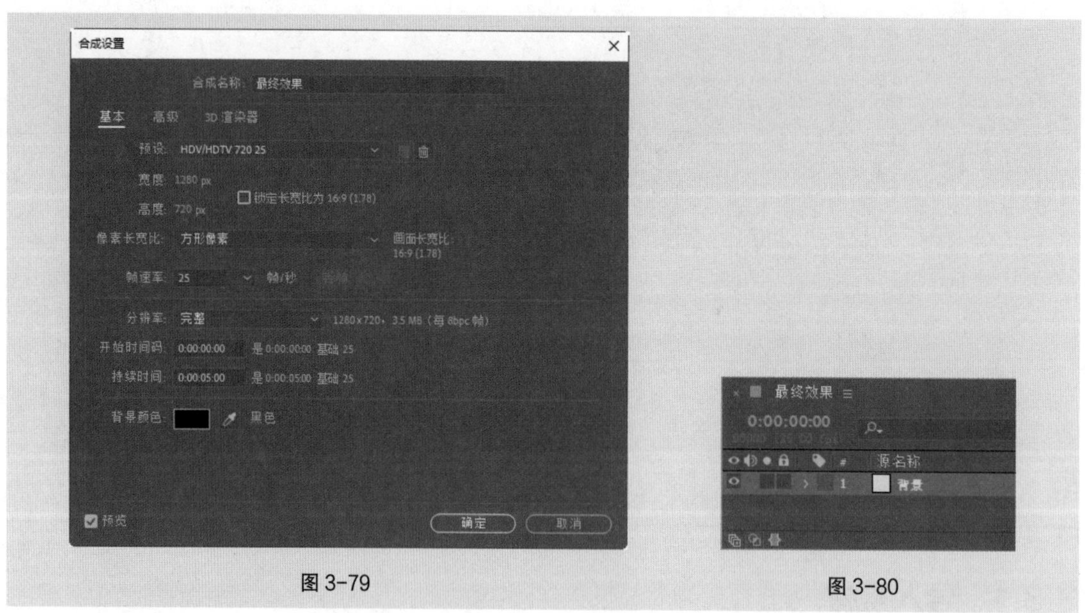

图 3-79　　图 3-80

（3）在"项目"面板中选中"01.png"和"02.png"文件，并将其拖曳到"时间轴"面板中，图层排列如图 3-81 所示。选中"01.png"图层，按 P 键，展开"位置"属性，设置"位置"选项为"470.0，264.0"，如图 3-82 所示。

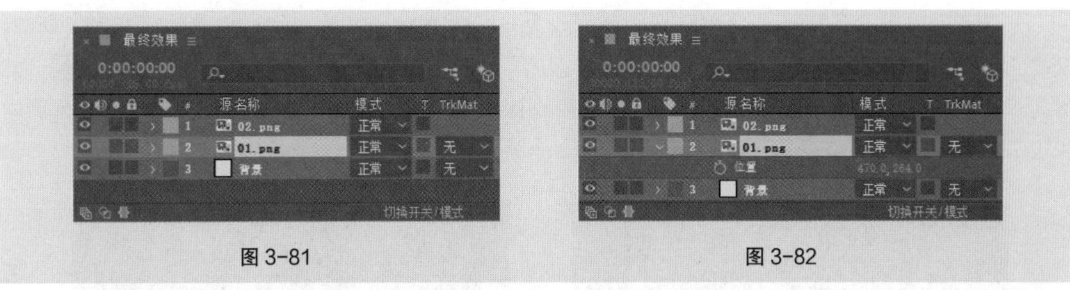

图 3-81　　图 3-82

（4）将“01.png”图层的“父集和链接”选项设置为“1.02.png”，如图 3-83 所示。单击“01.png”层右侧的“3D 图层”按钮，打开三维属性，如图 3-84 所示。

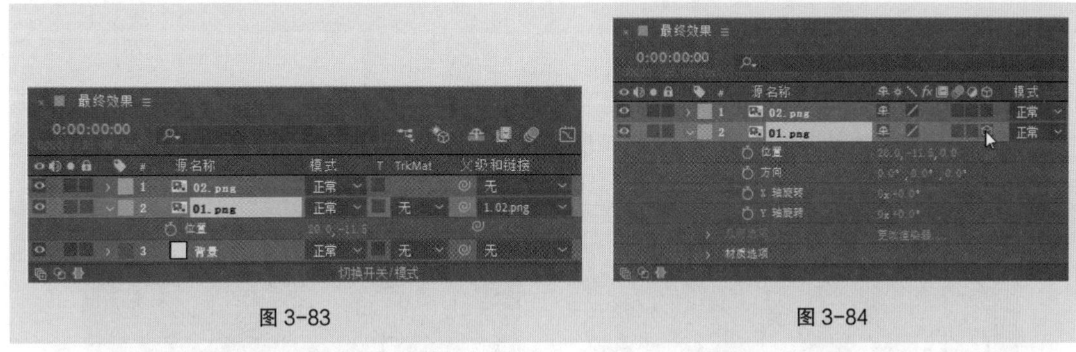

图 3-83　　图 3-84

（5）单击“Y 轴旋转”选项左侧的“关键帧自动记录器”按钮，如图 3-85 所示，记录第 1 个关键帧。将时间标签放置在 0:00:04:24 的位置，设置“Y 轴旋转”选项的数值为 20x+0.0°，如图 3-86 所示，记录第 2 个关键帧。

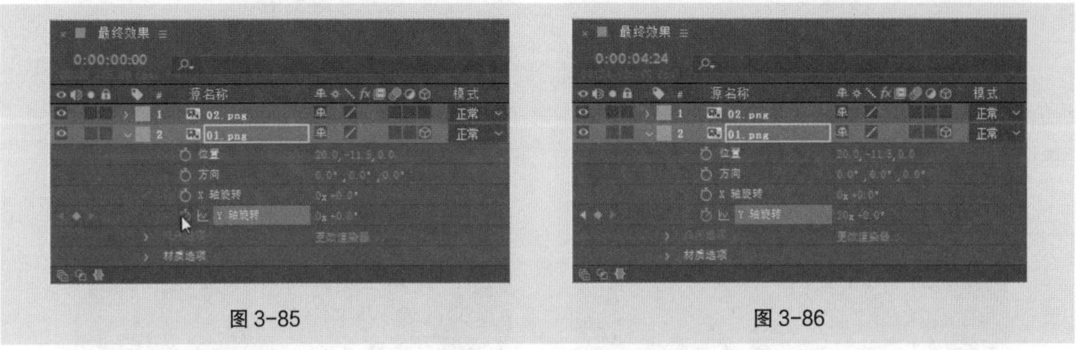

图 3-85　　图 3-86

（6）选中“01.png”图层，按 Ctrl+D 组合键，复制图层，效果如图 3-87 所示。选中复制的图层，按 P 键，展开“位置”属性，设置“位置”选项为“359.0，-11.5，0.0”，如图 3-88 所示。

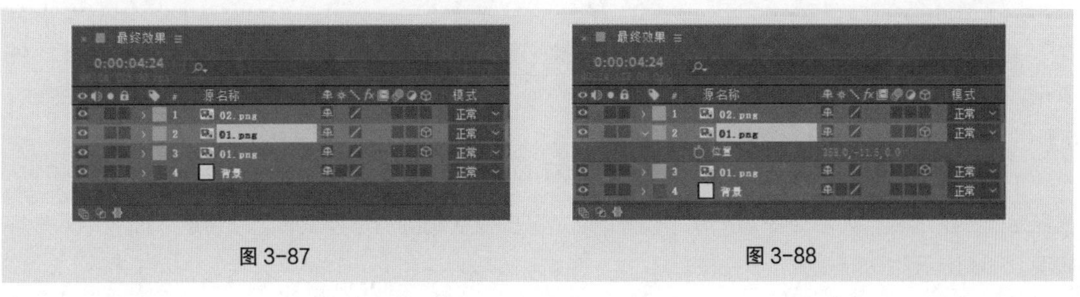

图 3-87　　图 3-88

（7）将时间标签放置在0:00:00:00的位置，选中“02.png”图层，按S键，展开“缩放”属性，设置“缩放”选项为“50.0，50.0%”，单击“缩放”选项左侧的“关键帧自动记录器”按钮，如图3-89所示，记录第1个关键帧。将时间标签放置在0:00:04:24的位置，设置“缩放”选项为“120.0，120.0%”，如图3-90所示，记录第2个关键帧。

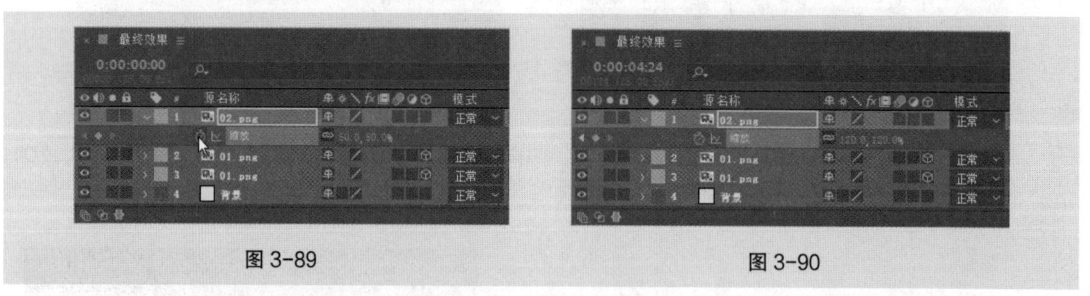

图3-89　图3-90

（8）将时间标签放置在0:00:00:00的位置，按P键，展开“位置”属性，设置“位置”选项为“312.0，-85.0”，单击“位置”选项左侧的“关键帧自动记录器”按钮，如图3-91所示，记录第1个关键帧。将时间标签放置在0:00:01:00的位置，设置“位置”选项为“454.0，205.0”，如图3-92所示，记录第2个关键帧。

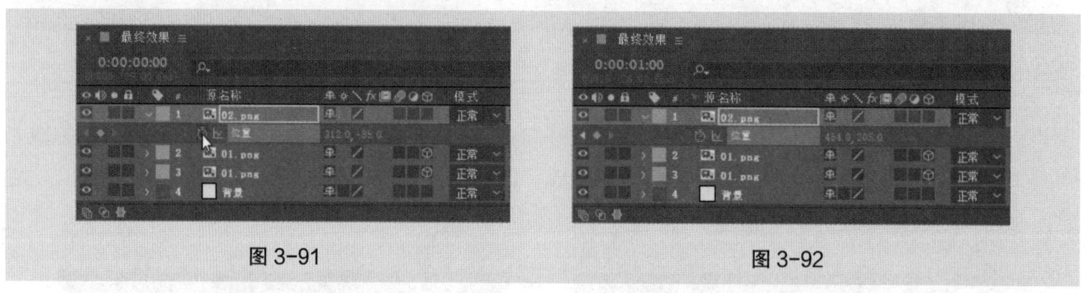

图3-91　图3-92

（9）将时间标签放置在0:00:02:00的位置，设置“位置”选项为“804.0，163.0”，如图3-93所示，记录第3个关键帧。将时间标签放置在0:00:03:00的位置，设置“位置”选项为“1098.0，295.0”，如图3-94所示，记录第4个关键帧。

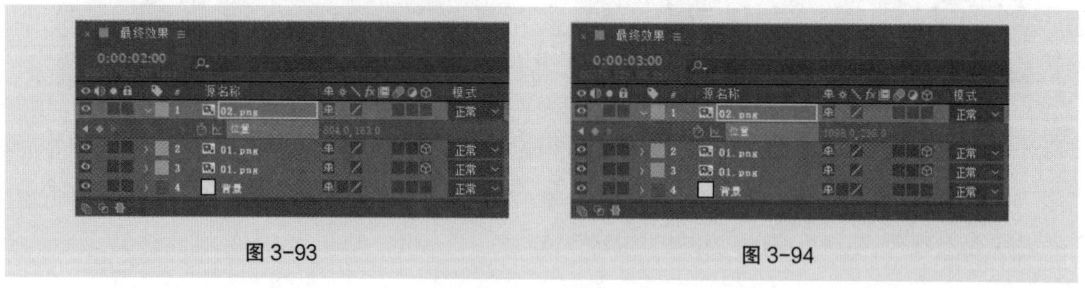

图3-93　图3-94

（10）将时间标签放置在0:00:04:00的位置，设置“位置”选项为“336.0，423.0”，如图3-95所示，记录第5个关键帧。将时间标签放置在0:00:04:24的位置，设置“位置”选项为“938.0，605.0”，如图3-96所示，记录第6个关键帧。

（11）选择“图层 > 变换 > 自动定向”命令，弹出“自动方向”对话框，在对话框中选择“沿路径定向”单选项，如图3-97所示，单击“确定”按钮使动画沿路径旋转。“合成”面板中的效果如图3-98所示。飞行动画制作完成。

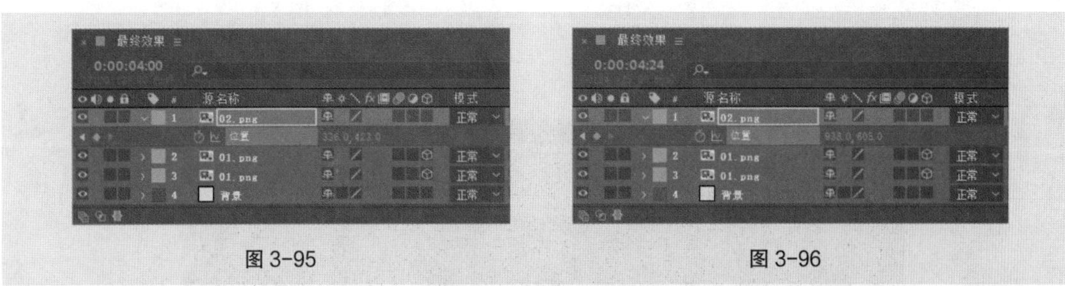

图 3-95　　图 3-96

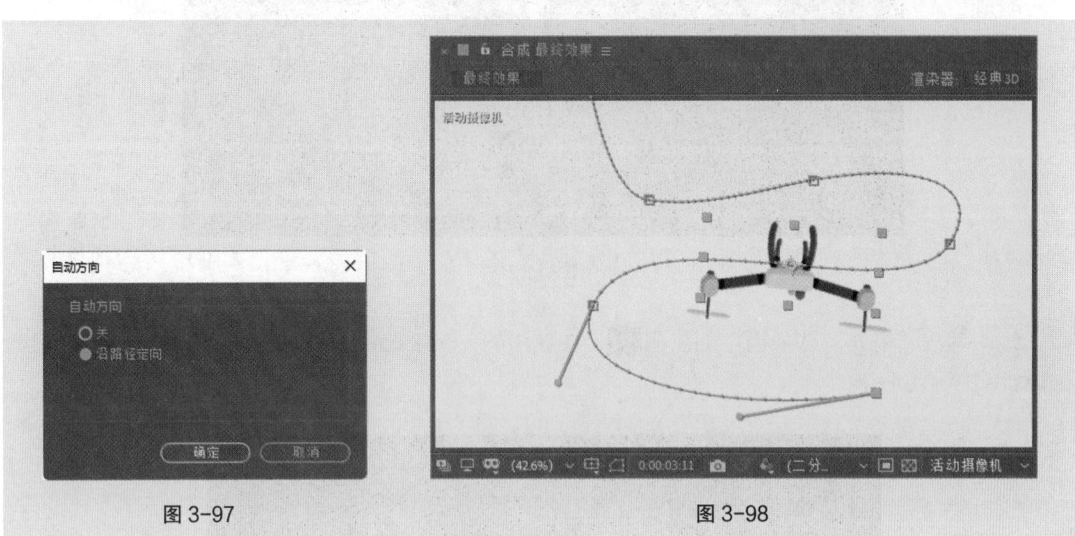

图 3-97　　图 3-98

3.3.3 文件保存

选择“文件 > 保存”命令，弹出“另存为”对话框，在对话框中选择要保存文件的位置，在“文件名”文本框中输入“工程文件”，其他选项的设置如图 3-99 所示，单击“保存”按钮，将文件保存。

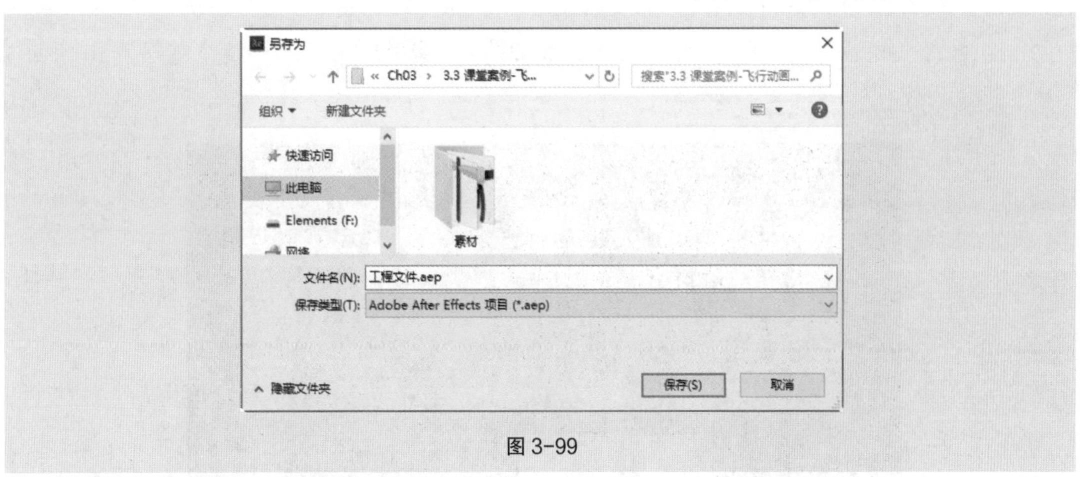

图 3-99

3.3.4 渲染导出

（1）选择“合成 > 添加到 Adobe Media Encoder 队列”命令，系统自动打开 Adobe Media

Encoder 软件并将文件添加到 Adobe Media Encoder 软件“队列”面板中，如图 3-100 所示。

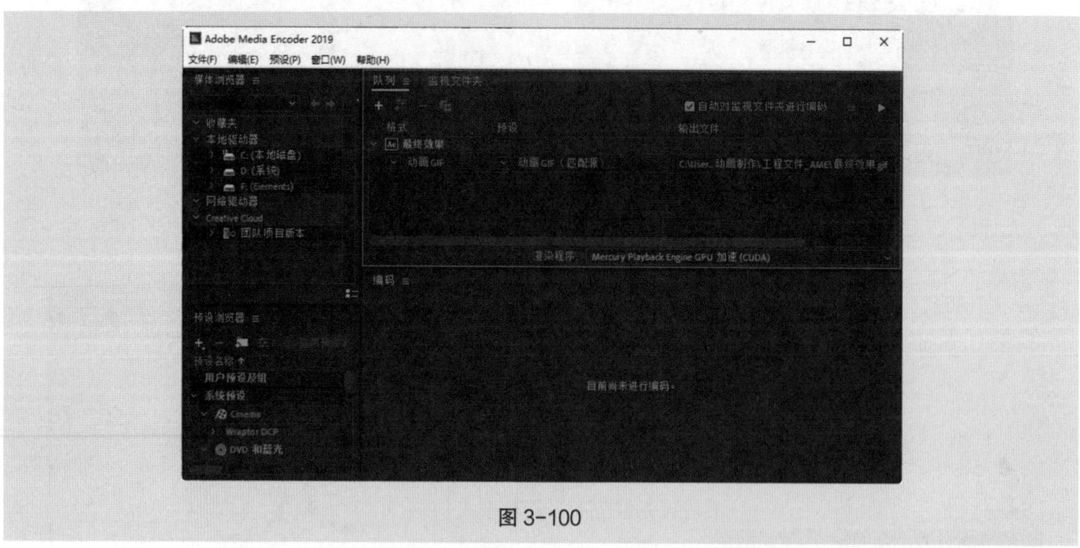

图 3-100

（2）单击“格式”选项组中的按钮，在弹出的列表中选择“动画 GIF”选项，其他选项的设置如图 3-101 所示。

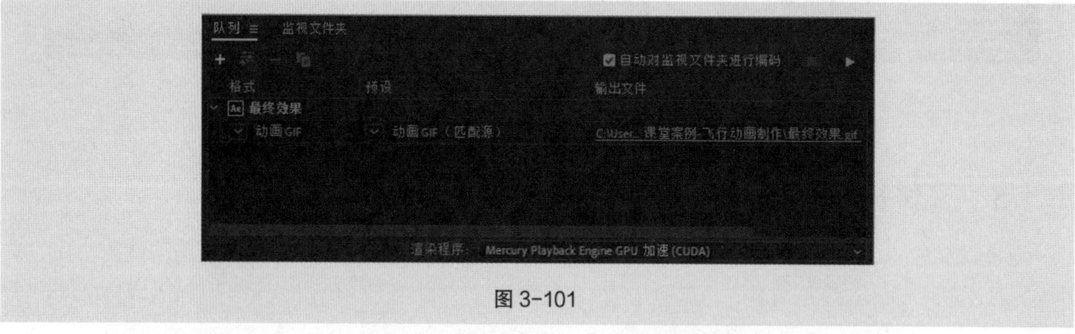

图 3-101

（3）设置完成后单击“队列”面板中的“启动队列”按钮，进行文件渲染，如图 3-102 所示。

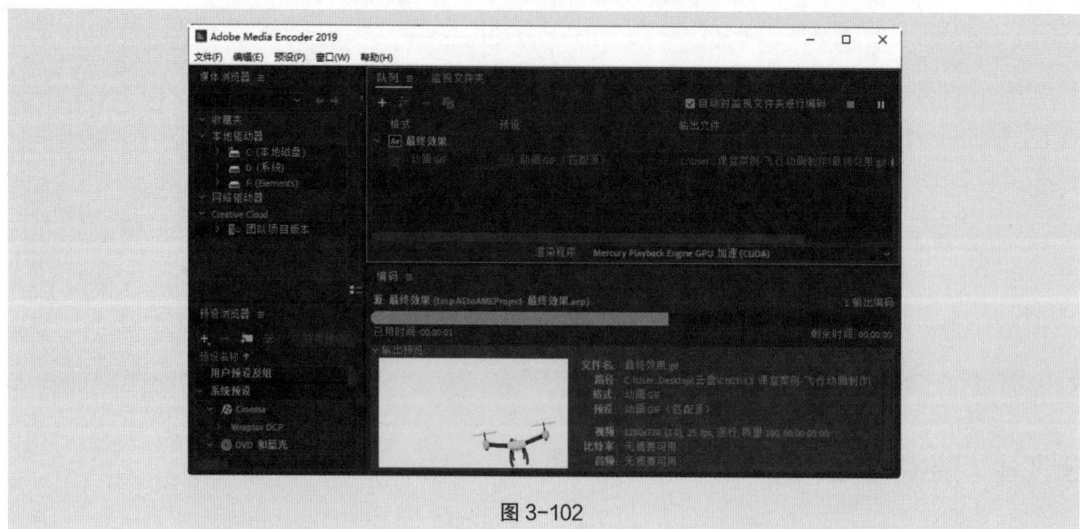

图 3-102

（4）渲染完成后在输出文件位置可以看到 GIF 动画文件，如图 3-103 所示。

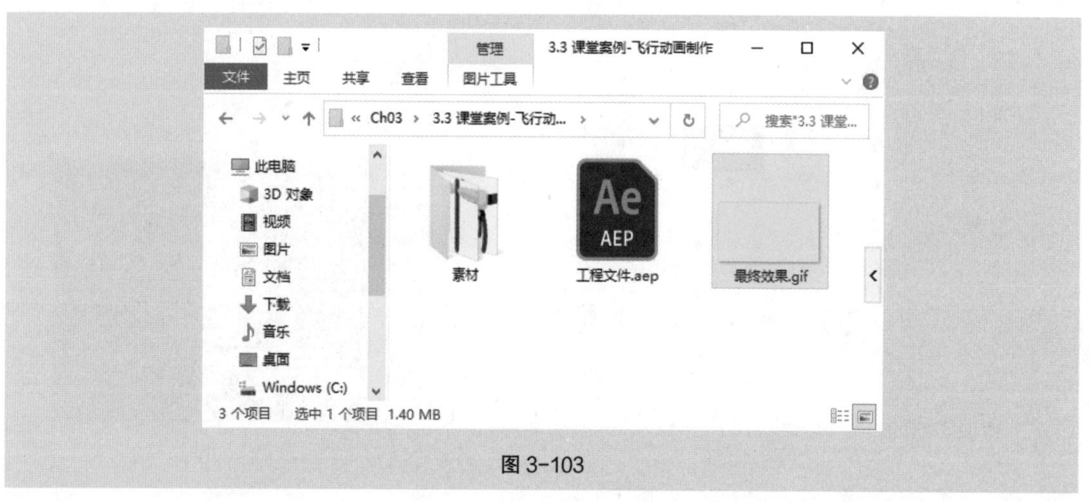

图 3-103

3.4 课堂案例——摄像机动画制作

【案例学习目标】学习使用摄像机图层属性制作动画效果。

【案例知识要点】使用“导入”命令导入素材，使用“3D 图层”属性制作动画效果，使用“父集和链接”选项制作动画效果，使用空图层和摄像机图层制作空间效果。摄像机动画效果如图 3-104 所示。

【效果所在位置】云盘 \Ch03\ 摄像机动画制作 \ 工程文件 . aep。

图 3-104

3.4.1 导入素材

选择“文件 > 导入 > 文件”命令，在弹出的“导入文件”对话框中，选择云盘中的“Ch03\ 摄像机动画制作 \ 素材 \01.png 和 02.jpg”文件，如图 3-105 所示，单击“导入”按钮，将文件导入“项目”面板中，如图 3-106 所示。

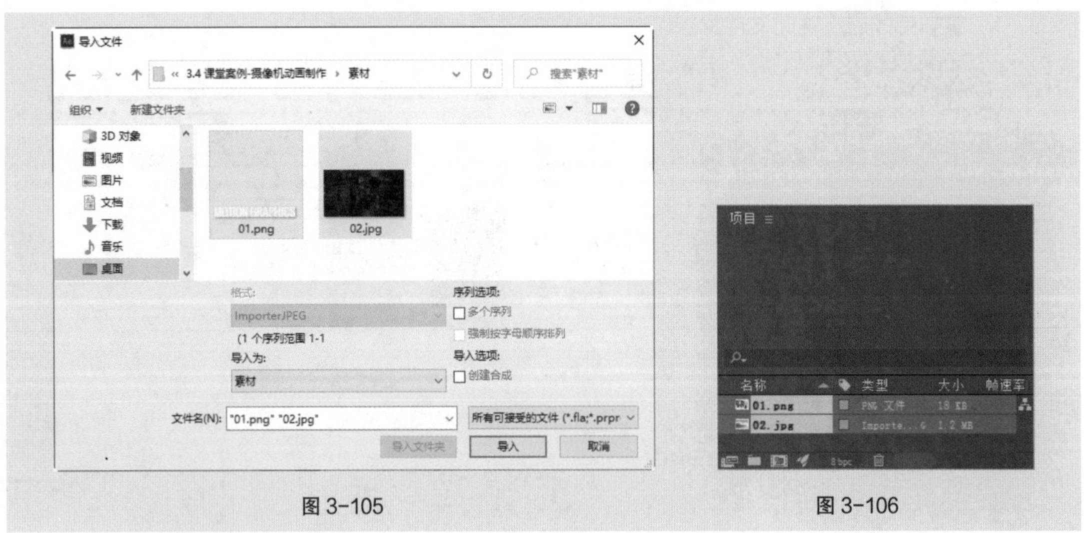

图 3-105　　　　图 3-106

3.4.2　动画制作

（1）按 Ctrl+N 组合键，弹出“合成设置”对话框，在“合成名称”文本框中输入“最终效果”，设置“背景颜色”为黑色，其他选项的设置如图 3-107 所示，单击“确定”按钮，创建一个新的合成“最终效果”。

（2）在“项目”面板中选中“01.png”和“02.jpg”文件，并将其拖曳到“时间轴”面板中，图层的排列如图 3-108 所示。

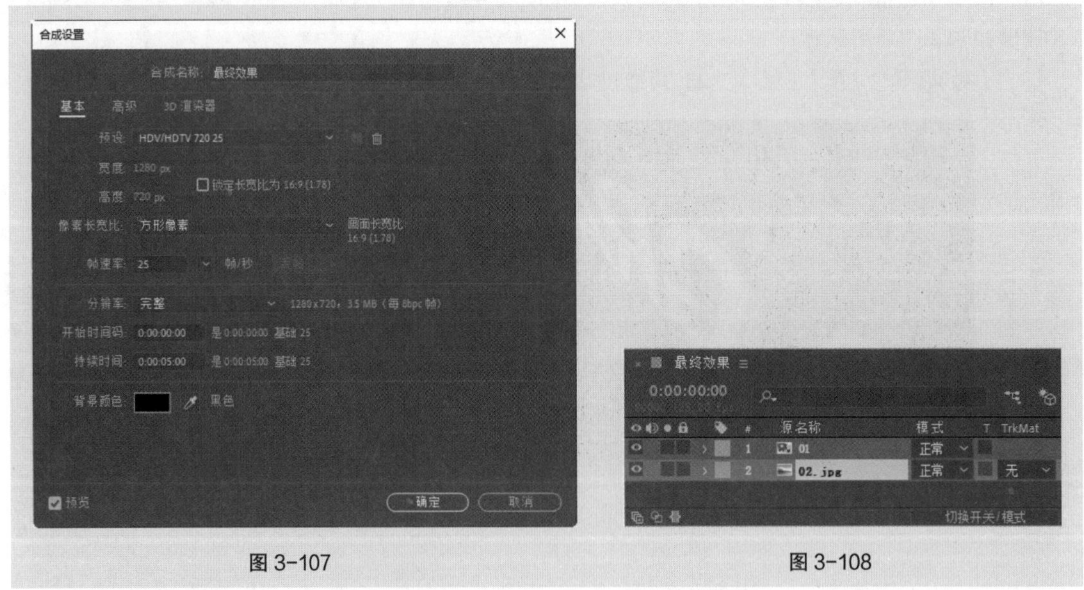

图 3-107　　　　图 3-108

（3）选中“02.jpg”图层，按 S 键，展开“缩放”属性，设置“缩放”选项为“130.0，130.0%”，单击“缩放”选项左侧的“关键帧自动记录器”按钮⏱，如图 3-109 所示，记录第 1 个关键帧。将时间标签放置在 0:00:04:24 的位置，设置“缩放”选项为“100.0，100.0%”，如图 3-110 所示，记录第 2 个关键帧。

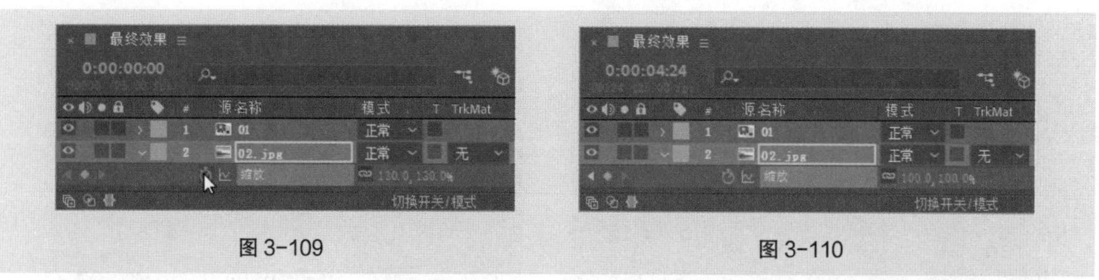

图 3-109　　图 3-110

（4）选中“01.png”图层。选择“图层 > 新建 > 空对象”命令，在“时间轴”面板中新增一个“空 1”图层，如图 3-111 所示。分别单击“01.png”图层和“空 1”图层右侧的“3D 图层”按钮，打开三维属性，如图 3-112 所示。

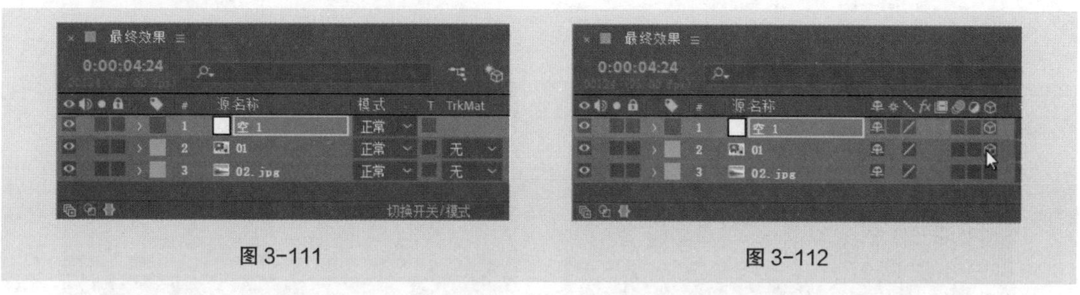

图 3-111　　图 3-112

（5）将时间标签放置在 0:00:00:00 的位置，选中“空 1”图层，展开“变换”属性，如图 3-113 所示。设置“锚点”选项为“-75.0，166.0，58.0”，“位置”选项为“640.0，358.3，0.0”，“Y 轴旋转”选项为 0x+84.0°，如图 3-114 所示。

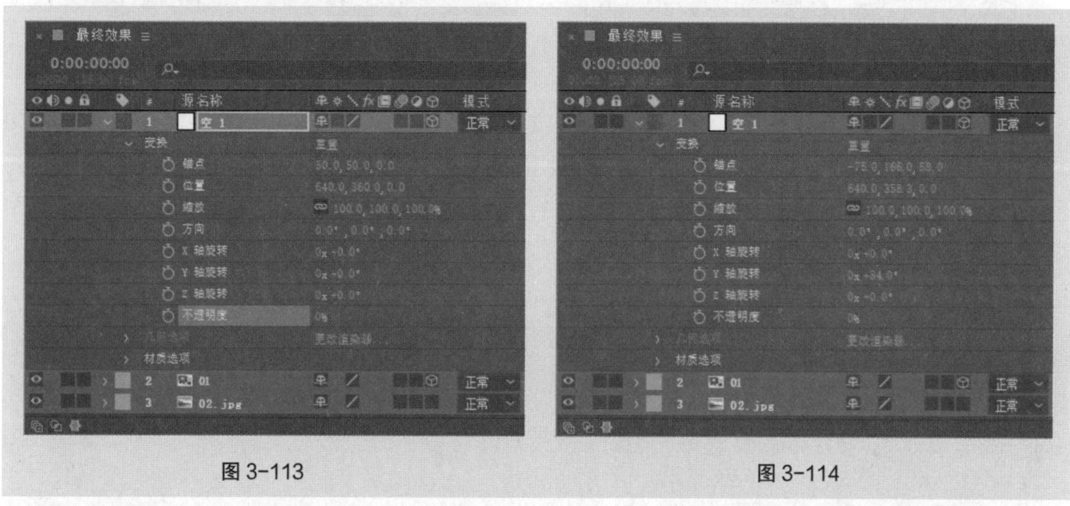

图 3-113　　图 3-114

（6）分别单击“锚点”选项和“Y 轴旋转”选项左侧的“关键帧自动记录器”按钮，如图 3-115 所示，记录第 1 个关键帧。将时间标签放置在 0:00:02:00 的位置，设置“锚点”选项的数值为“0.0，0.0，0.0”，“Y 轴旋转”选项为 0x+0.0°，如图 3-116 所示，记录第 2 个关键帧。

（7）将时间标签放置在 0:00:03:00 的位置，设置“Y 轴旋转”选项为 0x-37.0°，如图 3-117 所示，记录第 3 个关键帧。将时间标签放置在 0:00:04:00 的位置，设置“Y 轴旋转”选项为 0x+25.0°，如图 3-118 所示，记录第 4 个关键帧。

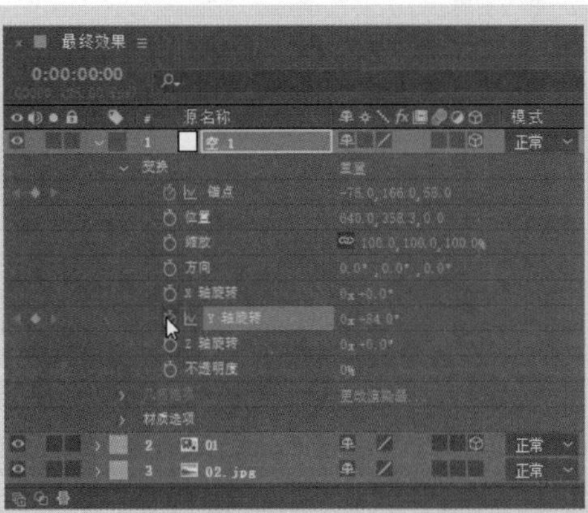

图 3-115 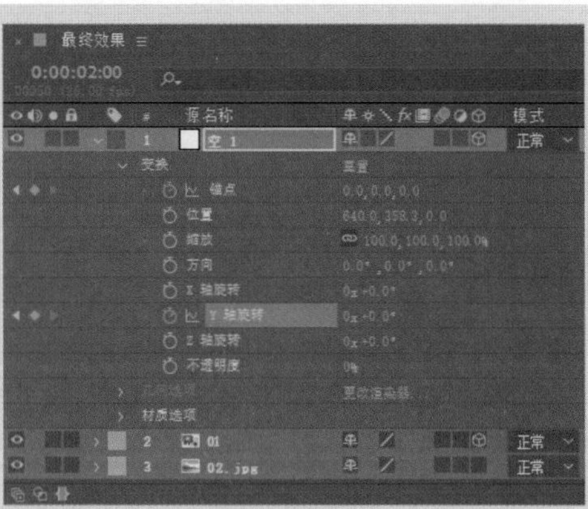　　图 3-116

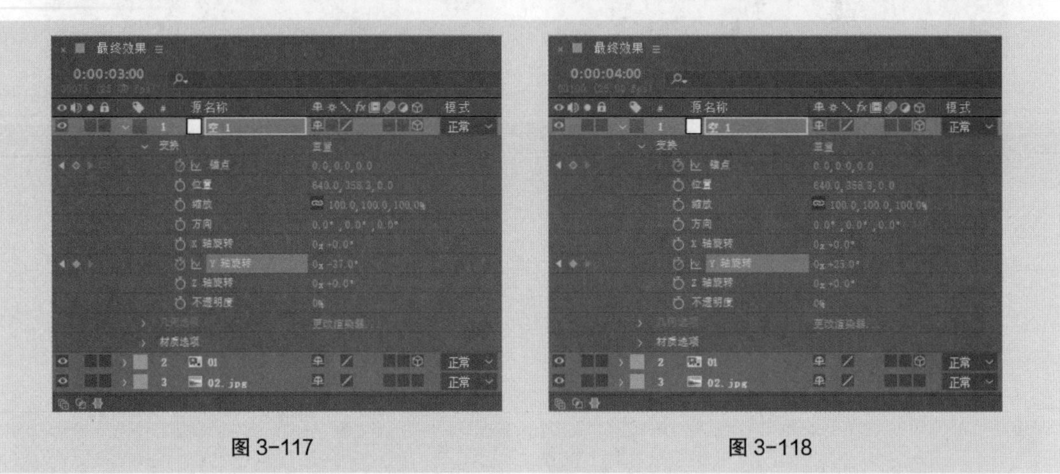
图 3-117　　图 3-118

（8）将时间标签放置在0:00:04:24的位置，设置“Y轴旋转”选项为0x+0.0°，如图3-119所示，记录第5个关键帧。选择“图层 > 新建 > 摄像机”命令，弹出“摄像机设置”对话框，选项设置如图3-120所示，单击“确定”按钮，在“时间轴”面板中新增一个“摄像机 1”图层。

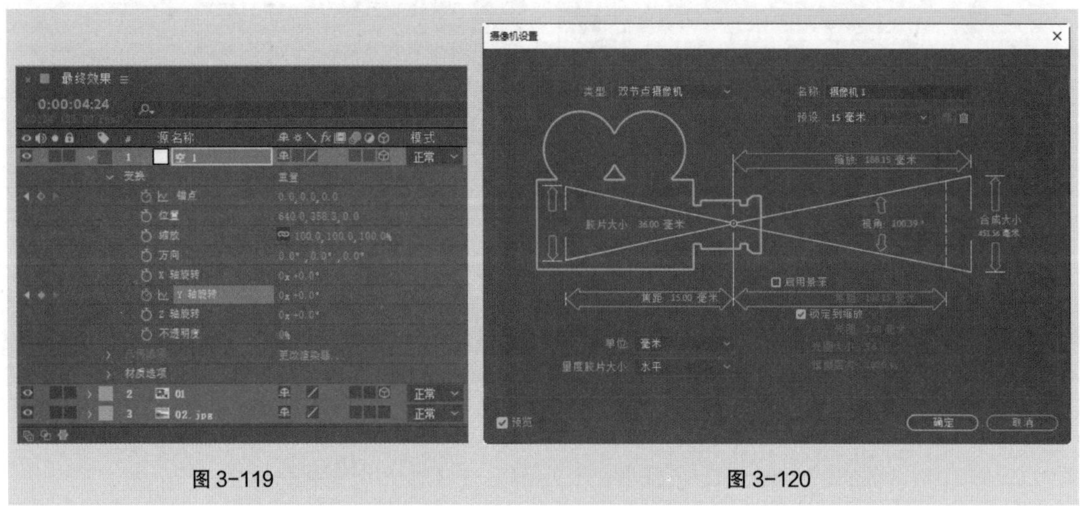
图 3-119　　图 3-120

（9）选中“摄像机 1”图层并将其拖曳到“02.jpg”图层的上方，如图 3-121 所示。将“摄像机 1”图层的“父集和链接”选项设置为“1. 空 1”，如图 3-122 所示。

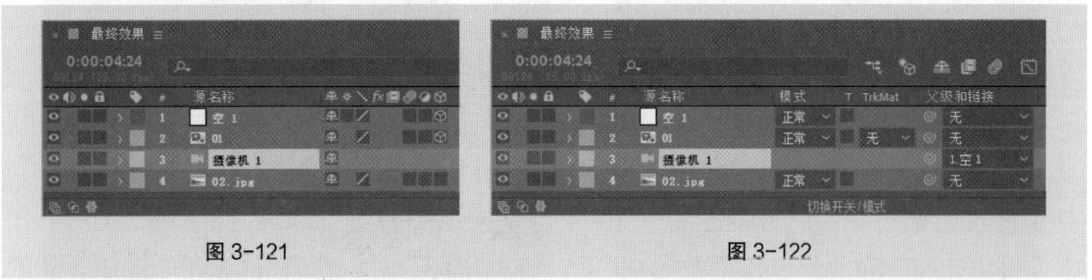

图 3-121　　图 3-122

（10）将时间标签放置在 0:00:00:00 的位置，展开“摄像机 1”图层的“变换”属性，如图 3-123 所示。设置“目标点”选项为“-75.0，166.7，58.0”，“位置”选项为“0.0，1.5，-29.9”，“Y 轴旋转”选项为 0x+2.0°，如图 3-124 所示。

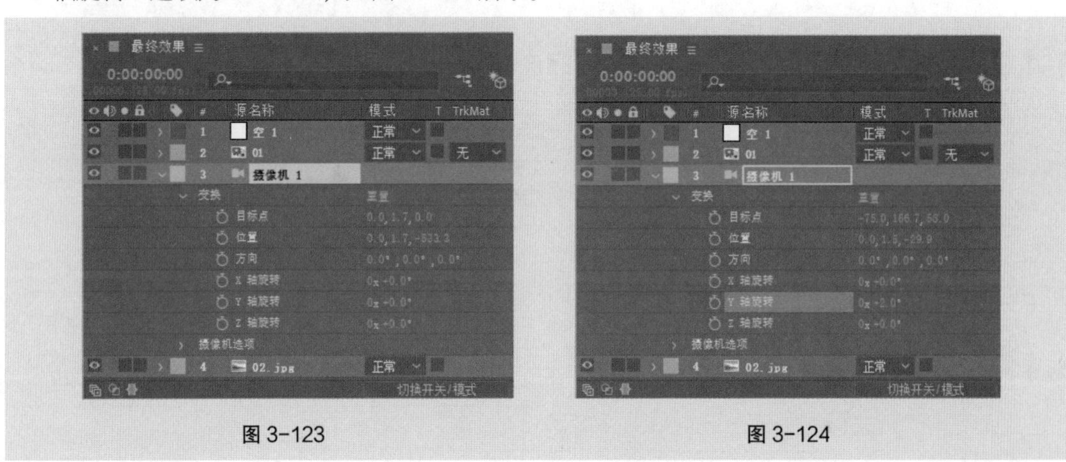

图 3-123　　图 3-124

（11）分别单击“目标点”选项和“位置”选项左侧的“关键帧自动记录器”按钮，如图 3-125 所示，记录第 1 个关键帧。将时间标签放置在 0:00:02:00 的位置，设置“目标点”选项的数值为“0.0，1.7，0.0”，“位置”选项为“0.0，69.7，-529.0”，如图 3-126 所示，记录第 2 个关键帧。

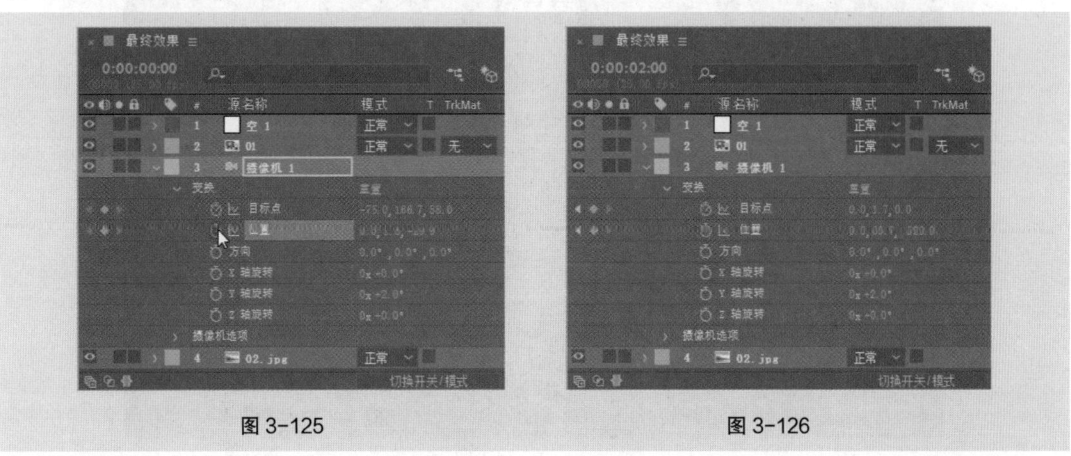

图 3-125　　图 3-126

（12）展开“摄像机 1”图层的“摄像机选项”，设置“光圈”选项为 7.6 像素，如图 3-127

所示。摄像机动画制作完成，效果如图 3-128 所示。

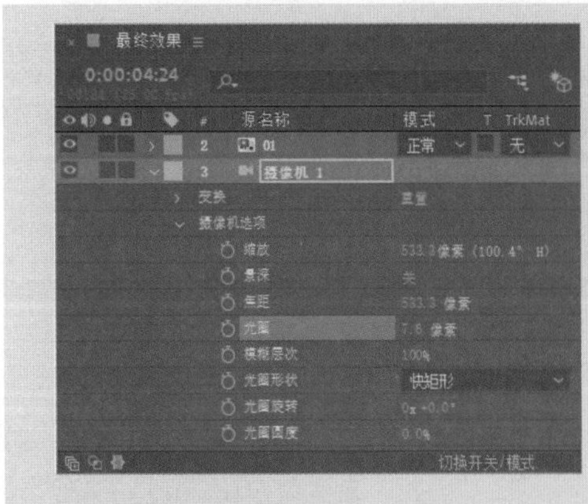

图 3-127

图 3-128

3.4.3 文件保存

选择“文件 > 保存”命令，弹出“另存为”对话框，在对话框中选择要保存文件的位置，在“文件名”文本框中输入“工程文件”，其他选项的设置如图 3-129 所示，单击“保存”按钮，将文件保存。

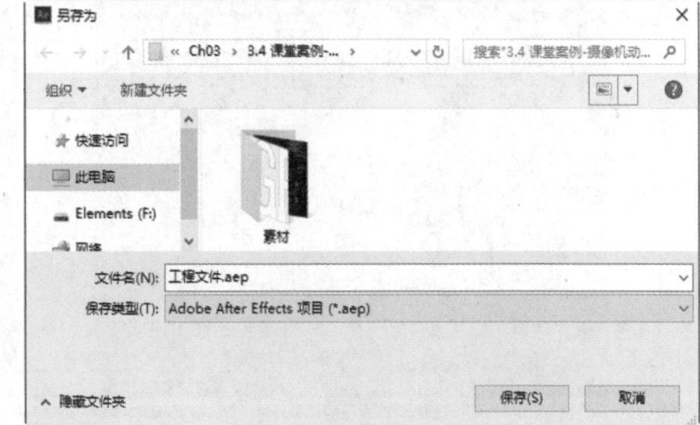

图 3-129

3.4.4 渲染导出

（1）选择“合成 > 添加到 Adobe Media Encoder 队列”命令，系统自动打开 Adobe Media Encoder 软件并将文件添加到 Adobe Media Encoder 软件“队列”面板中，如图 3-130 所示。

图 3-130

（2）单击“格式”选项组中的按钮，在弹出的列表中选择“动画 GIF”选项，其他选项的设置如图 3-131 所示。

图 3-131

（3）设置完成后单击“队列”面板中的“启动队列”按钮，进行文件渲染，如图 3-132 所示。

图 3-132

（4）渲染完成后在输出文件位置可以看到 GIF 动画文件，如图 3-133 所示。

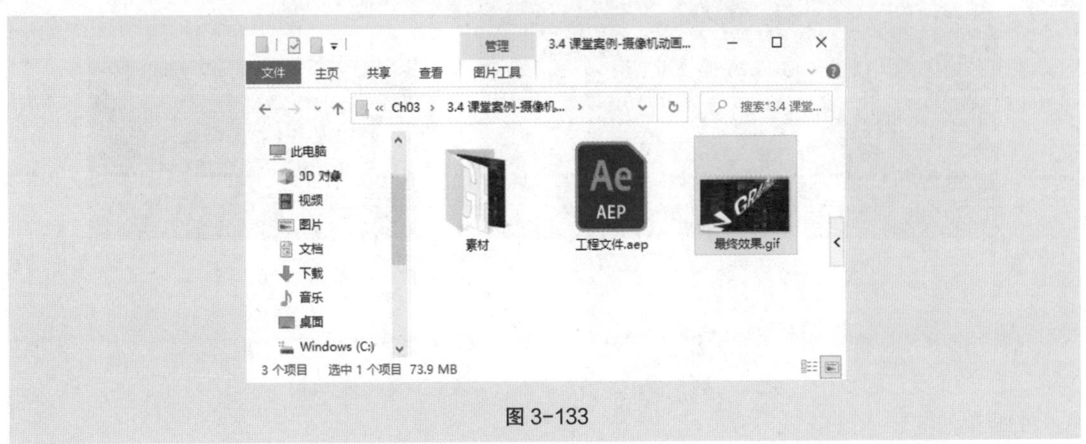

图 3-133

3.5 课堂案例——翻转颜色字制作

【案例学习目标】学习使用横排文字工具输入文字，使用效果和预设面板中的效果制作动画。

【案例知识要点】使用横排文字工具输入文字，使用“3D下雨词和颜色”动画预设、“3D行盘旋退出”动画预设制作文字动画效果，使用“高斯模糊”效果对文字进行模糊。翻转颜色字效果如图3-134所示。

【效果所在位置】云盘\Ch03\翻转颜色字制作\工程文件.aep。

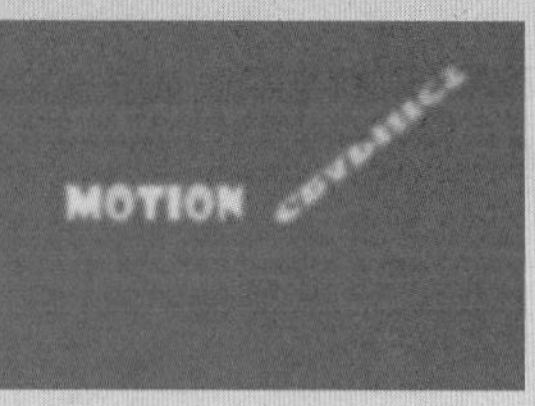

图3-134

3.5.1 输入文字

（1）按Ctrl+N组合键，弹出“合成设置”对话框，在“合成名称”文本框中输入“最终效果”，设置“背景颜色”为黑色，其他选项的设置如图3-135所示，单击“确定”按钮，创建一个新的合成“最终效果”。

（2）选择“图层 > 新建 > 纯色”命令，弹出“纯色设置”对话框，在“名称”文本框中输入“背景”，将“颜色”设置为橘红色（255、68、68），单击“确定”按钮，在当前合成中建立一个新的橘红色纯色层，如图3-136所示。

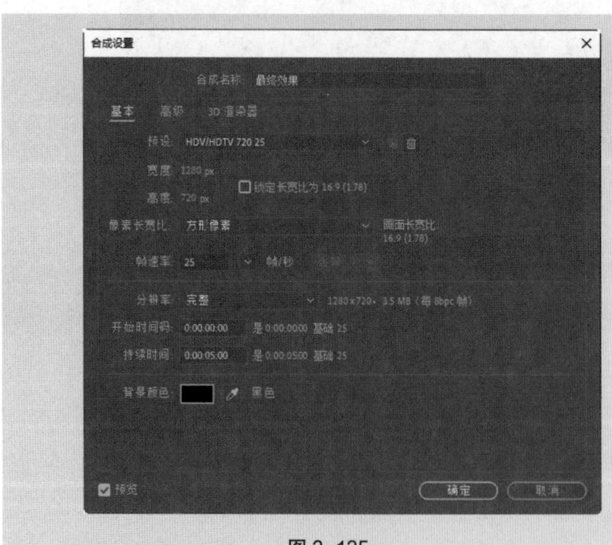

图3-135

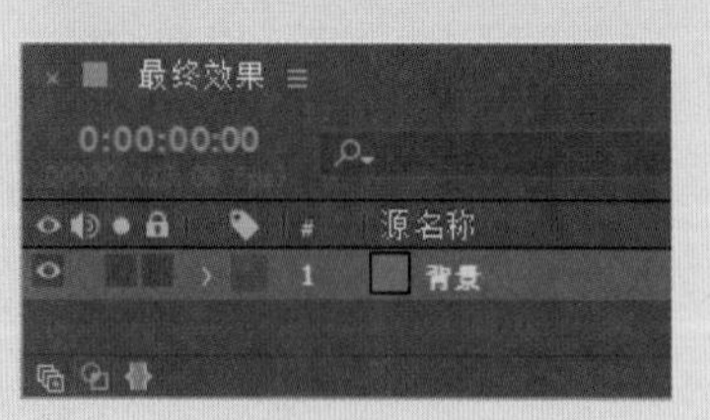

图3-136

（3）选择“横排文字”工具T，在“合成”面板中输入文字“MOTION GRAPHICS”。选中文字，在“字符”面板中，设置“填充颜色”为白色，其他参数设置如图3-137所示。“合成”面板中的效果如图3-138所示。

图 3-137　　图 3-138

（4）选中英文图层，按 A 键，展开“锚点”属性，设置“锚点”选项为“416.4，-34.1”；按住 Shift 键的同时按 P 键，展开“位置”属性，设置“位置”选项为“640.4，340.4”，如图 3-139 所示。“合成”面板中的效果如图 3-140 所示。

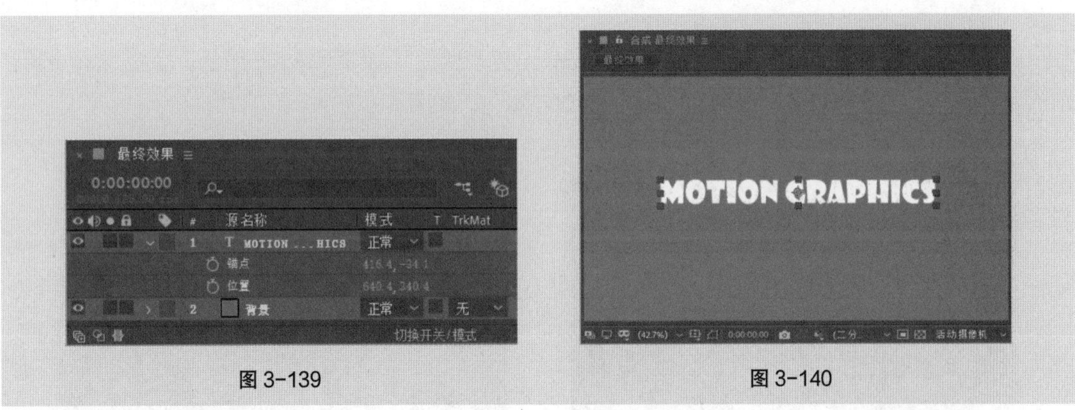

图 3-139　　图 3-140

3.5.2　动画制作

（1）保持时间标签在 0:00:00:00 的位置，选择“窗口 > 效果和预设”命令，打开“效果和预设”面板，单击“动画预设”文件夹左侧的小箭头按钮 > 将其展开，双击“Text > 3D Text > 3D 下雨词和颜色”效果，如图 3-141 所示，应用效果。“合成”预览面板中的效果如图 3-142 所示。

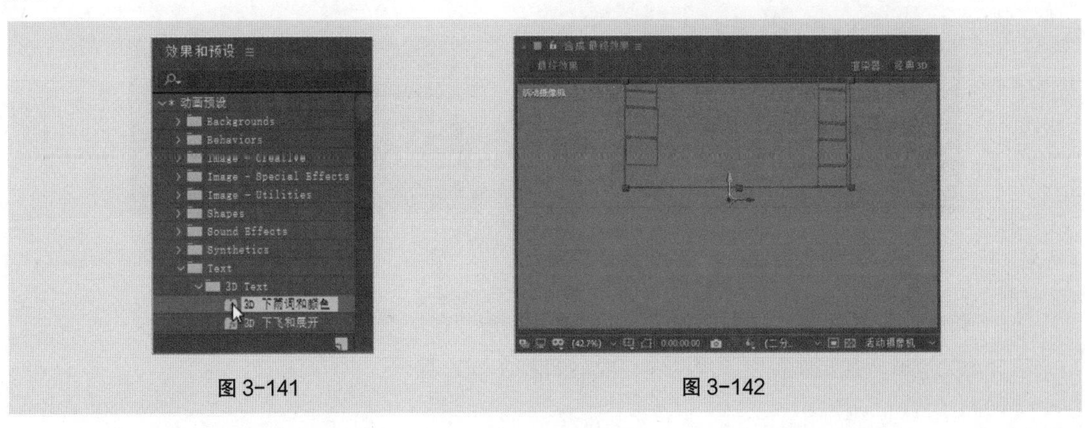

图 3-141　　图 3-142

（2）将时间标签放置在 0:00:03:00 的位置，在“效果和预设”面板中双击“Text > 3D Text > 3D 行盘旋退出”效果，如图 3-143 所示，应用效果。“合成”预览面板中的效果如图 3-144 所示。

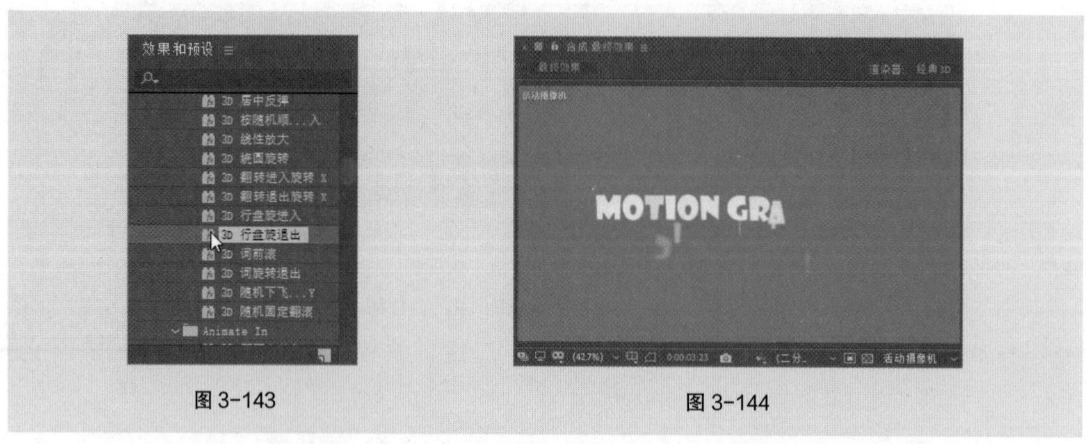

图 3-143　　图 3-144

（3）在“时间轴”面板中展开英文图层“文本 > 更多选项”，如图 3-145 所示。设置“锚点分组”选项为“词”，“分组对齐”选项为“0.0，-100.0%”，如图 3-146 所示。

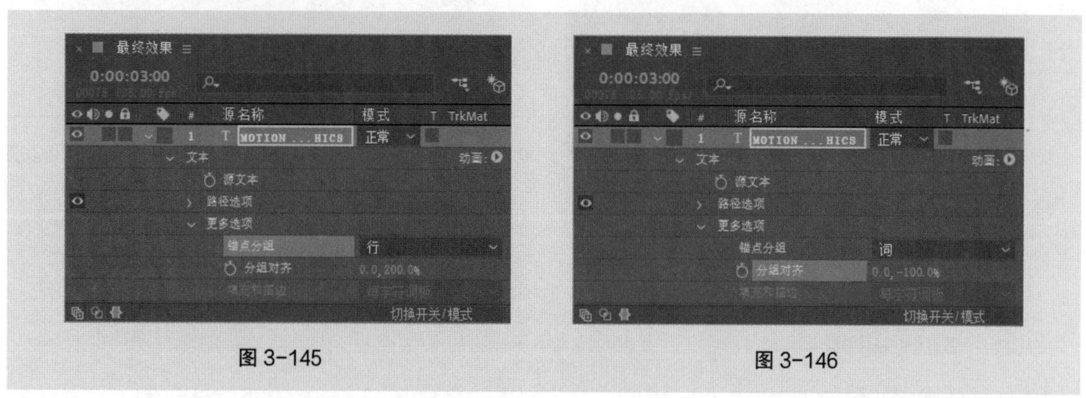

图 3-145　　图 3-146

（4）将时间标签放置在 0:00:00:00 的位置，选择“效果 > 模糊和锐化 > 高斯模糊”命令，在“效果控件”面板中进行参数设置，如图 3-147 所示。单击“模糊度”选项左侧的“关键帧自动记录器”按钮，如图 3-148 所示，记录第 1 个关键帧。

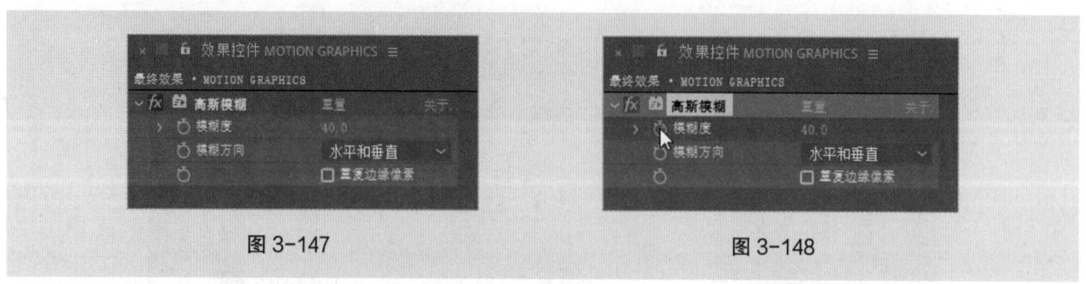

图 3-147　　图 3-148

（5）将时间标签放置在 0:00:02:00 的位置，设置“模糊度”选项为 0.0，如图 3-149 所示，记录第 2 个关键帧。翻转颜色字效果制作完成，如图 3-150 所示。

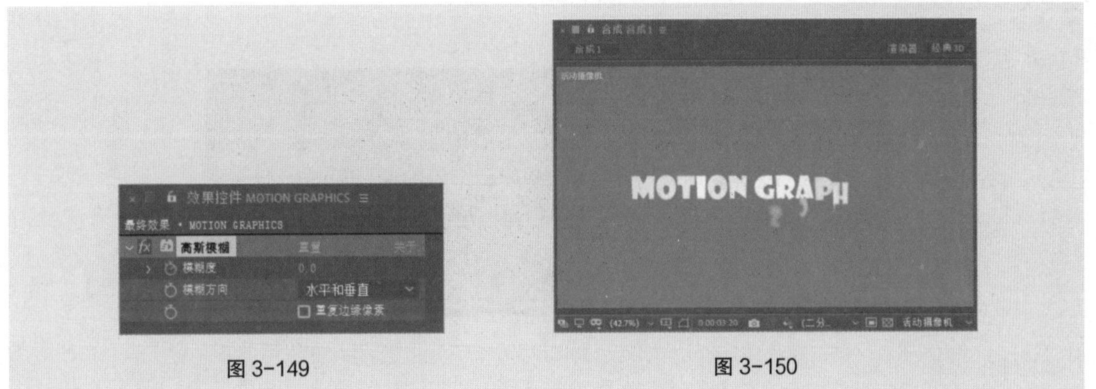

图 3-149　　图 3-150

3.5.3　文件保存

选择“文件 > 保存”命令，弹出“另存为”对话框，在对话框中选择要保存文件的位置，在“文件名”文本框中输入“工程文件”，其他选项的设置如图 3-151 所示，单击“保存”按钮，将文件保存。

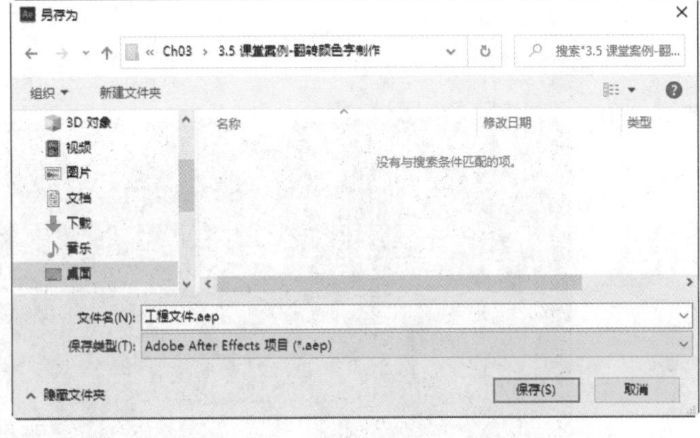

图 3-151

3.5.4　渲染导出

（1）选择“合成 > 添加到 Adobe Media Encoder 队列”命令，系统自动打开 Adobe Media Encoder 软件并将文件添加到 Adobe Media Encoder 软件“队列”面板中，如图 3-152 所示。

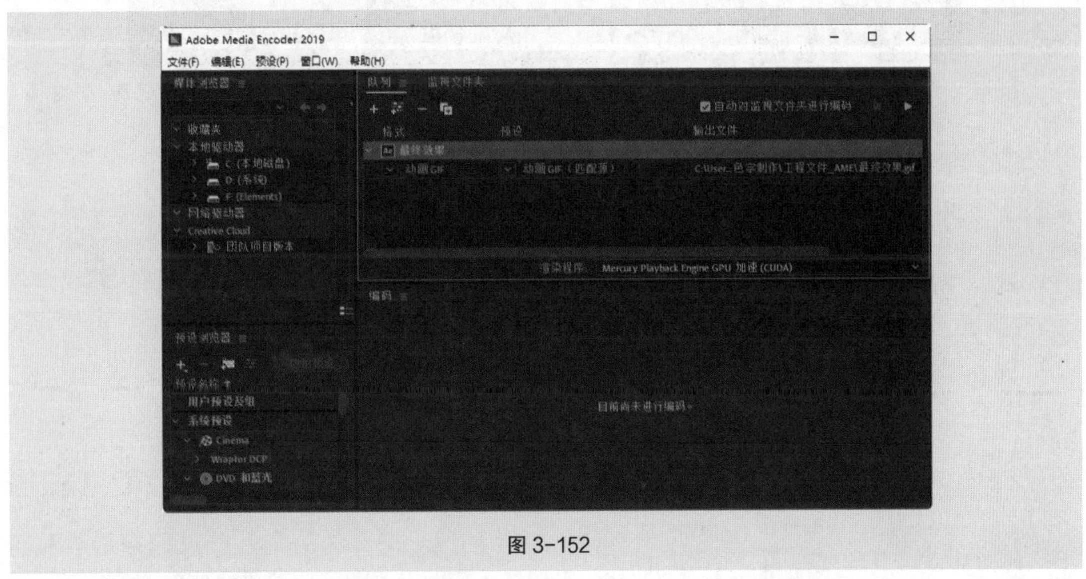

图 3-152

（2）单击“格式”选项组中的按钮，在弹出的列表中选择“动画 GIF”选项，其他选项的设置如图 3-153 所示。

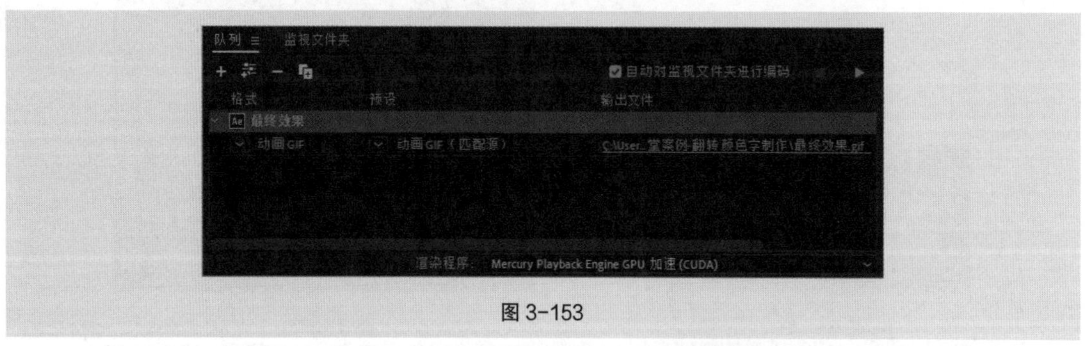

图 3-153

（3）设置完成后单击“队列”面板中的“启动队列”按钮▶，进行文件渲染，如图 3-154 所示。

图 3-154

（4）渲染完成后在输出文件位置可以看到 GIF 动画文件，如图 3-155 所示。

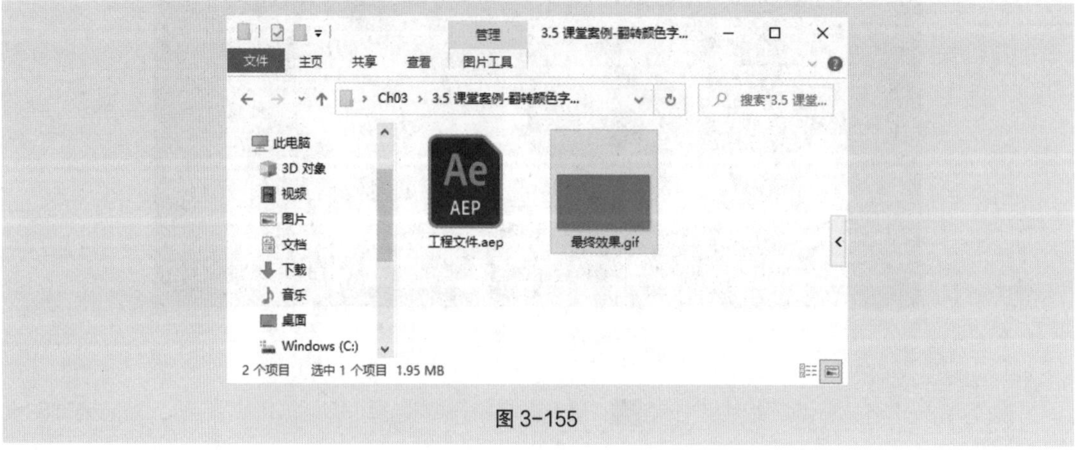

图 3-155

3.6 课堂案例——形状层动画制作

【案例学习目标】学习使用“渐变填充”选项填充图形，使用“圆度”选项制作动画效果。

【案例知识要点】使用“圆角矩形”工具建立形状图层，使用“渐变填充”选项填充图形渐变，使用“圆度”选项制作圆度动画效果，使用“表达式”选项制作随机位移动画。旅游出行图标动效制作效果如图 3-156 所示。

【效果所在位置】云盘 \Ch03\ 形状层动画制作 \ 工程文件 . aep。

慕课视频

形状层动画制作

最终效果

形状层动画制作

图 3-156

3.6.1 导入素材

（1）选择“文件 > 导入 > 文件”命令，在弹出的“导入文件”对话框中，选择云盘中的“Ch03\形状层动画制作 \ 素材 \01.psd”文件，如图 3-157 所示，单击“导入”按钮，弹出“01.psd”对话框，如图 3-158 所示，单击“确定”按钮，将文件导入“项目”面板中。

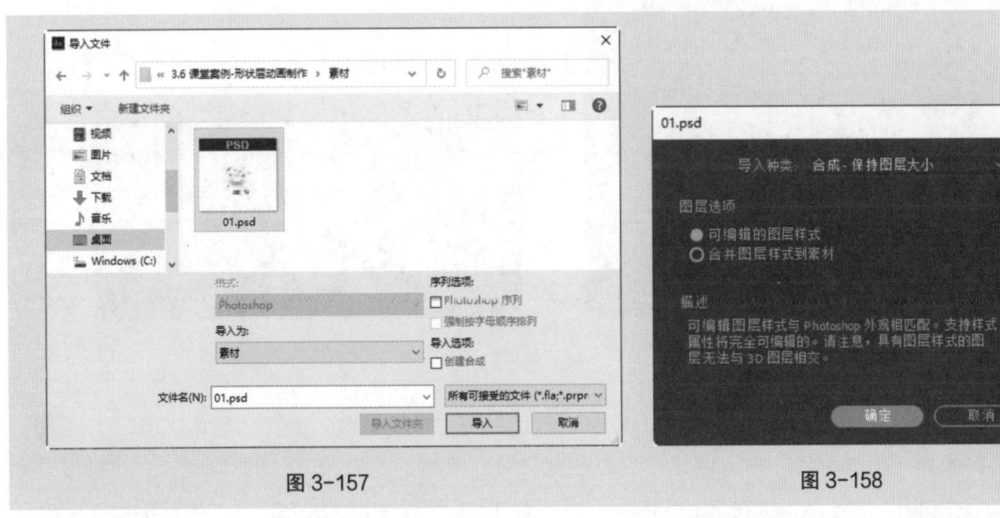

图 3-157　　图 3-158

（2）在“项目”面板中双击“01”合成，进入“01”合成的编辑窗口。选择“合成 > 合成设置”

命令，弹出“合成设置”对话框，在“合成名称”文本框中输入“最终效果”，“持续时间”设为0:00:02:00，其他选项的设置如图 3-159 所示，单击“确定”按钮，完成选项的设置，如图 3-160 所示。

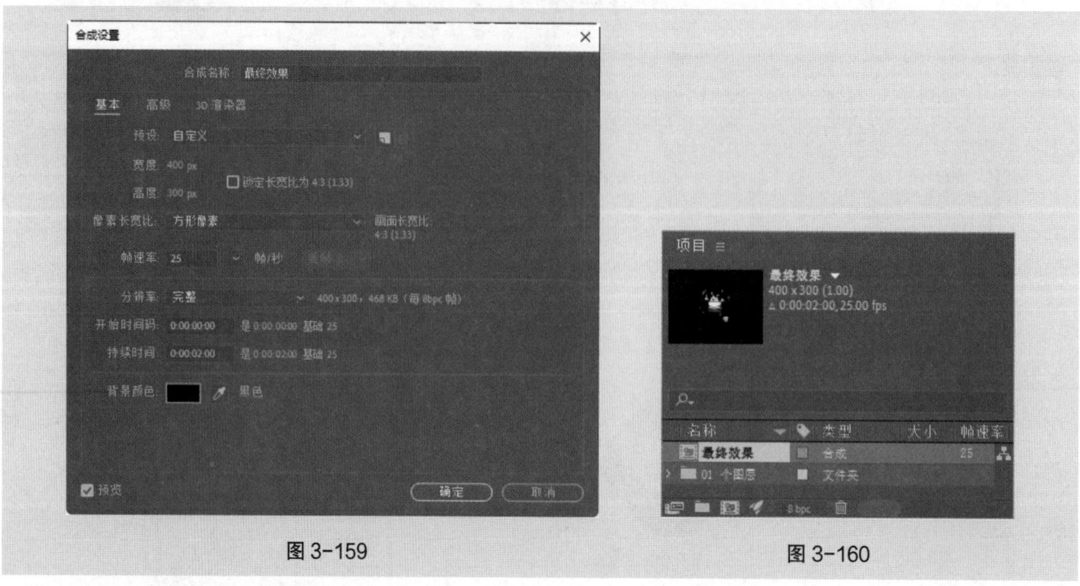

图 3-159　　图 3-160

3.6.2　动画制作

1. 绘制圆角矩形并制作动画

（1）选择“图层 > 新建 > 纯色”命令，弹出“纯色设置”对话框，在“名称”文本框中输入“背景”，将“颜色”设置为白色，其他选项的设置如图 3-161 所示，单击“确定”按钮，在当前合成中建立一个新的白色纯色图层，并将其拖曳到最底层，如图 3-162 所示。

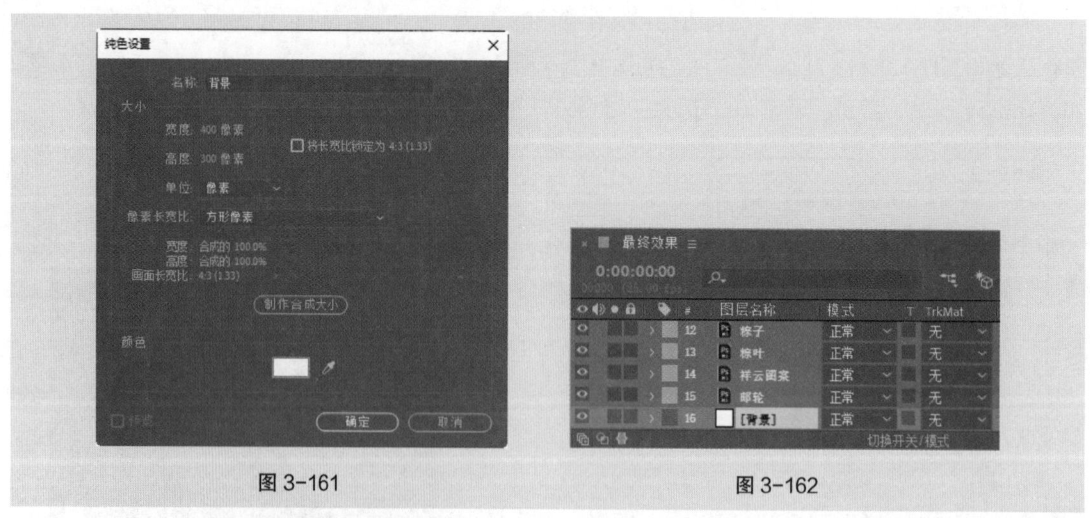

图 3-161　　图 3-162

（2）在“合成”面板的空白区域单击鼠标，取消所有对象的选取。选择“圆角矩形”工具，在工具栏中设置“填充颜色”为黑色，“描边宽度”为 0 像素，按住 Shift 键的同时，在“合成”面板中绘制一个圆角矩形，效果如图 3-163 所示。在“时间轴”面板中自动生成一个“形状图层 1”图层，并将其拖曳至“背景”图层的上方，如图 3-164 所示。

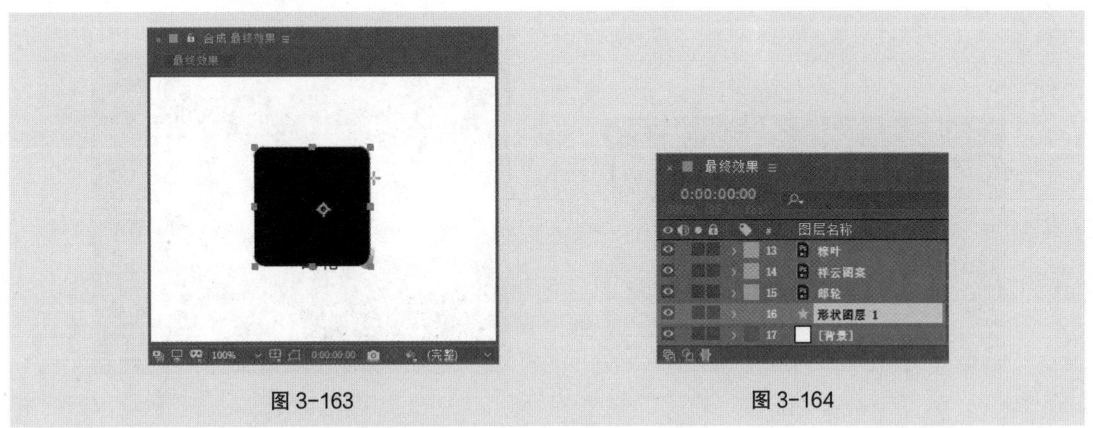

图 3-163　　图 3-164

（3）展开“形状图层 1”图层“内容 > 矩形 1”选项组，选中“填充 1”选项组，按 Delete 键，将其删除，如图 3-165 所示。用相同的方法删除“描边 1”选项组，如图 3-166 所示。

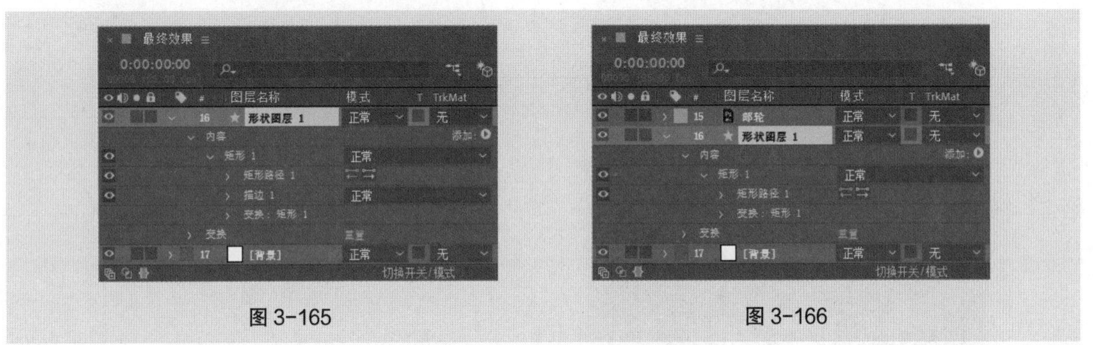

图 3-165　　图 3-166

（4）展开“矩形路径 1”选项组，设置“大小”选项为“96.0，96.0”，“圆度”选项为 27，如图 3-167 所示。“合成”面板中的效果如图 3-168 所示。

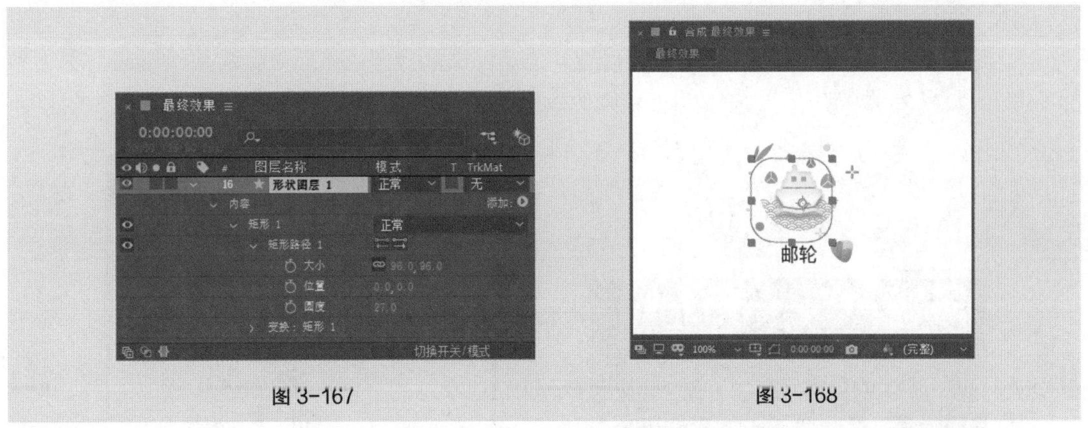

图 3-167　　图 3-168

（5）选中“矩形 1”选项组，单击“添加”右侧的按钮，在弹出的选项中选择“渐变填充”。在“时间轴”面板中会自动添加一个“渐变填充 1”选项组，如图 3-169 所示。展开“渐变填充 1”选项组，单击“颜色”选项右侧的“编辑渐变”按钮，弹出“渐变编辑器”对话框，在色带上将左边的“色标”设为绿色（0、153、68），将右边的“色标”设为浅绿色（102、214、152），生成渐变色，如图 3-170 所示，单击“确定”按钮，完成渐变色的编辑。

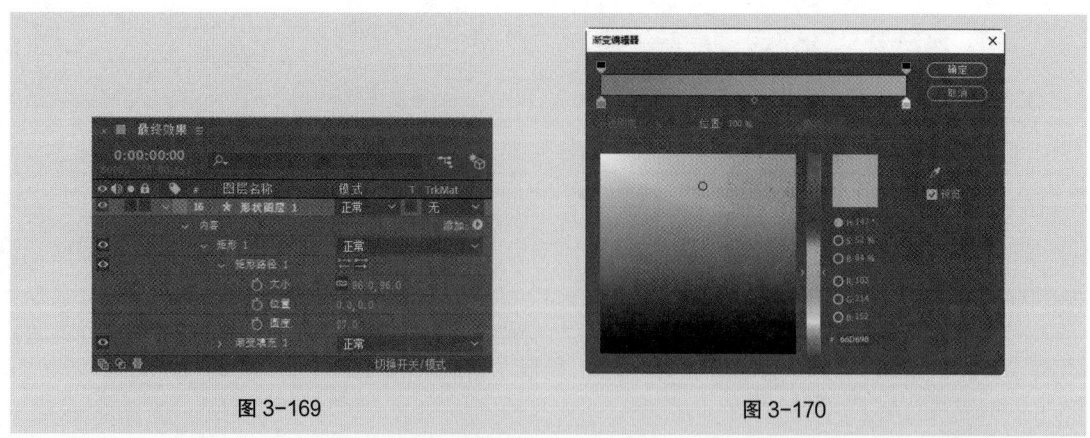
图 3-169　　图 3-170

（6）在“时间轴”面板中设置“起始点”选项为“45.0，0.0”，“结束点”选项为“-45.0，0.0”，如图 3-171 所示。“合成”面板中的效果如图 3-172 所示。

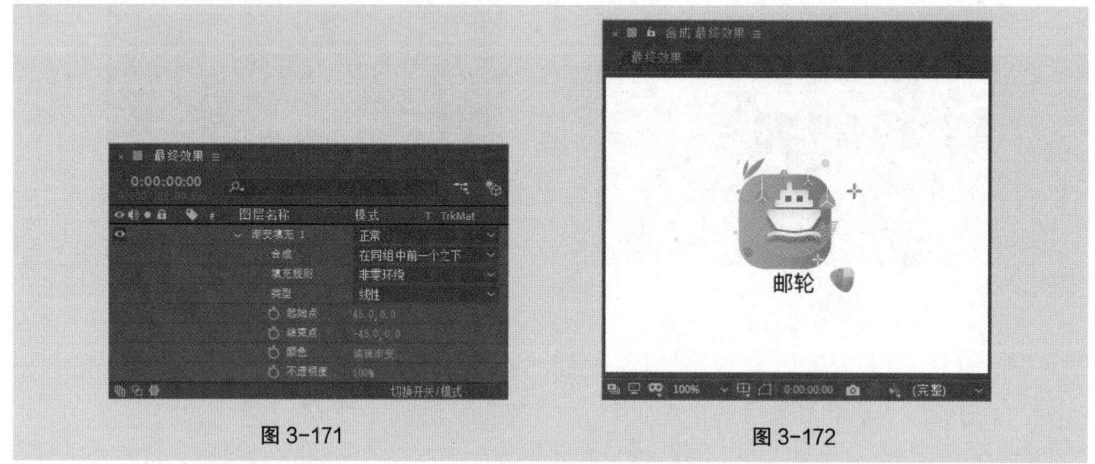

图 3-171　　图 3-172

（7）展开“变换：矩形 1”选项组，设置“位置”选项为“-4.0，-16.0”，“旋转”选项为 0x+45.0，如图 3-173 所示。“合成”面板中的效果如图 3-174 所示。

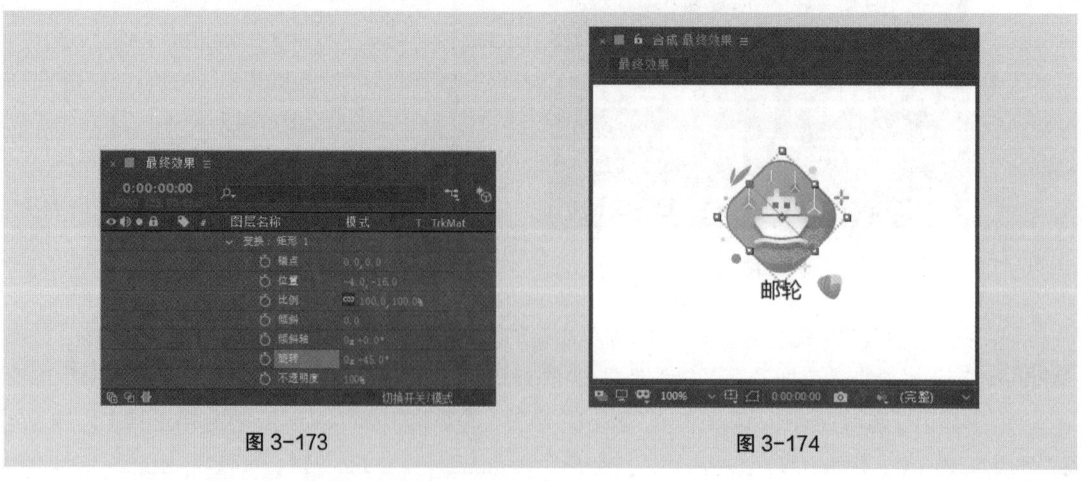

图 3-173　　图 3-174

（8）将时间标签放在 0:00:00:05 的位置，在“矩形路径 1”选项组中，单击“圆度”选项左侧的“关键帧自动记录器”按钮，如图 3-175 所示，记录第 1 个关键帧。将时间标签在 0:00:00:20 的位置，设置“圆度”选项为 50.0，如图 3-176 所示，记录第 2 个关键帧。

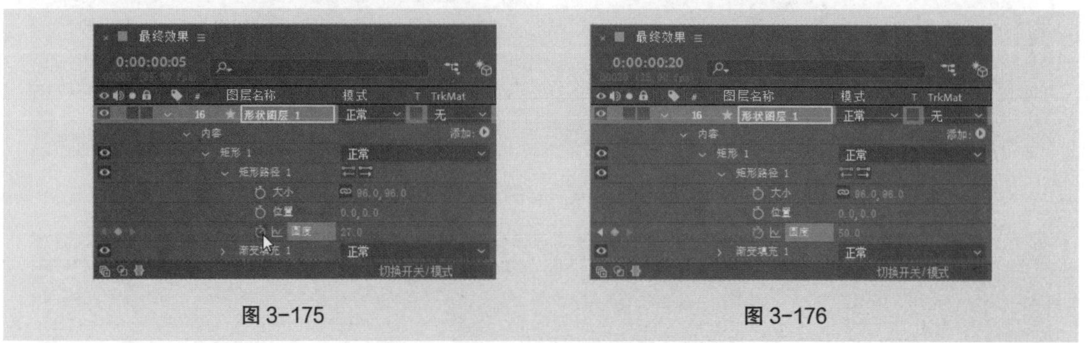

图 3-175　　图 3-176

（9）将时间标签放在 0:00:01:05 的位置，单击“圆度”选项左侧的“在当前时间添加或移除关键帧”按钮，如图 3-177 所示，记录第 3 个关键帧。将时间标签放置在 0:00:01:20 的位置，设置“圆度”选项为 27.0，如图 3-178 所示，记录第 4 个关键帧。

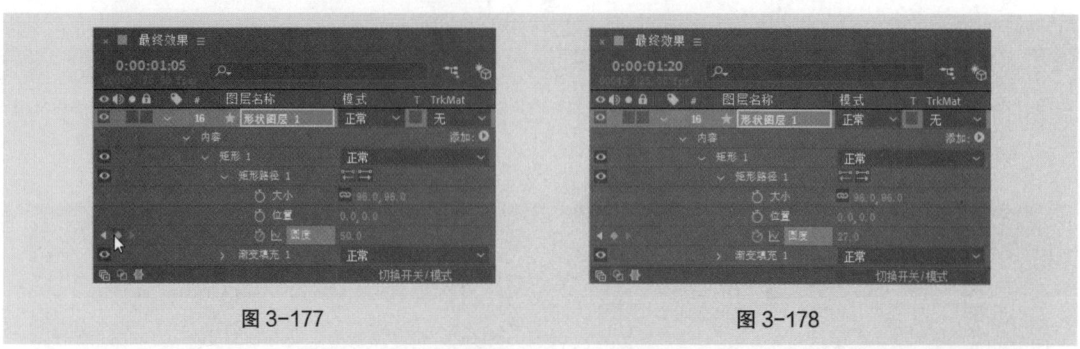

图 3-177　　图 3-178

2．制作装饰动画

（1）选中“粽叶”图层，按 P 键，展开“位置”属性，设置“位置”选项为“151.9，81.0”，如图 3-179 所示。“合成”面板中的效果如图 3-180 所示。

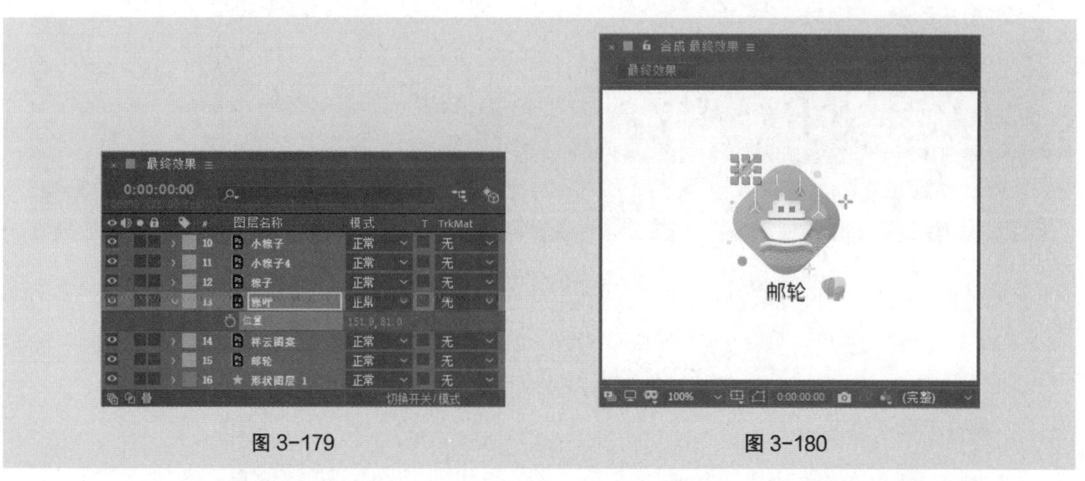

图 3-179　　图 3-180

（2）按住 Alt 键的同时，单击“位置”选项左侧的“关键帧自动记录器”按钮，激活表达式属性，如图 3-181 所示。在表达式文本框中输入 wiggle(2, 2)，如图 3-182 所示。

图 3-181

图 3-182

（3）选中“粽子”图层，按 P 键，展开“位置”属性，按住 Alt 键的同时，单击“位置”选项左侧的“关键帧自动记录器”按钮，激活表达式属性，如图 3-183 所示。在表达式文本框中输入 wiggle(2, 2)，如图 3-184 所示。

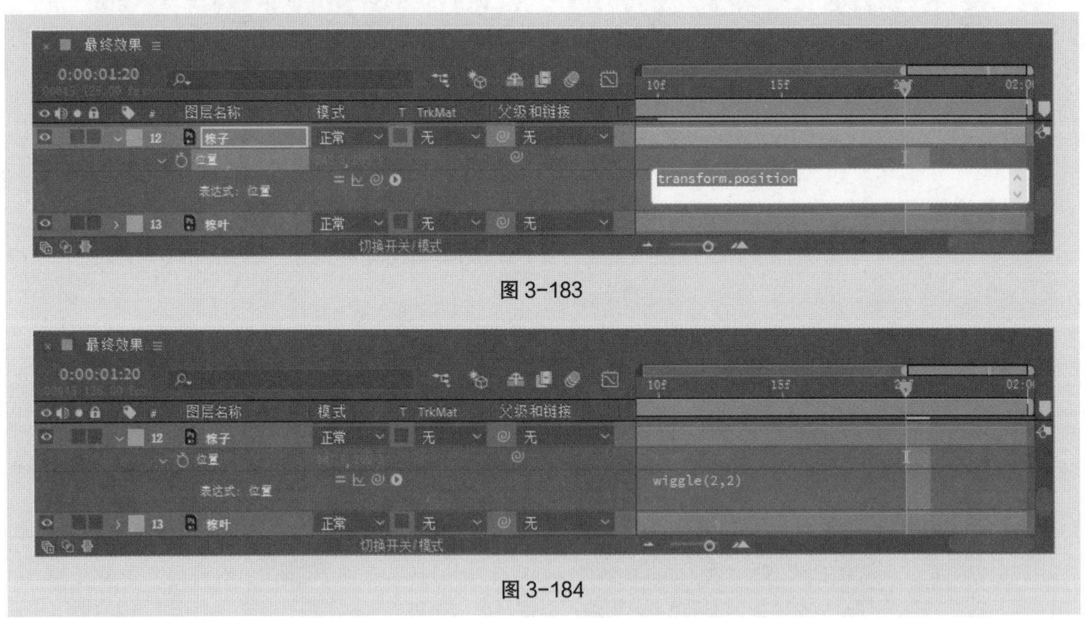

图 3-183

图 3-184

（4）用相同的方法为“紫色圆”图层、“黄色圆 2”图层、“黄色圆 1”图层、“绿色圆”图层“小黄花”图层和“小蓝花”图层的“位置”属性添加表达式，如图 3-185 所示。

3．制作小粽子动画

（1）将时间标签放在 0:00:00:00 的位置，选中“小粽子”图层，按 T 键，展开“不透明度”属性，设置“不透明度”选项为 0%，单击“不透明度”选项左侧的“关键帧自动记录器”按钮，如图 3-186 所示，记录第 1 个关键帧。将时间标签放在 0:00:00:07 的位置，设置“不透明度”选项为 100%，如图 3-187 所示，记录第 2 个关键帧。

图 3-185

图 3-186

图 3-187

（2）将时间标签放在 0:00:00:20 的位置，单击“不透明度”选项左侧的“在当前时间添加或移除关键帧”按钮，如图 3-188 所示，记录第 3 个关键帧。将时间标签放置在 0:00:01:00 的位置，设置“不透明度”选项为 0%，如图 3-189 所示，记录第 4 个关键帧。

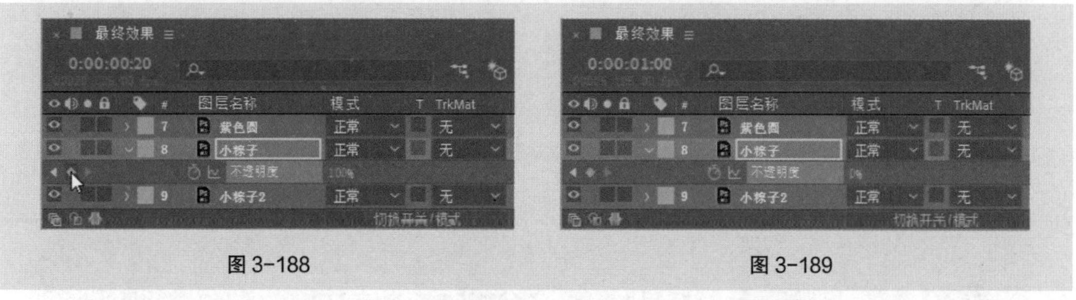

图 3-188

图 3-189

（3）将时间标签放在 0:00:00:00 的位置，按 P 键，展开“位置”属性，设置“位置”选项为“162.5，80.0”，单击“位置”选项左侧的“关键帧自动记录器”按钮，如图 3-190 所示，记录第 1 个关键帧。将时间标签放在 0:00:01:00 的位置，设置“位置”选项为“162.5，138.0”，如图 3-191 所示，记录第 2 个关键帧。

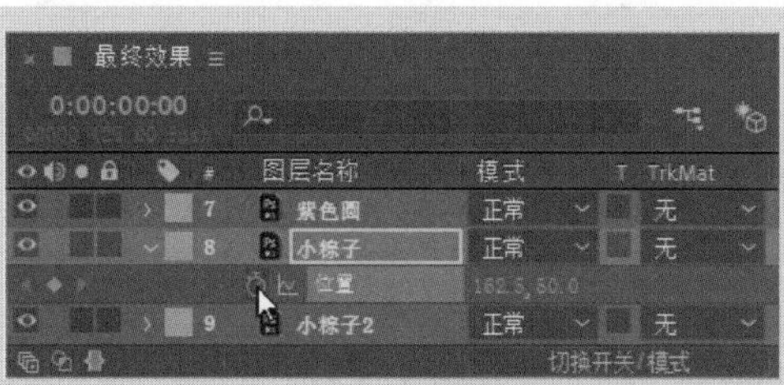

图 3-190

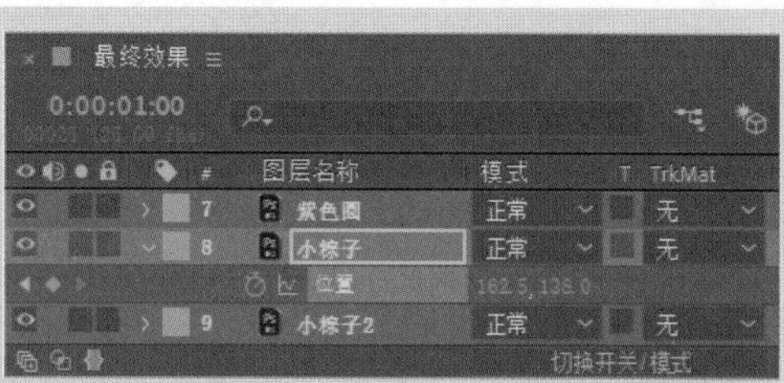

图 3-191

（4）单击“位置”属性，将该属性关键帧全部选中，如图 3-192 所示。按 F9 键，将选中的关键帧转为缓动关键帧，如图 3-193 所示。

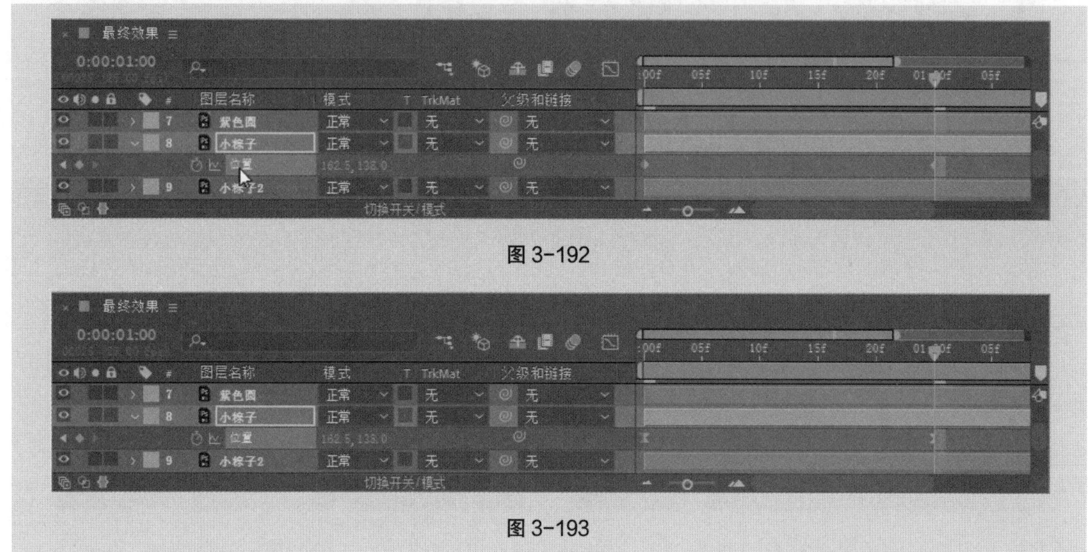

图 3-192

图 3-193

（5）在“时间轴”面板中单击“图表编辑器”按钮，进入到图表编辑器面板中，如图 3-194 所示。拖曳左侧控制点到适当的位置，如图 3-195 所示。再次单击“图表编辑器”按钮，退出图表编辑器。

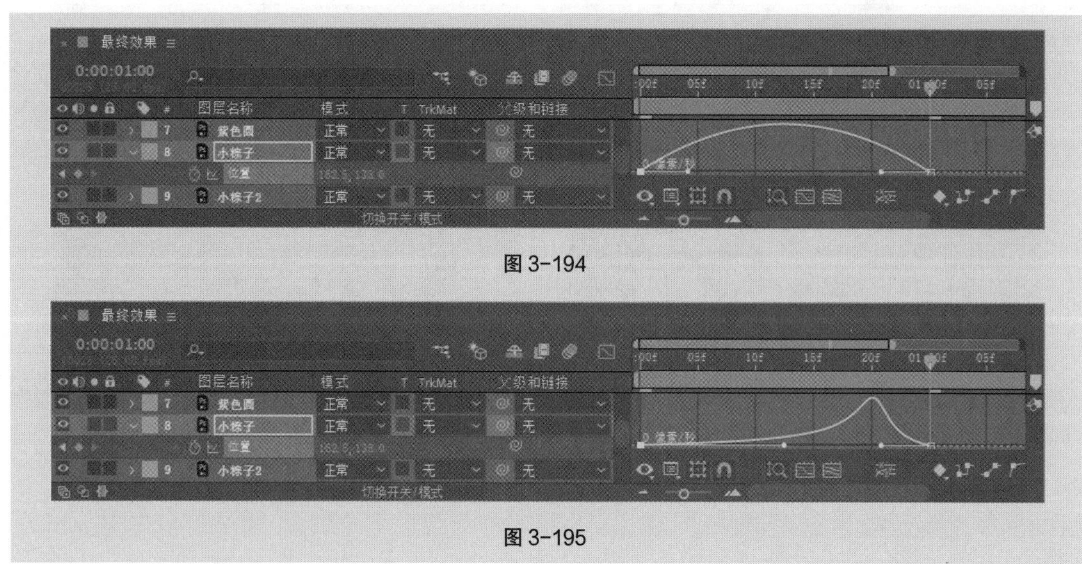

图 3-194

图 3-195

（6）按 T 键，展开“不透明度”属性，单击“不透明度”属性，将该属性关键帧全部选中。按 Ctrl+C 组合键，复制关键帧。将时间标签放在 0:00:00:15 的位置，选中“小粽子 2”图层，按 T 键，展开“不透明度”属性，按 Ctrl+V 组合键，粘贴关键帧，效果如图 3-196 所示。

图 3-196

（7）将时间标签放在 0:00:01:00 的位置，选中“小粽子 3”图层，按 T 键，展开“不透明度”属性，按 Ctrl+V 组合键，粘贴关键帧，效果如图 3-197 所示。

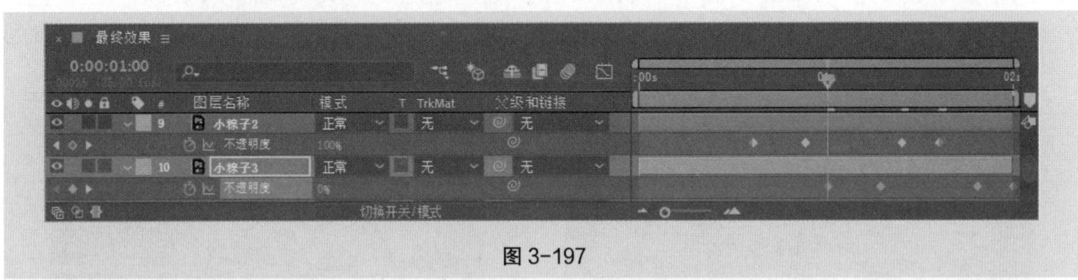

图 3-197

（8）将时间标签放在 0:00:00:10 的位置，选中“小粽子 4”图层，按 T 键，展开“不透明度”属性，按 Ctrl+V 组合键，粘贴关键帧，效果如图 3-198 所示。

图 3-198

（9）将时间标签放在 0:00:00:15 的位置，选中“小粽子 2”图层，按 P 键，展开“位置”属性，设置“位置”选项为“185.5，71.5”，单击“位置”选项左侧的“关键帧自动记录器”按钮，如图 3-199 所示，记录第 1 个关键帧。将时间标签放在 0:00:01:15 的位置，设置“位置”选项为“185.5，122.5”，如图 3-200 所示，记录第 2 个关键帧。

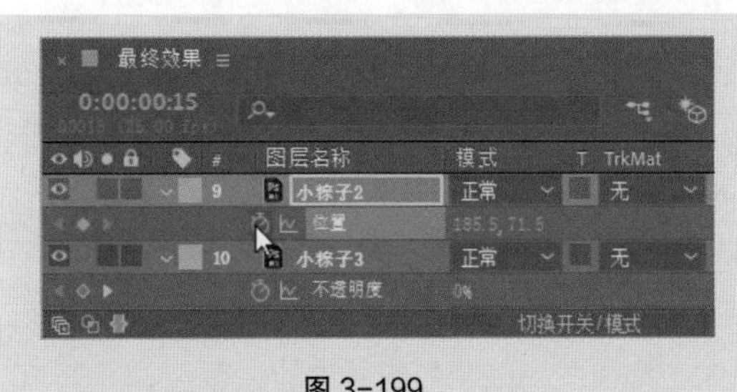

图 3-199

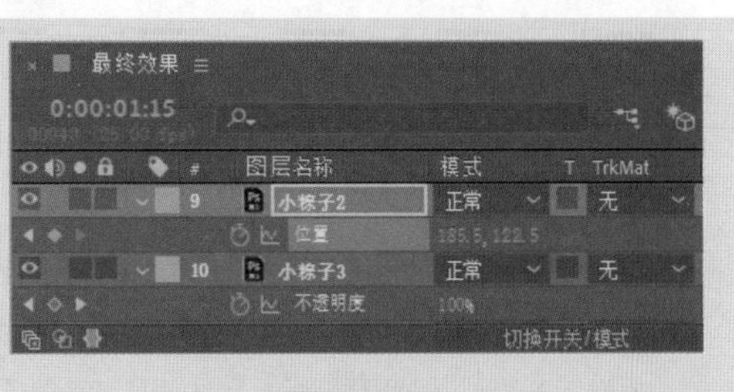

图 3-200

（10）单击“位置”属性，将该属性关键帧全部选中。按F9键，将选中的关键帧转为缓动关键帧。单击“图表编辑器”按钮，进入到图表编辑器面板中。拖曳左侧控制点到适当的位置，如图3-201所示。再次单击“图表编辑器”按钮，退出图表编辑器。

图3-201

（11）将时间标签放在0:00:01:00的位置，选中“小粽子3”图层，按P键，展开“位置”属性，设置“位置”选项为“210.5，72.0”，单击“位置”选项左侧的“关键帧自动记录器”按钮，如图3-202所示，记录第1个关键帧。将时间标签放在0:00:02:00的位置，设置“位置”选项为“210.5，120.0”，如图3-203所示，记录第2个关键帧。

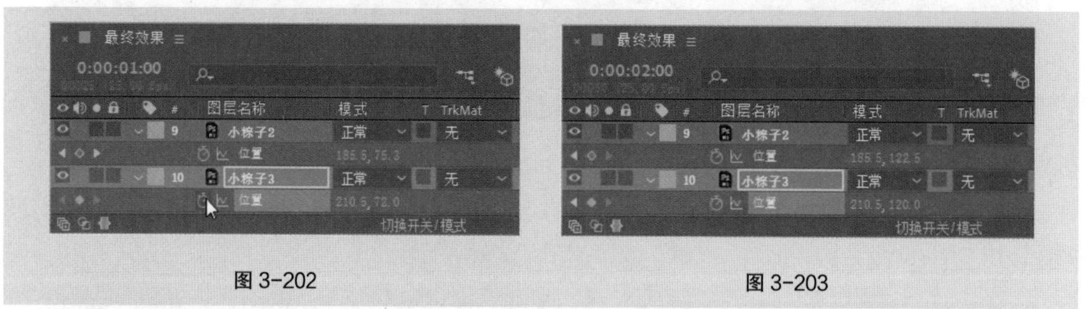

图3-202　　图3-203

（12）单击“位置”属性，将该属性关键帧全部选中。按F9键，将选中的关键帧转为缓动关键帧。单击“图表编辑器”按钮，进入到图表编辑器面板中。拖曳左侧控制点到适当的位置，如图3-204所示。再次单击“图表编辑器”按钮，退出图表编辑器。

图3-204

（13）将时间标签放在0:00:00:10的位置，选中“小粽子4”图层，按P键，展开“位置”属性，设置“位置”选项为“230.0，78.5”，单击“位置”选项左侧的“关键帧自动记录器”按钮，如图3-205所示，记录第1个关键帧。将时间标签在0:00:01:10的位置，设置“位置”选项为“230.0，133.5”，如图3-206所示，记录第2个关键帧。

（14）单击“位置”属性，将该属性关键帧全部选中。按F9键，将选中的关键帧转为缓动关键帧。单击“图表编辑器”按钮，进入到图表编辑器面板中。拖曳左侧控制点到适当的位置，如图3-207

所示。再次单击“图表编辑器”按钮，退出图表编辑器。旅游出行图标动效制作完成。

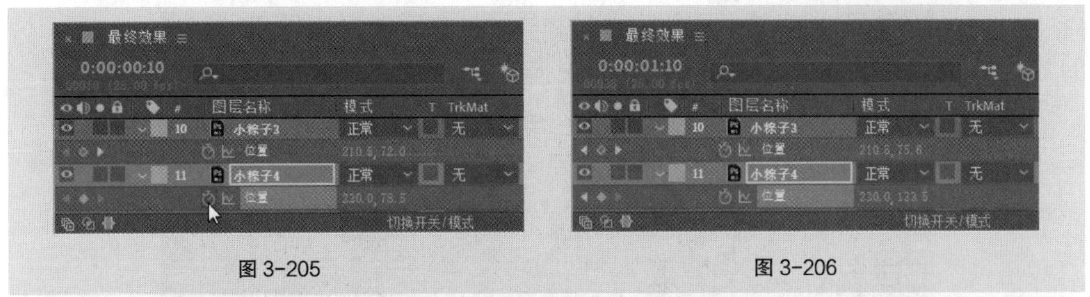

图 3-205　　　　图 3-206

图 3-207

3.6.3 文件保存

选择“文件 > 保存”命令，弹出“另存为”对话框，在对话框中选择要保存文件的位置，在“文件名”文本框中输入“工程文件”，其他选项的设置如图 2-208 所示，单击“保存”按钮，将文件保存。

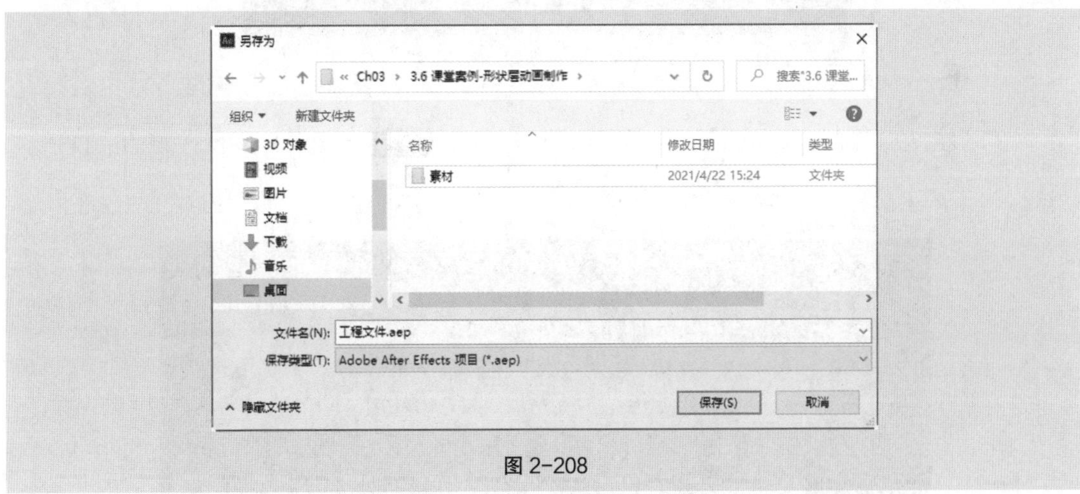

图 2-208

3.6.4 渲染导出

（1）选择“合成 > 添加到 Adobe Media Encoder 队列”命令，系统自动打开 Adobe Media Encoder 软件并将文件添加到 Adobe Media Encoder 软件“队列”面板中，如图 3-209 所示。

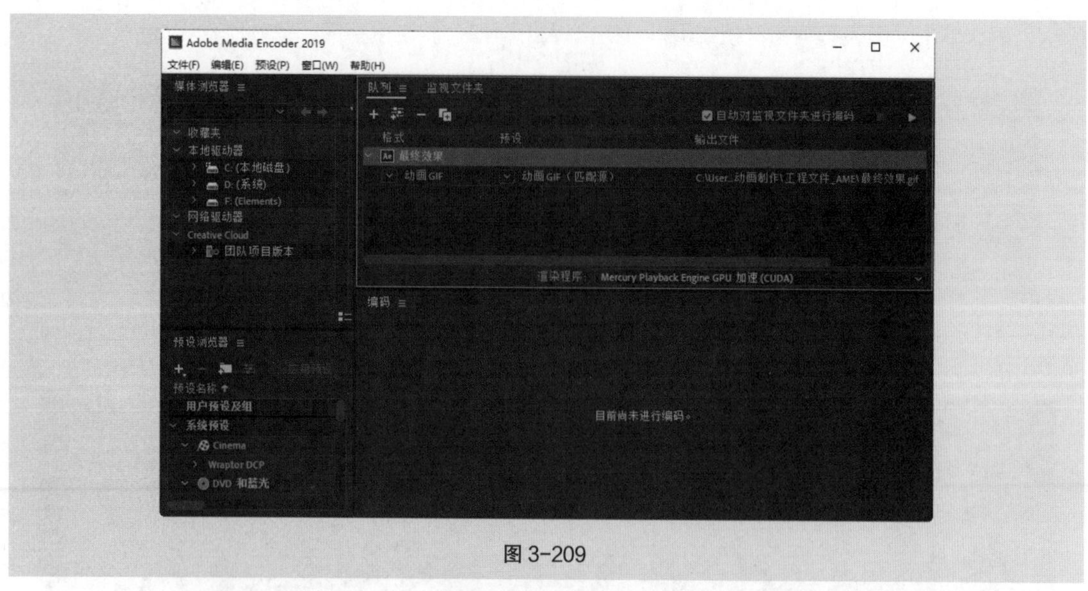

图 3-209

（2）单击“格式”选项组中的按钮 ，在弹出的列表中选择“动画 GIF”选项，其他选项的设置如图 3-210 所示。

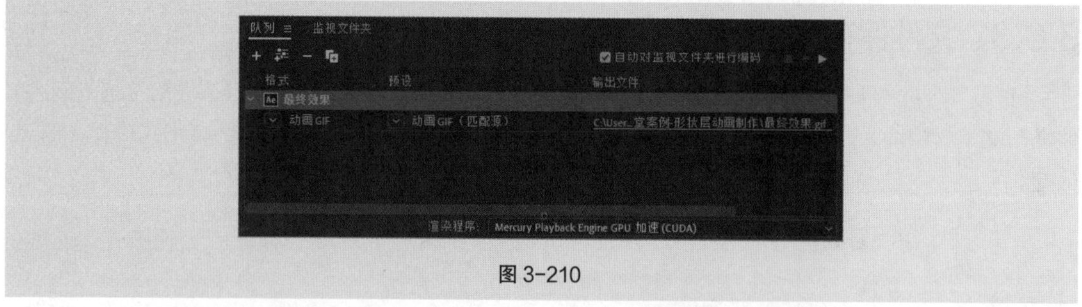

图 3-210

（3）设置完成后单击“队列”面板中的“启动队列”按钮 ，进行文件渲染，如图 3-211 所示。

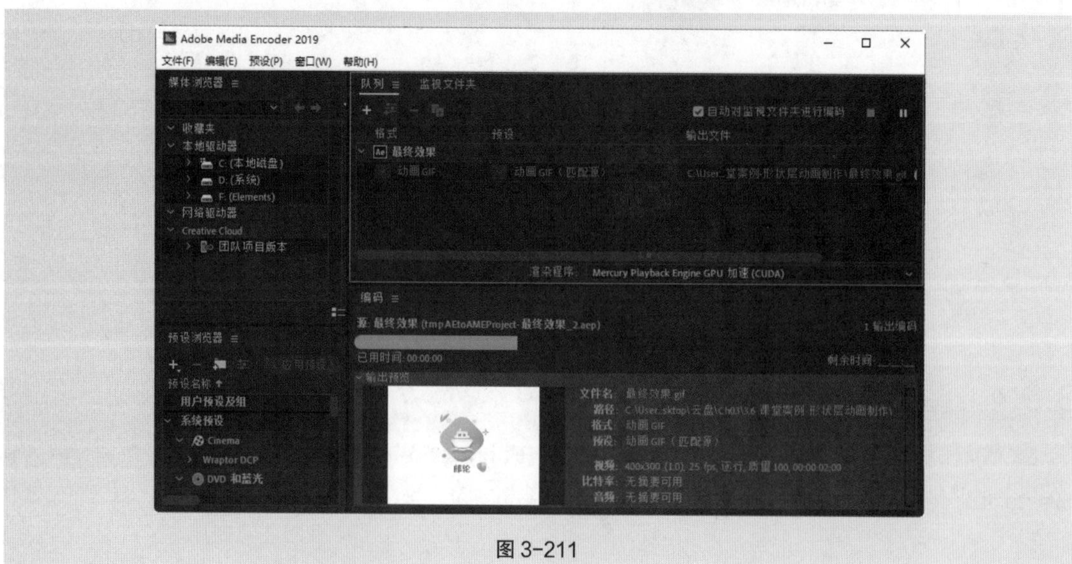

图 3-211

（4）渲染完成后在输出文件位置可以看到 GIF 动画文件，如图 3-212 所示。

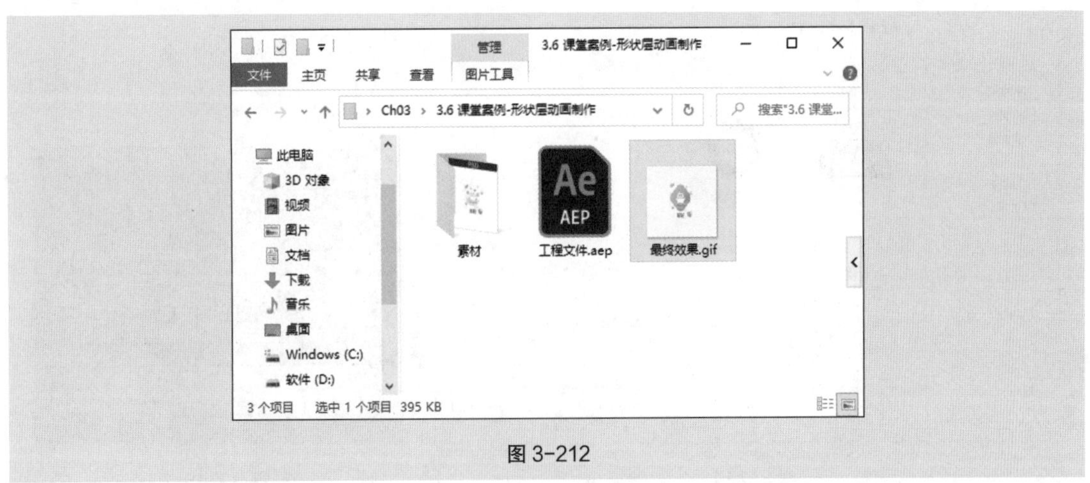

图 3-212

3.7 课堂案例——喷雾汽车制作

【案例学习目标】学习使用纯色图层和“Particular”插件制作喷雾效果。

【案例知识要点】使用“位置”属性和“旋转”属性制作汽车动画效果，使用“Particular”插件制作汽车喷雾效果。喷雾汽车效果如图 3-213 所示。

【效果所在位置】云盘 \Ch03\ 喷雾汽车制作 \ 工程文件 . aep。

慕课视频 喷雾汽车制作

最终效果 喷雾汽车制作

图 3-213

3.7.1 导入素材

选择“文件 > 导入 > 文件”命令，在弹出的“导入文件”对话框中，选择云盘中的“Ch03\ 喷雾汽车制作 \ 素材 \01.png 和 02.png”文件，如图 3-214 所示，单击“导入”按钮，将文件导入“项目”面板中，如图 3-215 所示。

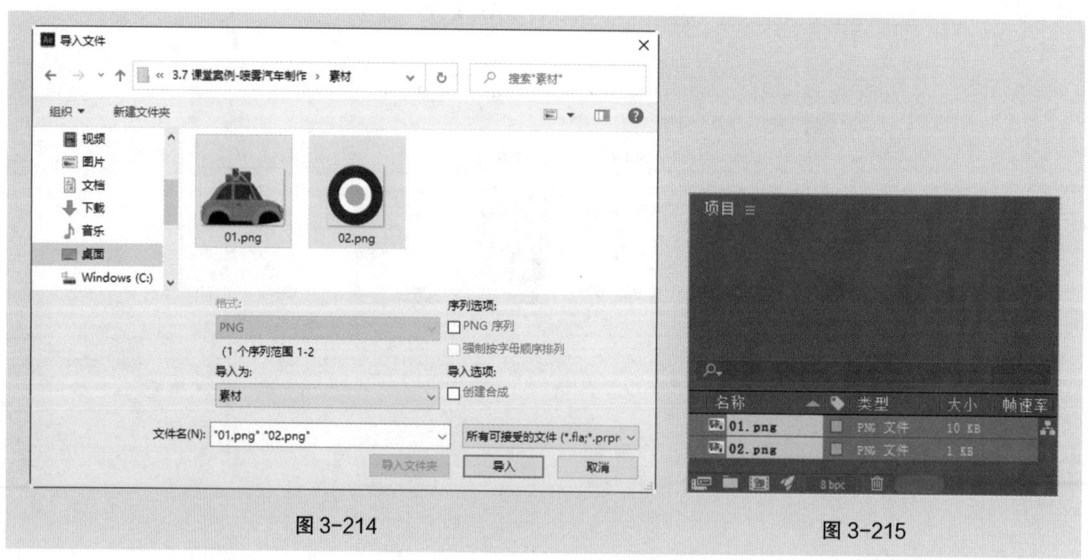

图 3-214　　图 3-215

3.7.2　动画制作

（1）按 Ctrl+N 组合键，弹出“合成设置”对话框，在“合成名称”文本框中输入“最终效果”，设置“背景颜色”为黑色，其他选项的设置如图 3-216 所示，单击“确定”按钮，创建一个新的合成“最终效果”，如图 3-217 所示。

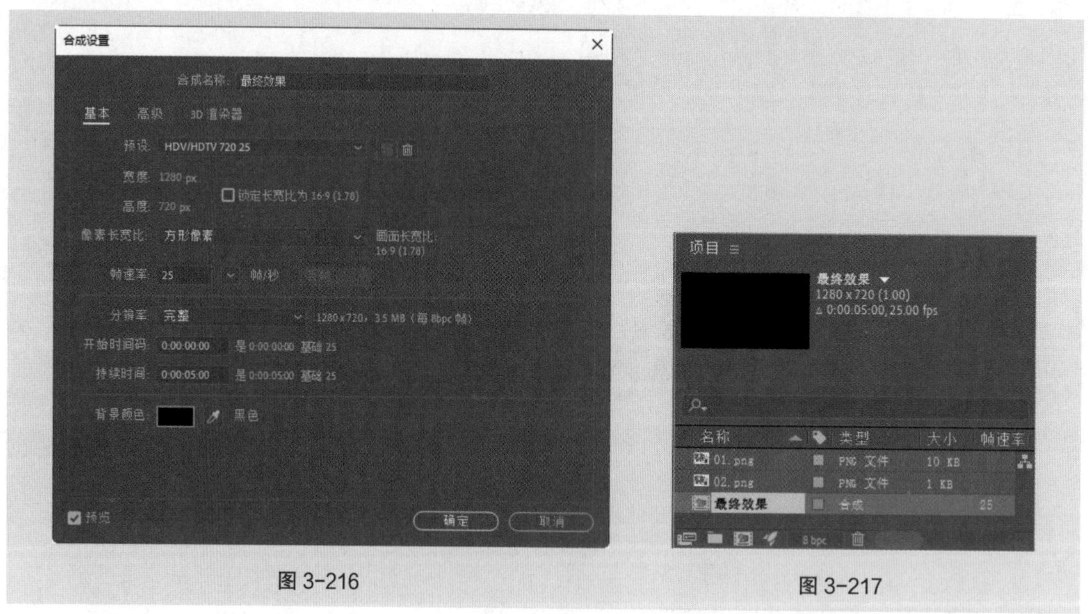

图 3-216　　图 3-217

（2）选择“图层 > 新建 > 纯色”命令，弹出“纯色设置”对话框，在“名称”文本框中输入“背景”，将“颜色”设置为青色（0、229、229），其他选项的设置如图 3-218 所示，单击“确定”按钮，在当前合成中建立一个新的青色纯色图层，如图 3-219 所示。

（3）在“项目”面板中选中“01.png”和“02.png”文件，并将其拖曳到“时间轴”面板中，图层的排列如图 3-220 所示。“合成”面板中的效果如图 3-221 所示。

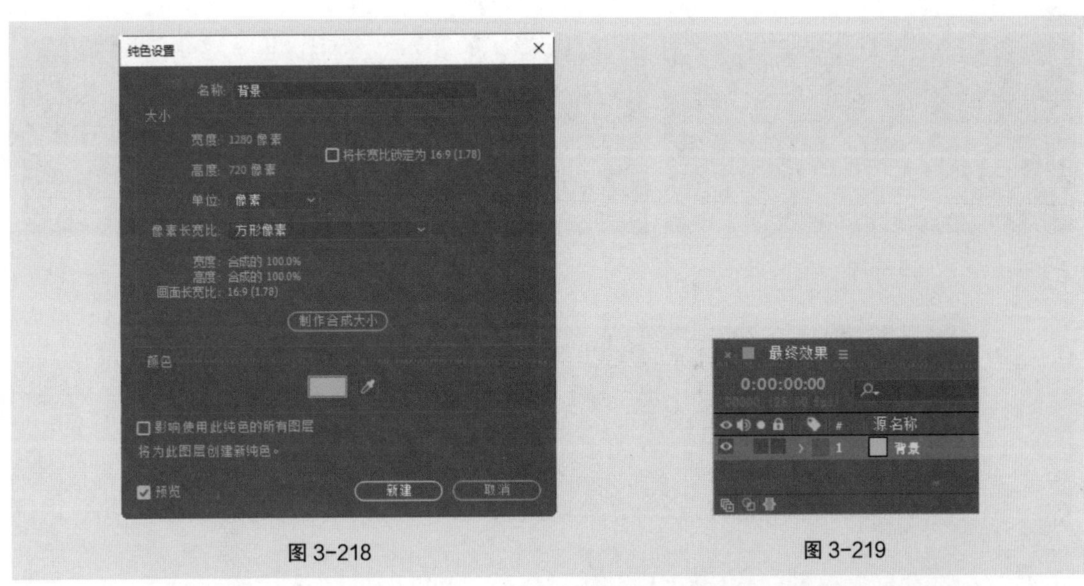

图 3-218　　图 3-219

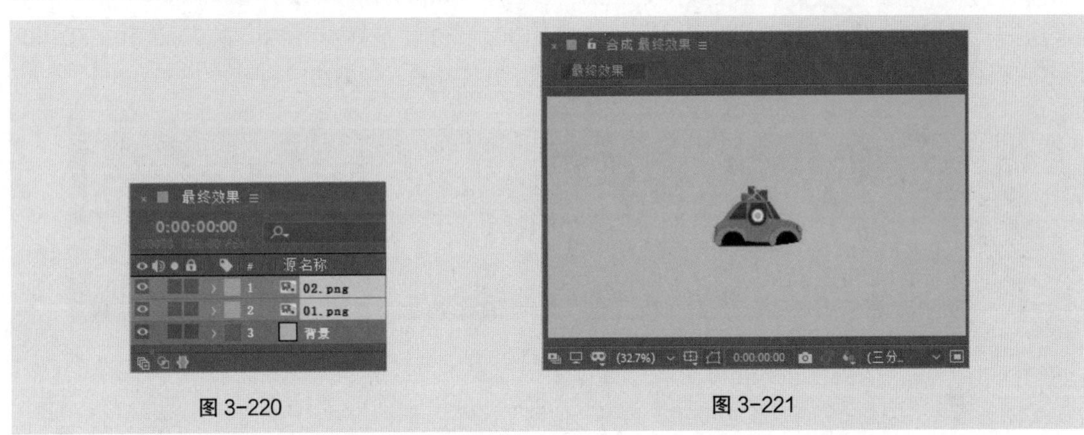

图 3-220　　图 3-221

（4）选中“01.png”图层，按P键，展开“位置”属性，设置“位置”选项为“640.0，355.0”，如图3-222所示。单击“位置”选项左侧的“关键帧自动记录器”按钮，如图3-223所示，记录第1个关键帧。

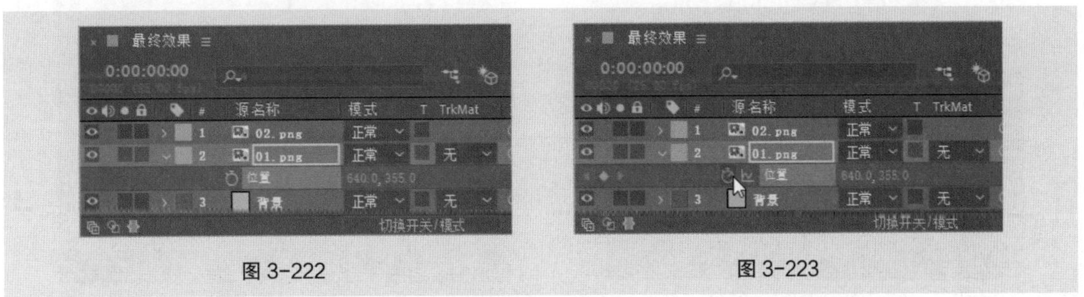

图 3-222　　图 3-223

（5）将时间标签放在0:00:00:10的位置，设置“位置”选项为“640.0，360.0”，如图3-224所示，记录第2个关键帧。单击“位置”属性，将该属性关键帧全部选中，如图3-225所示。

（6）按Ctrl+C组合键，将其复制。将时间标签放在0:00:00:20的位置，按Ctrl+V组合键，粘贴关键帧，效果如图3-226所示。

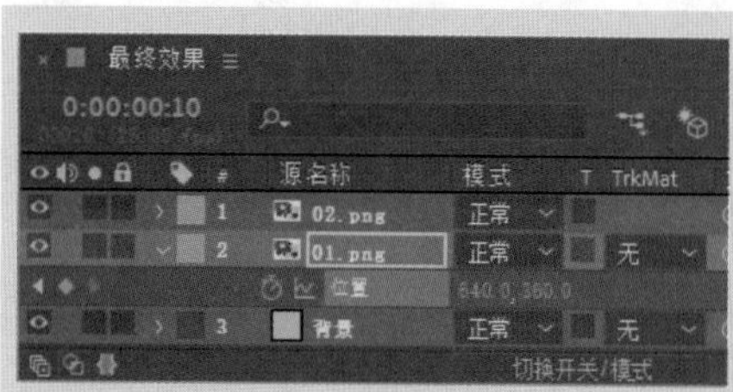

图 3-224

图 3-225

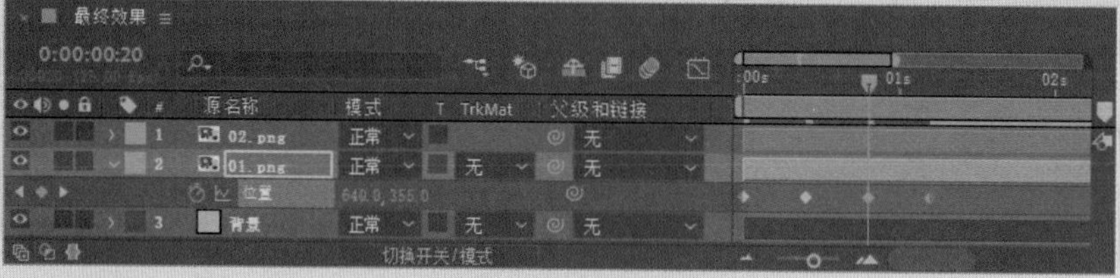

图 3-226

（7）用相同的方法分别将时间标签放置在 0:00:01:15、0:00:02:10、0:00:03:05、0:00:04:00 和 0:00:04:20 的位置，按 Ctrl+V 组合键，粘贴关键帧，效果如图 3-227 所示。

图 3-227

（8）选中“02.png”图层，按 P 键，展开“位置”属性，设置“位置”选项为“566.0，444.0”，如图 3-228 所示。“合成”面板中的效果如图 3-229 所示。

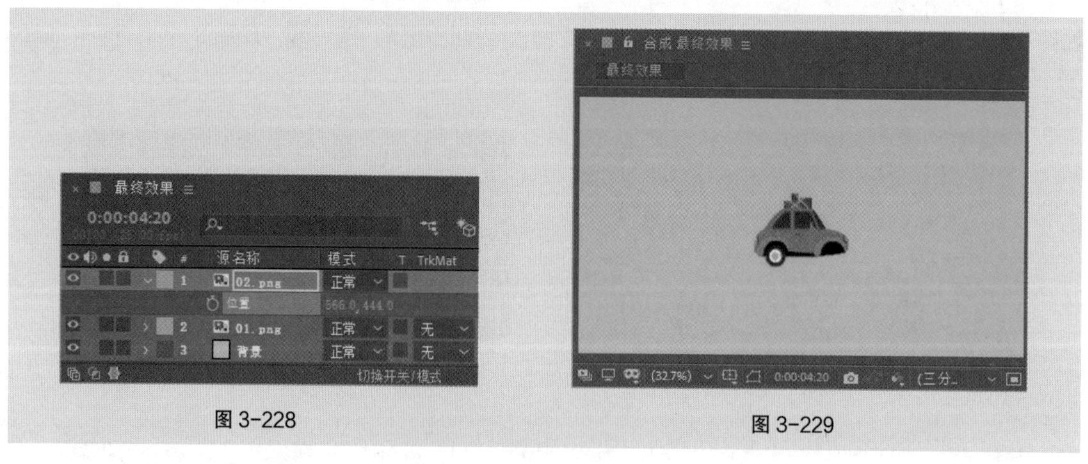

图 3-228　　图 3-229

（9）将时间标签放在 0:00:00:00 的位置，按 R 键，展开“旋转”属性，单击“旋转”选项左侧的“关键帧自动记录器”按钮，如图 3-230 所示，记录第 1 个关键帧。将时间标签放在 0:00:00:10 的位置，将“旋转”选项设为 0x+180.0°，如图 3-231 所示，记录第 2 个关键帧。

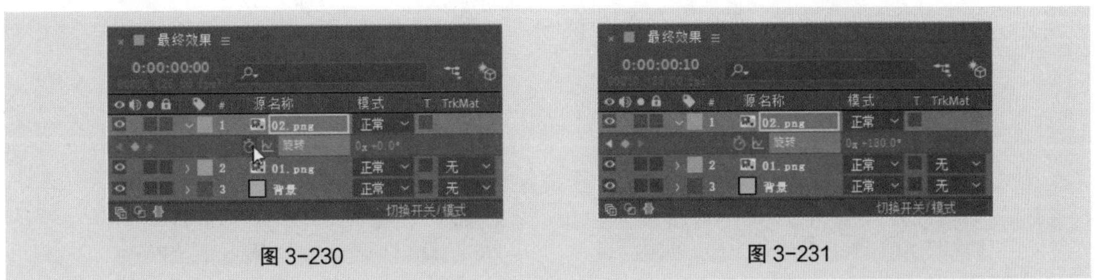

图 3-230　　图 3-231

（10）将时间标签放在 0:00:00:20 的位置，设置“旋转”选项为 1x+0.0°，如图 3-232 所示，记录第 3 个关键帧。单击“旋转”属性，将该属性关键帧全部选中，如图 3-233 所示。

图 3-232　　图 3-233

（11）按 Ctrl+C 组合键，复制关键帧。将时间标签放置在 0:00:01:05 的位置，按 Ctrl+V 组合键，粘贴关键帧，如图 3-234 所示。

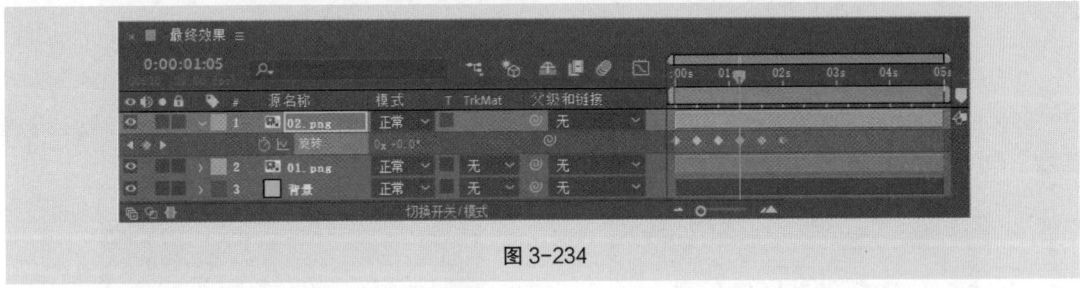

图 3-234

（12）用相同的方法分别将时间标签放置在 0:00:02:10、0:00:03:15 和 0:00:04:20 的位置，按 Ctrl+V 组合键，粘贴关键帧，效果如图 3-235 所示。

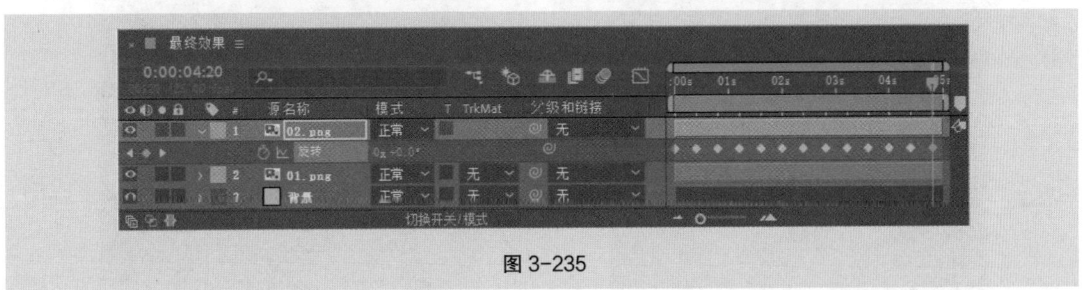

图 3-235

（13）按 Ctrl+D 组合键，复制图层，如图 3-236 所示。按 P 键，展开“位置”属性，设置“位置”选项为“731.0，444.0”，如图 3-237 所示。

（14）选择“图层 > 新建 > 纯色”命令，弹出“纯色设置”对话框，在“名称”文本框中输入“烟雾”，将“颜色”设置为白色，其他选项的设置如图 3-238 所示，单击“确定”按钮，在当前合成中建立一个新的白色纯色图层，如图 3-239 所示。

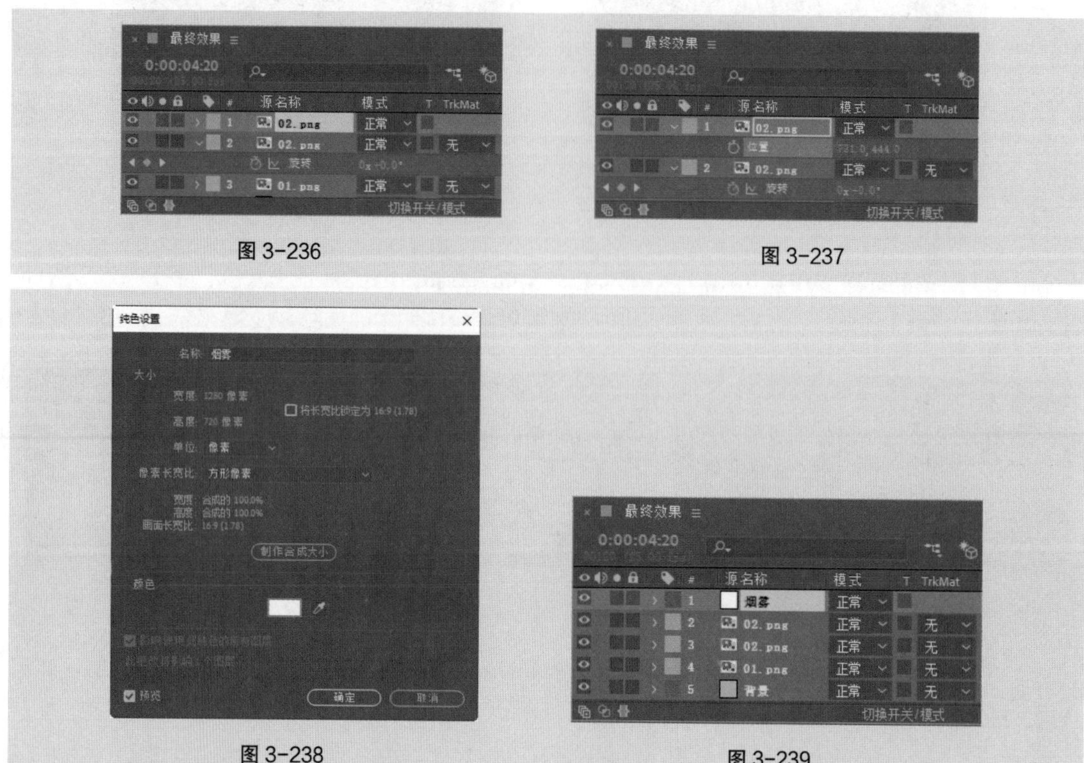

图 3-236

图 3-237

图 3-238

图 3-239

（15）选中“烟雾”图层，选择“效果 > Trapcode > Particular”命令，展开“发射器”属性，在“效果控件”面板中设置参数，如图 3-240 所示。展开“粒子”属性，在“效果控件”面板中设置参数，如图 3-241 所示。

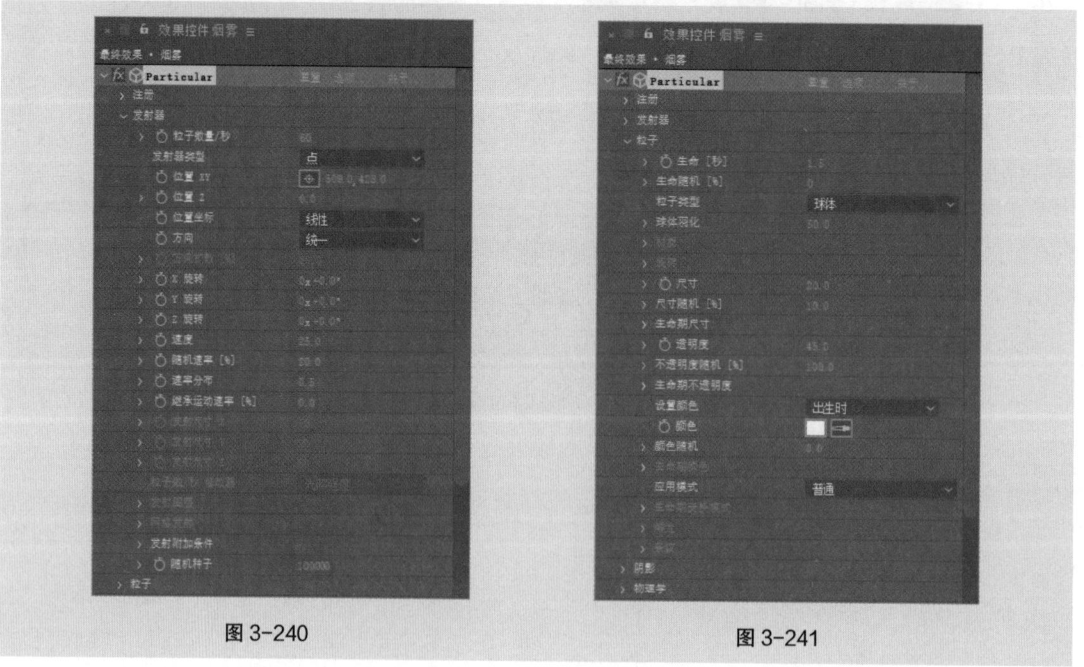

图 3-240

图 3-241

（16）展开“物理学”选项下的“气”属性，在“效果控件”面板中设置参数，如图 3-242 所示。“合成”面板中的效果如图 3-243 所示。

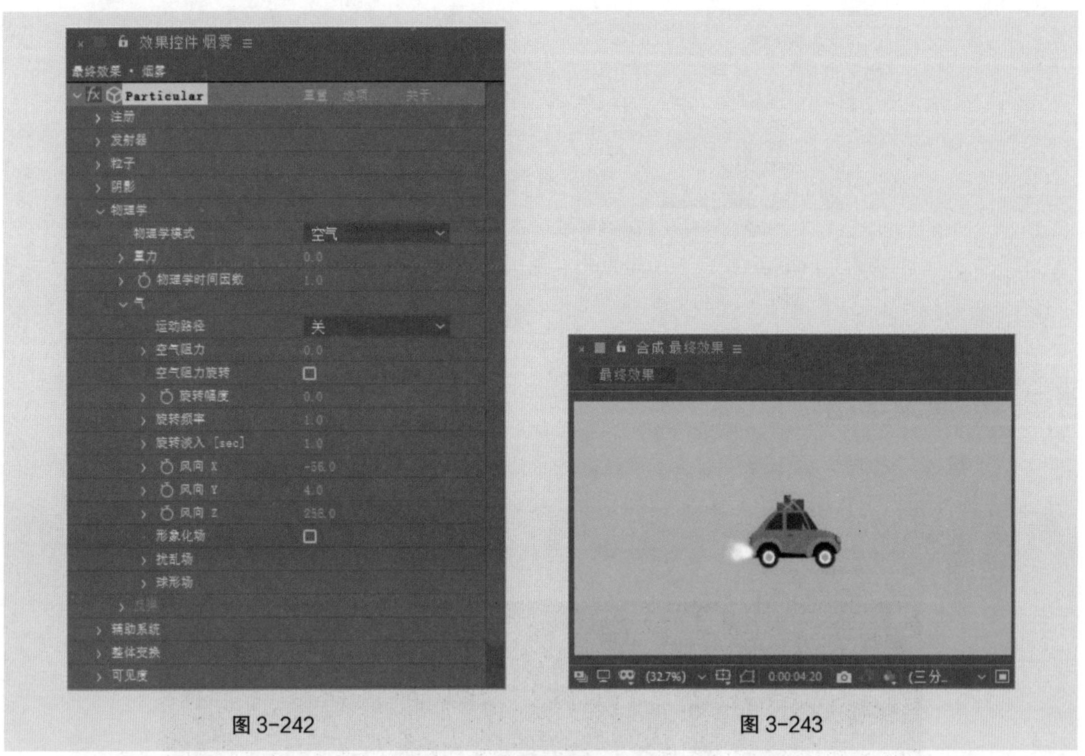

图 3-242　　图 3-243

（17）在“时间轴”面板中将“烟雾”图层拖曳到“背景”图层的上方，如图 3-244 所示。“合成”面板中的效果如图 3-245 所示。喷雾汽车效果制作完成。

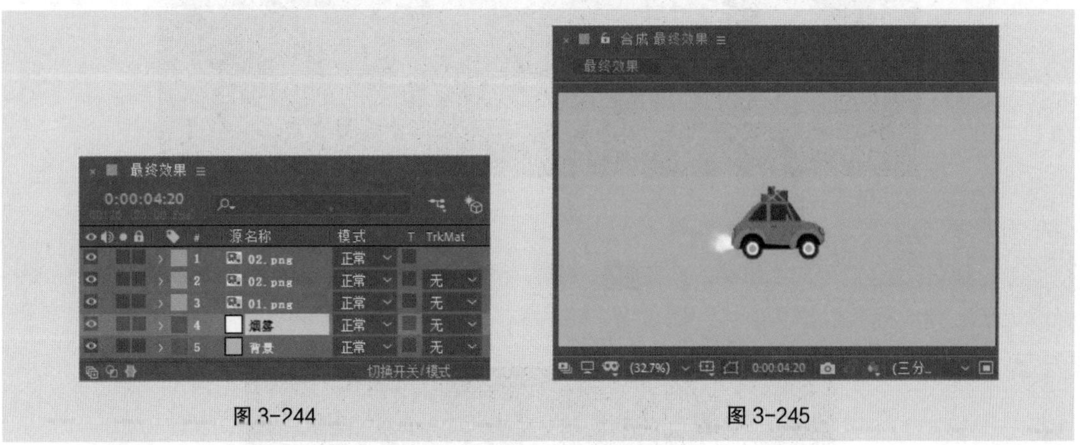

图 3-244　　图 3-245

3.7.3 文件保存

选择“文件 > 保存”命令，弹出“另存为”对话框，在对话框中选择要保存文件的位置，在“文件名”文本框中输入“工程文件”，其他选项的设置如图 3-246 所示，单击“保存”按钮，将文件保存。

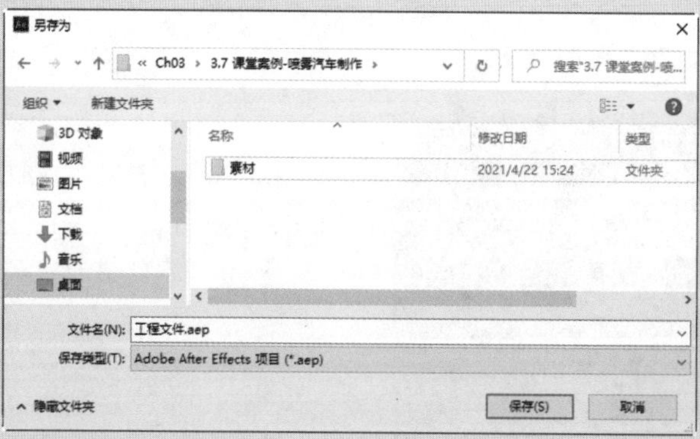

图 3-246

3.7.4 渲染导出

（1）选择“合成 > 添加到 Adobe Media Encoder 队列”命令，系统自动打开 Adobe Media Encoder 软件并将文件添加到 Adobe Media Encoder 软件“队列”面板中，如图 3-247 所示。

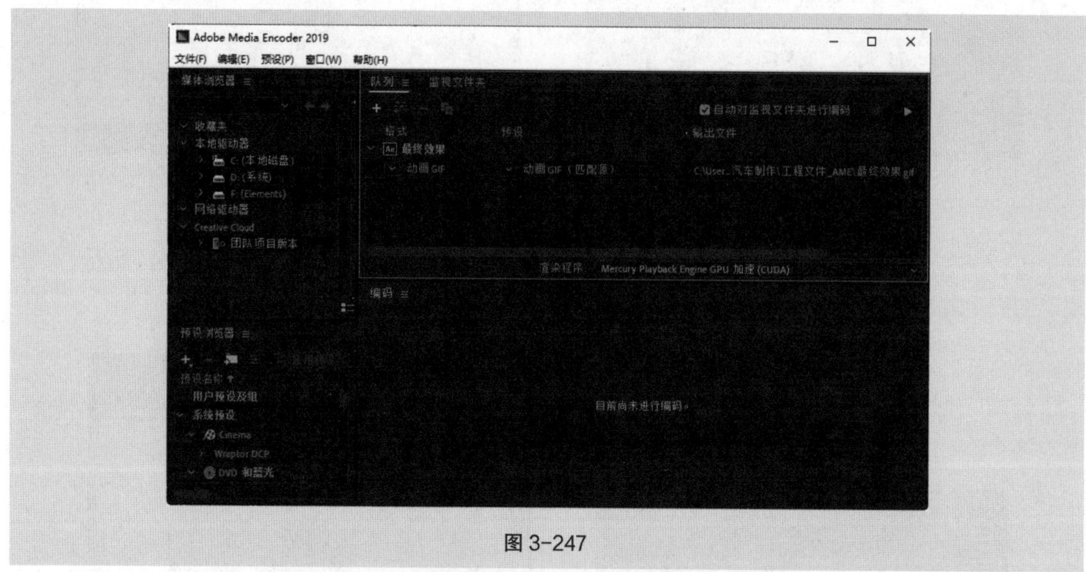

图 3-247

（2）单击“格式”选项组中的按钮，在弹出的列表中选择“动画 GIF”选项，其他选项的设置如图 3-248 所示。

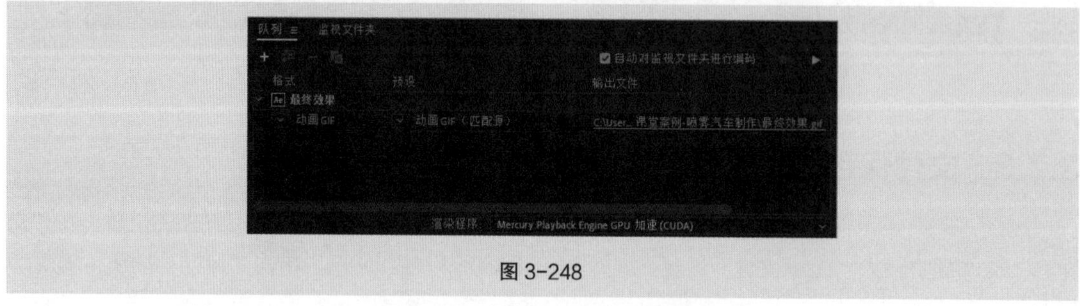

图 3-248

（3）设置完成后单击“队列”面板中的“启动队列”按钮，进行文件渲染，如图 3-249 所示。

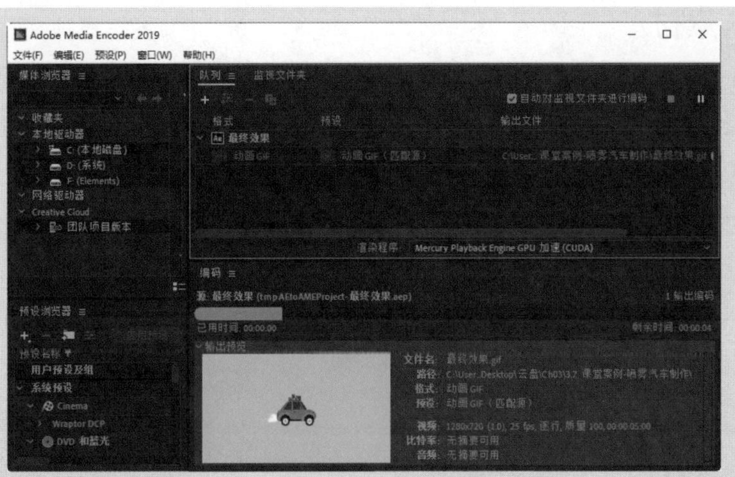

图 3-249

（4）渲染完成后在输出文件位置可以看到 GIF 动画文件，如图 3-250 所示。

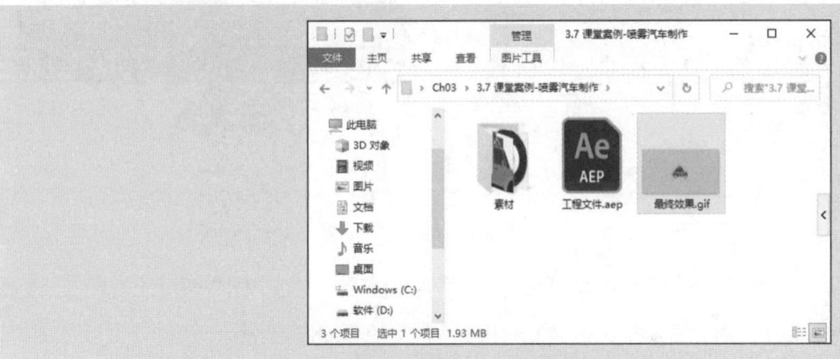

图 3-250

3.8 课堂案例——飘落雪花制作

【案例学习目标】学习使用“高斯模糊”效果和表达式制作飘落雪花。

【案例知识要点】使用椭圆工具绘制图形，使用“高斯模糊”效果模糊图形，使用“表达式”选项制作雪花飘落。飘落雪花效果如图 3-251 所示。

【效果所在位置】云盘 \Ch03\ 飘落雪花制作 \ 工程文件 . aep。

图 3-251

3.8.1　导入素材

选择“文件 > 导入 > 文件”命令，在弹出的“导入文件”对话框中，选择云盘中的“Ch03\飘落雪花制作\素材\01.jpg”文件，如图3-252所示，单击“导入”按钮，将文件导入“项目”面板中，如图3-253所示。

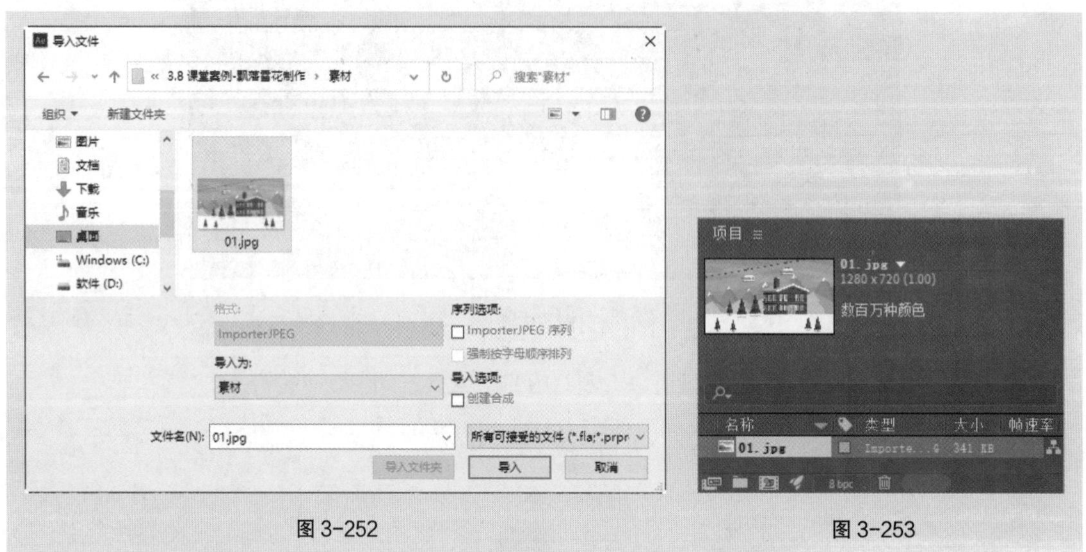

图3-252　　图3-253

3.8.2　动画制作

（1）按Ctrl+N组合键，弹出“合成设置”对话框，在“合成名称”文本框中输入“雪”，设置“背景颜色”为黑色，其他选项的设置如图3-254所示，单击“确定”按钮，创建一个新的合成“雪”，如图3-255所示。

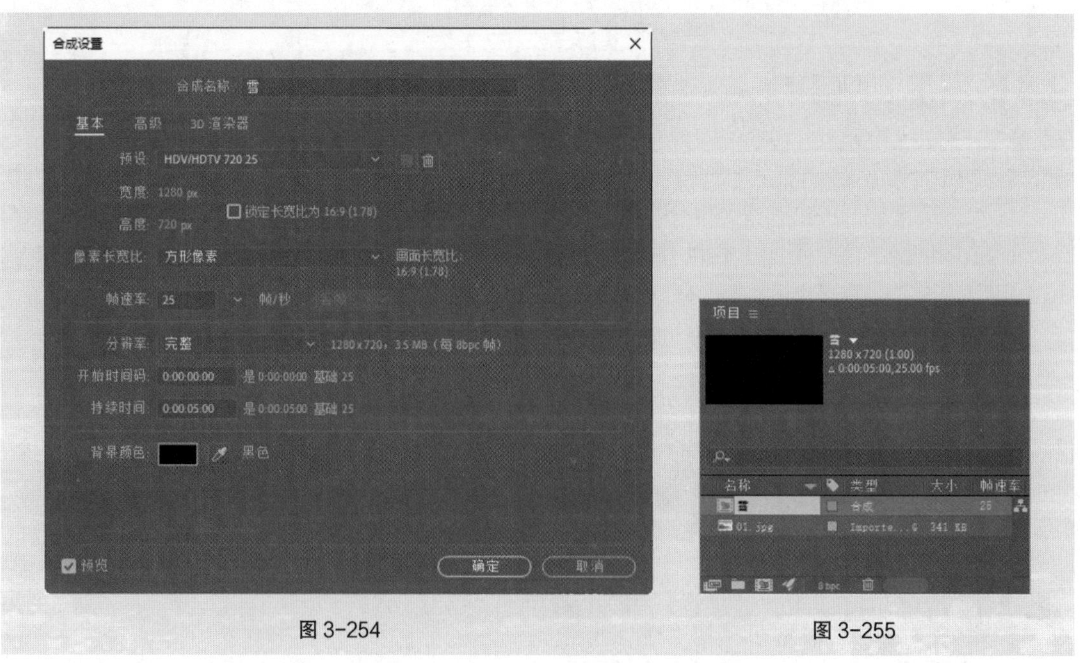

图3-254　　图3-255

（2）选择“椭圆”工具，在工具栏中设置“填充颜色”为白色，“描边宽度”为0像素，按住Shfit键的同时，在“合成”面板中绘制一个圆形，如图3-256所示。在“时间轴”面板中自动生成一个“形状图层1”图层，如图3-257所示。

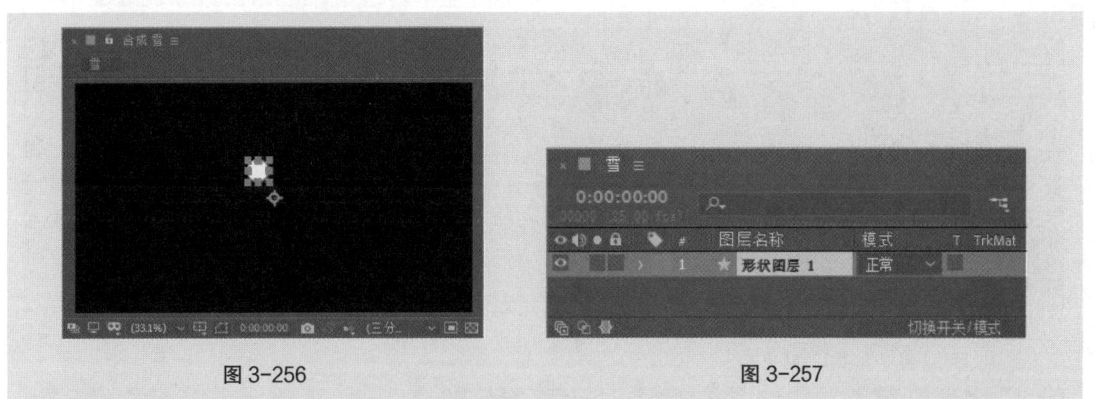

图3-256　　图3-257

（3）选择“向后平移（锚点）”工具，在“合成”面板中拖曳锚点到适当的位置，如图3-258所示。选中“形状图层1”图层，按S键，展开“缩放”属性，设置“缩放”选项为“69.6，69.6%”，如图3-259所示。

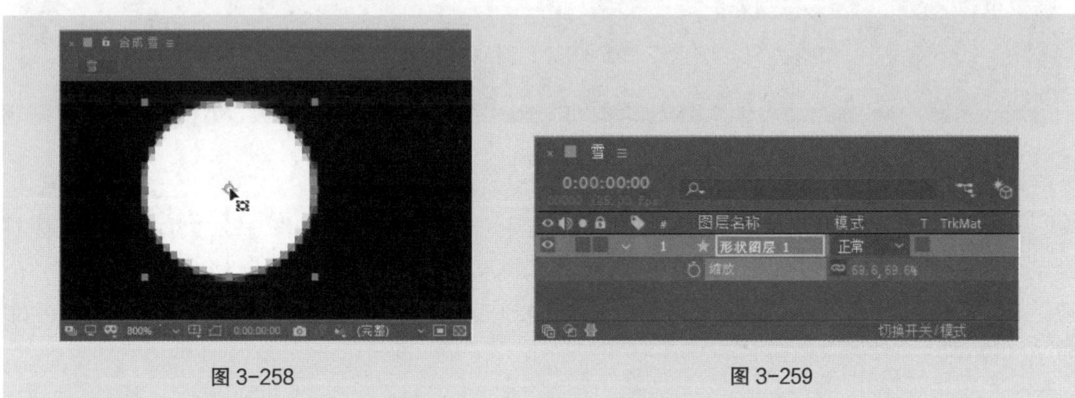

图3-258　　图3-259

（4）展开“形状图层1”图层的“内容 > 椭圆1 > 椭圆路径1”选项组，设置“大小”选项为“36.0，36.0”，如图3-260所示。“合成”面板中的效果如图3-261所示。

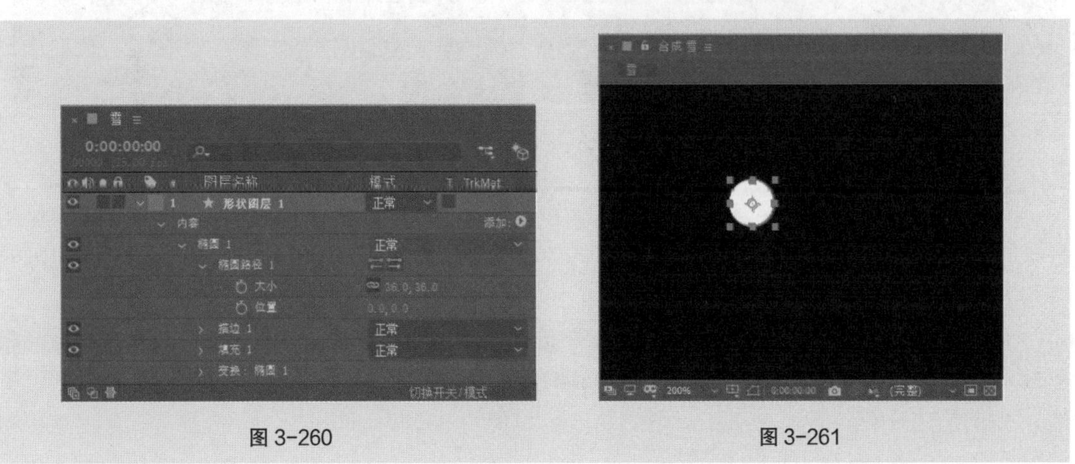

图3-260　　图3-261

（5）按住 Alt 键的同时，单击“大小”选项左侧的“关键帧自动记录器”按钮，激活表达式属性，如图 3-262 所示。在表达式文本框中输入“seedRandom(index，1) r=random(20，25); [r，r]”，如图 3-263 所示。

图 3-262

图 3-263

（6）选中“形状图层 1”图层，按 P 键，展开“位置”属性，如图 3-264 所示。用鼠标右键单击“位置”选项，在弹出的菜单中选择“单独尺寸”选项，将“位置”选项拆分为“X 位置”和“Y 位置”选项，设置“X 位置”选项为 566.3，“Y 位置”选项为 340.5，如图 3-265 所示。

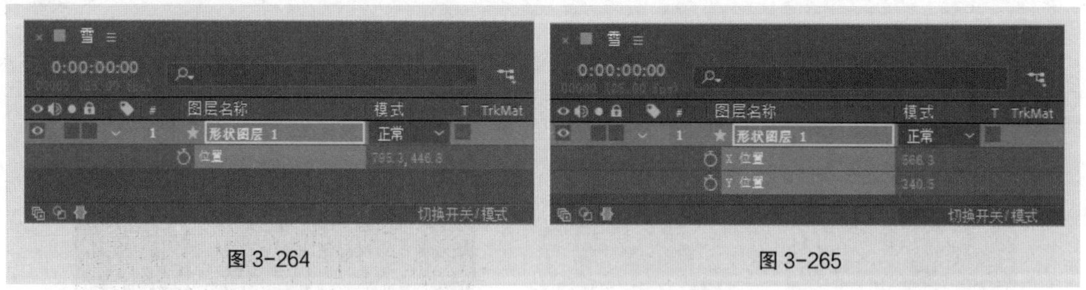

图 3-264

图 3-265

（7）按住 Alt 键的同时，单击“X 位置”选项左侧的“关键帧自动记录器”按钮，激活表达式属性，如图 3-266 所示。在表达式文本框中输入“seedRandom(index，1) random(0，1280)+wiggle(3，30)-value”，如图 3-267 所示。

（8）按住 Alt 键的同时，单击“Y 位置”选项左侧的“关键帧自动记录器”按钮，激活表达式属性。在表达式文本框中输入“seedRandom(index，1)　random(-720，720)+time*85”，如图 3-268 所示。

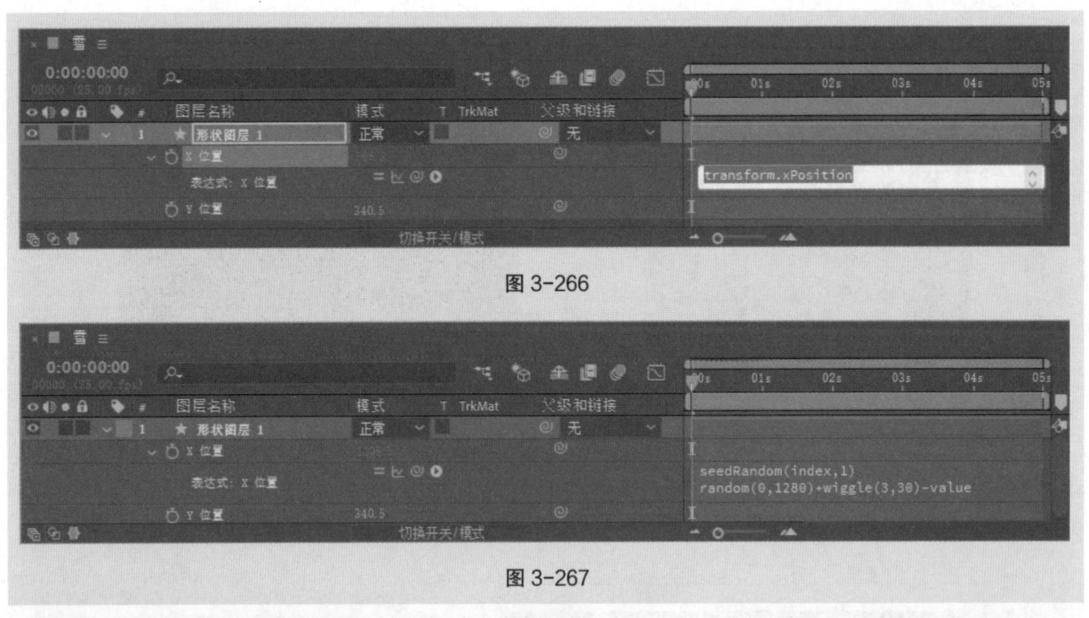

图 3-266

图 3-267

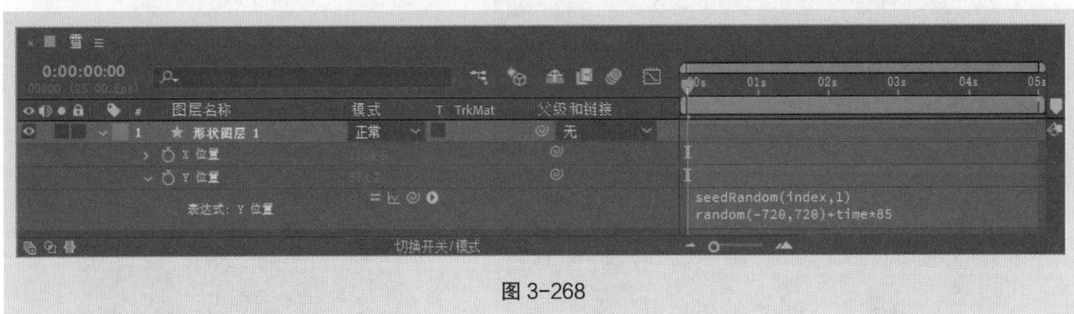

图 3-268

（9）选中“形状图层 1”图层，选择“效果 > 模糊和锐化”命令，在“效果控件”面板中进行参数设置，如图 3-269 所示。“合成”面板中的效果如图 3-270 所示。

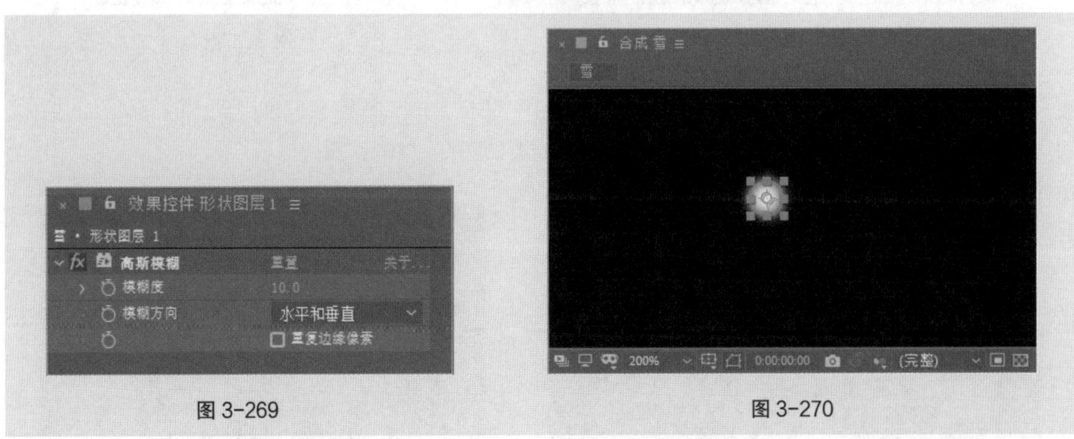

图 3-269

图 3-270

（10）按 Ctrl+D 组合键多次，复制出 66 个图，如图 3-271 所示。“合成”面板中的效果如图 3-272 所示。

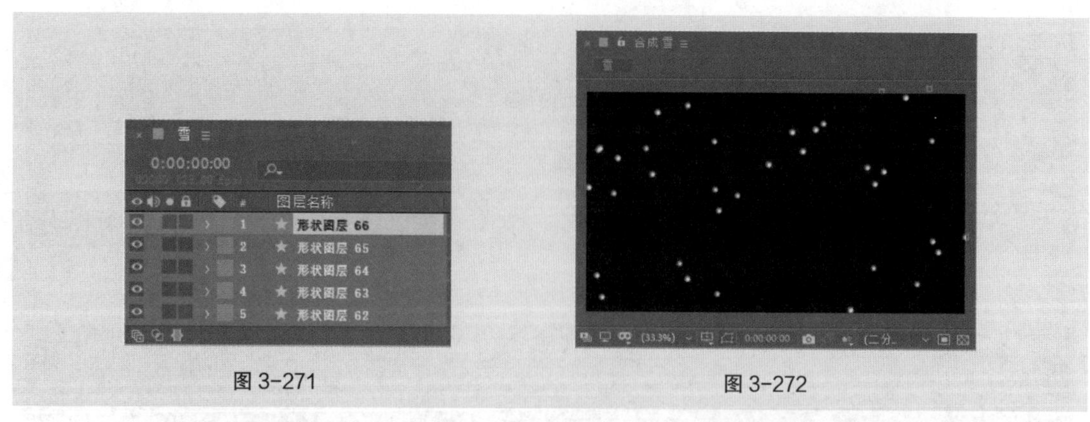

图 3-271　　图 3-272

（11）按 Ctrl+N 组合键，弹出“合成设置”对话框，在“合成名称”文本框中输入“最终效果”，设置“背景颜色”为黑色，其他选项的设置如图 3-273 所示，单击“确定”按钮，创建一个新的合成“最终效果”，如图 3-274 所示。

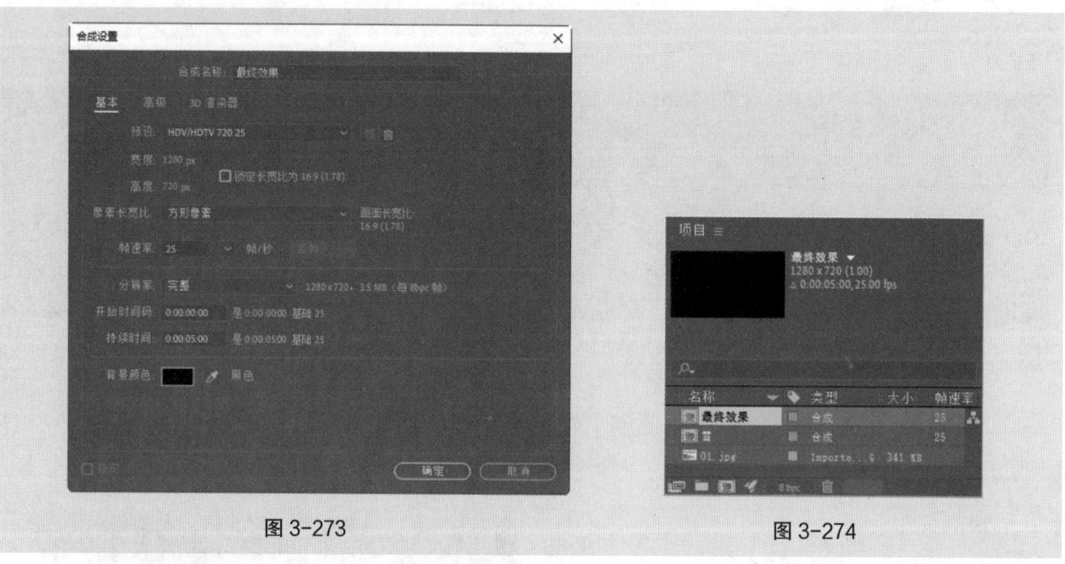

图 3-273　　图 3-274

（12）在“项目”面板中选中“01.jpg”文件和“雪”合成，并将它们拖曳到“时间轴”面板中，图层的排列如图 3-275 所示。“合成”面板中的效果如图 3-276 所示。

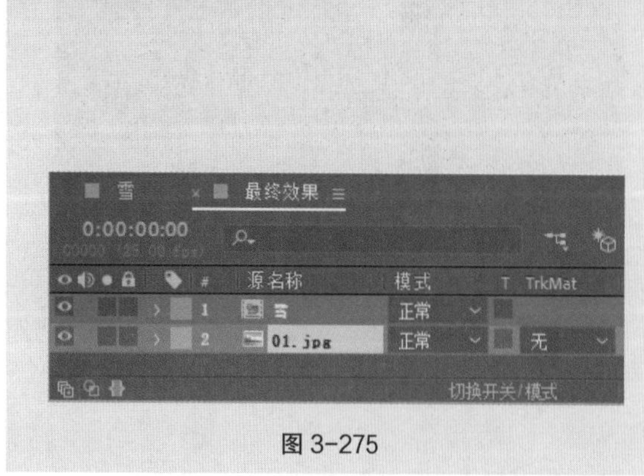

图 3-275

图 3-276

3.8.3 文件保存

选择“文件 > 保存”命令，弹出“另存为”对话框，在对话框中选择要保存文件的位置，在“文件名”文本框中输入“工程文件”，其他选项的设置如图 3-277 所示，单击“保存”按钮，将文件保存。

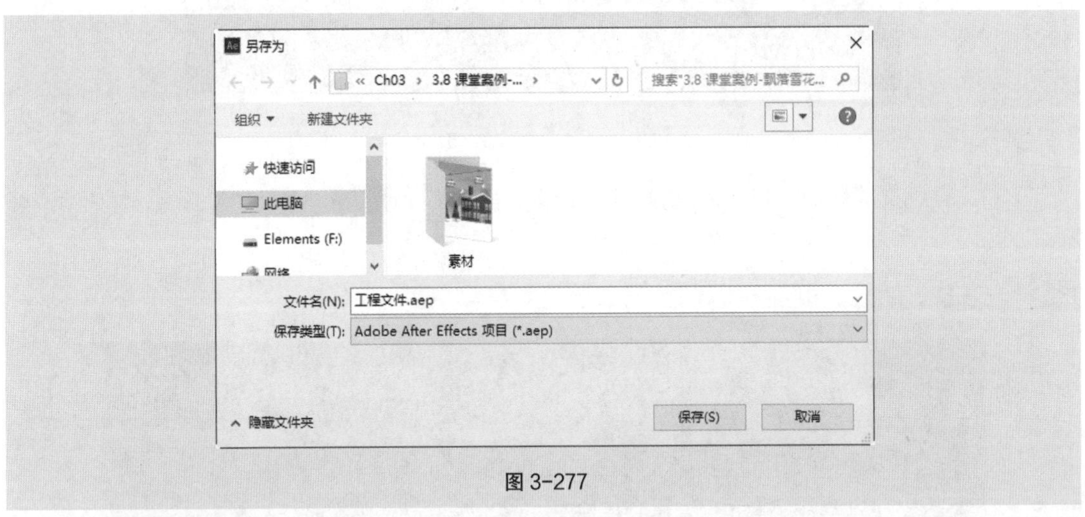

图 3-277

3.8.4 渲染导出

（1）选择“合成 > 添加到 Adobe Media Encoder 队列”命令，系统自动打开 Adobe Media Encoder 软件并将文件添加到 Adobe Media Encoder 软件“队列”面板中，如图 3-278 所示。

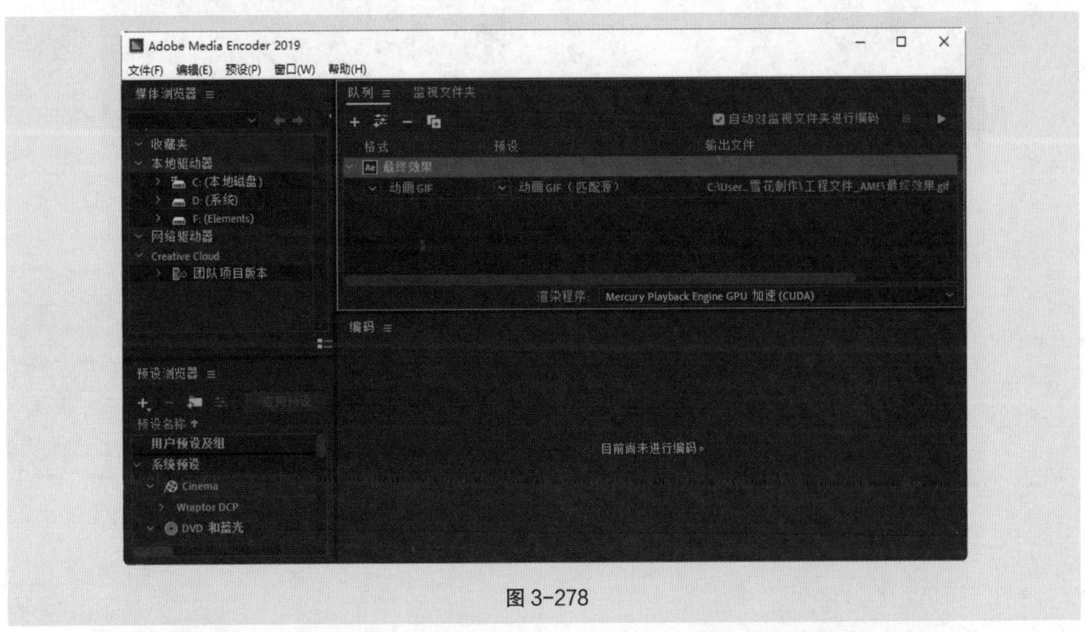

图 3-278

（2）单击“格式”选项组中的按钮，在弹出的列表中选择“动画 GIF”选项，其他选项的设置如图 3-279 所示。

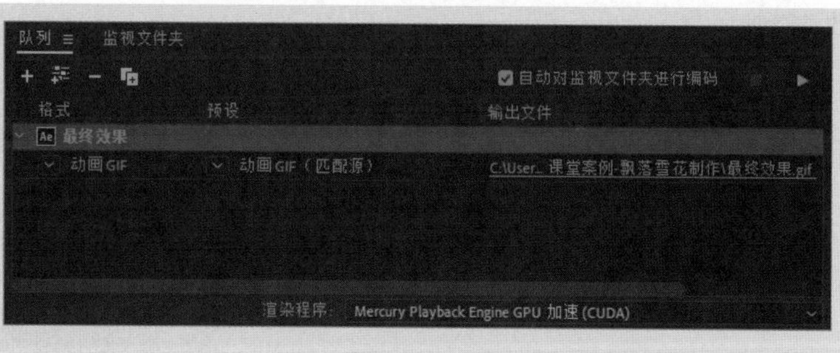

图 3-279

（3）设置完成后单击“队列”面板中的“启动队列”按钮，进行文件渲染，如图 3-280 所示。

图 3-280

（4）渲染完成后在输出文件位置可以看到 GIF 动画文件，如图 3-281 所示。

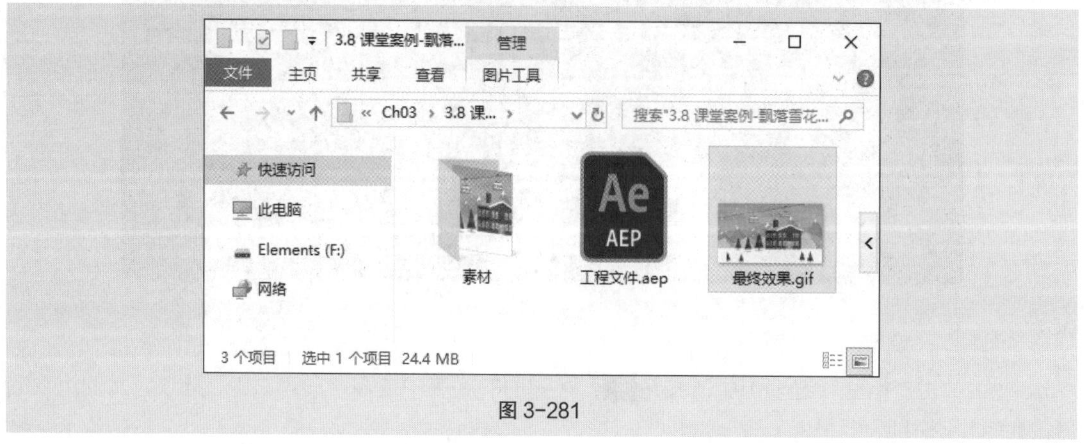

图 3-281

3.9 课堂练习——抖动配图制作

【案例学习目标】学习使用表达式制作图像抖动效果。

【案例知识要点】使用"导入"命令导入素材文件，使用"表达式"选项为"位置"属性添加表达式制作图像抖动效果。抖动配图制作效果如图 3-282 所示。

【效果所在位置】云盘 \Ch03\ 抖动配图制作 \ 工程文件 . aep。

图 3-282

3.10 课后习题——弹性按钮制作

【案例学习目标】学习使用椭圆工具绘制图形，为蒙版路径添加关键帧制作动画。

【案例知识要点】使用"椭圆"工具绘制圆形，使用"蒙版路径"选项制作动画效果，使用"表达式"选项制作按钮弹性效果，使用图层基本属性制作动画效果。弹性按钮制作效果如图 3-283 所示。

【效果所在位置】云盘 \Ch03\ 弹性按钮制作 \ 工程文件 . aep。

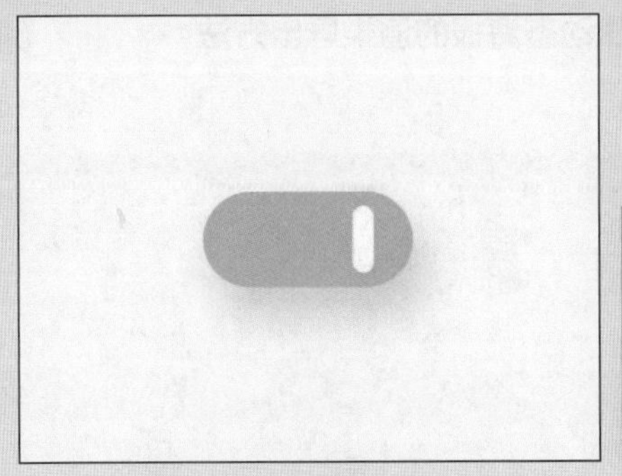

图 3-283

04

第 4 章 MG 动态海报制作

▶ 本章介绍

MG 动态海报将传统静态海报赋予了动态化的呈现形式，不仅保留了信息传递的作用，更丰富了信息传递的过程，令用户在获取海报的信息时还能感受到强烈的视觉冲击。本章从实战角度对 MG 动态海报的素材导入、动画制作、文件保存以及渲染导出进行系统讲解与演练。通过本章的学习，读者可以对 MG 动态海报有一个基本的认识，并快速掌握制作常用动态海报的方法。

学习目标

- 掌握 MG 动态海报的素材导入方法
- 掌握 MG 动态海报的动画制作方法
- 掌握 MG 动态海报的文件保存方法
- 掌握 MG 动态海报的渲染导出方法

4.1 课堂案例——文化传媒 MG 动态海报制作

【案例学习目标】学习使用“Particular”插件制作下雪效果。

【案例知识要点】使用矩形工具和椭圆工具绘制图形，利用“位置”属性和“缩放”属性制作位置和缩放动画，使用“图表编辑器”按钮打开“动画曲线”调节动画的运动速度，使用“Particular”插件制作下雪效果。文化传媒 MG 动态海报制作效果如图 4-1 所示。

【效果所在位置】云盘 \Ch04\ 文化传媒 MG 动态海报制作 \ 工程文件 . aep。

图 4-1

4.1.1 导入素材

选择“文件 > 导入 > 文件”命令，在弹出的“导入文件”对话框中，选择云盘中的“Ch04\ 文化传媒 MG 动态海报制作 \ 素材 \01.jpg、02.png 和 03.mov”文件，如图 4-2 所示，单击“导入”按钮，将文件导入“项目”面板中，如图 4-3 所示。

图 4-2　　图 4-3

4.1.2 动画制作

1. 制作飞鸟动画

（1）按 Ctrl+N 组合键，弹出“合成设置”对话框，在“合成名称”文本框中输入“飞鸟”，设置“背景颜色”为白色，其他选项的设置如图 4-4 所示，单击“确定”按钮，创建一个新的合成“飞鸟”。在“项目”面板中选中“03.mov”文件，并将其拖曳到“时间轴”面板中，如图 4-5 所示。

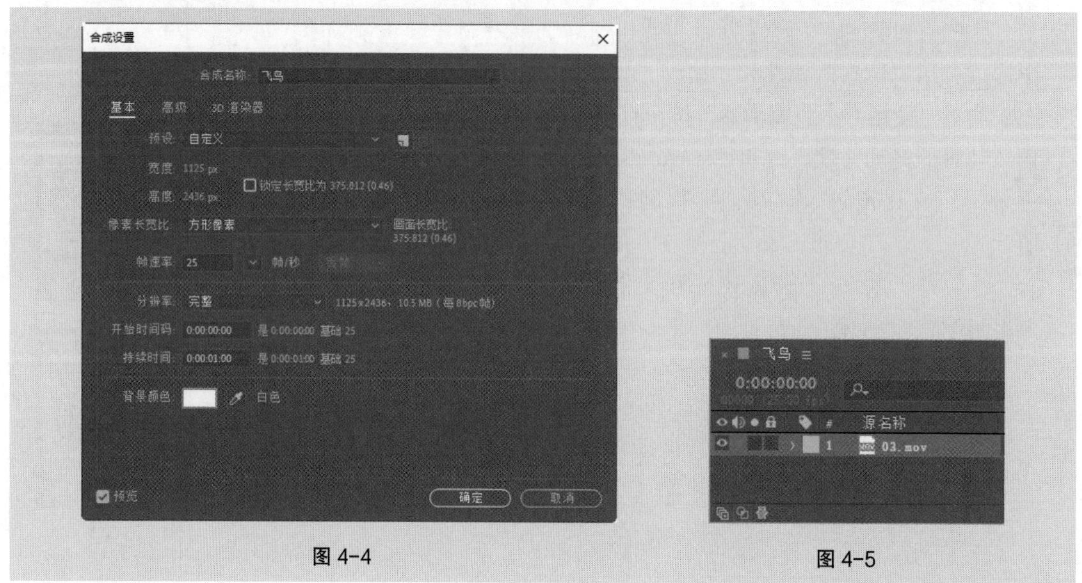

图 4-4　　图 4-5

（2）选中“03.mov”图层，选择“效果 > 颜色校正 > 色调”命令，在“效果控件”面板中，设置“将黑色映射到”为深蓝色（0、30、72），“将白色映射到”为黑色，其他选项的设置如图 4-6 所示。“合成”面板中的效果如图 4-7 所示。

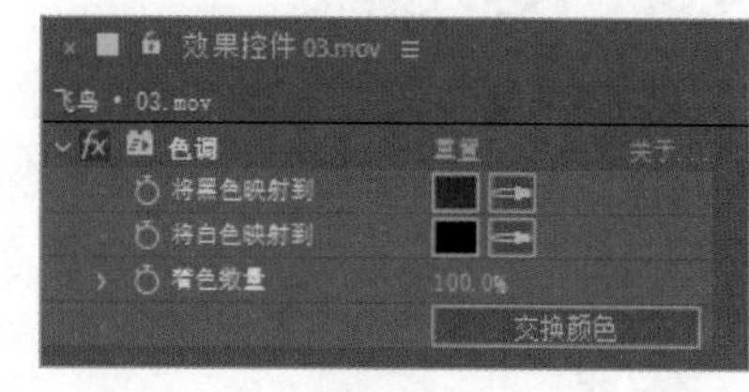

图 4-6

（3）按 S 键，展开“缩放”属性，设置“缩放”选项为“20.0，20.0%”，如图 4-8 所示。“合成”面板中的效果如图 4-9 所示。

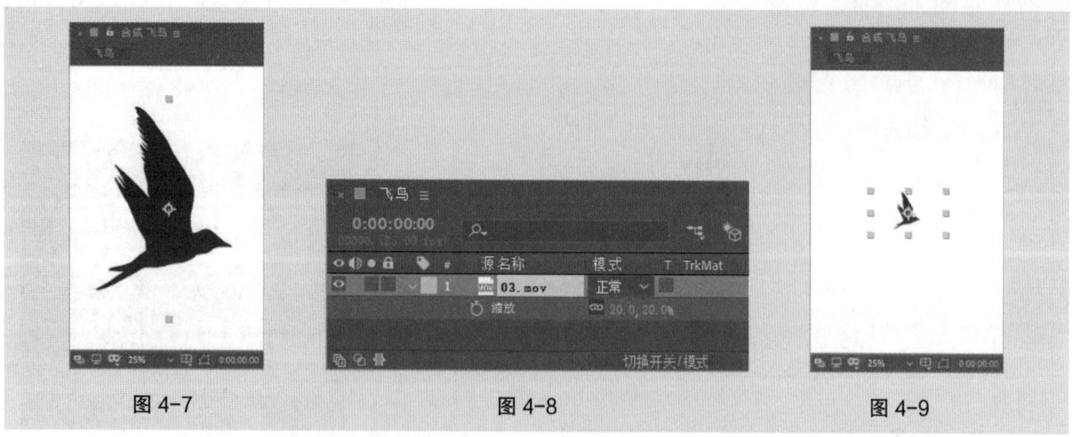

图 4-7　　图 4-8　　图 4-9

（4）按 Ctrl+D 组合键两次复制出两个图层，如图 4-10 所示。按 Ctrl+A 组合键，选中所有图层，如图 4-11 所示。

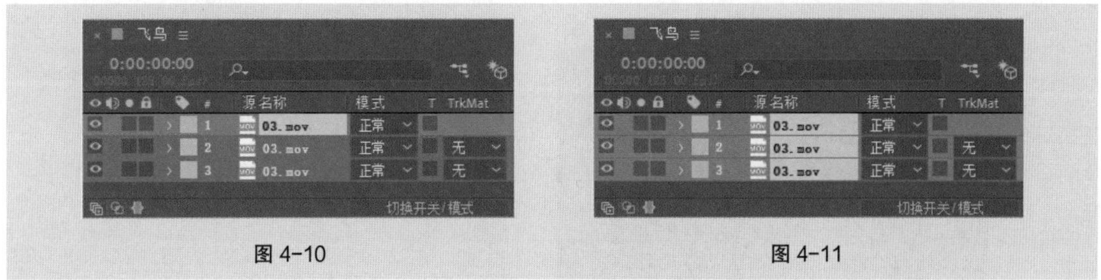

图 4-10　　图 4-11

（5）选择“动画 > 关键帧辅助 > 序列图层”命令，弹出“序列图层”对话框，如图 4-12 所示，单击“确定”按钮，每个层依次排序，首尾相接，如图 4-13 所示。

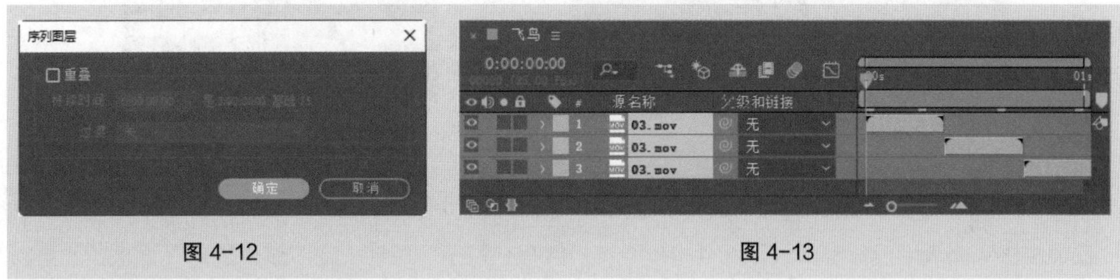

图 4-12　　图 4-13

2. 制作合成动画效果

（1）按 Ctrl+N 组合键，弹出“合成设置”对话框，在“合成名称”文本框中输入“最终效果”，设置“背景颜色”为黑色，其他选项的设置如图 4-14 所示，单击“确定”按钮，创建一个新的合成“最终效果”。在“项目”面板中选中“01.jpg”文件，并将其拖曳到“时间轴”面板中，如图 4-15 所示。

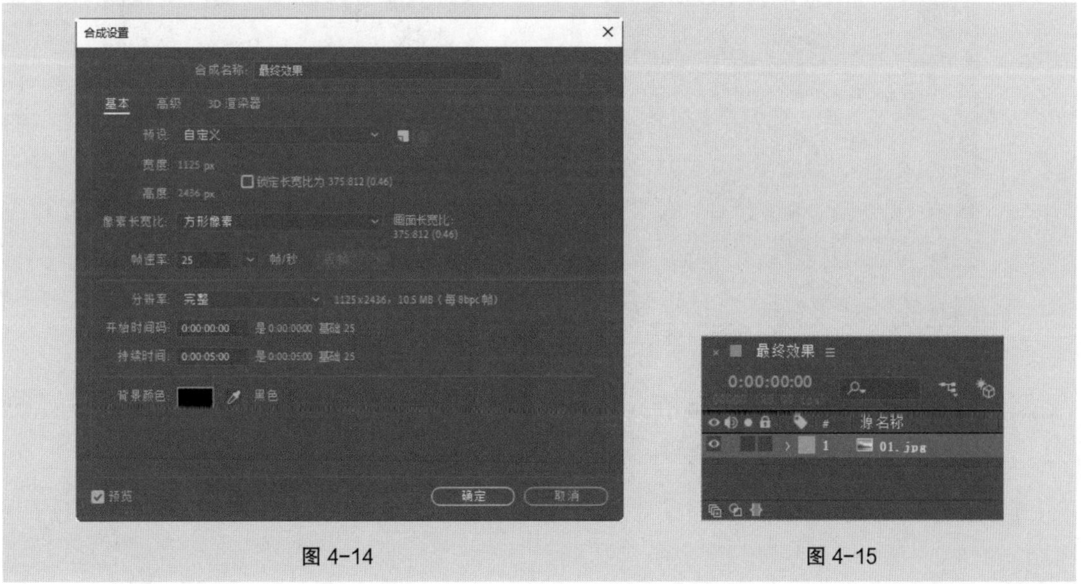

图 4-14　　图 4-15

（2）选择“图层 > 新建 > 纯色”命令，弹出“纯色设置”对话框，在“名称”文本框中输入“雪”，将“颜色”设置为黄色（255、252、0），其他选项的设置如图 4-16 所示，单击“新建”

按钮，在当前合成中建立一个新的黄色纯色层，如图 4-17 所示。

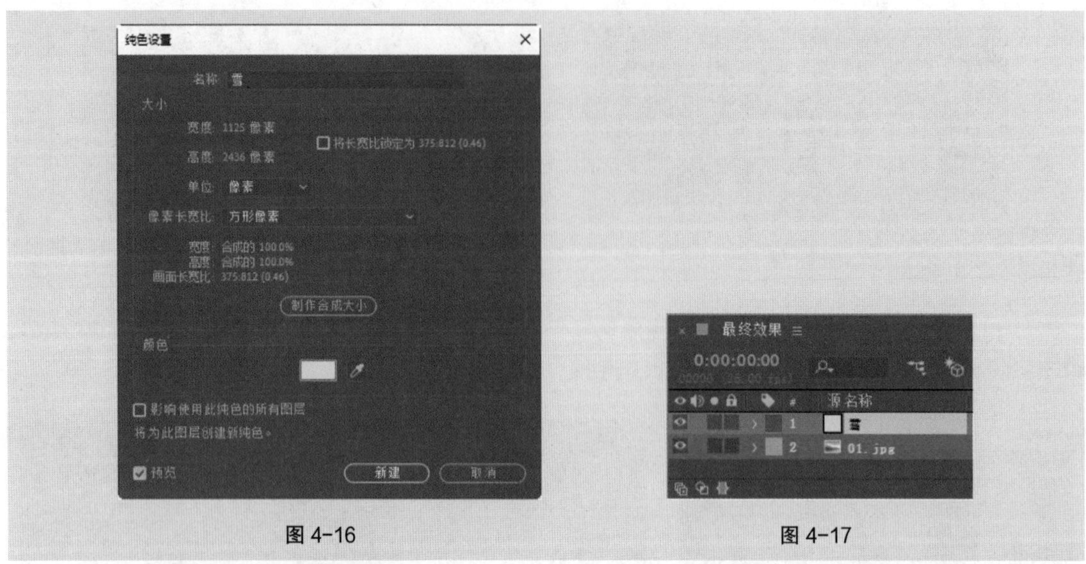

图 4-16

图 4-17

（3）选中“雪”图层，选择“效果 > Trapcode > Particular”命令，展开“发射器”属性，在“效果控件”面板中设置参数，如图 4-18 所示。展开“粒子”属性，在“效果控件”面板中设置参数，如图 4-19 所示。

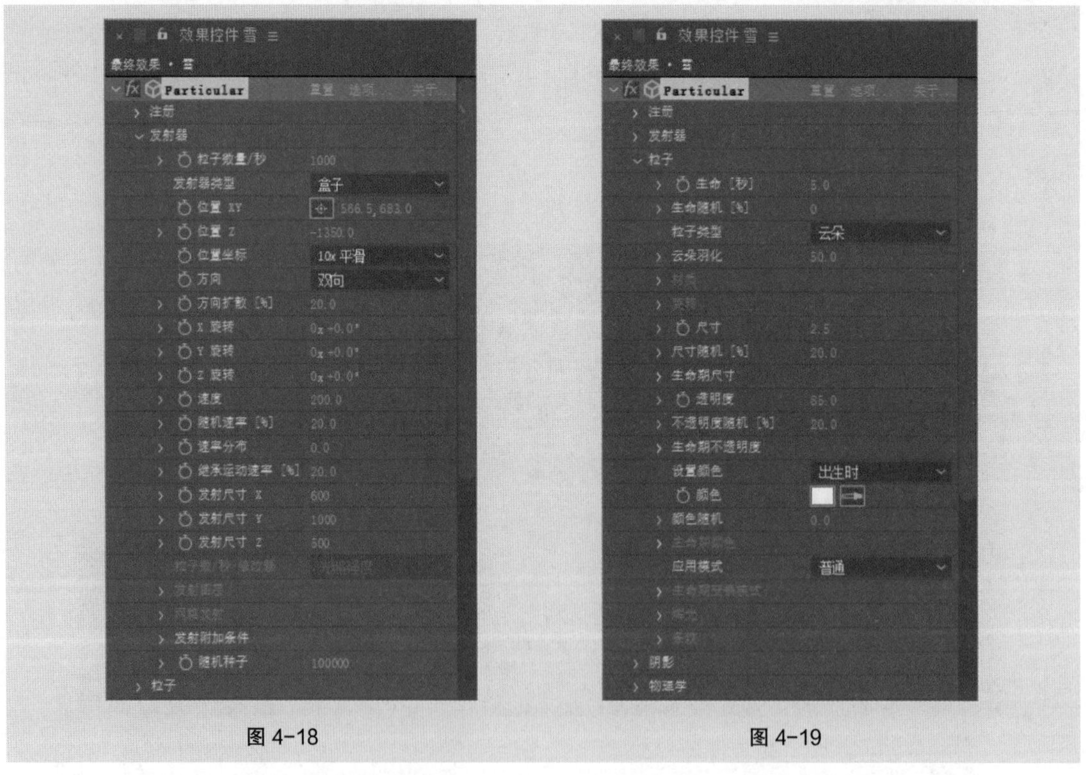

图 4-18

图 4-19

（4）展开“物理学”选项下的“气”属性，在“效果控件”面板中设置参数，如图 4-20 所示。“合成”面板中的效果如图 4-21 所示。

图 4-20　　图 4-21

（5）在“项目”面板中选中“飞鸟”合成，并将其拖曳到“时间轴”面板中，如图 4-22 所示。选中“飞鸟”图层，将时间标签放置在 0:00:01:00 的位置，按 [键，设置动画的入点，如图 4-23 所示。

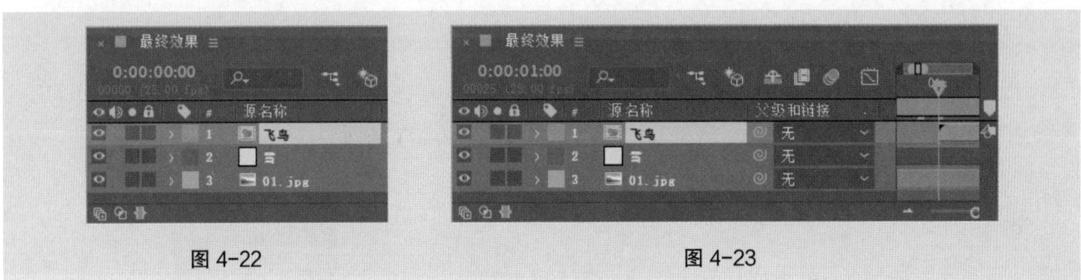

图 4-22　　图 4-23

（6）按 P 键，展开“位置”属性，设置“位置”选项为“-123.5，1194.0”，单击“位置”选项左侧的“关键帧自动记录器”按钮，如图 4-24 所示，记录第 1 个关键帧。将时间标签放置在 0:00:02:00 的位置，设置“位置”选项为“1281.5，839.0”，如图 4-25 所示，记录第 2 个关键帧。

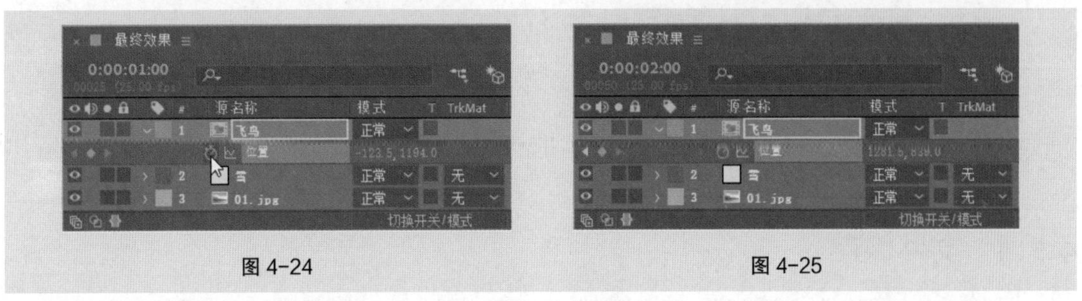

图 4-24　　图 4-25

（7）在“项目”面板中选中“飞鸟”合成，并将其拖曳到“时间轴”面板中，如图 4-26 所示。将时间标签放置在 0:00:01:06 的位置，按 [键，设置动画的入点，如图 4-27 所示。

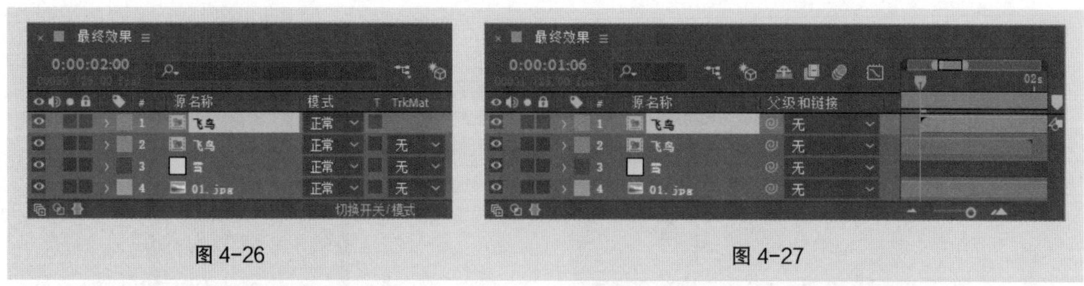

图 4-26

图 4-27

（8）按 S 键，展开“缩放”属性，设置“缩放”选项为“85.0，85.0%”；按住 Shift 键的同时按 P 键，展开“位置”属性，设置“位置”选项为“-159.1，1509.0”，单击“位置”选项左侧的“关键帧自动记录器”按钮，如图 4-28 所示，记录第 1 个关键帧。将时间标签放置在 0:00:02:06 的位置，设置“位置”选项为“1281.5，1139.0”，如图 4-29 所示，记录第 2 个关键帧。

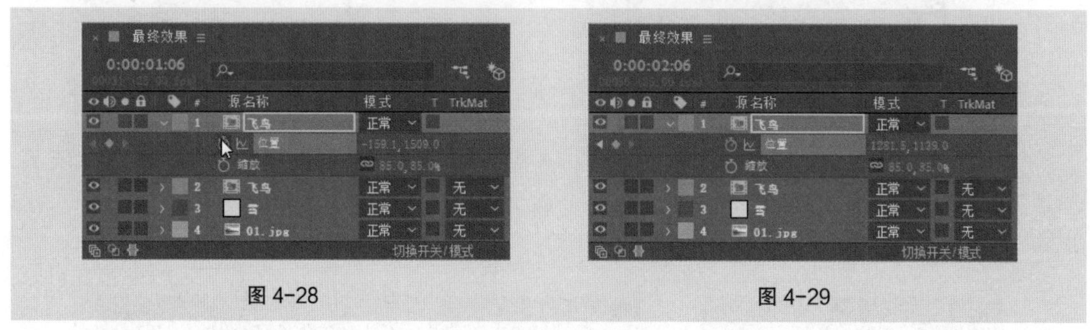

图 4-28

图 4-29

（9）在“项目”面板中选中“02.png”文件，并将其拖曳到“时间轴”面板中，如图 4-30 所示。“合成”面板中的效果如图 4-31 所示。文化传媒 MG 动态海报制作完成。

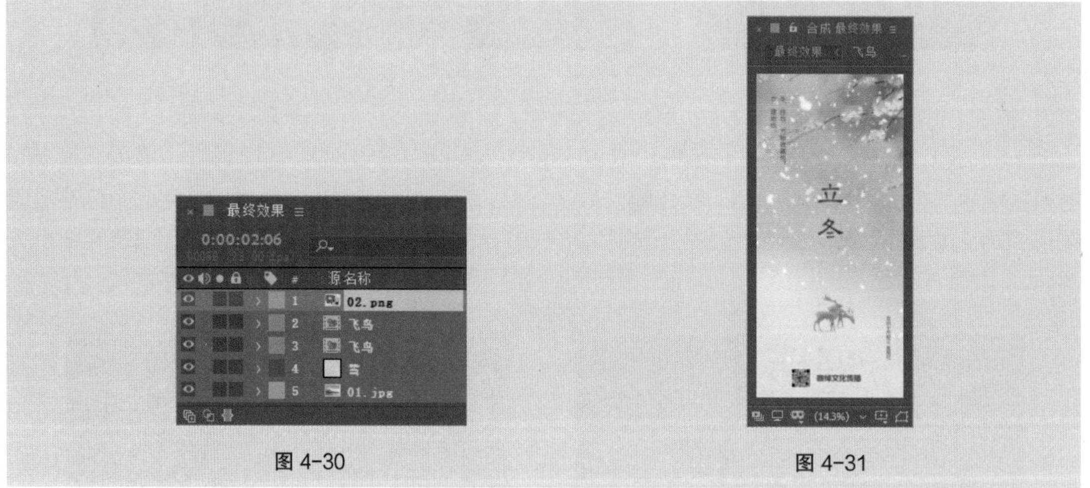

图 4-30

图 4-31

4.1.3 文件保存

选择“文件 > 保存”命令，弹出“另存为”对话框，在对话框中选择要保存文件的位置，在“文件名”文本框中输入“工程文件”，其他选项的设置如图 4-32 所示，单击“保存”按钮，将文件保存。

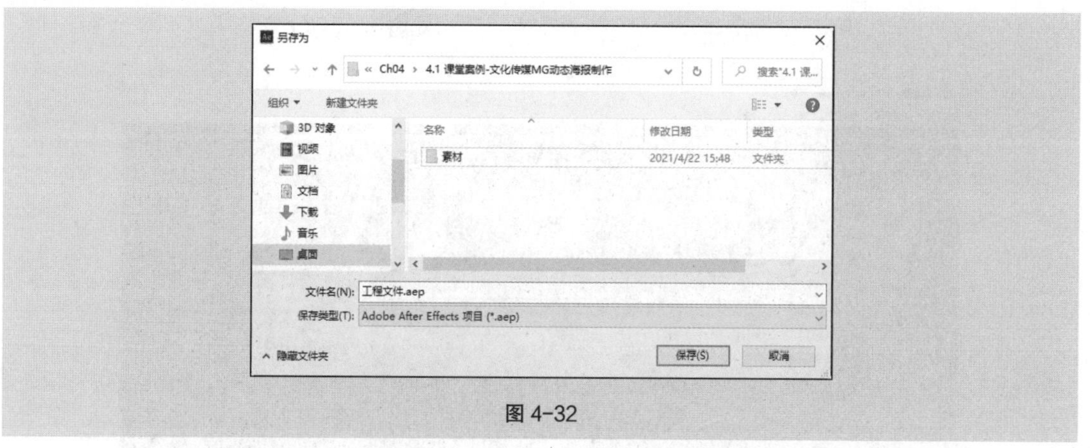

图 4-32

4.1.4 渲染导出

（1）选择“合成 > 添加到 Adobe Media Encoder 队列”命令，系统自动打开 Adobe Media Encoder 软件并将文件添加到 Adobe Media Encoder 软件“队列”面板中，如图 4-33 所示。

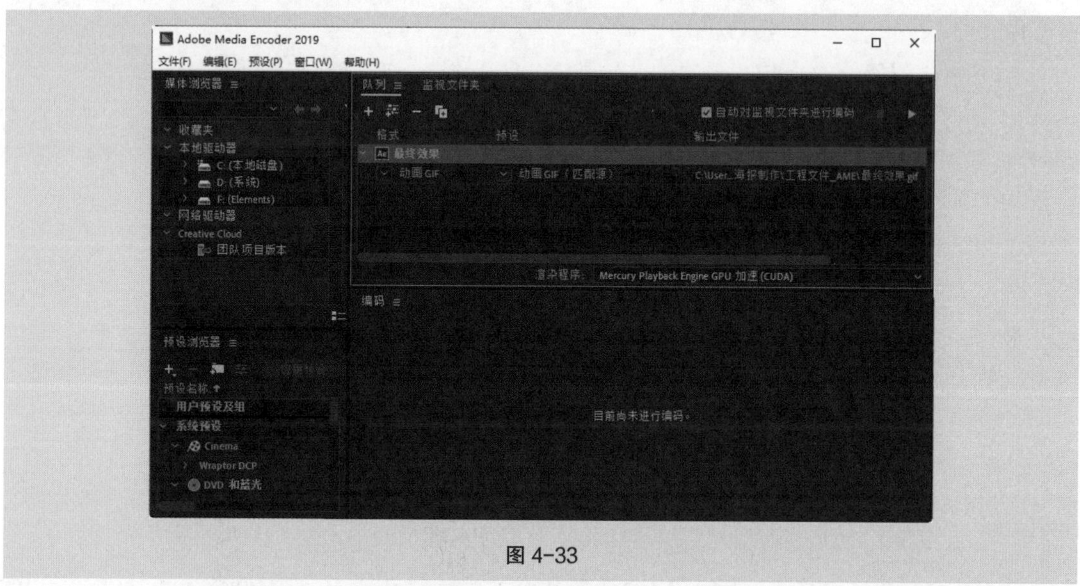

图 4-33

（2）单击“格式”选项组中的按钮，在弹出的列表中选择“动画 GIF”选项，其他选项的设置如图 4-34 所示。

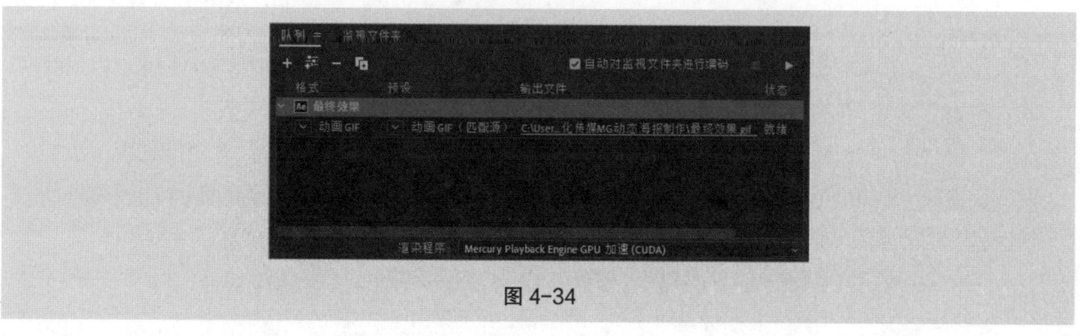

图 4-34

（3）设置完成后单击“队列”面板中的“启动队列”按钮▶，进行文件渲染，如图 4-35 所示。

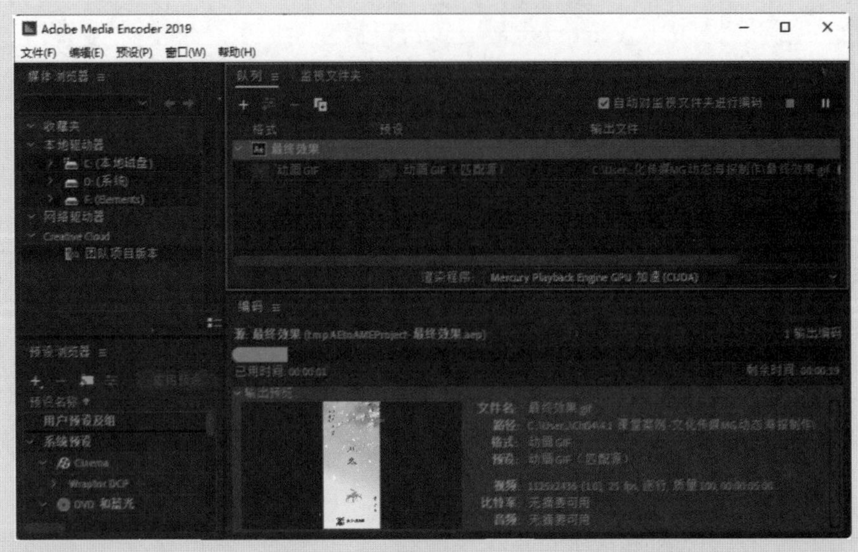

图 4-35

（4）渲染完成后在输出文件位置可以看到 GIF 动画文件，如图 4-36 所示。

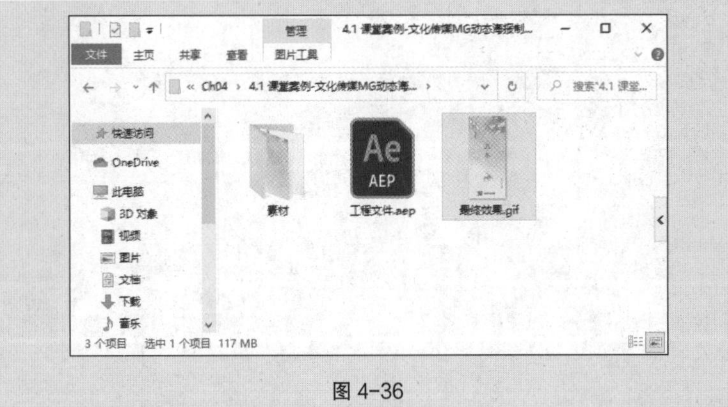

图 4-36

4.2 课堂练习——教育咨询 MG 动态海报制作

【案例学习目标】学习使用“序列图层”命令重新排列图层的出场时间，使用“启用时间重映射”命令调整动画播放时间。

【案例知识要点】使用“垂直文字”工具输入文字；使用“序列图层”命令排列图层出场时间；使用“启用时间重映射”命令调整动画播放时间；使用“表达式”选项制作动画循环播放。教育咨询 MG 动态海报制作效果如图 4-37 所示。

【效果所在位置】云盘 \Ch04\ 教育咨询 MG 动态海报制作 \ 工程文件 . aep。

图 4-37

4.3 课后习题——食品餐饮 MG 动态海报制作

【案例学习目标】学习使用图层基本属性制作动画效果，使用“自动定向”命令调整运动角度。

【案例知识要点】使用“导入”命令导入素材，使用图层基本属性制作动画效果，使用“自动定向”命令调整动画运动角度。食品餐饮 MG 动态海报制作效果如图 4-38 所示。

【效果所在位置】云盘 \Ch04\ 食品餐饮 MG 动态海报制作 \ 工程文件 . aep。

图 4-38

第 5 章
05 MG 动态信息图制作

本章介绍

MG 动态信息图将传统静态信息图赋予了动态化的呈现形式，不仅发挥了信息传递的作用，更丰富了信息传递的过程，令用户在获取信息图的数据时还感受到了动态的美感。本章从实战角度对 MG 动态信息图的素材导入、动画制作、文件保存以及渲染导出进行系统讲解与演练。通过对本章的学习，读者可以对 MG 动态信息图有一个基本的认识，并快速掌握制作常用动态信息图的方法。

学习目标

- 掌握 MG 动态信息图的素材导入方法
- 掌握 MG 动态信息图的动画制作方法
- 掌握 MG 动态信息图的文件保存方法
- 掌握 MG 动态信息图的渲染导出方法

5.1 课堂案例——IT 互联网 MG 动态饼形图制作

【案例学习目标】学习使用“径向擦除”效果制作饼形图、使用“编码”效果制作数字递增。

【案例知识要点】使用“径向擦除”效果制作动画，使用“编码”效果制作数字递增动画效果，使用“图表编辑器”按钮打开“动画曲线”调节动画的运动速度。IT 互联网饼形图组件制作效果如图 5-1 所示。

【效果所在位置】云盘 \Ch05\IT 互联网 MG 动态饼形图制作 \ 工程文件 . aep。

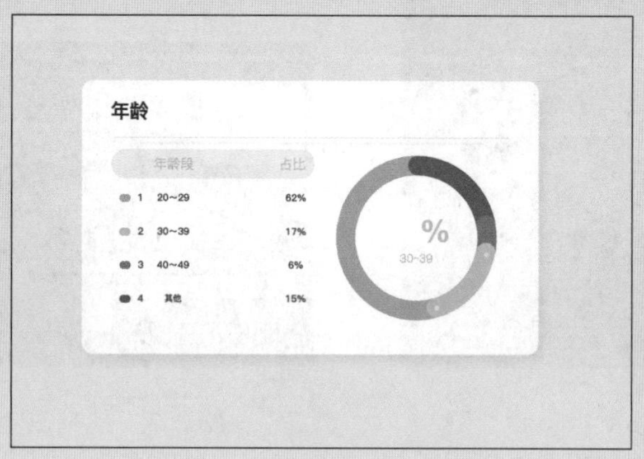

图 5-1

5.1.1 导入素材

（1）选择“文件 > 导入 > 文件”命令，在弹出的“导入文件”对话框中，选择云盘中的“Ch05\IT 互联网 MG 动态饼形图制作 \ 素材 \01.ai”文件，如图 5-2 所示，单击“导入”按钮，将文件导入“项目”面板中，如图 5-3 所示。

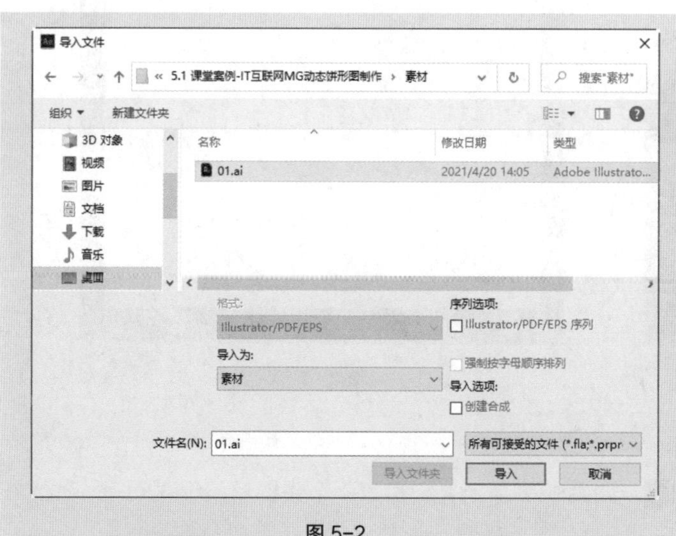

图 5-2

图 5-3

第 5 章 MG 动态信息图制作

（2）在“项目”面板中双击“01”合成，进入“01”合成的编辑窗口。选择“合成 > 合成设置”命令，弹出“合成设置”对话框，在“合成名称”文本框中输入“最终效果”，“持续时间”设为 0:00:05:00，其他选项的设置如图 5-4 所示，单击“确定”按钮，完成选项的设置，如图 5-5 所示。

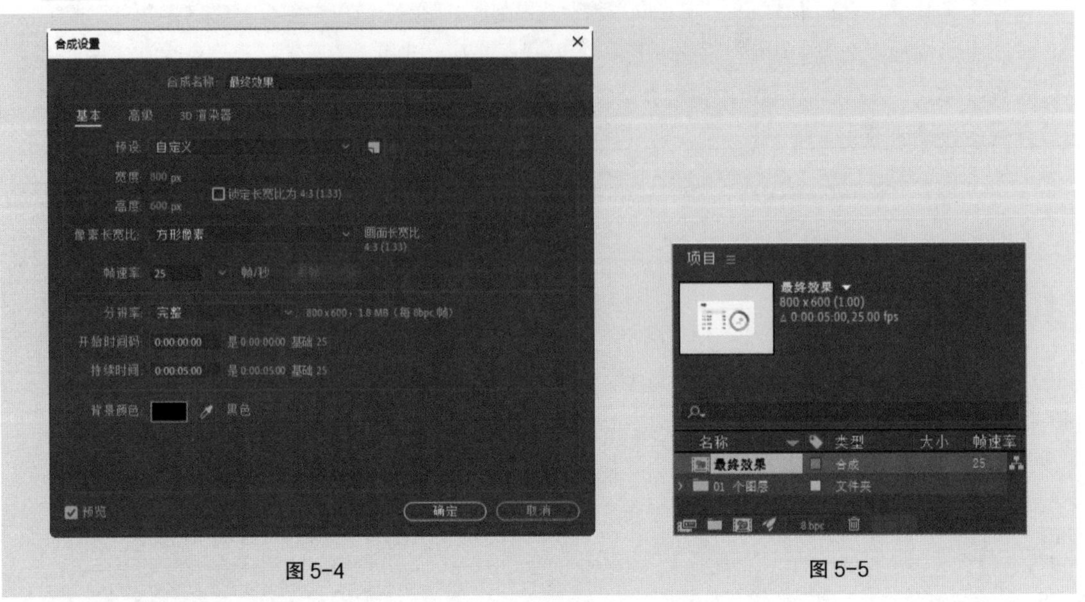

图 5-4　　图 5-5

5.1.2　动画制作

（1）选中“饼形图”图层，选择“效果 > 过渡 > 径向擦除”命令，在“效果控件”面板中进行参数设置，如图 5-6 所示。“合成”面板中的效果如图 5-7 所示。

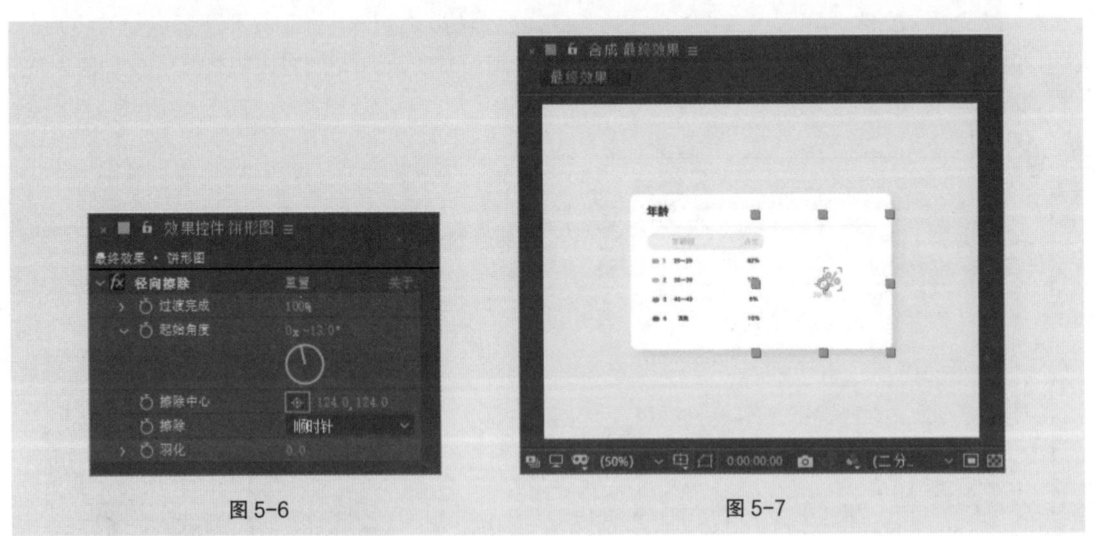

图 5-6　　图 5-7

（2）将时间标签放置在 0:00:00:02 的位置，在“效果控件”面板中单击“过渡完成”选项左侧的“关键帧自动记录器”按钮，如图 5-8 所示，记录第 1 个关键帧。将时间标签放置在 0:00:00:15 的位置，设置“过渡完成”选项为 0%，如图 5-9 所示，记录第 2 个关键帧。

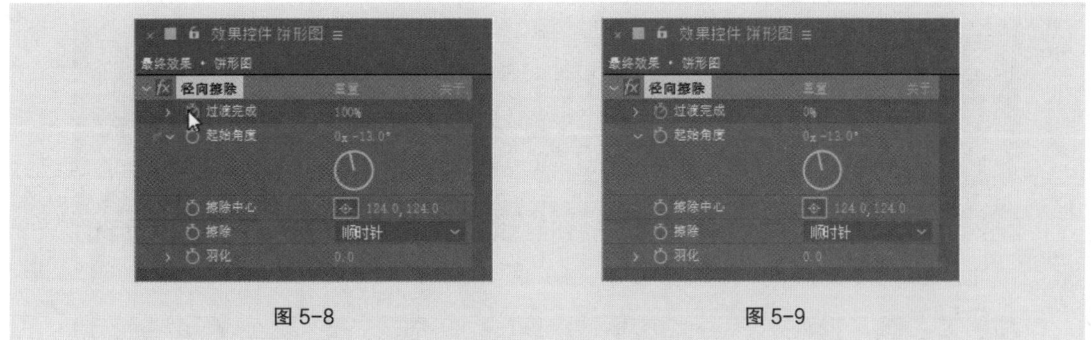

图 5-8　　　　图 5-9

（3）选中“饼形图”图层，按 U 键，展开该图层的所有关键帧，如图 5-10 所示。单击“过渡完成”选项，将该选项关键帧全部选中，如图 5-11 所示。

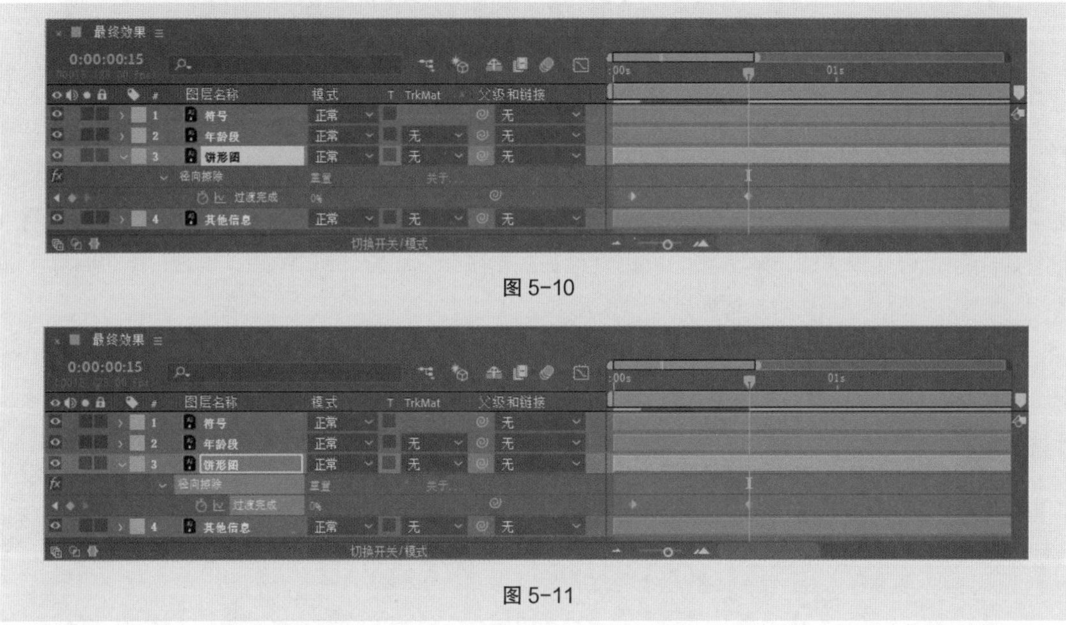

图 5-10

图 5-11

（4）按 F9 键，将关键帧转为缓动关键帧，如图 5-12 所示。

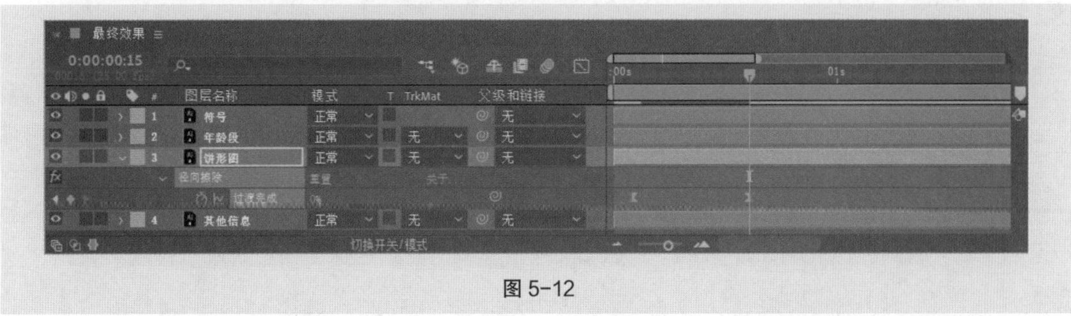

图 5-12

（5）在“时间轴”面板中单击“图表编辑器”按钮，进入图表编辑器面板中，如图 5-13 所示。拖曳左侧控制点到适当的位置，如图 5-14 所示。再次单击“图表编辑器”按钮，退出图表编辑器。

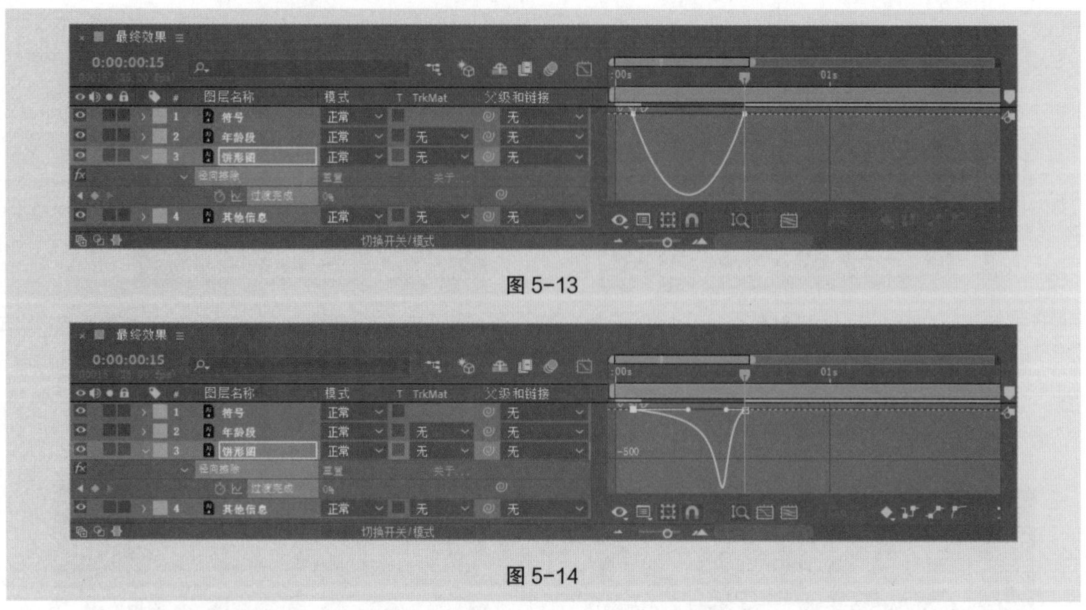

图 5-13

图 5-14

（6）将时间标签放置在 0:00:00:02 的位置，选中“年龄段”图层，按 T 键，展开“不透明度”属性，设置“不透明度”选项为 0%，单击“不透明度”选项左侧的“关键帧自动记录器”按钮，如图 5-15 所示，记录第 1 个关键帧。将时间标签放置在 0:00:00:10 的位置，设置“不透明度”选项为 100%，如图 5-16 所示，记录第 2 个关键帧。

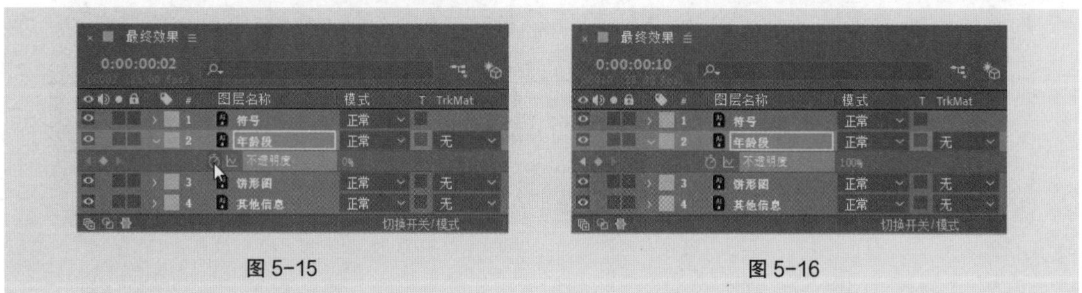

图 5-15　　图 5-16

（7）将时间标签放置在 0:00:00:02 的位置，选中“符号”图层，按 Alt+ [组合键，设置动画的入点，如图 5-17 所示。

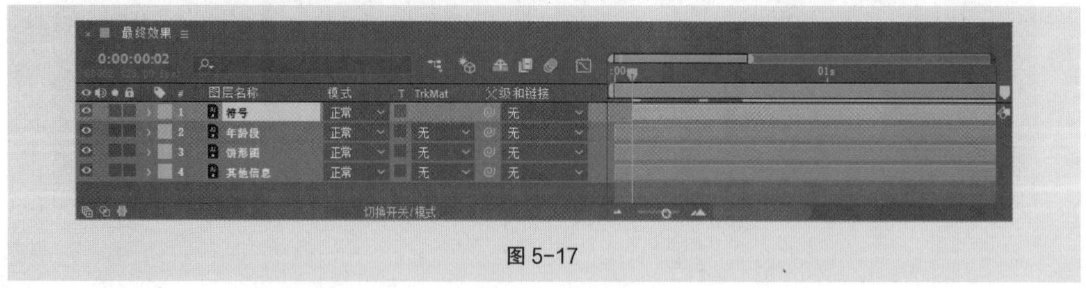

图 5-17

（8）选择“图层 > 新建 > 纯色”命令，弹出“纯色设置”对话框，在“名称”文本框中输入“数值”，将“颜色”设置为白色，其他选项的设置如图 5-18 所示，单击“确定”按钮，在当前合成中建立一个新的白色纯色图层，如图 5-19 所示。

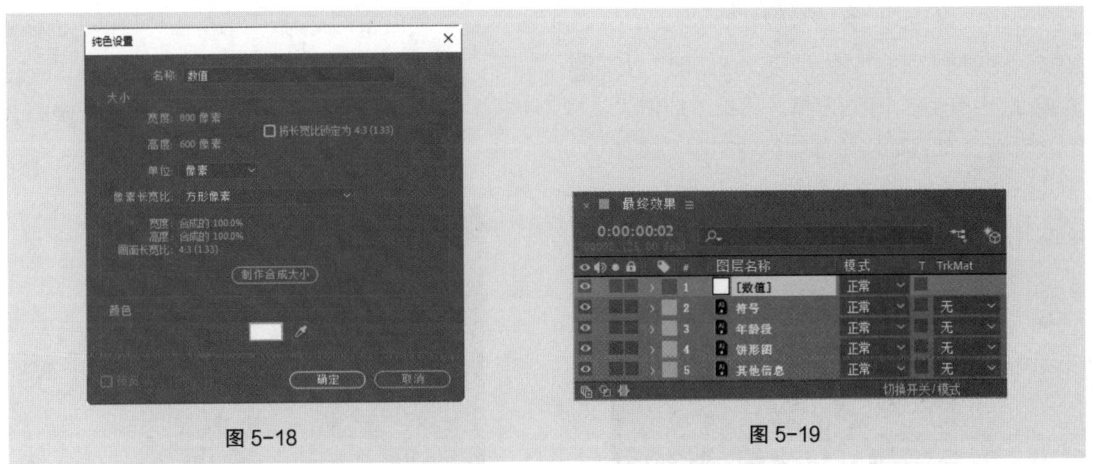

图 5-18

图 5-19

（9）选中“数值”图层，按 Alt+ [组合键，设置动画的入点。选择“效果 > 文本 > 编号”命令，在弹出的“编号”对话框中进行设置，如图 5-20 所示，单击“确定”按钮，“合成”面板中的效果如图 5-21 所示。

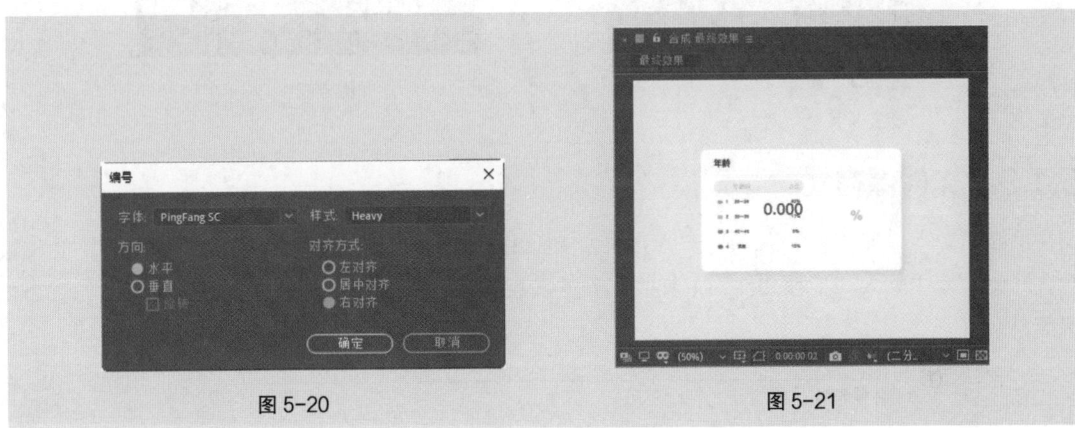

图 5-20

图 5-21

（10）在“效果控件”面板中，设置“小数位数”选项为 0，“位置”选项为“512.0，314.0”，“填充颜色”为青色（61、210、244），其他选项的设置如图 5-22 所示。“合成”面板中的效果如图 5-23 所示。

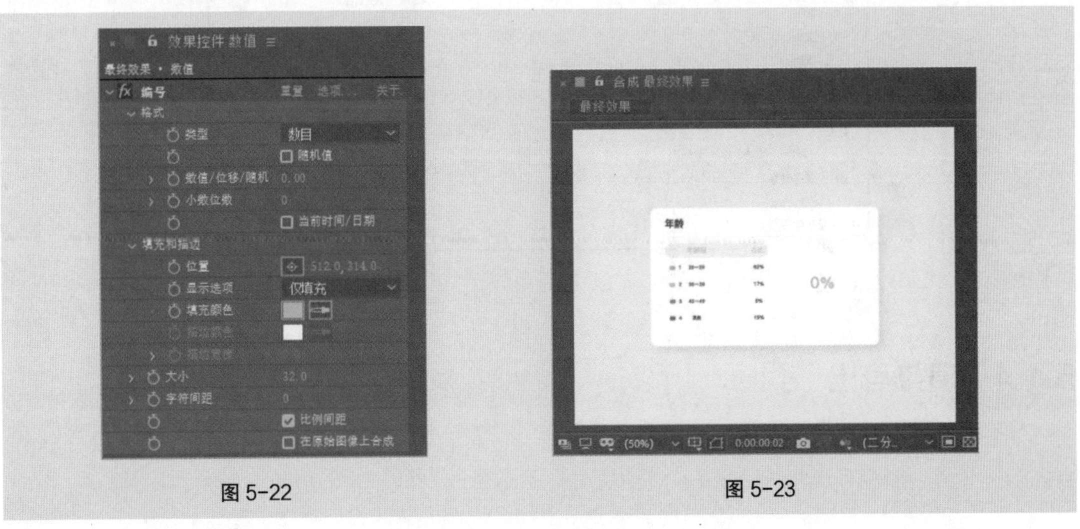

图 5-22

图 5-23

（11）保持时间标签放置在 0:00:00:02 的位置，在“效果控件”面板中，单击“数值 / 位移 / 随机”选项左侧的“关键帧自动记录器”按钮，如图 5-24 所示，记录第 1 个关键帧。将时间标签放置在 0:00:00:15 的位置，设置“数值 / 位移 / 随机”选项为 17.00，如图 5-25 所示，记录第 2 个关键帧。IT 互联网饼形图组件制作完成。

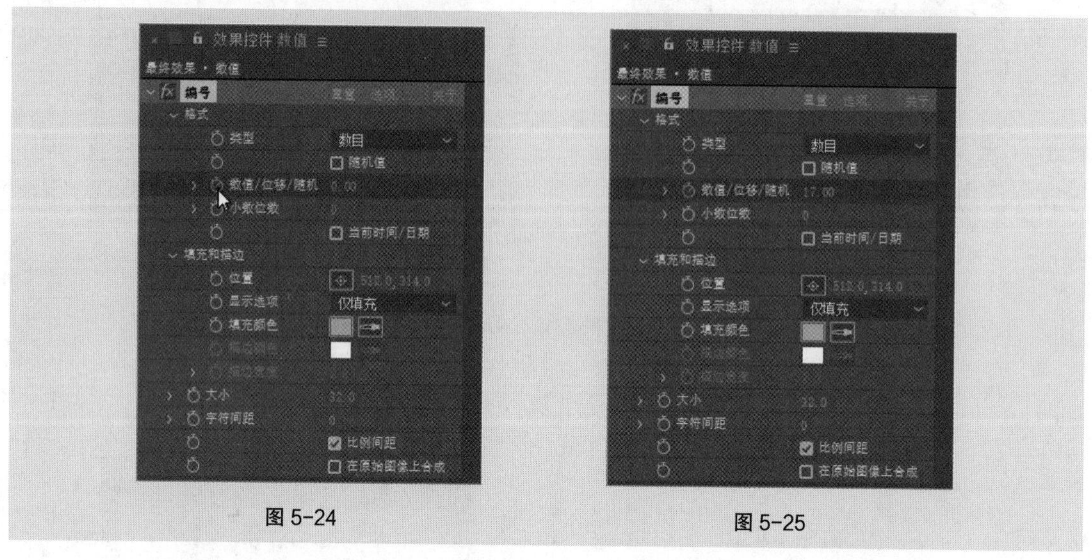

图 5-24　　图 5-25

5.1.3 文件保存

选择“文件 > 保存”命令，弹出“另存为”对话框，在对话框中选择要保存文件的位置，在“文件名”文本框中输入“工程文件”，其他选项的设置如图 5-26 所示，单击“保存”按钮，将文件保存。

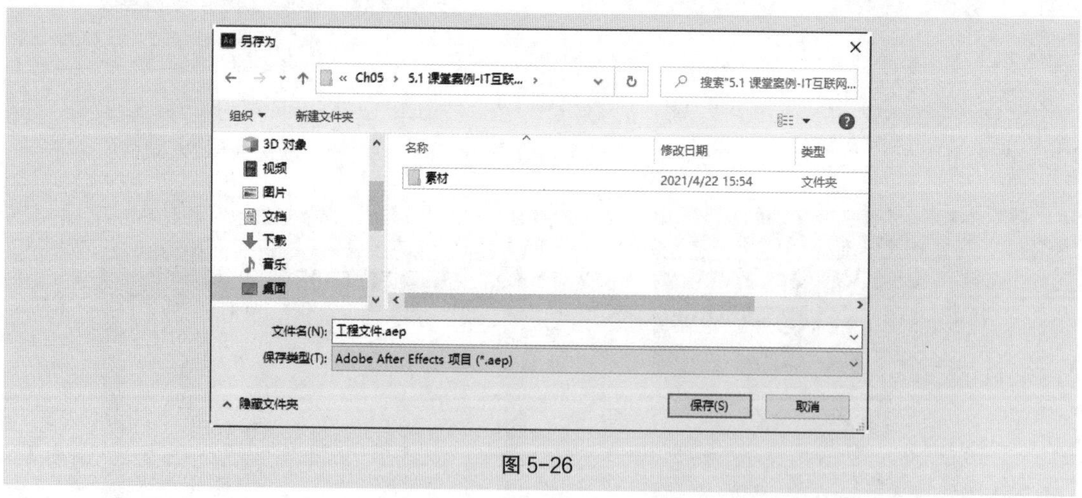

图 5-26

5.1.4 渲染导出

（1）选择“合成 > 添加到 Adobe Media Encoder 队列”命令，系统自动打开 Adobe Media Encoder 软件并将文件添加到 Adobe Media Encoder 软件“队列”面板中，如图 5-27 所示。

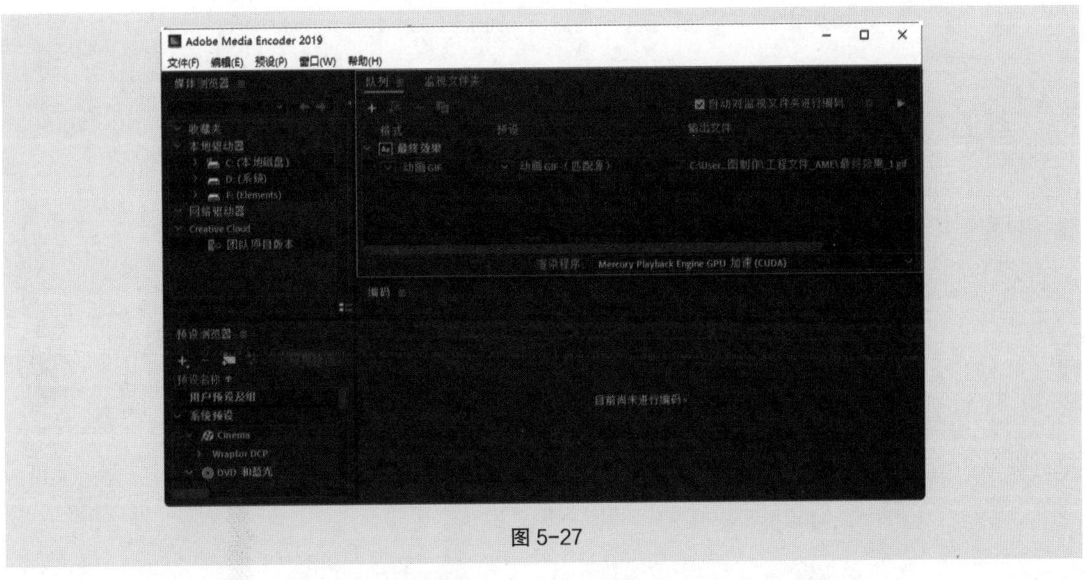

图 5-27

（2）单击“格式”选项组中的按钮，在弹出的列表中选择“动画 GIF”选项，其他选项的设置如图 5-28 所示。

图 5-28

（3）设置完成后单击“队列”面板中的“启动队列”按钮，进行文件渲染，如图 5-29 所示。

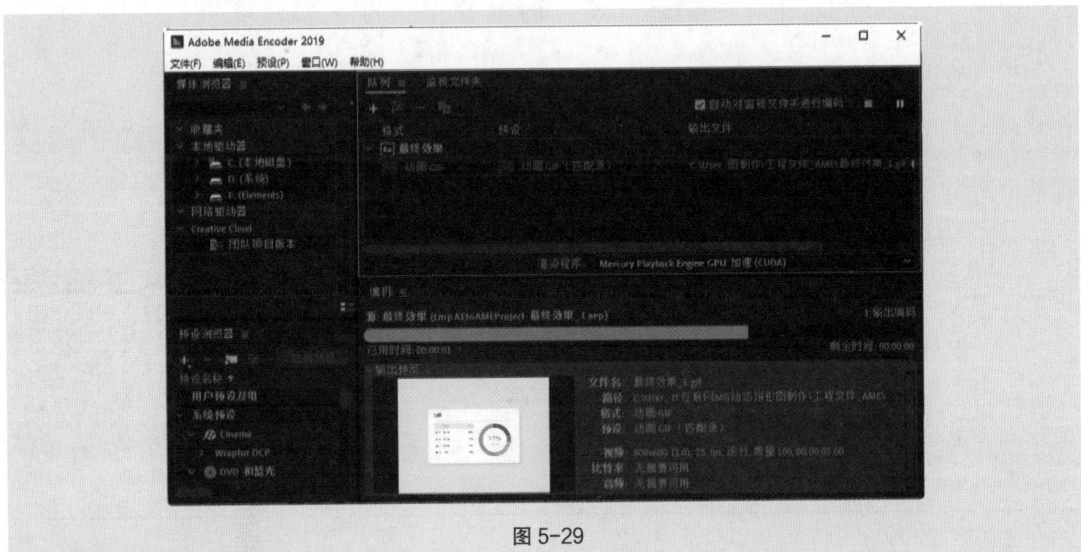

图 5-29

（4）渲染完成后在输出文件位置可以看到 GIF 动画文件，如图 5-30 所示。

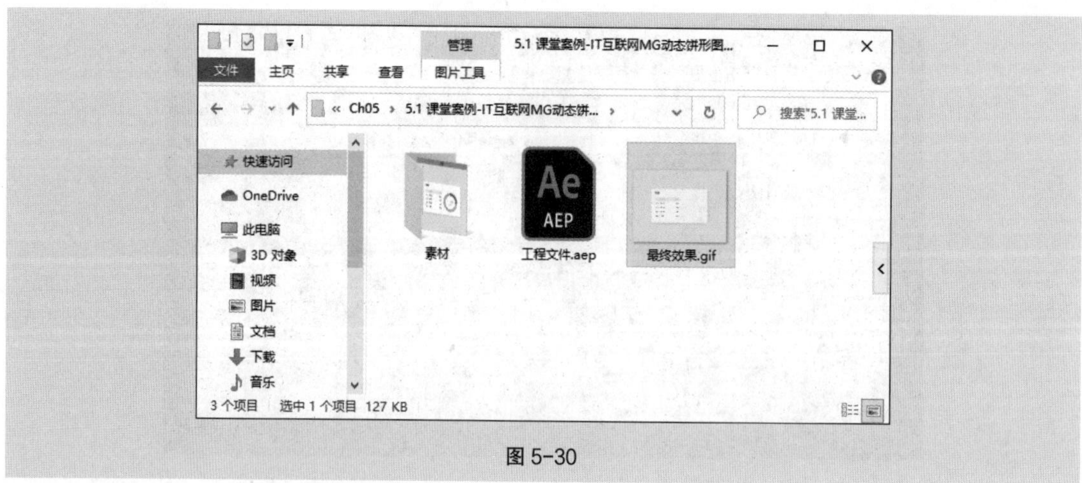
图 5-30

5.2 课堂练习——IT 互联网 MG 动态柱状图制作

【案例学习目标】学习使用蒙版路径制作动画效果。

【案例知识要点】使用“不透明度”属性制作底图动画，使用“蒙版路径”选项制作柱状图动画效果。IT 互联网 MG 动态柱状图制作效果如图 5-31 所示。

【效果所在位置】云盘 \Ch05\IT 互联网 MG 动态柱状图制作 \ 工程文件 . aep。

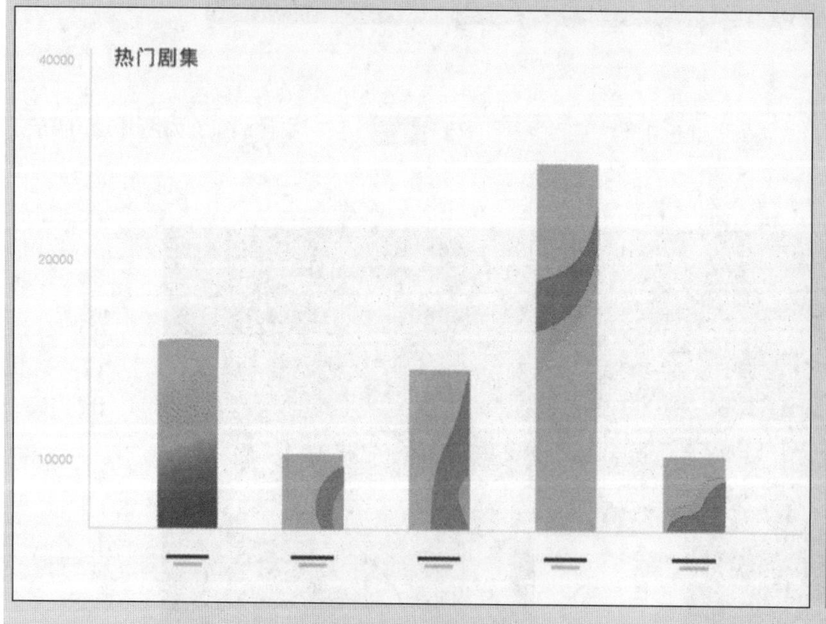

图 5-31

慕课视频

IT 互联网 MG 动态柱状图制作

最终效果

IT 互联网 MG 动态柱状图制作

5.3 课后习题——IT 互联网 MG 动态折线图制作

【案例学习目标】学习使用“线性擦除”效果制作动画。

【案例知识要点】使用“预合成”命令制作动画效果，使用“图表编辑器”按钮打开“动画曲线”调节动画的运动速度，使用“线性擦除”效果制作线条动画。IT 互联网 MG 动态折线图制作效果如图 5-32 所示。

【效果所在位置】云盘 \Ch05\IT 互联网 MG 动态折线图制作 \ 工程文件 . aep。

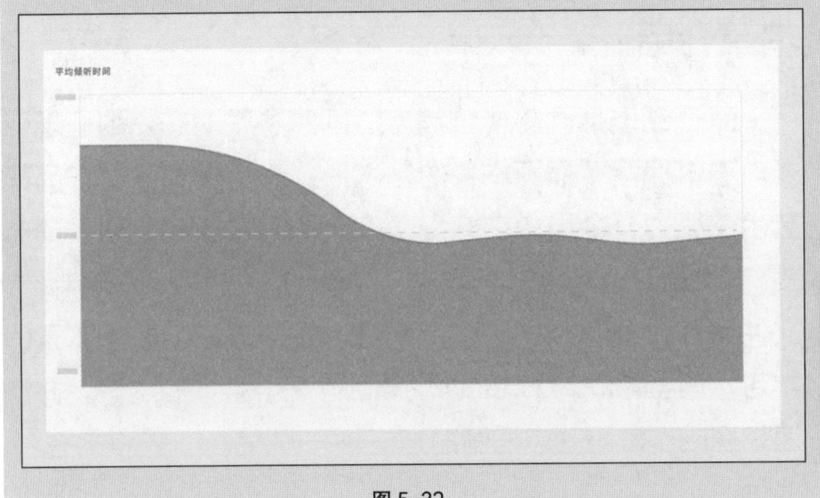

慕课视频

IT 互联网 MG 动态折线图制作

最终效果

IT 互联网 MG 动态折线图制作

图 5-32

06

第6章 MG 动态插画制作

本章介绍

MG 动态插画将传统静态插画赋予了动态化的呈现形式，不仅保留了插画本身的艺术形式感，更加强了作品的艺术感染力，令用户在感受静态美的同时还感受到了动态美。本章从实战角度对MG动态插画的素材导入、动画制作、文件保存以及渲染导出进行系统讲解与演练。通过本章的学习，读者可以对 MG 动态插画有一个基本的认识，并快速掌握制作常用动态插画的方法。

学习目标

- 掌握 MG 动态插画的素材导入方法
- 掌握 MG 动态插画的制作方法
- 掌握 MG 动态插画的文件保存方法
- 掌握 MG 动态插画的渲染导出方法

6.1 课堂案例——文化传媒 MG 动态插画制作

【案例学习目标】学习使用“Newton”插件制作动画效果。

【案例知识要点】使用“Newton”插件制作动画效果，使用“序列图层”命令调整图层的出场时间。文化传媒 MG 动态海报制作效果如图 6-1 所示。

【效果所在位置】云盘 \Ch06\ 文化传媒 MG 动态插画制作 \ 工程文件 . aep。

图 6-1

6.1.1 导入素材

（1）选择“文件 > 导入 > 文件”命令，在弹出的“导入文件”对话框中，选择云盘中的“Ch06\ 文化传媒 MG 动态插画制作 \ 素材 \01.psd”文件，如图 6-2 所示，单击“导入”按钮，弹出“01.psd”对话框，如图 6-3 所示，单击“确定”按钮，将文件导入“项目”面板中。

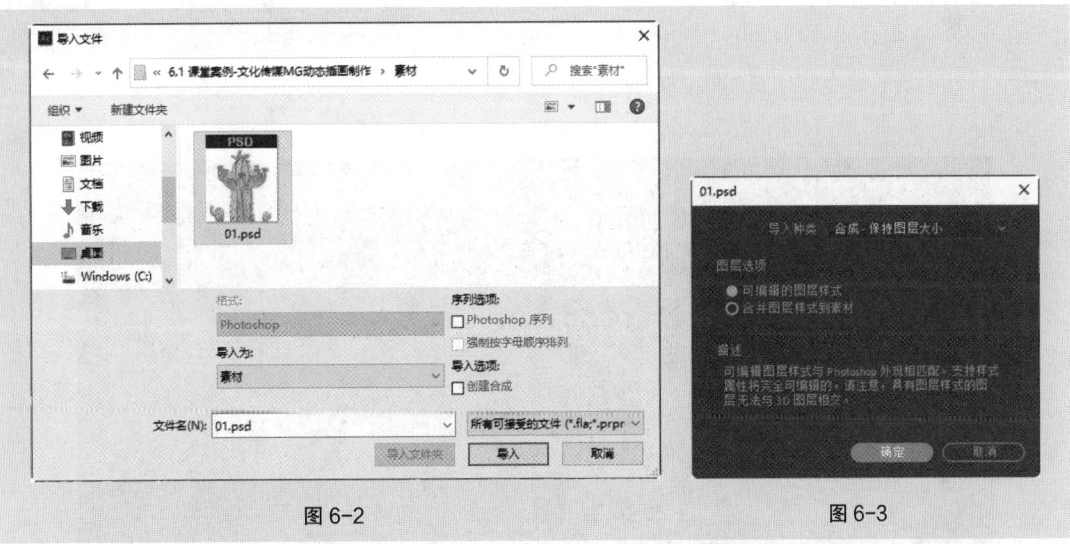

图 6-2　　　　图 6-3

（2）在“项目”面板中双击“01”合成，进入“01”合成的编辑窗口。选择“合成 > 合成设置”命令，弹出“合成设置”对话框，在“合成名称”文本框中输入“最终效果”，“持续时间”设为 0:00:03:00，其他选项的设置如图 6-4 所示，单击“确定”按钮，完成选项的设置，如图 6-5 所示。

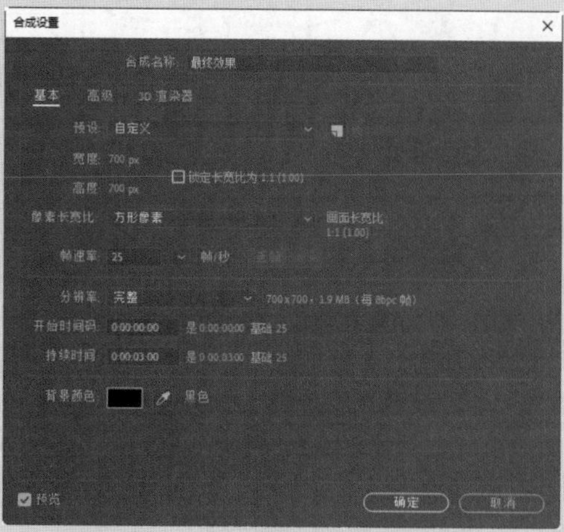

图 6-4

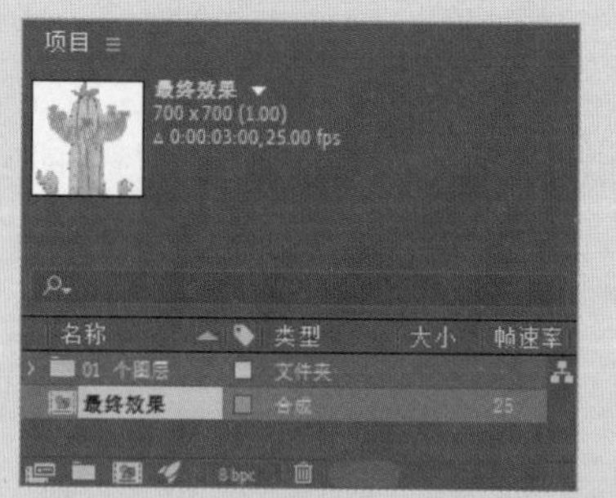

图 6-5

6.1.2 动画制作

（1）在“时间轴”面板中，单击“底图”图层的眼睛按钮，关闭该图层的可视性，如图 6-6 所示。选中“仙人掌”图层，按 P 键，展开“位置”属性，设置“位置”选项为“350.0，895.0”，如图 6-7 所示。

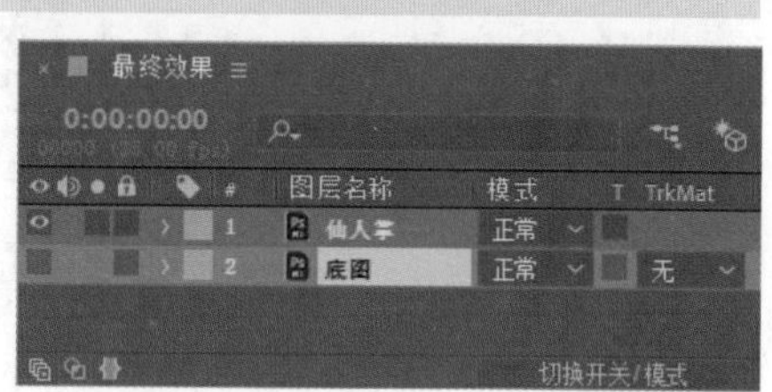

图 6-6

（2）选择“合成 > Newton 3...”命令，弹出“Newton－Untitled Project”对话框，如图 6-8 所示。在“实体”面板中选中“仙人掌”图层，在“重力”面板中，设置“震级”选项为 4.5，“方向”选项为 270.0，如图 6-9 所示；在“导出”面板中，设置“开始帧”选项为 0，“结束帧”选项为 39，勾选“新合成”复选框，如图 6-10 所示。

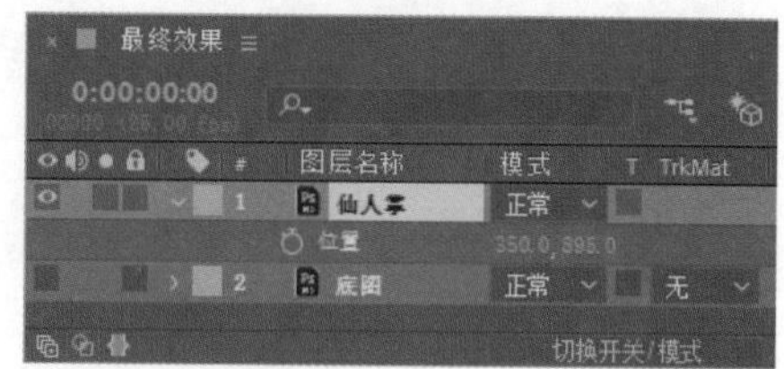

图 6-7

图 6-8

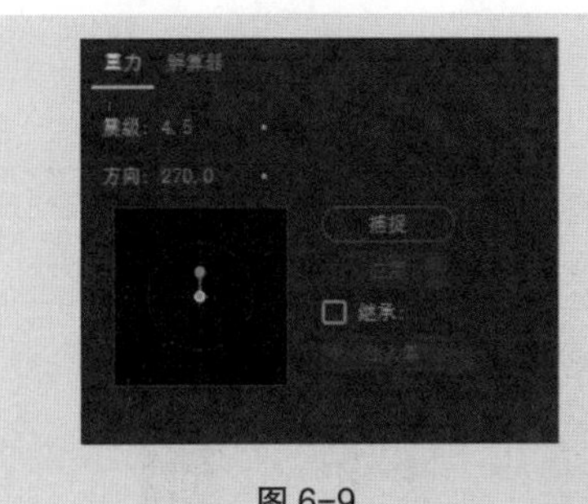

图 6-9

图 6-10

（3）设置完成后，单击“导出”面板中的“渲染”按钮，关闭“Newton – Untitled Project”对话框，并在“项目”面板中生成新合成“最终效果 2”，如图 6-11 所示。

提示：*在网上下载“Newton”插件，按照提示安装插件。安装之后启动 After Effects 软件，在“合成”菜单中可以找到该插件。*

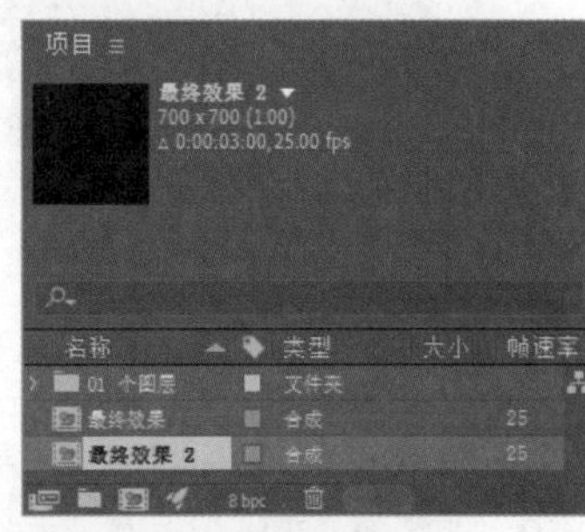

图 6-11

（4）在“项目”面板中双击“最终效果 2”合成，进入“最终效果 2”合成的编辑窗口。在“时间轴”面板中选中“底图”图层，如图 6-12 所示，按 Delete 键，将其删除，效果如图 6-13 所示。

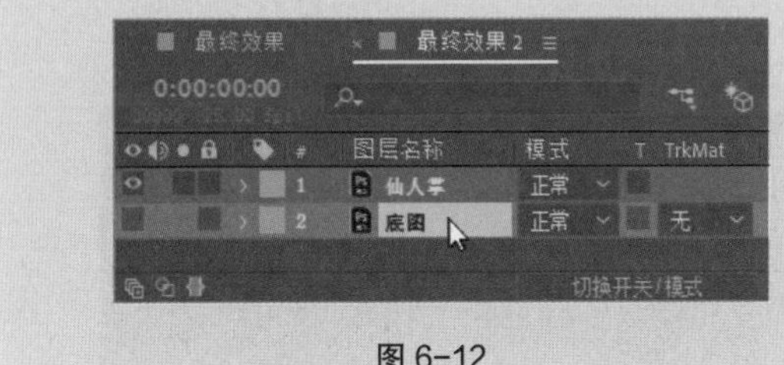

图 6-12

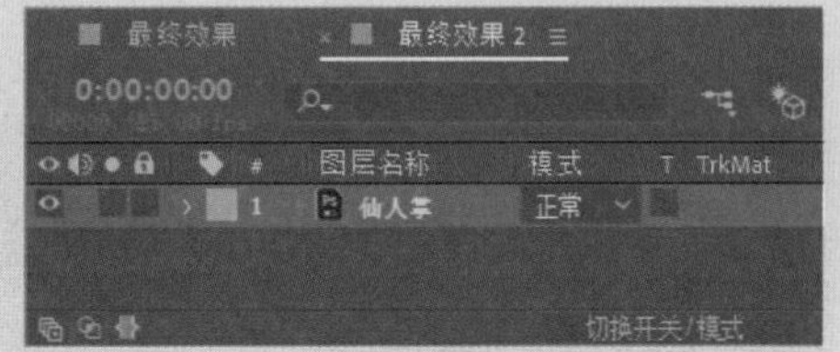

图 6-13

（5）按 Ctrl+K 组合键，弹出“合成设置”对话框，在“合成名称”文本框中输入“向上动力学”，“持续时间”设为 0:00:01:15，其他选项的设置如图 6-14 所示，单击“确定”按钮，完成选项的设置，如图 6-15 所示。

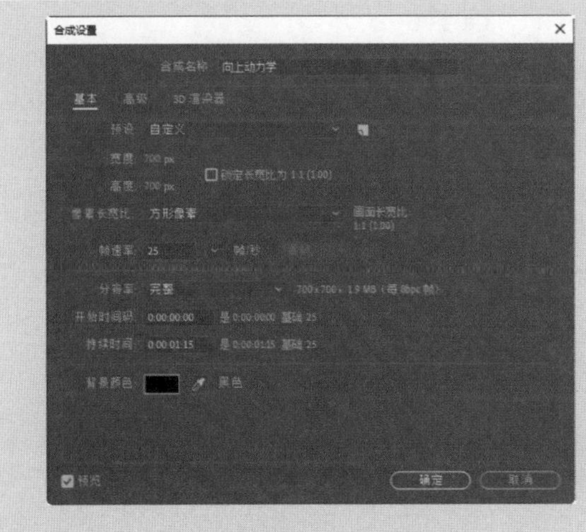

图 6-14

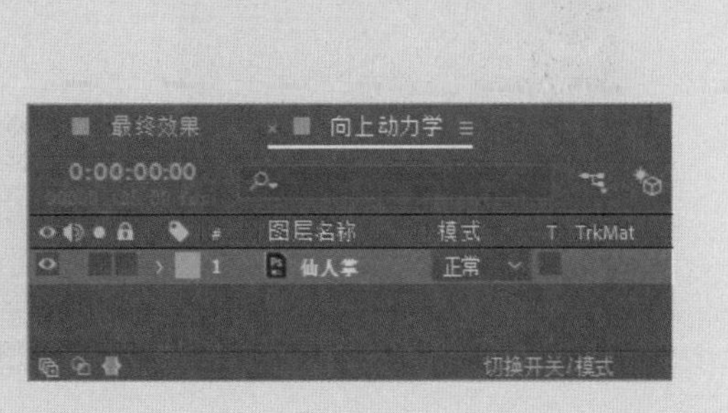

图 6-15

（6）进入“最终效果”合成编辑窗口。选中“仙人掌”图层，按 P 键，展开“位置”属性，设置“位置”选项为“350.0，340.4”，如图 6-16 所示。“合成”面板中的效果如图 6-17 所示。

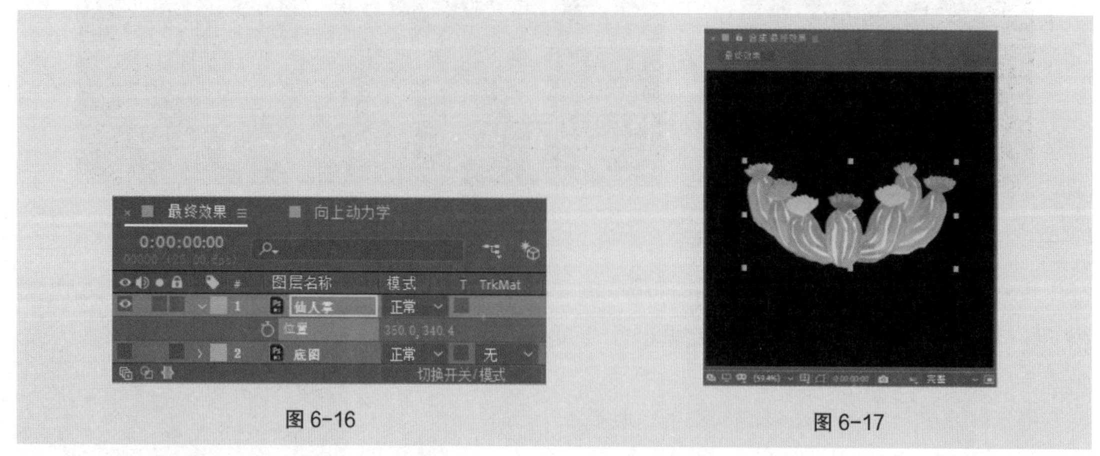

图 6-16　　图 6-17

（7）选择“合成 > Newton 3...”命令，弹出“Newton – Untitled Project”对话框；在“实体”面板中选中“仙人掌”图层，在“重力”面板中，设置“震级”选项为 12.0，“方向”选项为 90.0，如图 6-18 所示；在“导出”面板中，设置“开始帧”选项为 0，“结束帧”选项为 39，勾选“新合成”复选框，如图 6-19 所示。

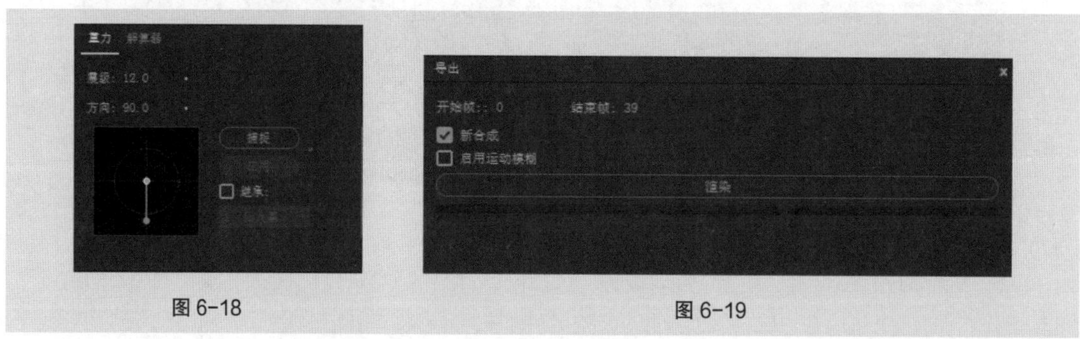

图 6-18　　图 6-19

（8）设置完成后，单击“导出”面板中的“渲染”按钮，关闭“Newton – Untitled Project”对话框，并在“项目”面板中生成新合成“最终效果 2”，如图 6-20 所示。

（9）在“项目”面板中双击“最终效果 2”合成，进入“最终效果 2”合成的编辑窗口。在“时间轴”面板中选中“底图”图层，按 Delete 键，将其删除，效果如图 6-21 所示。

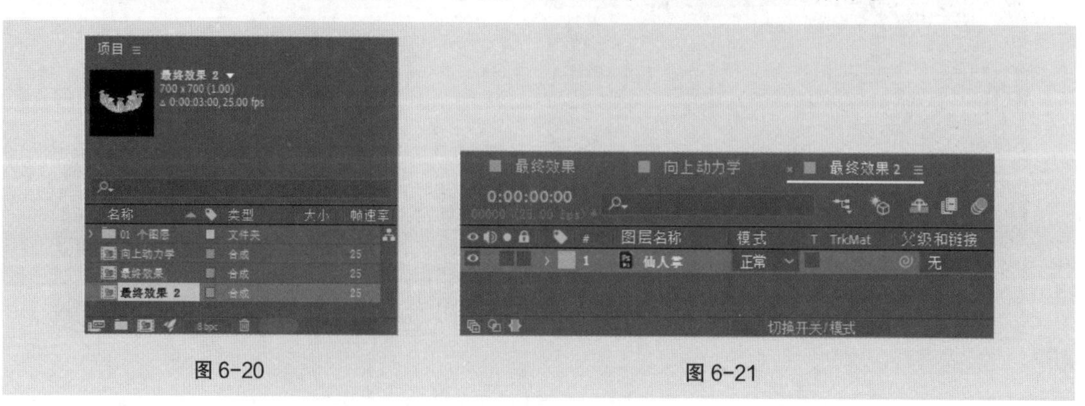

图 6-20　　图 6-21

（10）按 Ctrl+K 组合键，弹出“合成设置”对话框，在“合成名称”文本框中输入“向下动力学”，“持续时间”设为 0:00:01:15，其他选项的设置如图 6-22 所示，单击“确定”按钮，完成选项的设置，如图 6-23 所示。

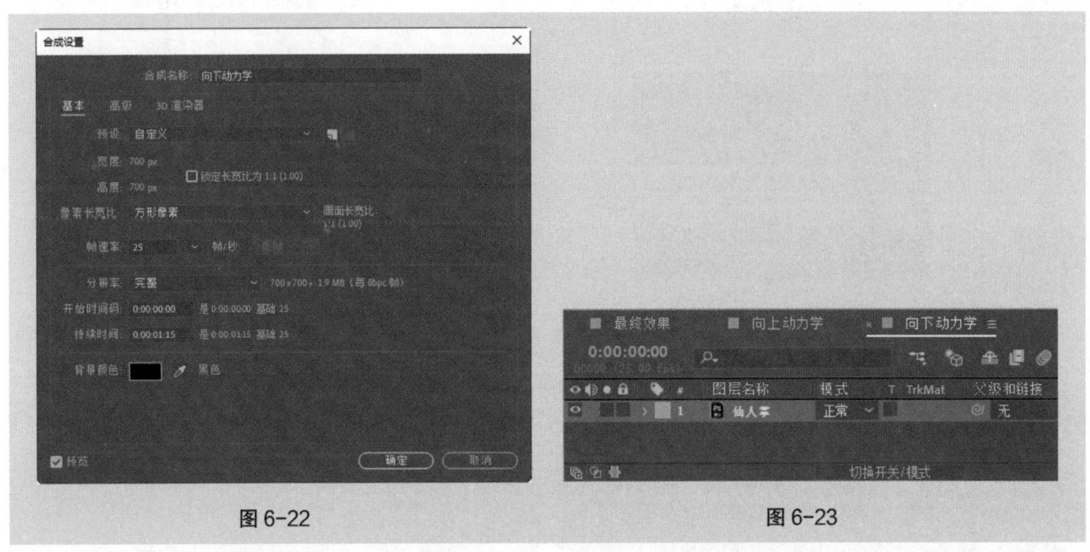

图 6-22　　图 6-23

（11）进入“最终效果”合成编辑窗口。在“时间轴”面板中选中“仙人掌”图层，按 Delete 键，将其删除，效果如图 6-24 所示。在“项目”面板中选中“向上动力学”和“向下动力学”合成，并将它们拖曳到“时间轴”面板中，图层排列如图 6-25 所示。

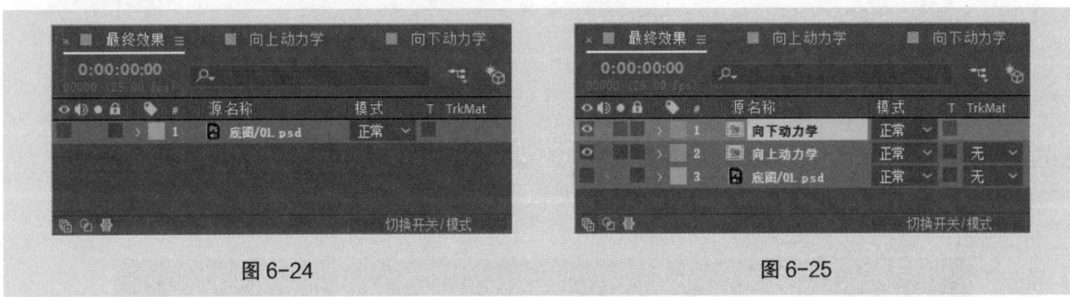

图 6-24　　图 6-25

（12）在“时间轴”面板中选中“向上动力学”图层，按住 Ctrl 键的同时选中“向下动力学”图层，如图 6-26 所示。选择“动画 > 关键帧辅助 > 序列图层”命令，弹出“序列图层”对话框，单击“确定”按钮，每个层依次排序，首尾相接，如图 6-27 所示。

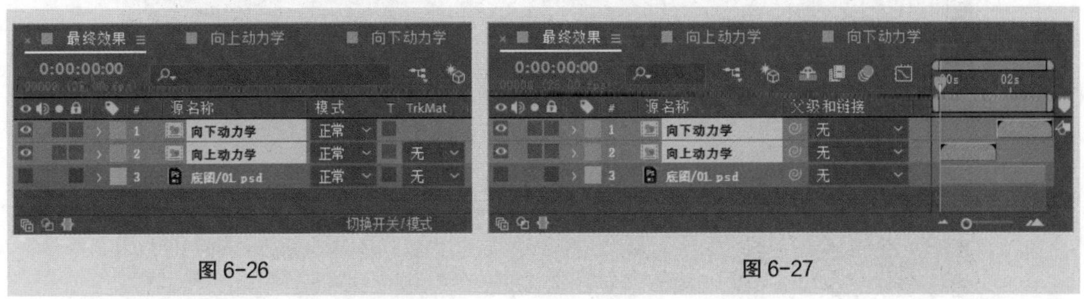

图 6-26　　图 6-27

（13）单击“底图”图层的按钮■，打开该图层的可视性，如图 6-28 所示。文化传媒 MG 动态插画制作完成，效果如图 6-29 所示。

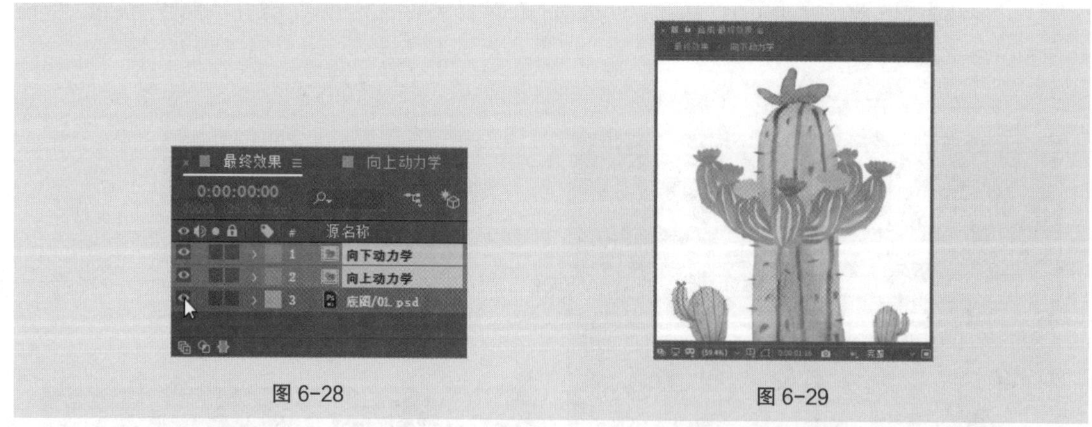

图 6-28　　图 6-29

6.1.3　文件保存

选择“文件 > 保存”命令，弹出“另存为”对话框，在对话框中选择要保存文件的位置，在“文件名”文本框中输入“工程文件”，其他选项的设置如图 6-30 所示，单击“保存”按钮，将文件保存。

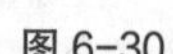

图 6-30

6.1.4　渲染导出

（1）选择“合成 > 添加到 Adobe Media Encoder 队列”命令，系统自动打开 Adobe Media Encoder 软件并将文件添加到 Adobe Media Encoder 软件“队列”面板中，如图 6-31 所示。

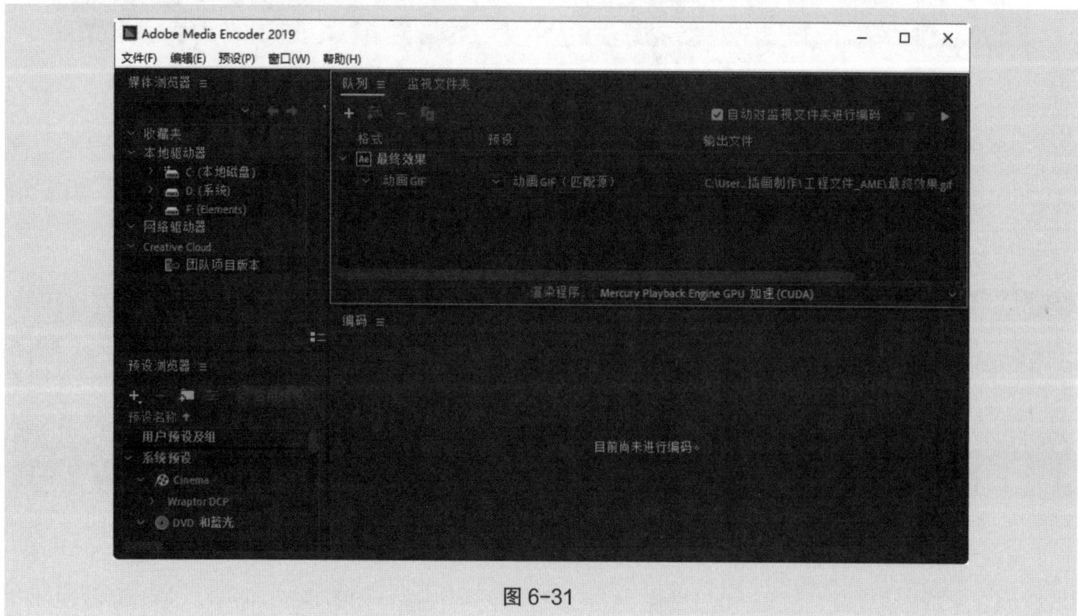

图 6-31

（2）单击“格式”选项组中的按钮，在弹出的列表中选择“动画 GIF”选项，其他选项的设置如图 6-32 所示。

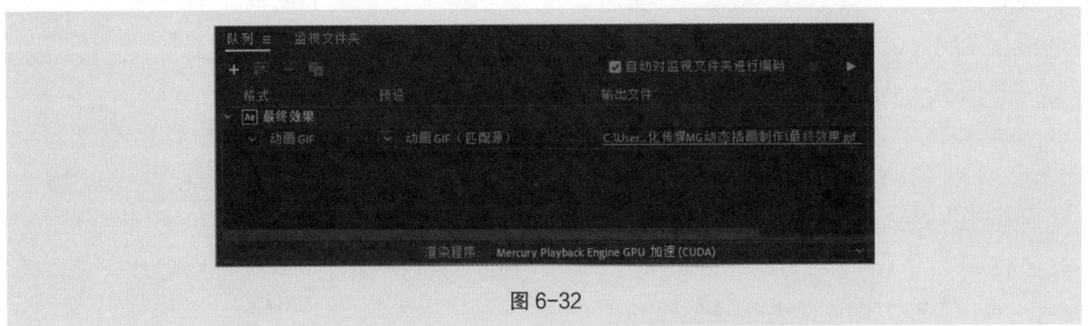

图 6-32

（3）设置完成后单击“队列”面板中的“启动队列”按钮，进行文件渲染，如图 6-33 所示。

图 6-33

（4）渲染完成后在输出文件位置可以看到 GIF 动画文件，如图 6-34 所示。

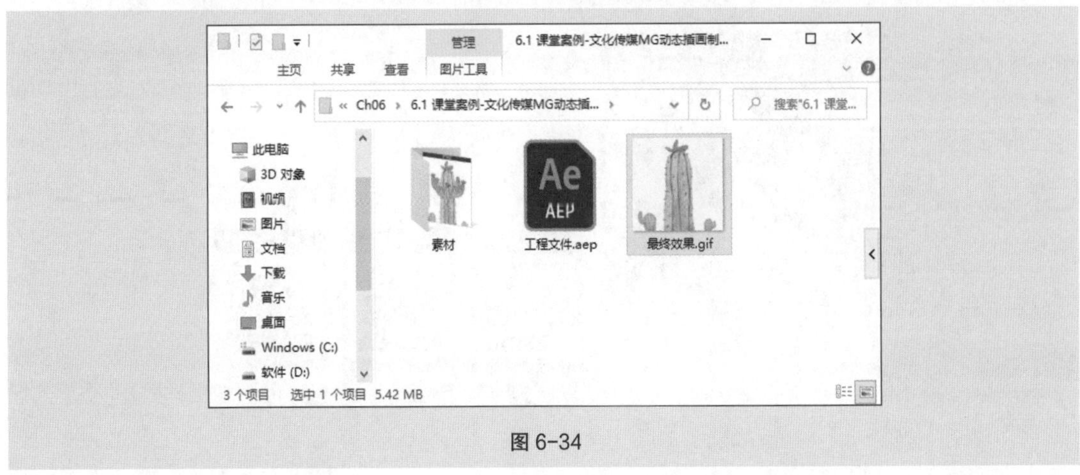

图 6-34

6.2 课堂练习——教育咨询 MG 动态插画制作

【案例学习目标】学习使用“Joysticks'n Sliders”脚本制作动画效果。

【案例知识要点】使用“Joysticks'n Sliders”脚本中的“Joysticks”制作眼睛的上下左右移动，使用“Joysticks'n Sliders”脚本中的“Sliders”制作眼睛的眨眼状态。教育咨询 MG 动态插画制作效果如图 6-35 所示。

【效果所在位置】云盘 \Ch06\ 教育咨询 MG 动态插画制作 \ 工程文件 . aep。

图 6-35

6.3 课后习题——旅游出行 MG 动态插画制作

【案例学习目标】学习使用“Duik”插件制作动画效果。

【案例知识要点】使用“Duik”插件添加骨骼制作人物走动动画效果，使用图层基本属性制作风景动画效果，使用“表达式”选项制作影子动画效果。旅游出行 MG 动态插画制作效果如图 6-36 所示。

【效果所在位置】云盘 \Ch06\ 旅游出行 MG 动态插画制作 \ 工程文件 . aep。

图 6-36

07 第7章 MG 动态 Logo 制作

本章介绍

MG 动态 Logo 将传统静态 Logo 赋予了动态化的呈现形式，不仅保留了建立品牌的作用，更提升了品牌的辨识度，令用户在了解 Logo 背后的品牌调性时还加深了对该品牌的印象。本章从实战角度对 MG 动态 Logo 的素材导入、动画制作、文件保存以及渲染导出进行系统讲解与演练。通过本章的学习，读者可以对 MG 动态 Logo 有一个基本的认识，并快速掌握制作常用动态 Logo 的方法。

学习目标

- 掌握 MG 动态 Logo 的素材导入方法
- 掌握 MG 动态 Logo 的动画制作方法
- 掌握 MG 动态 Logo 的文件保存方法
- 掌握 MG 动态 Logo 的渲染导出方法

7.1 课堂案例——电子数码 MG 动态 Logo 制作

【案例学习目标】学习使用“从矢量图层创建形状”命令和“添加 > 修剪路径”选项制作动画效果。

【案例知识要点】使用“从矢量图层创建形状”命令将矢量图层转为形状；使用“添加 > 修剪路径”属性制作 Logo 动画效果；使用“不透明度”属性制作不透明度动画效果；使用“溶解 - 波纹”效果制作背景动画效果。电子数码 MG 动态 Logo 制作效果如图 7-1 所示。

【效果所在位置】云盘 \Ch07\ 电子数码 MG 动态 Logo 制作 \ 工程文件 . aep。

图 7-1

7.1.1 导入素材

（1）选择“文件 > 导入 > 文件”命令，在弹出的“导入文件”对话框中，选择云盘中的“Ch07\ 电子数码 MG 动态 Logo 制作 \ 素材 \01.ai”文件，在“导入为：”选项列表中选择“合成 - 保持图层大小”选项，其他选项的设置如图 7-2 所示，单击“导入”按钮，将文件导入“项目”面板中，如图 7-3 所示。

图 7-2

图 7-3

（2）在“项目”面板中双击“01”合成，进入“01”合成的编辑窗口。选择“合成 > 合成设置”命令，弹出“合成设置”对话框，在“合成名称”文本框中输入“最终效果”，“持续时间”设为 0:00:08:00，其他选项的设置如图 7-4 所示，单击“确定”按钮，完成选项的设置，如图 7-5 所示。

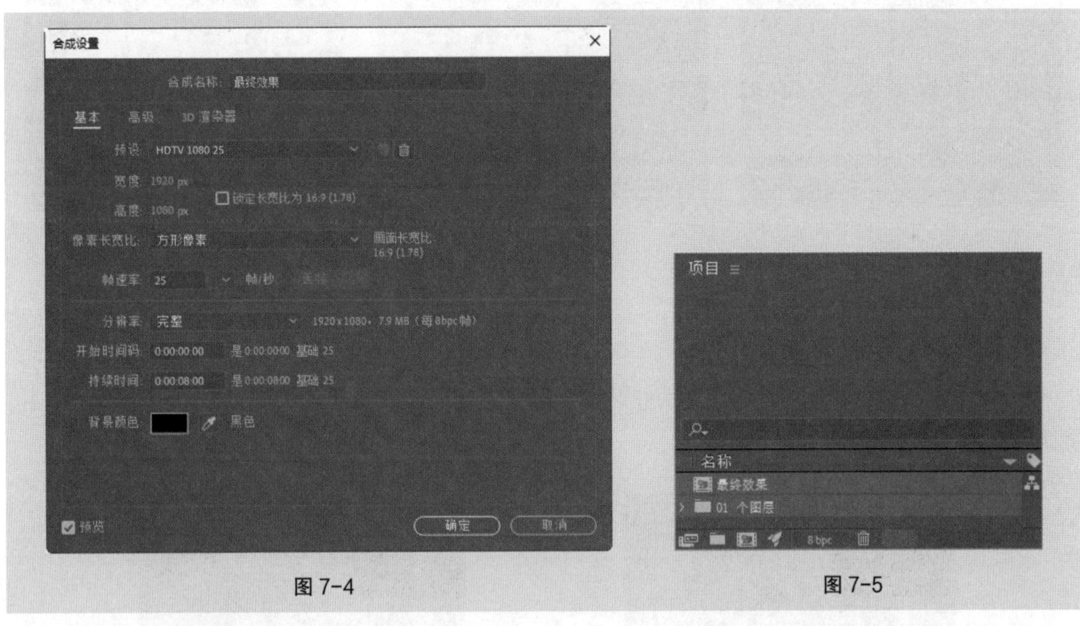

图 7-4　　　　图 7-5

7.1.2　动画制作

1．制作 Logo 动画

（1）在“时间轴”面板中选中“条”图层，按住 Shift 键的同时选中“圆 2”图层，将“条”图层、“圆 2”图层及中间的图层全部选中，如图 7-6 所示。

（2）选择“图层 > 预合成”命令，弹出“预合成”对话框，在“新合成名称”文本框中输入“logo-静态”，勾选“打开新合成”复选项，其他选项的设置如图 7-7 所示，单击“确定”按钮，将选中的图层创建为新合成并将其打开。

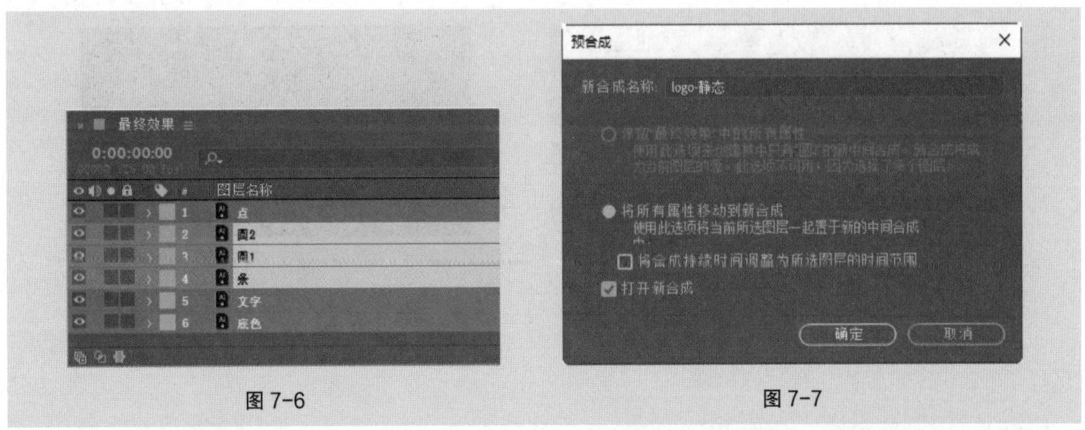

图 7-6　　　　图 7-7

（3）在“时间轴”面板中选中“条”图层，选择“图层 > 创建 > 从矢量图层创建形状”命令，在“时间轴”面板中自动生成一个“‘条’轮廓”图层，如图 7-8 所示。在“时间轴”面板中选中“条”

图层，按 Delete 键，将“条”图层删除，效果如图 7-9 所示。用相同的方法将“圆 1”图层和“圆 2”图层转为形状图层，效果如图 7-10 所示。

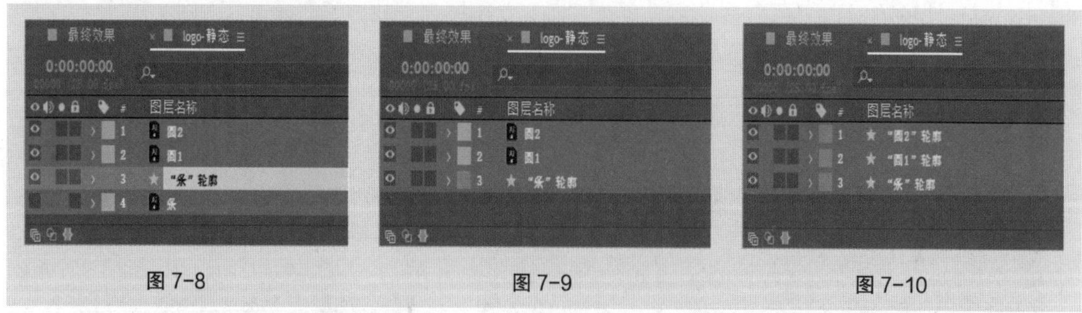

图 7-8　　图 7-9　　图 7-10

（4）在“项目”面板中选择“logo- 静态”合成，按 Ctrl+D 组合键，在“项目”面板中自动生成一个“logo- 静态 2”合成，如图 7-11 所示。在“logo- 静态 2”合成上单击鼠标右键，在弹出的菜单中选择“重命名”命令，文本框处于编辑状态，输入新的名称“logo- 动态”，按 Enter 键确认输入，效果如图 7-12 所示。

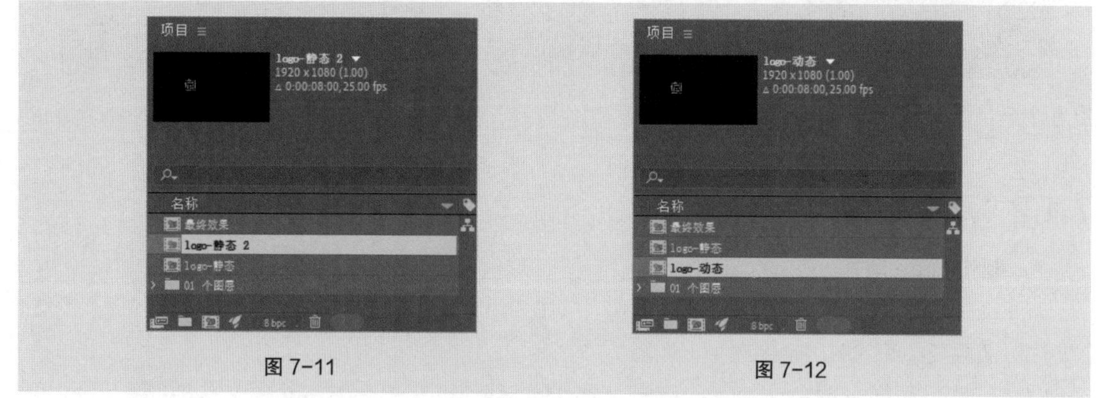

图 7-11　　图 7-12

（5）在“项目”面板中双击“logo- 动态”合成，将其打开。在“时间轴”面板中按 Ctrl+A 组合键，将图层全部选中，如图 7-13 所示。在“合成”面板中将其拖曳到适当的位置，如图 7-14 所示。

图 7-13　　图 7-14

（6）展开“‘条’轮廓”图层“内容”选项组，选中“组 5”选项组，单击“添加”右侧的按钮，在弹出的选项中选择“修剪路径”，如图 7-15 所示。在“时间轴”面板“组 5”选项组中会自动添加一个“修剪路径 1”选项组，如图 7-16 所示。

（7）展开“修剪路径 1”选项组，设置“开始”选项为 100.0%，单击“开始”选项左侧的“关键帧自动记录器”按钮，如图 7-17 所示，记录第 1 个关键帧。将时间标签放置在 0:00:00:10

的位置，设置“开始”选项为 0.0%，如图 7-18 所示，记录第 2 个关键帧。

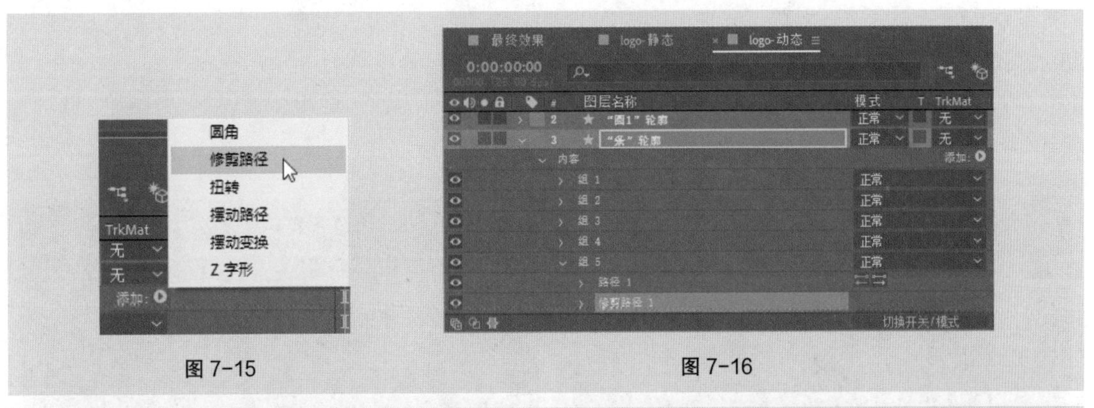

图 7-15

图 7-16

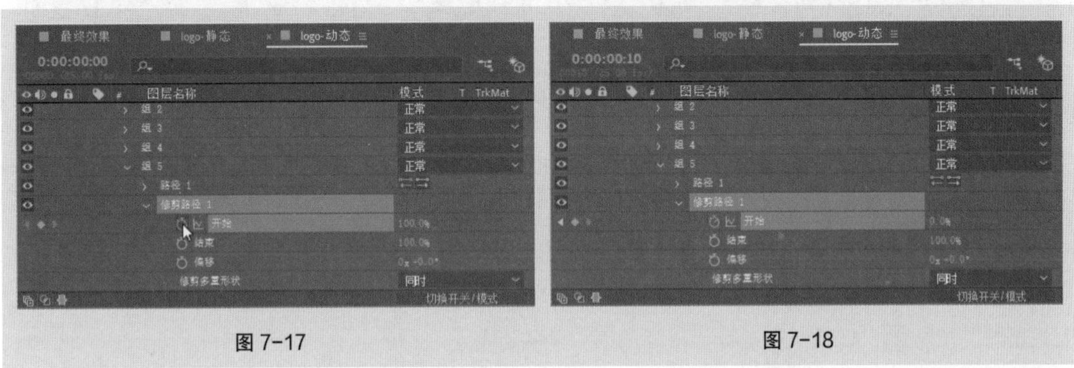

图 7-17

图 7-18

（8）在“时间轴”面板中单击“开始”选项，将该选项的关键帧全部选中，如图 7-19 所示。按 F9 键，将关键帧转为缓动关键帧，如图 7-20 所示。

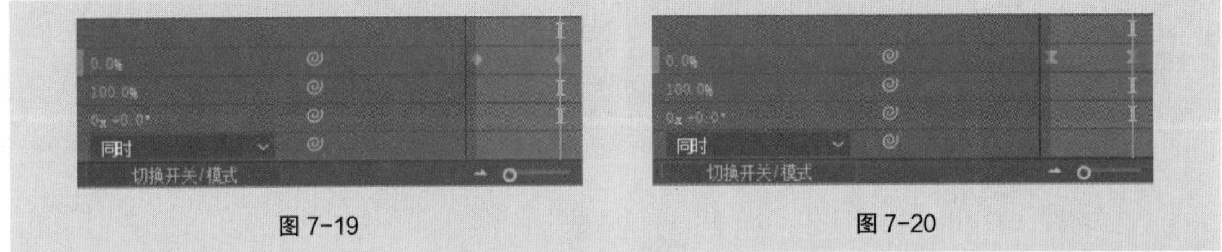

图 7-19

图 7-20

（9）用步骤（6）~ 步骤（8）的方法分别为“组 1”“组 2”“组 3”和“组 4”添加修剪路径动画，并分别设置动画的出场时间和结束时间，如图 7-21 所示。

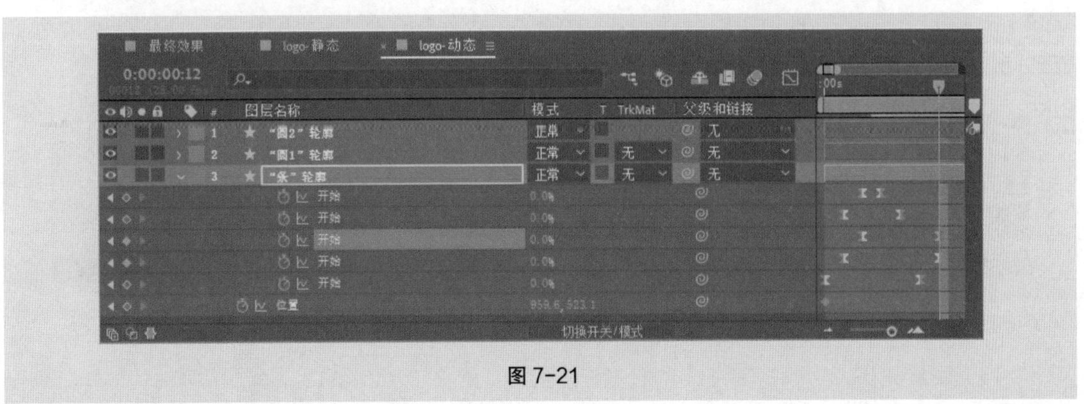

图 7-21

（10）将时间标签放置在 0:00:00:01 的位置。选中“‘圆 1’轮廓”图层，展开“内容 > 组 1 > 变换：组 1”选项，设置“比例”选项为“0.0，0.0%”，单击“比例”选项左侧的“关键帧自动记录器”按钮，如图 7-22 所示，记录第 1 个关键帧。

（11）将时间标签放置在 0:00:00:04 的位置。在“时间轴”面板中，设置“比例”选项为“100.0，100.0%”，如图 7-23 所示，记录第 2 个关键帧。

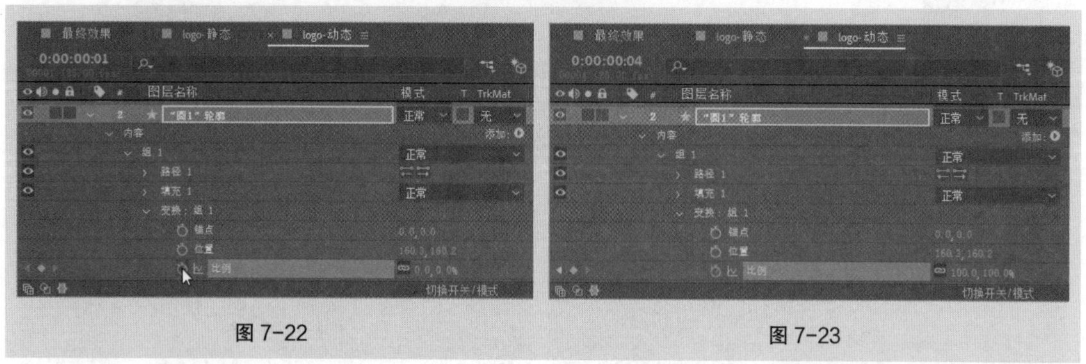

图 7-22　　图 7-23

（12）用步骤（10）和步骤（11）的方法分别为“组 2”～“组 16”添加比例动画，并分别设置动画的出场时间和结束时间。

（13）将时间标签放置在 0:00:00:00 的位置。选中“‘圆 2’轮廓”图层，展开“内容 > 组 1 > 变换：组 1”选项，设置“比例”选项为“0.0，0.0%”，单击“比例”选项左侧的“关键帧自动记录器”按钮，如图 7-24 所示，记录第 1 个关键帧。

（14）将时间标签放置在 0:00:00:03 的位置。在“时间轴”面板中，设置“比例”选项为“100.0，100.0%”，如图 7-25 所示，记录第 2 个关键帧。

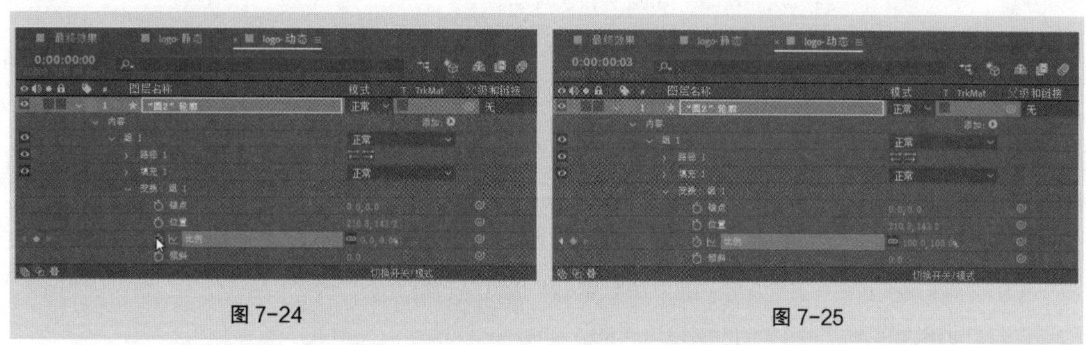

图 7-24　　图 7-25

（15）在“时间轴”面板中单击“比例”选项，将该选项的关键帧全部选中，如图 7-26 所示。按 F9 键，将关键帧转为缓动关键帧，如图 7-27 所示。

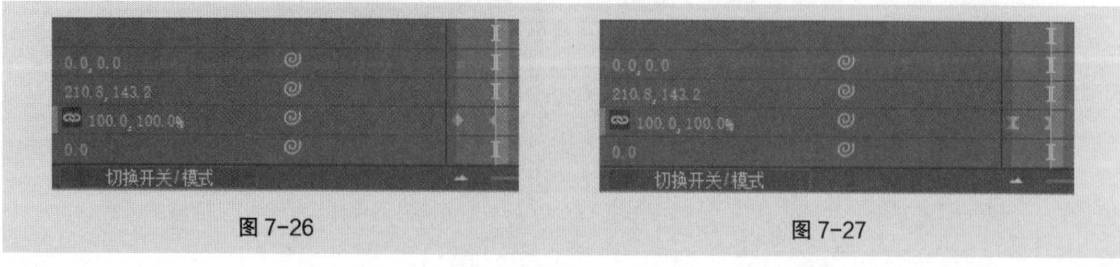

图 7-26　　图 7-27

（16）用步骤（13）和步骤（15）的方法分别为“组 2”～“组 12”添加比例动画，并分别设置动画的出场时间和结束时间。

2．制作 Logo 出场动画

（1）进入“最终效果”合成，将时间标签放置在 0:00:00:05 的位置，选中“文字”图层，按 T 键，展开“不透明度”选项，单击“不透明度”选项左侧的“关键帧自动记录器”按钮，如图 7–28 所示，记录第 1 个关键帧。

（2）将时间标签放置在 0:00:00:15 的位置，在“时间轴”面板中，设置“不透明度”选项为 0%，如图 7–29 所示，记录第 2 个关键帧。

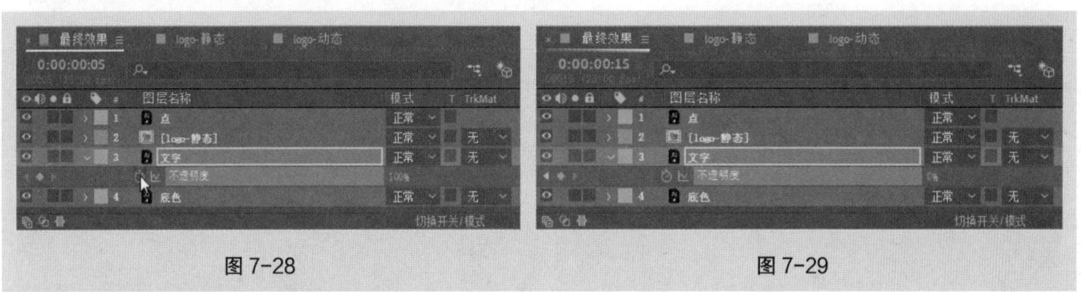

图 7–28　　图 7–29

（3）将时间标签放置在 0:00:00:05 的位置，选中“logo– 静态”图层，按 T 键，展开“不透明度”选项，单击“不透明度”选项左侧的“关键帧自动记录器”按钮，如图 7–30 所示，记录第 1 个关键帧。

（4）将时间标签放置在 0:00:00:15 的位置，在“时间轴”面板中，设置“不透明度”选项为 0%，如图 7–31 所示，记录第 2 个关键帧。

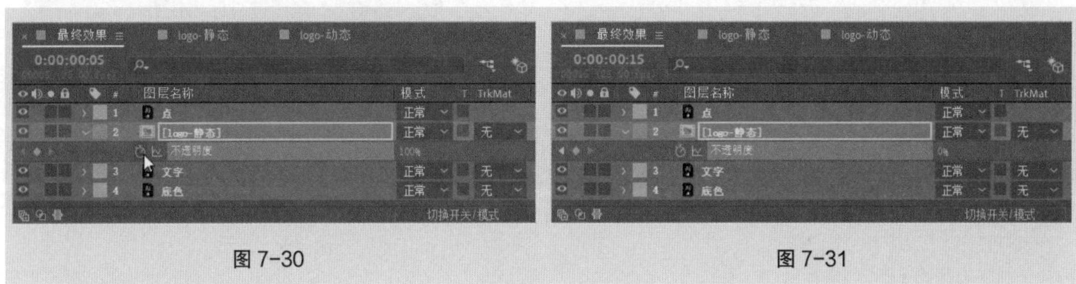

图 7–30　　图 7–31

（5）将时间标签放置在 0:00:00:24 的位置，按 Alt+] 组合键，设置动画的出点，如图 7–32 所示。

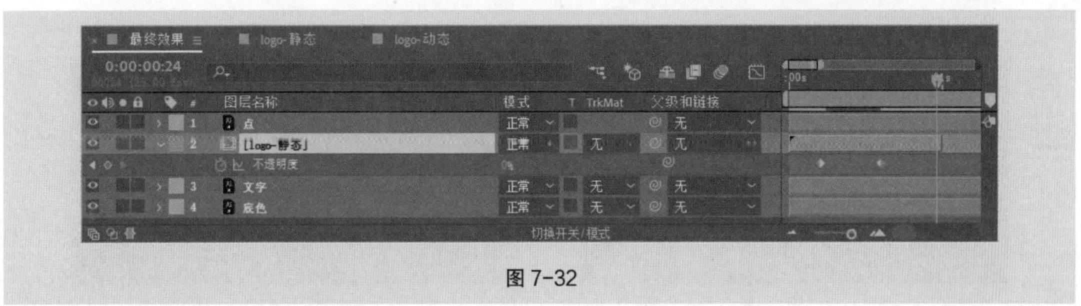

图 7–32

（6）在“项目”面板中选中“logo– 动态”合成，将其拖曳到“时间轴”面板中。将时间标签放置在 0:00:01:06 的位置，按 [键，设置动画的入点，如图 7–33 所示。

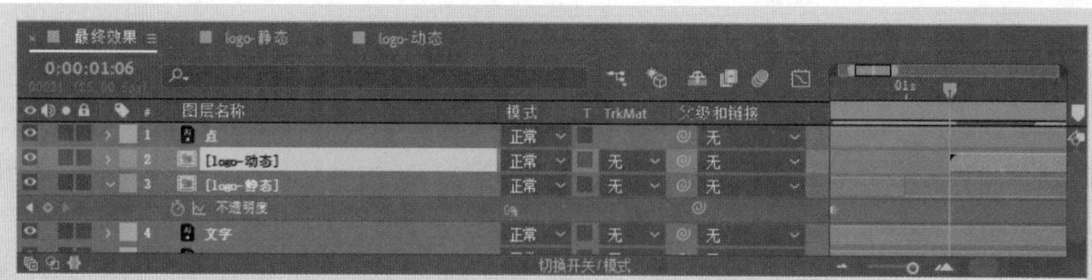

图 7-33

（7）将时间标签放置在 0:00:03:10 的位置，按 S 键，展开“缩放”属性，设置“缩放”选项为“160.0，160.0%”，单击“缩放”选项左侧的“关键帧自动记录器”按钮，记录第 1 个关键帧，如图 7-34 所示。将时间标签放置在 0:00:04:12 的位置，在“时间轴”面板中，设置“缩放”选项为“100.0，100.0%”，如图 7-35 所示，记录第 2 个关键帧。

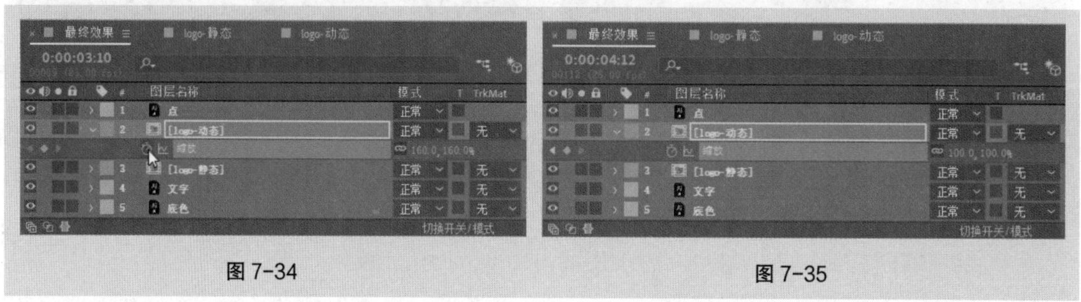

图 7-34　　图 7-35

（8）在“时间轴”面板中单击“缩放”选项，将该选项的关键帧全部选中，如图 7-36 所示。按 F9 键，将关键帧转为缓动关键帧，如图 7-37 所示。

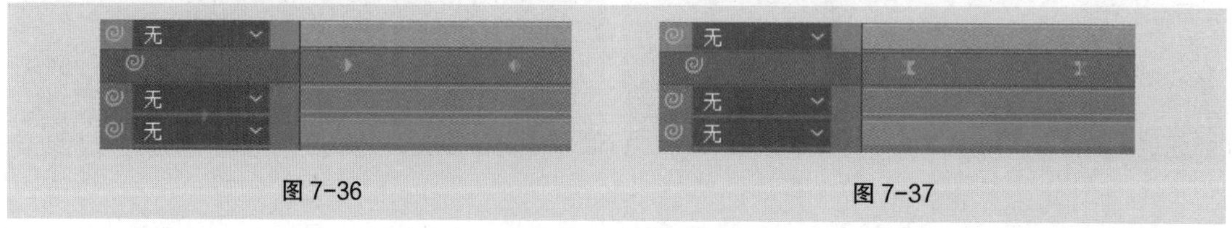

图 7-36　　图 7-37

（9）在“时间轴”面板中单击“图表编辑器”按钮，进入到图表编辑器面板中，如图 7-38 所示。分别拖曳控制点到适当的位置，如图 7-39 所示。再次单击“图表编辑器”按钮，退出图表编辑器。

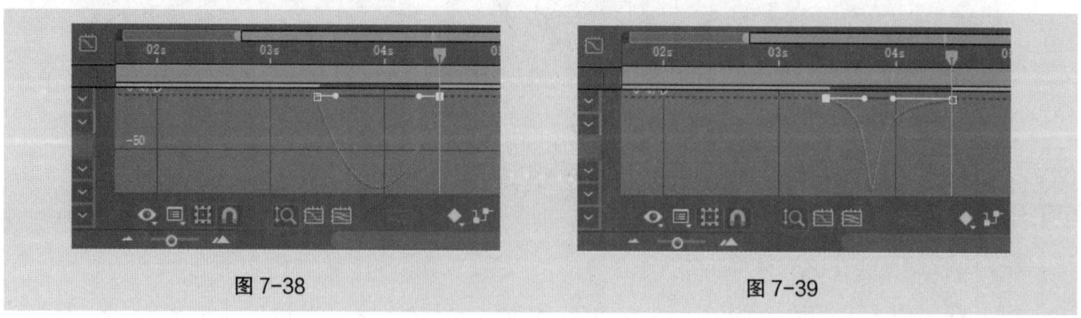

图 7-38　　图 7-39

（10）将时间标签放置在 0:00:04:17 的位置，按 P 键，展开“位置”属性，设置“位置”选项为“960.0，540.0”，如图 7-40 所示，单击“位置”选项左侧的“关键帧自动记录器”按钮，记录第 1 个关键帧。将时间标签放置在 0:00:05:24 的位置，在“时间轴”面板中，设置“位置”选项为“610.0，540.0”，如图 7-41 所示，记录第 2 个关键帧。

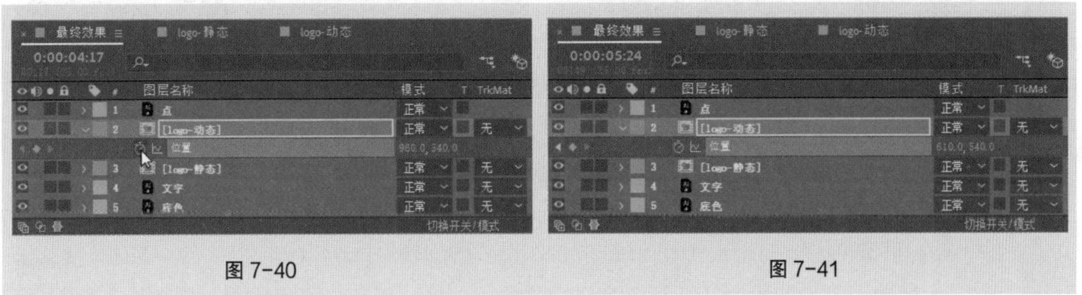

图 7-40　　　　图 7-41

（11）在“时间轴”面板中单击“位置”选项，将该选项的关键帧全部选中。按 F9 键，将关键帧转为缓动关键帧。在“时间轴”面板中单击“图表编辑器”按钮，进入到图表编辑器面板中，如图 7-42 所示。分别拖曳控制点到适当的位置，如图 7-43 所示。再次单击“图表编辑器”按钮，退出图表编辑器。

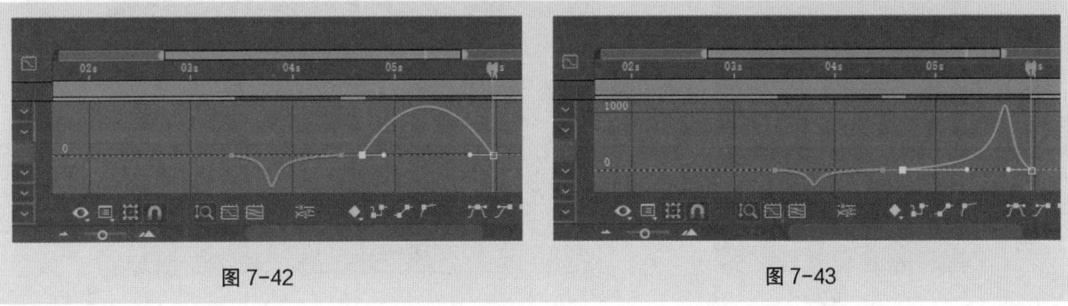

图 7-42　　　　图 7-43

（12）将时间标签放置在 0:00:05:17 的位置，选中“文字”图层，按 T 键，展开“不透明度”属性，单击“不透明度”选项左侧的“在当前时间添加或移除关键帧”按钮，如图 7-44 所示，记录第 3 个关键帧。

（13）将时间标签放置在 0:00:06:17 的位置，在“时间轴”面板中，设置“不透明度”选项为 100%，如图 7-45 所示，记录第 4 个关键帧。

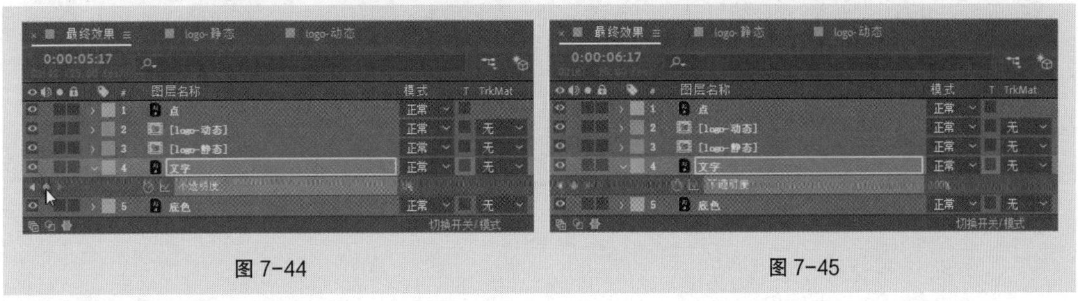

图 7-44　　　　图 7-45

3．制作背景装饰动画

（1）在“时间轴”面板中选中“点”图层，选择“图层 > 创建 > 从矢量图层创建形状”命令，在“时间轴”面板中自动生成一个“‘点’轮廓”图层，如图 7-46 所示。在“时间轴”面板中选中

“点”图层，按 Delete 键，将“点”图层删除，效果如图 7-47 所示。

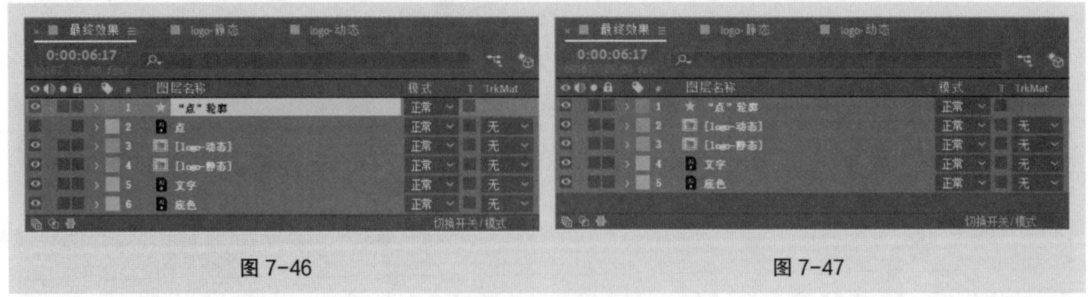

图 7-46　　图 7-47

（2）将时间标签放置在 0:00:03:10 的位置，在“时间轴”面板中选中“‘点’轮廓”图层，选择“窗口 > 效果和预设”命令，打开“效果和预设”面板，单击“动画预设”文件夹左侧的小箭头按钮 将其展开，双击“Transitions-Dissolves > 溶解 - 波纹”命令，如图 7-48 所示，应用效果。“合成”面板中的效果如图 7-49 所示。

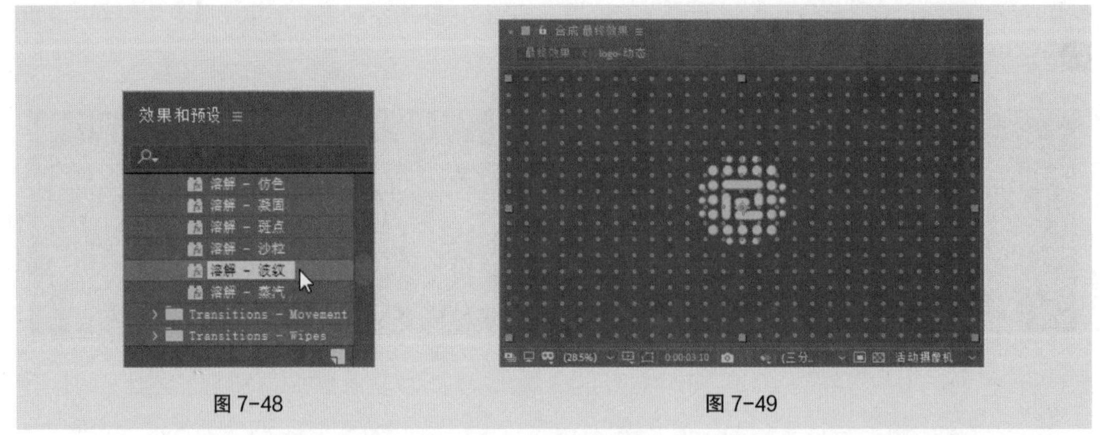

图 7-48　　图 7-49

（3）选中“‘点’轮廓”图层，按 U 键，展开该图层的所有关键帧，将时间标签放置在 0:00:04:12 的位置，按住 Shift 键的同时拖曳第 2 个关键帧到时间标签所在的位置，如图 7-50 所示。

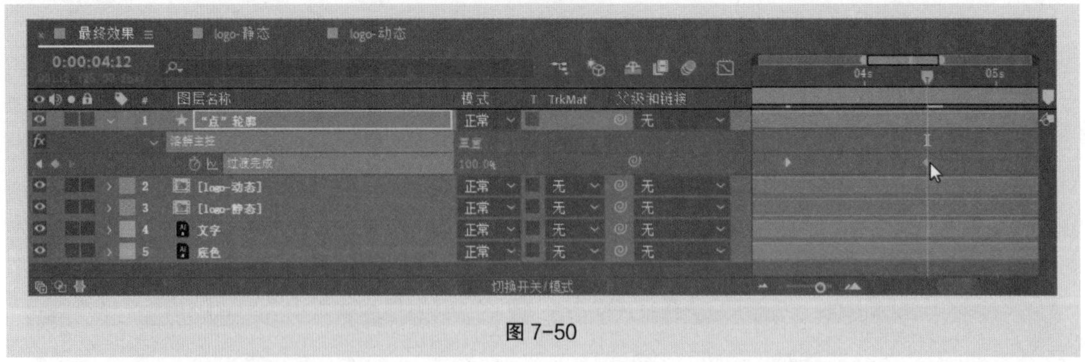

图 7-50

（4）将时间标签放置在 0:00:04:17 的位置，在“时间轴”面板中，单击“过渡完成”选项左侧的“在当前时间添加或移除关键帧”按钮 ，如图 7-51 所示，记录第 3 个关键帧。将时间标签放置在 0:00:05:24 的位置，在“时间轴”面板中，设置“过渡完成”选项为 0.0%，如图 7-52 所示，记录第 4 个关键帧。

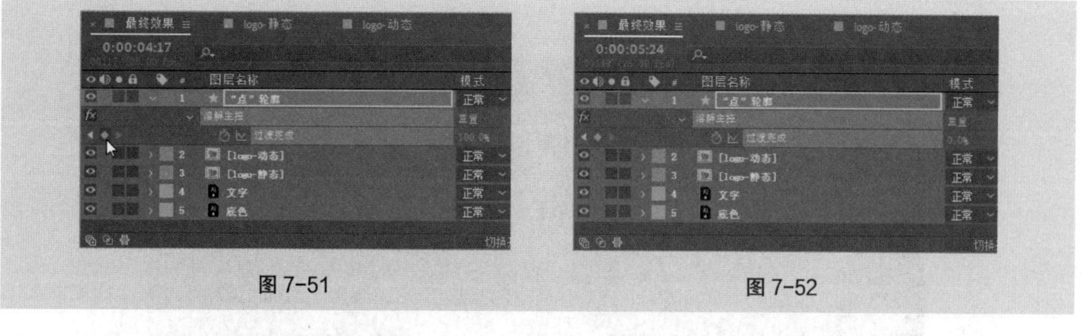
图 7-51　　图 7-52

（5）在“时间轴”面板中拖曳“‘点’轮廓”图层到“文字”图层的下方，如图 7-53 所示。电子数码 MG 动态 Logo 制作完成。

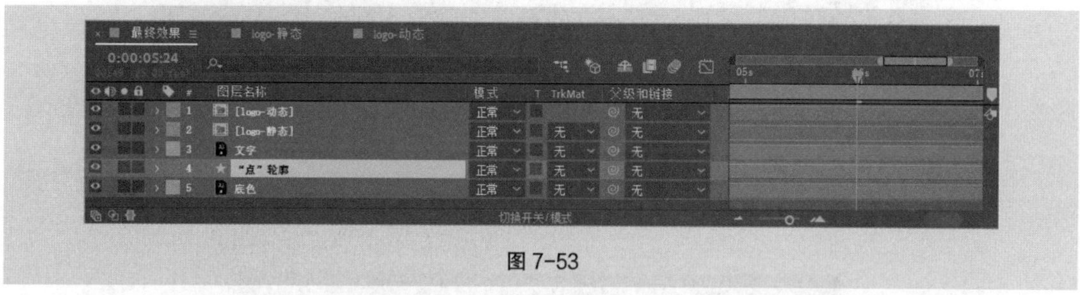
图 7-53

7.1.3　文件保存

选择“文件 > 保存”命令，弹出“另存为”对话框，在对话框中选择要保存文件的位置，在“文件名”文本框中输入“工程文件”，其他选项的设置如图 7-54 所示，单击“保存”按钮，将文件保存。

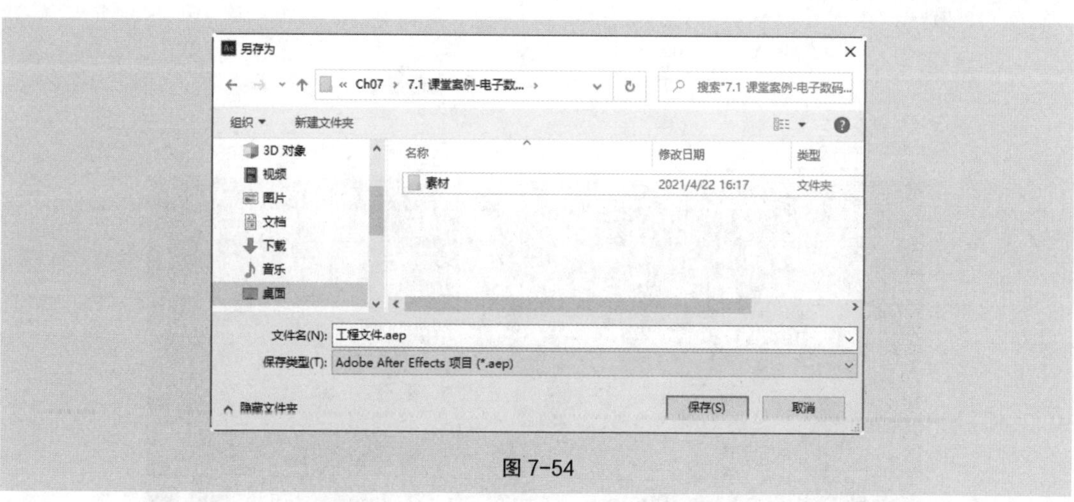

图 7-54

7.1.4　渲染导出

（1）选择“合成 > 添加到 Adobe Media Encoder 队列”命令，系统自动打开 Adobe Media Encoder 软件并将文件添加到 Adobe Media Encoder 软件“队列”面板中，如图 7-55 所示。

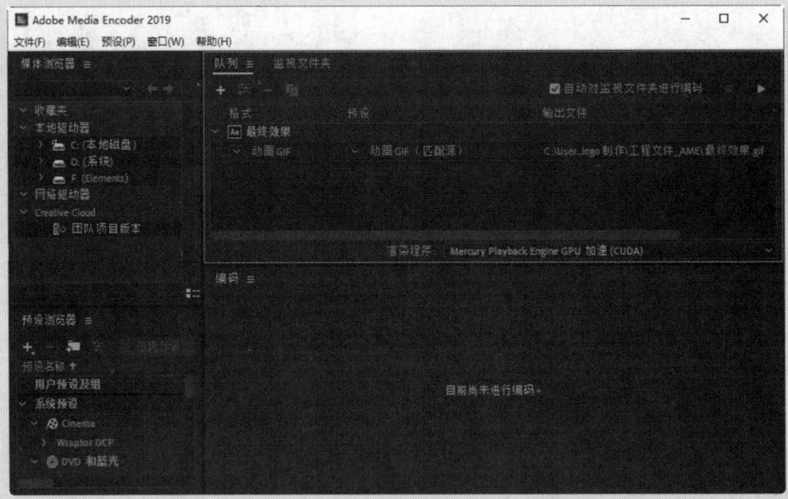

图 7-55

（2）单击“格式”选项组中的按钮，在弹出的列表中选择“动画 GIF”选项，其他选项的设置如图 7-56 所示。

图 7-56

（3）设置完成后单击“队列”面板中的“启动队列”按钮，进行文件渲染，如图 7-57 所示。

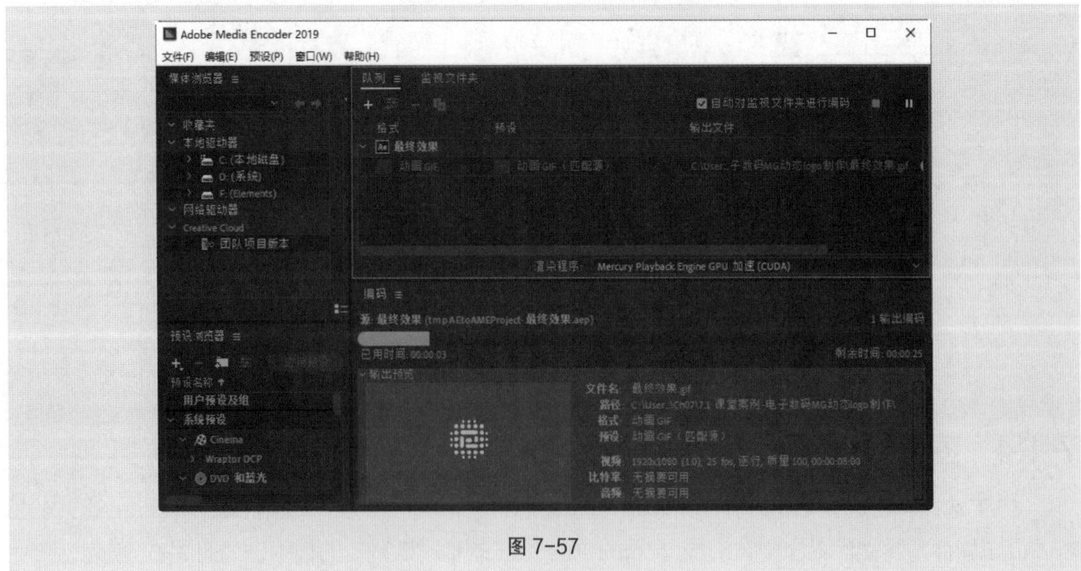

图 7-57

（4）渲染完成后在输出文件位置可以看到 GIF 动画文件，如图 7-58 所示。

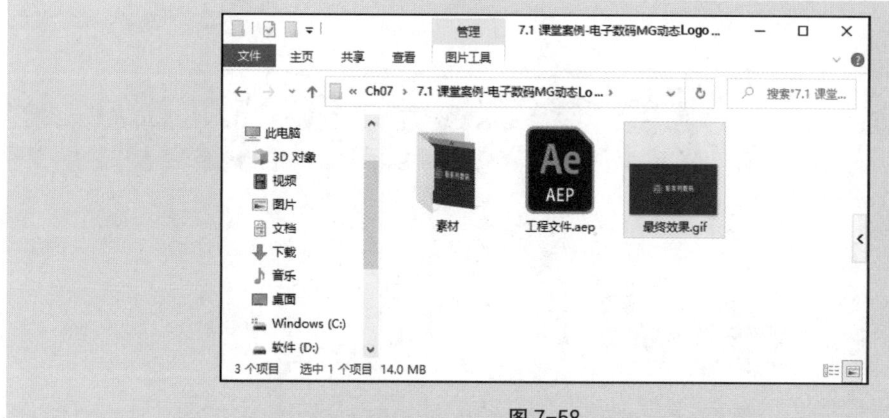

图 7-58

7.2 课堂练习——IT 互联网 MG 动态 Logo 制作

【案例学习目标】学习使用“T TrkMat”选项和“添加 > 修剪路径”选项制作动画效果。

【案例知识要点】使用“从矢量图层创建形状”命令将矢量图层转为形状，使用“添加 > 修剪路径”属性制作钟表轮廓动画效果，使用“T TrkMat”选项制作轨道遮罩效果，使用图层基本属性制作文字动画效果。IT 互联网 MG 动态 Logo 制作效果如图 7-59 所示。

图 7-59

【效果所在位置】云盘 \Ch07\IT 互联网 MG 动态 Logo 制作 \ 工程文件 . aep。

7.3 课后习题——文化传媒 MG 动态 Logo 制作

【案例学习目标】学习使用“从矢量图层创建形状”命令和“添加 > 修剪路径”选项制作动画效果。

【案例知识要点】使用“从矢量图层创建形状”命令将文字转为轮廓，使用“添加 > 修剪路径”选项制作文字轮廓动画效果，使用图层基本属性制作英文动画效果。文化传媒 MG 动态 Logo 制作效果如图 7-60 所示。

中华传统
文化馆
CULTURAL CENTRE 2021

慕课视频
文化传媒 MG 动态 Logo 制作

最终效果
文化传媒 MG 动态 Logo 制作

图 7-60

【效果所在位置】云盘 \Ch07\ 文化传媒 MG 动态 Logo 制作 \ 工程文件 . aep。

08 第 8 章 MG 动态图标制作

本章介绍

MG 动态图标生动体现了图标的交互形式，不仅保留了图标本身的辨识传播作用，更加强了图标人机交互的过程，令用户在观赏图标的视觉设计时还明确了图标的交互细节。本章从实战角度对 MG 动态图标的素材导入、动画制作、文件保存以及渲染导出进行系统讲解与演练。通过对本章的学习，读者可以对 MG 动态图标有一个基本的认识，并快速掌握制作常用动态图标的方法。

学习目标

- 掌握 MG 动态图标的素材导入方法
- 掌握 MG 动态图标的动画制作方法
- 掌握 MG 动态图标的文件保存方法
- 掌握 MG 动态图标的渲染导出方法

8.1 课堂案例——旅游出行 MG 动态图标制作

【案例学习目标】学习使用表达式制作弹性动画效果，添加填充颜色制作变色动画效果。

【案例知识要点】使用“从矢量图层创建形状”命令从图层创建图形，使用“表达式”命令制作弹性动画效果，使用“添加 > 填充颜色”选项制作变色动画，使用“图表编辑器”按钮打开“动画曲线”调节动画的运动速度，使用横排文字工具输入文字。旅游出行 MG 动态图标制作效果如图 8-1 所示。

【效果所在位置】云盘 \Ch08\ 旅游出行 MG 动态图标制作 \ 工程文件 . aep。

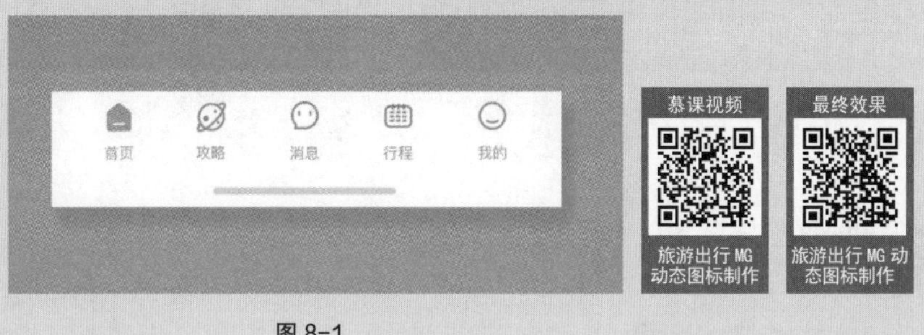

图 8-1

8.1.1 导入素材

（1）选择“文件 > 导入 > 文件”命令，在弹出的“导入文件”对话框中，选择云盘中的“Ch08\ 旅游出行 MG 动态图标制作 \ 素材 \01.ai”文件，在“导入为：”选项列表中选择“合成 – 保持图层大小”选项，其他选项的设置如图 8-2 所示，单击“导入”按钮，将文件导入“项目”面板中，如图 8-3 所示。

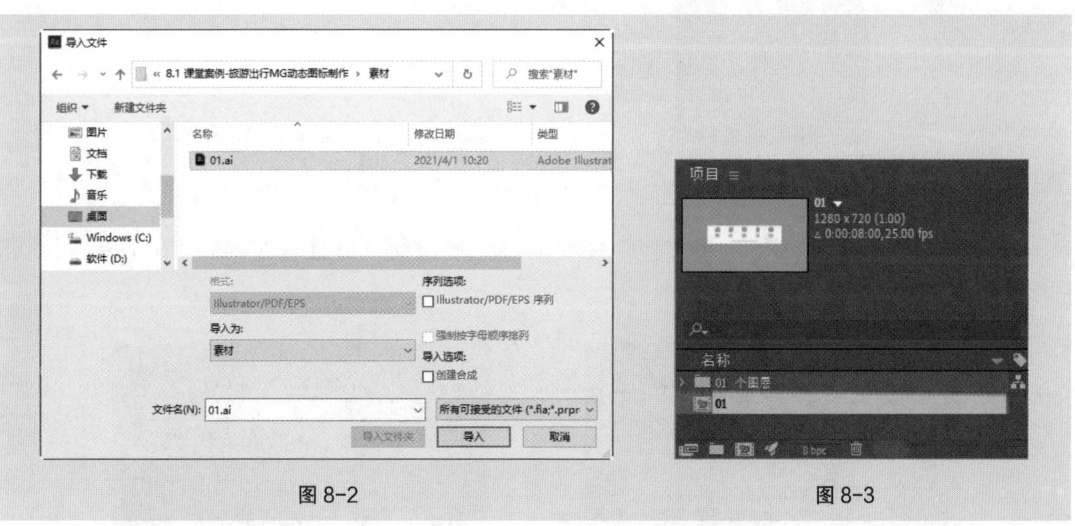

图 8-2　　图 8-3

（2）在“项目”面板中双击“01”合成，进入“01”合成的编辑窗口。选择“合成 > 合成设置”命令，弹出“合成设置”对话框，在“合成名称”文本框中输入“最终效果”，“持续时间”设为 0:00:08:00，其他选项的设置如图 8-4 所示，单击“确定”按钮，完成选项的设置，如图 8-5 所示。

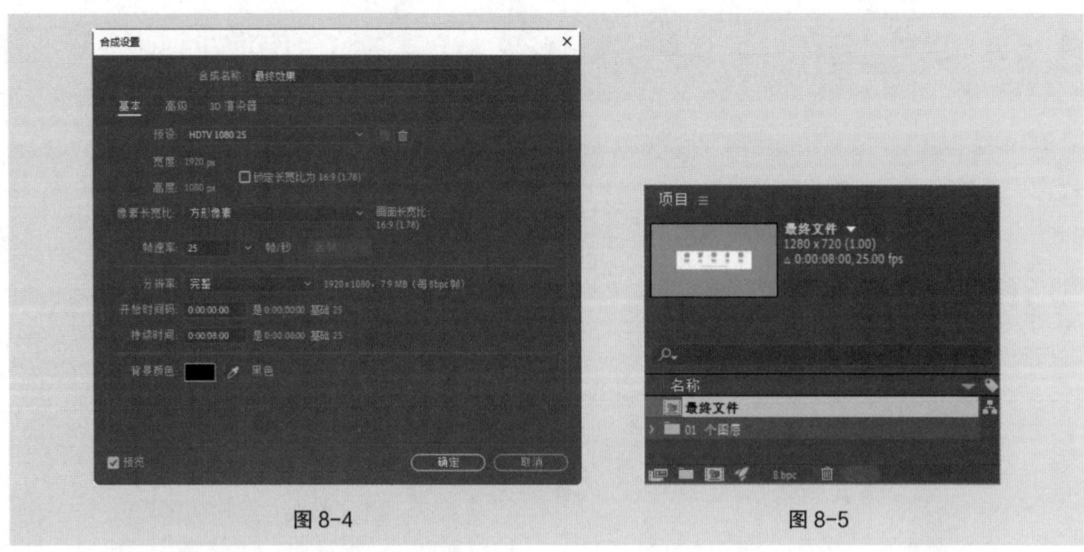

图 8-4　　图 8-5

8.1.2　动画制作

1. 输入文字

（1）选择“横排文字”工具T，在“合成”面板输入文字“首页”。选中文字，在“字符”面板中，设置“填充颜色”为灰色（153、153、153），其他参数设置如图 8-6 所示。按 P 键，展开“位置”属性，设置“位置”选项为“344.0，373.0”。“合成”面板中的效果如图 8-7 所示。

图 8-6　　图 8-7

（2）在“时间轴”面板中选中“首页”图层，如图 8-8 所示，并将其拖曳到“首页图标－默认”图层的上方，如图 8-9 所示。

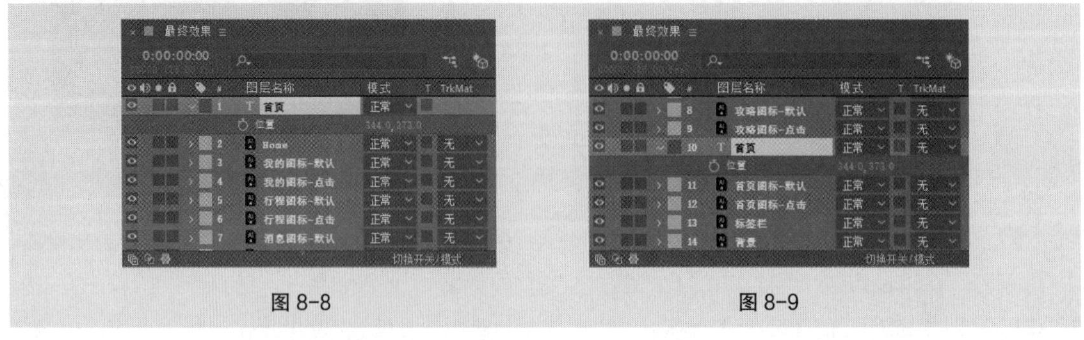

图 8-8　　图 8-9

（3）用步骤（1）和步骤（2）中的方法输入其他文字并放置在适当的位置，效果如图 8-10 所示。在“时间轴”面板中调整文字图层的顺序，如图 8-11 所示。

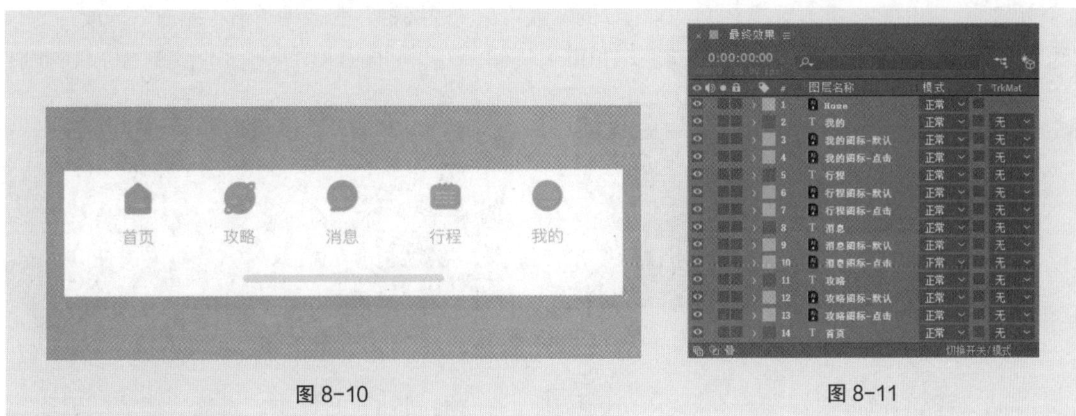

图 8-10　　图 8-11

2．制作动画效果

（1）在“时间轴”面板中选中“首页图标 - 点击”图层，选择“图层 > 创建 > 从矢量图层创建形状”命令，在“时间轴”面板中自动生成一个“‘首页图标 - 点击’轮廓”图层，如图 8-12 所示。在“时间轴”面板中选中“首页图标 - 点击”图层，按 Delete 键，将“首页图标 - 点击”图层删除，效果如图 8-13 所示。

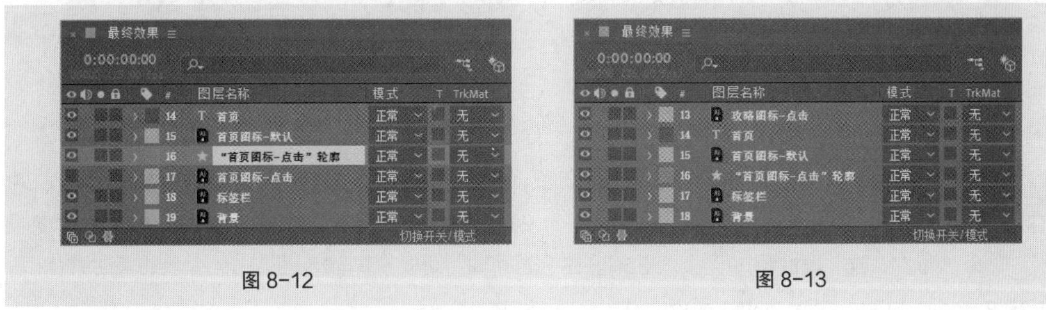

图 8-12　　图 8-13

（2）用步骤（1）中的方法将“首页图标 - 默认”图层、“攻略图标 - 点击”图层、“攻略图标 - 默认”图层、“消息图标 - 点击”图层、“消息图标 - 默认”图层、“行程图标 - 点击”图层、“行程图标 - 默认”图层、“我的图标 - 点击”图层和“我的图标 - 默认”图层转为形状图层，效果如图 8-14 所示。

图 8-14

（3）将时间标签放置在0:00:00:03的位置，选中“‘首页图标－点击’轮廓”图层，按S键，展开“缩放”属性，单击“缩放”选项左侧的“关键帧自动记录器”按钮，如图8–15所示，记录第1个关键帧。将时间标签放置在0:00:00:05的位置，在“时间轴”面板中单击“缩放”选项右侧的“约束比例”按钮，设置“缩放”选项为“100.0，70.0%”，如图8–16所示，记录第2个关键帧。

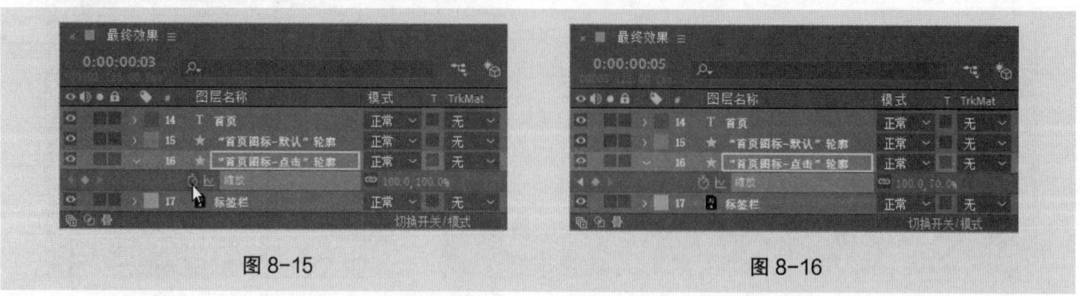

图8–15　　图8–16

（4）将时间标签放置在0:00:00:07的位置，在“时间轴”面板中，设置“缩放”选项为“100.0，100.0%”，如图8–17所示，记录第3个关键帧。将时间标签放置在0:00:00:09的位置，在“时间轴”面板中，设置“缩放”选项为“100.0，130.0%”，如图8–18所示，记录第4个关键帧。

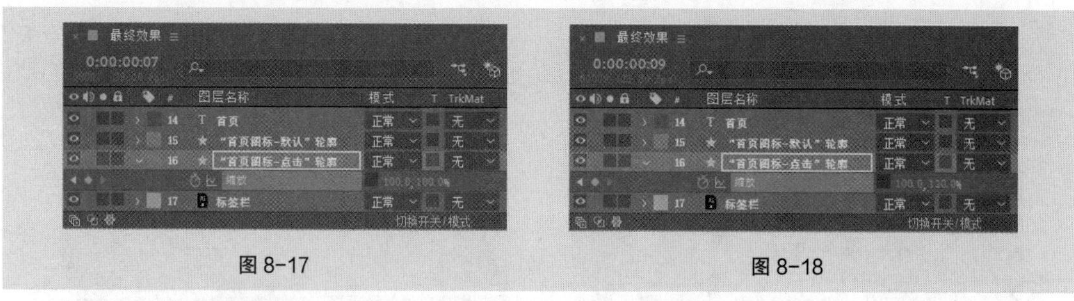

图8–17　　图8–18

（5）将时间标签放置在0:00:00:11的位置，在“时间轴”面板中，设置“缩放”选项为“100.0，100.0%”，如图8–19所示，记录第5个关键帧。单击“缩放”属性，选择“动画 > 添加表达式”命令，为“缩放”属性添加一个表达式。在“时间轴”面板右侧输入图8–19所示的表达式代码。

```
freq = 4;
decay = 5;
n = 0;if (numKeys > 0){
 n = nearestKey(time).index;if (key(n).time > time) n--;}if (n > 0){
 t = time - key(n).time;
 amp = velocityAtTime(key(n).time - .001);
 w = freq*Math.PI*2;
 value + amp*(Math.sin(t*w)/Math.exp(decay*t)/w);}else
 value
```

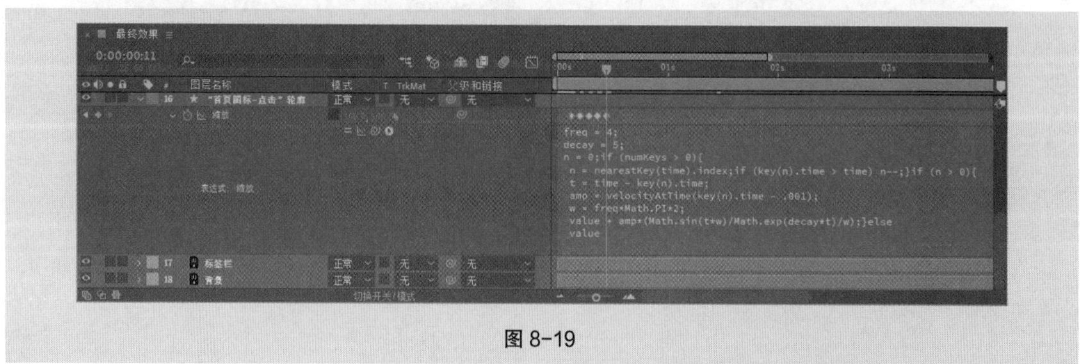

图8–19

（6）将时间标签放置在0:00:00:00的位置，按T键，展开“不透明度”属性，设置“不透明度”选项为0，单击“不透明度”选项左侧的“关键帧自动记录器”按钮，如图8-20所示，记录第1个关键帧。将时间标签放置在0:00:00:03的位置，设置“不透明度”选项为100%，如图8-21所示，记录第2个关键帧。

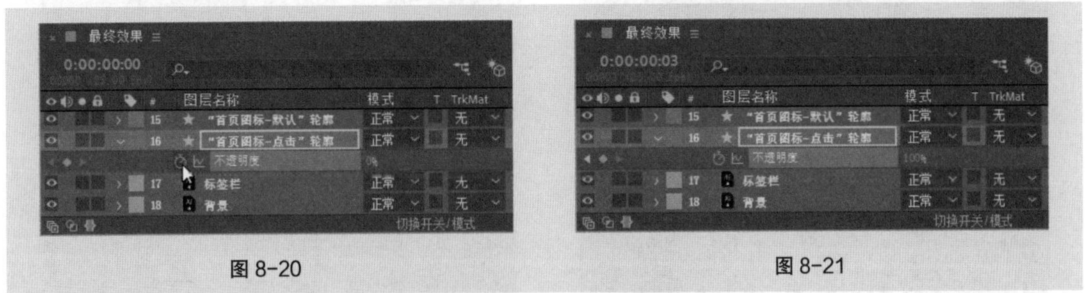

图8-20　　图8-21

（7）将时间标签放置在0:00:01:03的位置，单击“不透明度”选项左侧的“在当前时间添加或移除关键帧”按钮，如图8-22所示，记录第3个关键帧。将时间标签放置在0:00:01:04的位置，设置“不透明度”选项为0%，如图8-23所示，记录第4个关键帧。

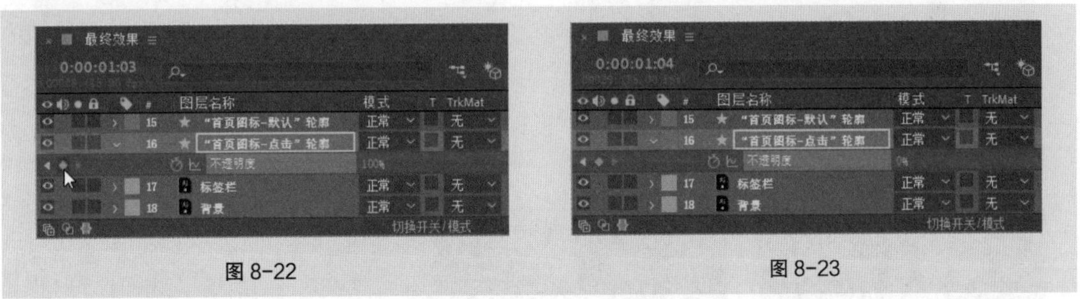

图8-22　　图8-23

（8）在“时间轴”面板中框选需要的关键帧，如图8-24所示。按F9键，将选中的关键帧转为缓动关键帧，如图8-25所示。

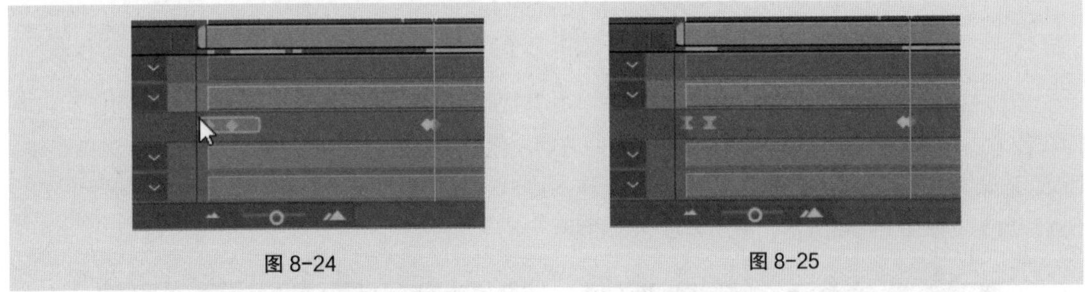
图8-24　　图8-25

（9）选中“‘首页图标-默认’轮廓”图层，将时间标签放置在0:00:00:00的位置，按T键，展开“不透明度”属性，单击“不透明度”选项左侧的“关键帧自动记录器”按钮，如图8-26所示，记录第1个关键帧。将时间标签放置在0:00:00:03的位置，设置“不透明度”选项为0%，如图8-27所示，记录第2个关键帧。

（10）将时间标签放置在0:00:01:03的位置，单击“不透明度”选项左侧的“在当前时间添加或移除关键帧”按钮，如图8-28所示，记录第3个关键帧。将时间标签放置在0:00:01:04的位置，设置“不透明度”选项为100%，如图8-29所示，记录第4个关键帧。

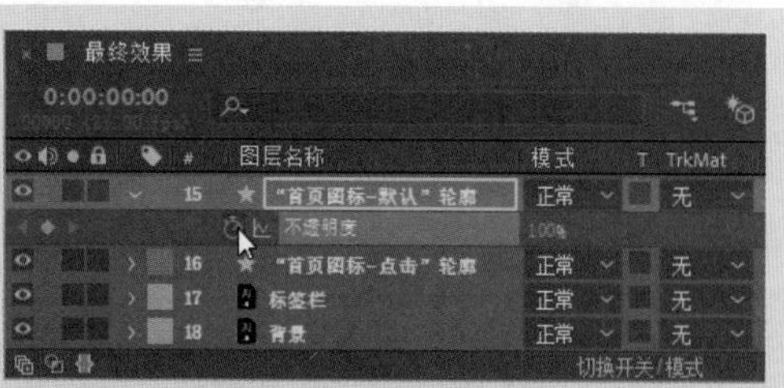

图 8-26 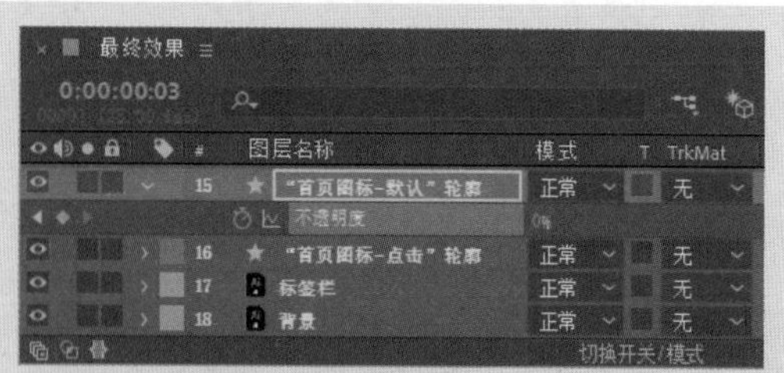　　图 8-27

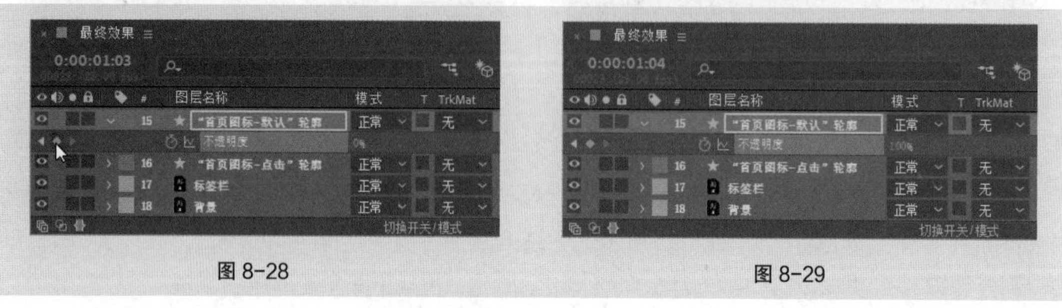

图 8-28　　图 8-29

（11）在“时间轴”面板中框选需要的关键帧，如图 8-30 所示。按 F9 键，将选中的关键帧转为缓动关键帧，如图 8-31 所示。

（12）将时间标签放置在 0:00:00:01 的位置，选中“首页”图层并展开属性，单击“动画”右侧的按钮▶，在弹出的选项中选择“填充颜色 > RGB”项，如图 8-32 所示。

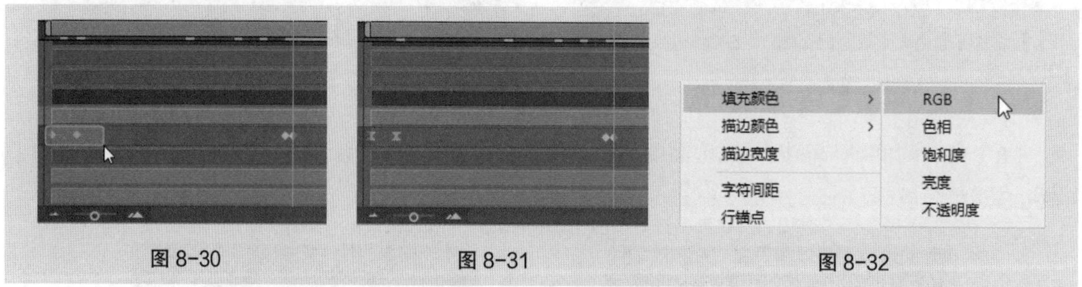

图 8-30　　图 8-31　　图 8-32

（13）在“时间轴”面板中会自动添加一个“动画制作工具 1”选项，设置“填充颜色”选项为灰色（153、153、153），单击“填充颜色”选项左侧的“关键帧自动记录器”按钮⏱，如图 8-33 所示，记录第 1 个关键帧。将时间标签放置在 0:00:00:02 的位置，设置“填充颜色”选项为橘黄色（255、151、11），如图 8-34 所示，记录第 2 个关键帧。

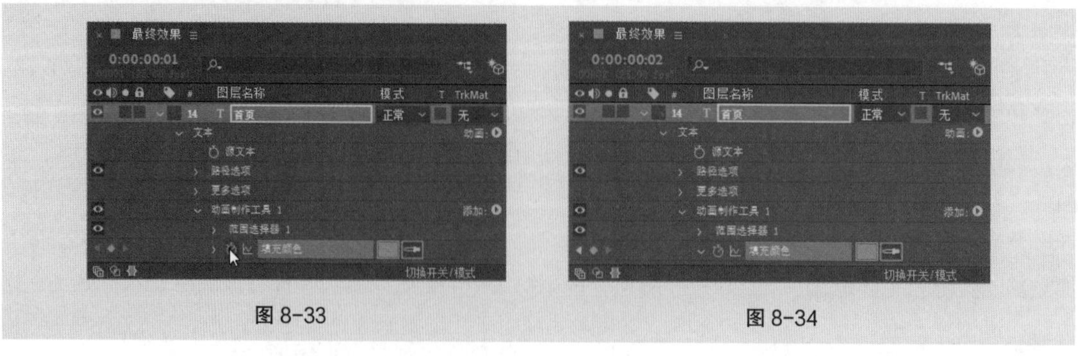

图 8-33　　图 8-34

（14）将时间标签放置在 0:00:01:03 的位置，单击“填充颜色”选项左侧的“在当前时间添加或移除关键帧”按钮◆，如图 8-35 所示，记录第 3 个关键帧。将时间标签放置在 0:00:01:04 的位置，设置“填充颜色”选项为灰色（153、153、153），如图 8-36 所示，记录第 4 个关键帧。

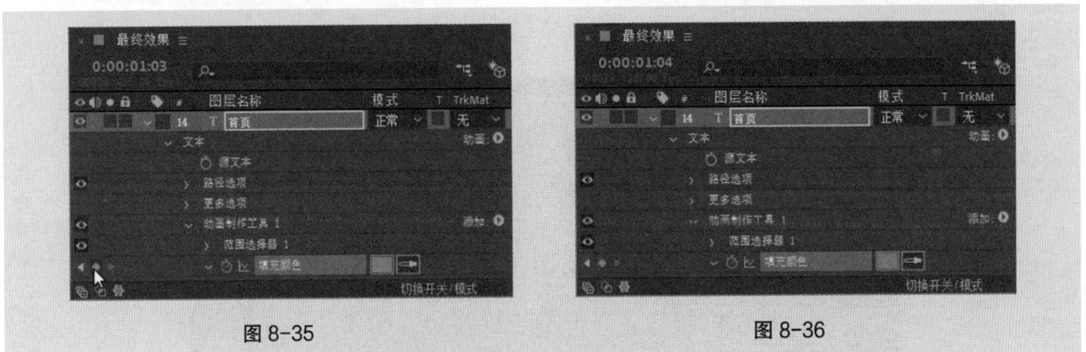

图 8-35　　　　图 8-36

（15）用步骤（3）~ 步骤（14）中的方法对其他图标进行动画处理，并设置不同的入场和出场时间。旅游出行 MG 动态图标制作完成，效果如图 8-37 所示。

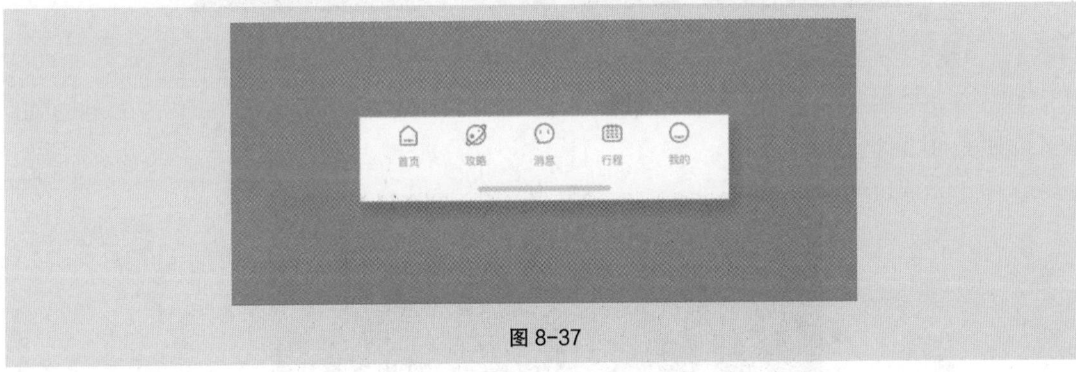

图 8-37

8.1.3　文件保存

选择“文件 > 保存”命令，弹出“另存为”对话框，在对话框中选择要保存文件的位置，在“文件名”文本框中输入“工程文件”，其他选项的设置如图 8-38 所示，单击“保存”按钮，将文件保存。

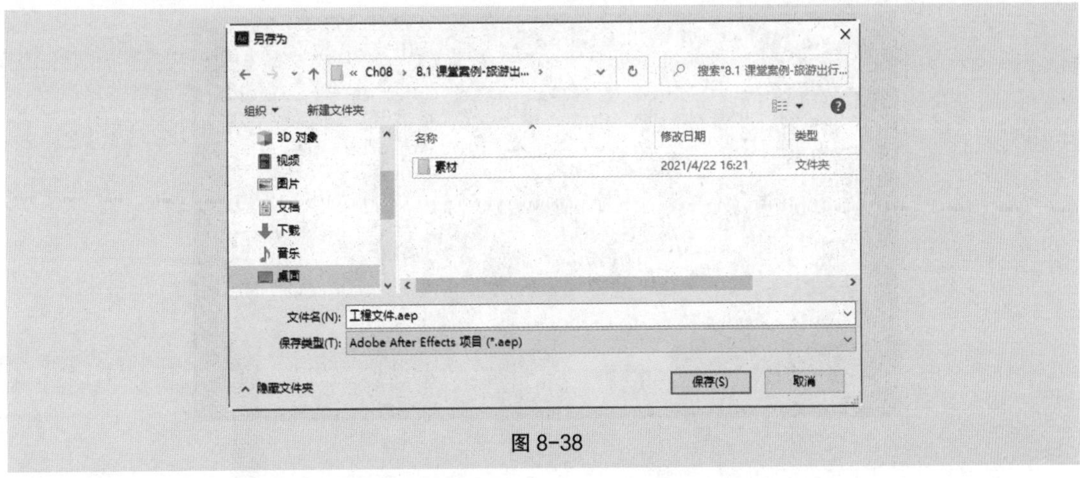

图 8-38

8.1.4 渲染导出

（1）选择“合成 > 添加到 Adobe Media Encoder 队列”命令，系统自动打开 Adobe Media Encoder 软件并将文件添加到 Adobe Media Encoder 软件“队列”面板中，如图 8-39 所示。

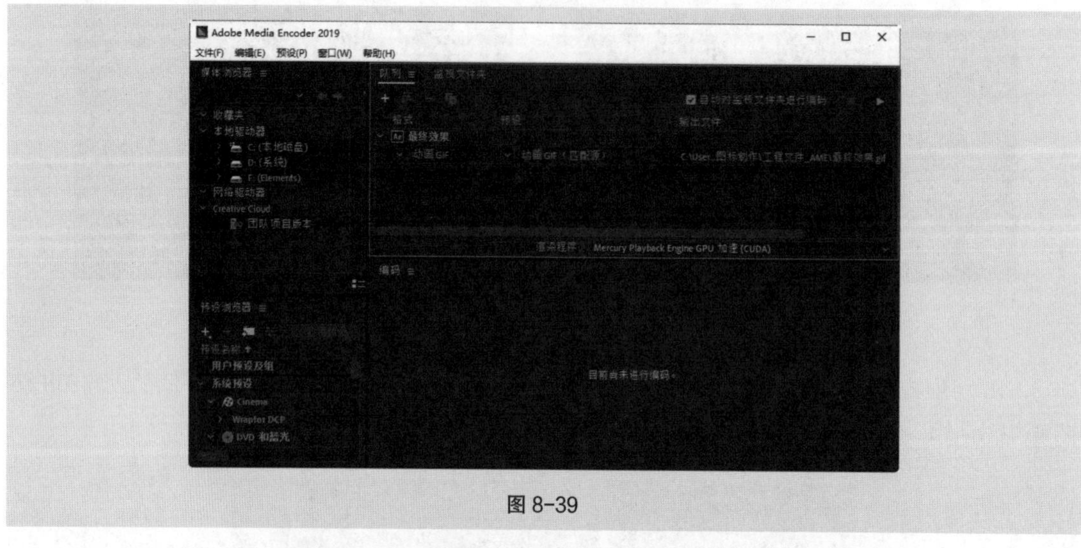

图 8-39

（2）单击“格式”选项组中的按钮，在弹出的列表中选择“动画 GIF”选项，其他选项的设置如图 8-40 所示。

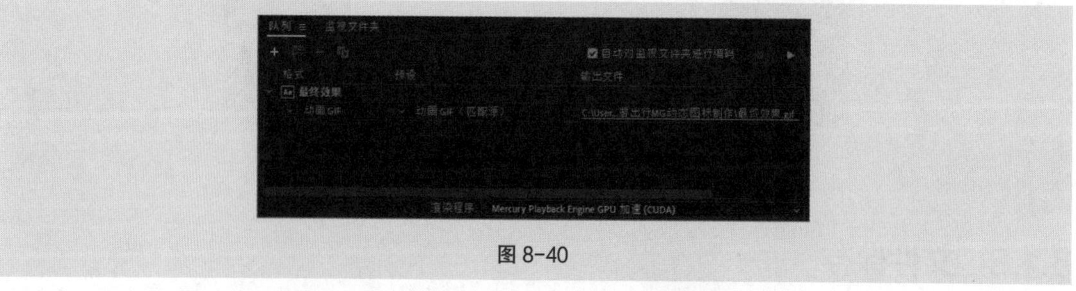

图 8-40

（3）设置完成后单击“队列”面板中的“启动队列”按钮，进行文件渲染，如图 8-41 所示。

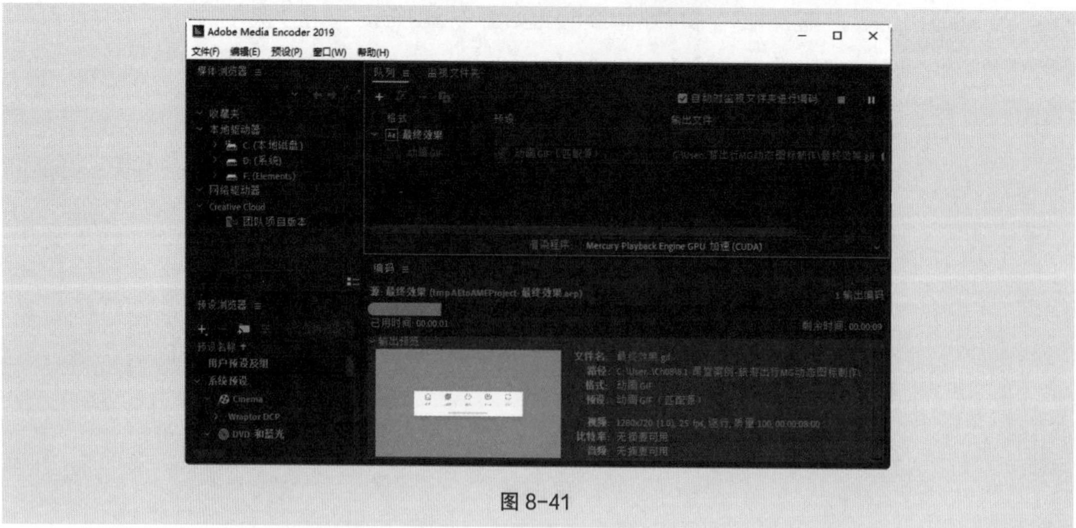

图 8-41

（4）渲染完成后在输出文件位置可以看到 GIF 动画文件，如图 8-42 所示。

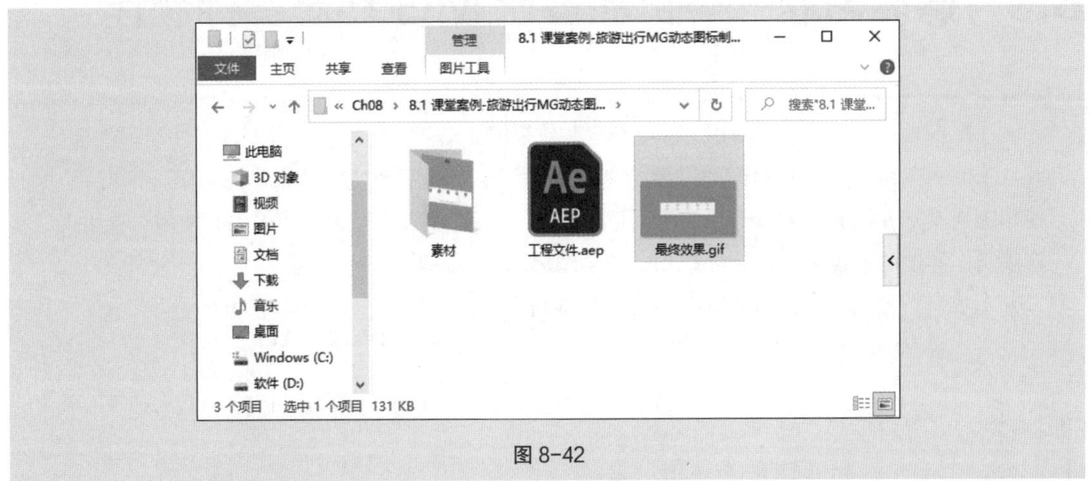

图 8-42

8.2 课堂练习——电商平台 MG 动态图标制作

【案例学习目标】学习使用“添加 > 填充颜色”制作变色动画效果，使用“添加 > 修剪路径”选项制作图标动画效果。

【案例知识要点】使用“从矢量图层创建形状”命令将图层转为形状，添加“修剪路径”制作图标动画，添加“填充颜色”制作文字变色效果。电商平台 MG 动态图标制作效果如图 8-43 所示。

【效果所在位置】云盘 \Ch08\ 电商平台 MG 动态图标制作 \ 工程文件 . aep。

图 8-43

8.3 课后习题——食品餐饮 MG 动态图标制作

【案例学习目标】学习使用“梯度渐变”效果填充渐变，使用表达式制作弹性动画效果。

【案例知识要点】使用椭圆工具绘制圆形，使用“梯度渐变”效果为圆形填充渐变色，使用图层基本属性制作动画效果，使用“T　TrkMat”选项设置轨道遮罩效果，使用“表达式”选项制作弹性动画效果。食品餐饮 MG 动态图标制作效果如图 8-44 所示。

【效果所在位置】云盘 \Ch08\ 食品餐饮 MG 动态图标制作 \ 工程文件 . aep。

图 8-44

09

第 9 章 MG 交互界面制作

本章介绍

MG 交互界面不仅具有传统界面的视觉功能，更加强了界面人机交互的过程，令用户在观赏界面的视觉设计时还提升了界面的用户体验。本章从实战角度对 MG 交互界面的素材导入、动画制作、文件保存以及渲染导出进行系统讲解与演练。通过对本章的学习，读者可以对 MG 交互界面有一个基本的认识，并快速掌握制作常用 MG 交互界面的方法。

学习目标

- 掌握 MG 交互界面的素材导入方法
- 掌握 MG 交互界面的动画制作方法
- 掌握 MG 交互界面的文件保存方法
- 掌握 MG 交互界面的渲染导出方法

9.1 课堂案例——旅游出行 MG 交互界面制作

【案例学习目标】综合使用基础属性、关键帧、图表编辑器、形状蒙板、轨道遮罩、父集和链接、合成嵌套和预合成。

【案例知识要点】使用椭圆工具和圆角矩形工具绘制图形，使用“添加 > 位移路径”选项位移路径，使用“父集和链接”选项制作动画效果，使用“图表编辑器”按钮打开“动画曲线”调节动画的运动速度，使用“入点”和“出点”控制画面的出场时间。旅游出行 MG 交互界面制作效果如图 9-1 所示。

最终效果

旅游出行 MG 交互界面制作

【效果所在位置】云盘 \Ch09\ 旅游出行 MG 交互界面制作 \ 工程文件 . aep。

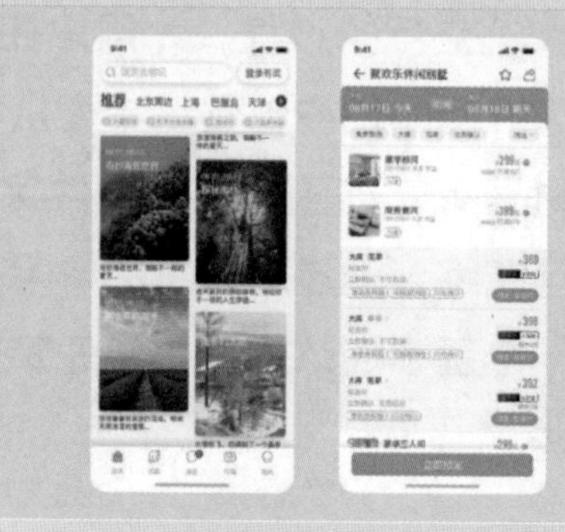

图 9-1

9.1.1 导入素材

选择“文件 > 导入 > 文件”命令，在弹出的“导入文件”对话框中，选择云盘中的“Ch09\ 旅游出行 MG 交互界面制作 \ 素材 \01.psd 和 02.psd”文件，如图 9-2 所示，单击“导入”按钮，将文件导入“项目”面板中，如图 9-3 所示。

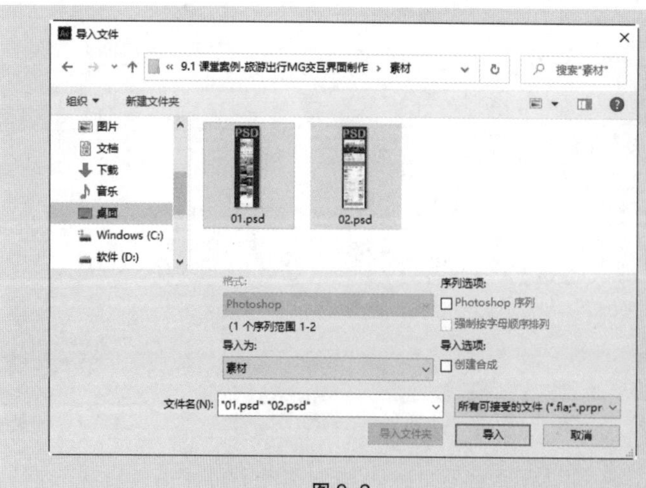

图 9-2

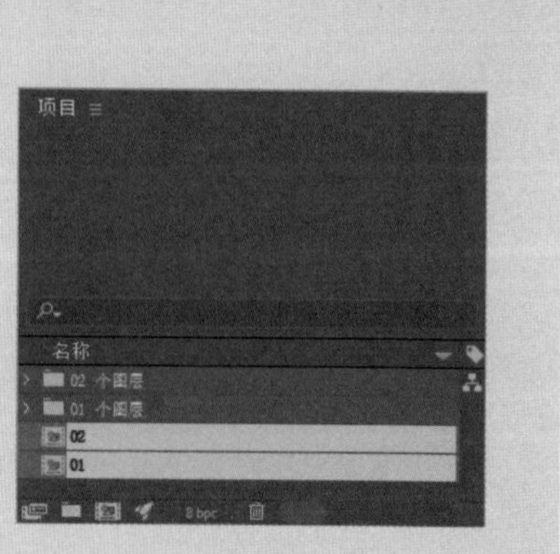

图 9-3

9.1.2 动画制作

1. 制作“触控点 _ 点击”动画

（1）按 Ctrl+N 组合键，弹出“合成设置”对话框，在“合成名称”文本框中输入“触控点 _ 点击”，设置“背景颜色”为浅青色（199、228、236），其他选项的设置如图 9-4 所示，单击“确定”按钮，创建一个新的合成“触控点 _ 点击”，如图 9-5 所示。

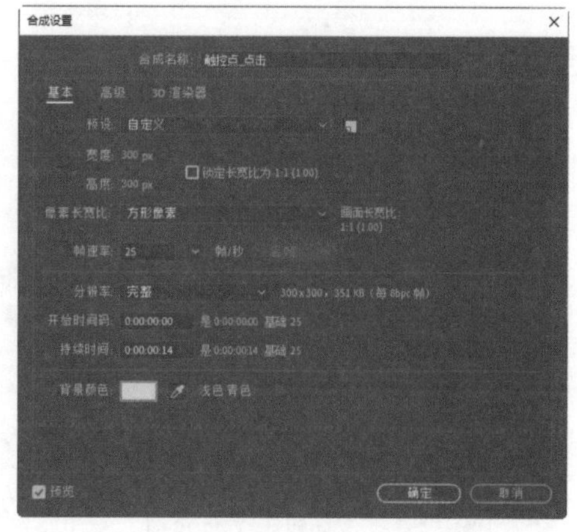

图 9-4

（2）选择“椭圆”工具，在工具栏中设置“填充颜色”为白色，“描边颜色”为橙色（255、151、1），“描边宽度”为 10 像素，按住 Shift 键的同时在“合成”面板中绘制一个圆形，如图 9-6 所示。在“时间轴”面板中自动生成“形状图层 1”图层，并将其命名为“触控点”，如图 9-7 所示。

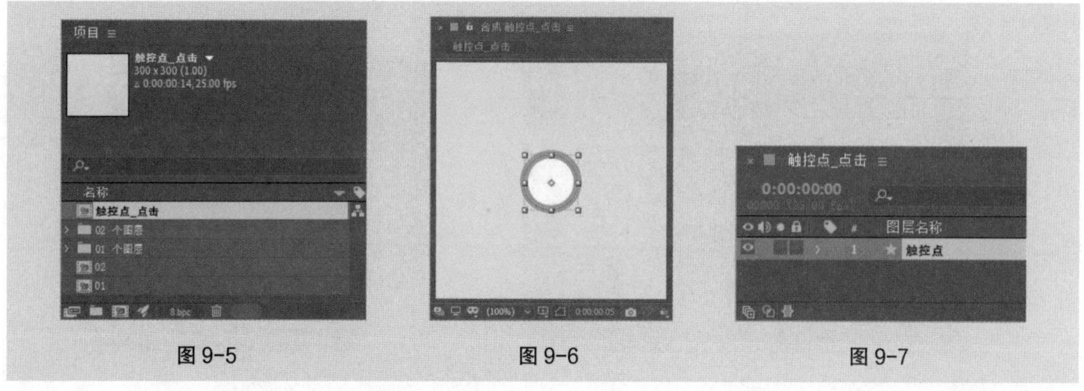

图 9-5　　图 9-6　　图 9-7

（3）展开“触控点”图层“内容 > 椭圆 1 > 椭圆路径 1”选项组，设置“大小”选项为“51.9，51.9”，如图 9-8 所示；展开“触控点”图层“内容 > 椭圆 1 > 填充 1”选项组，设置“不透明度”选项为 0%，如图 9-9 所示。

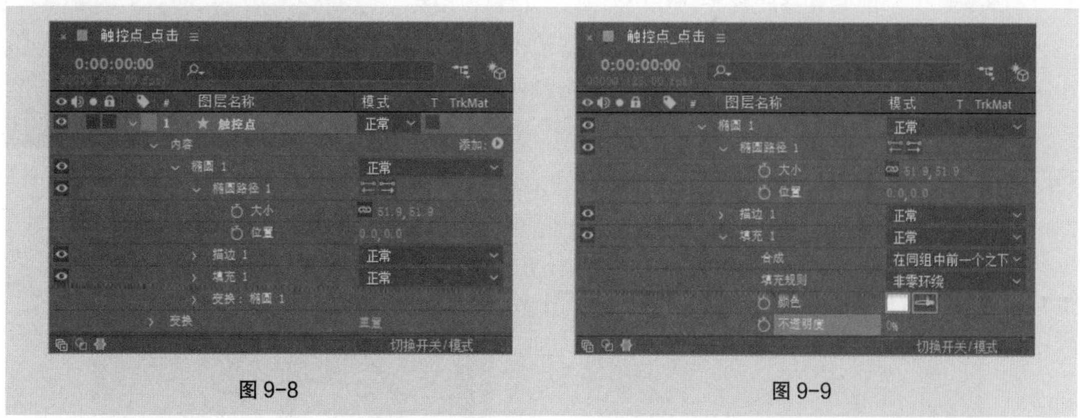

图 9-8　　图 9-9

（4）选中“椭圆 1”选项组，单击“添加”右侧的按钮，在弹出的选项中选择“位移路径”，如图 9-10 所示。在“时间轴”面板“椭圆 1”选项组中会自动添加一个“位移路径 1”选项组，展开“位移路径 1”选项组，设置“数量”选项为 -5.0，如图 9-11 所示。

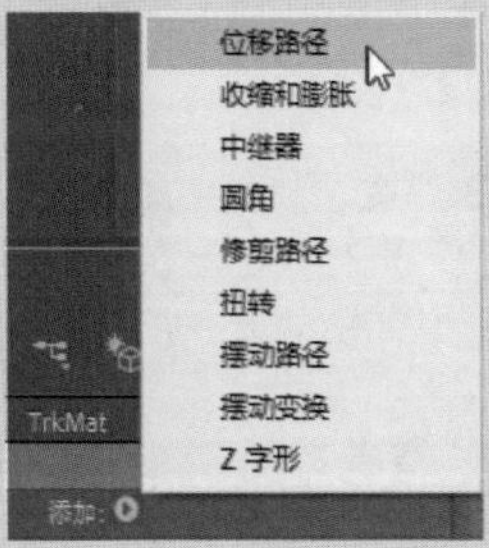

图 9-10

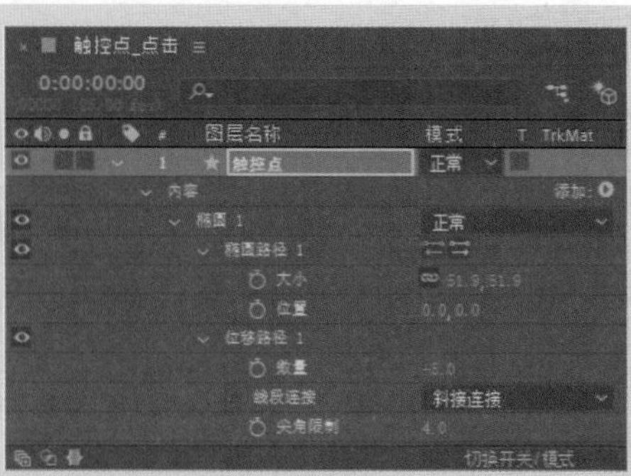

图 9-11

（5）选中“椭圆 1”选项组，按 Ctrl+D 组合键，复制选项组生成“椭圆 2”选项组。展开“椭圆 2 > 椭圆路径 1”选项组，设置“大小”选项为“71.9，71.9”，如图 9-12 所示。“合成”面板中的效果如图 9-13 所示。

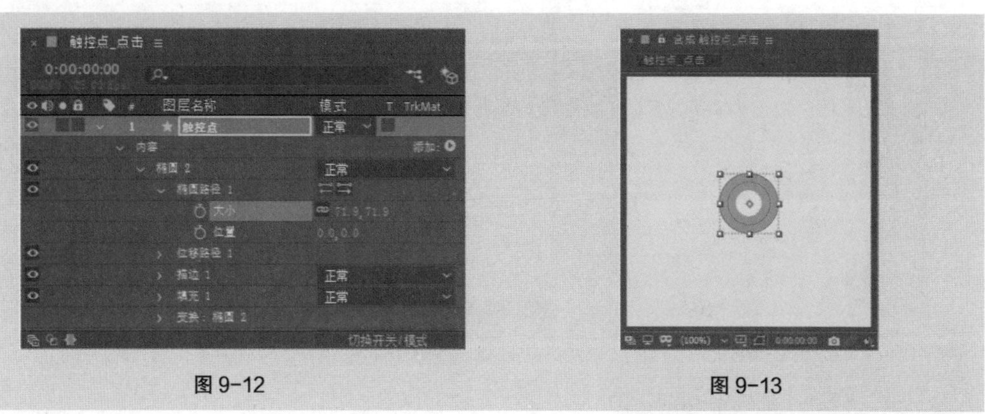

图 9-12　　图 9-13

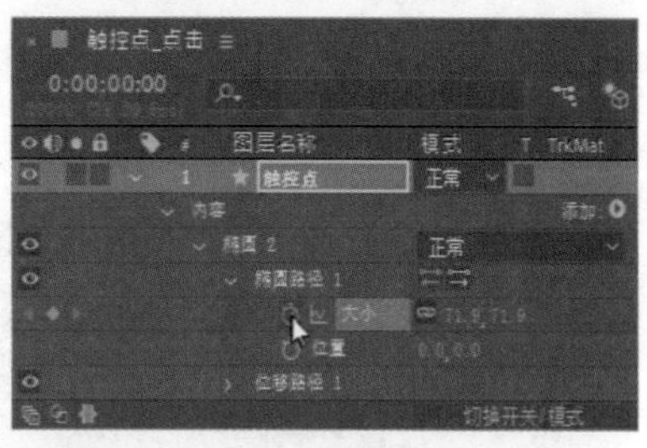

图 9-14

（6）单击“椭圆 2 > 椭圆路径 1”选项组“大小”选项左侧的“关键帧自动记录器”按钮，如图 9-14 所示，记录第 1 个关键帧。将时间标签放置在 0:00:00:04 的位置，设置“大小”选项为“51.9，51.9”，如图 9-15 所示，记录第 2 个关键帧。将时间标签放置在 0:00:00:14 的位置，设置“大小”选项为“71.9，71.9”，如图 9-16 所示，记录第 3 个关键帧。

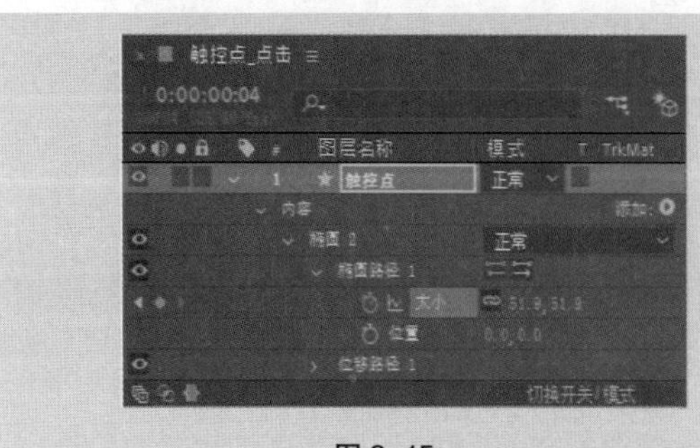

图 9-15

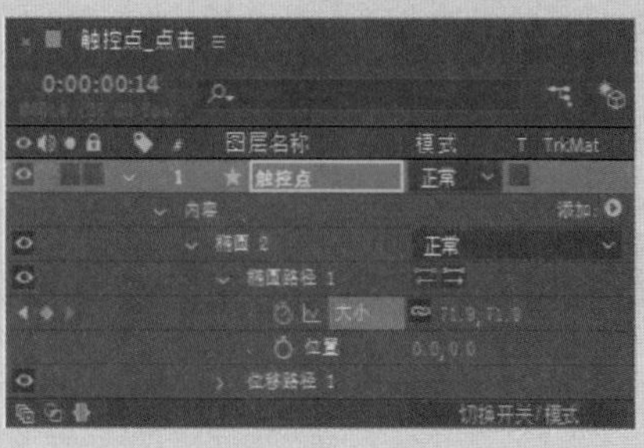

图 9-16

（7）单击“大小”选项，将该选项关键帧全部选中，按 F9 键，将关键帧转为缓动关键帧，如图 9-17 所示。

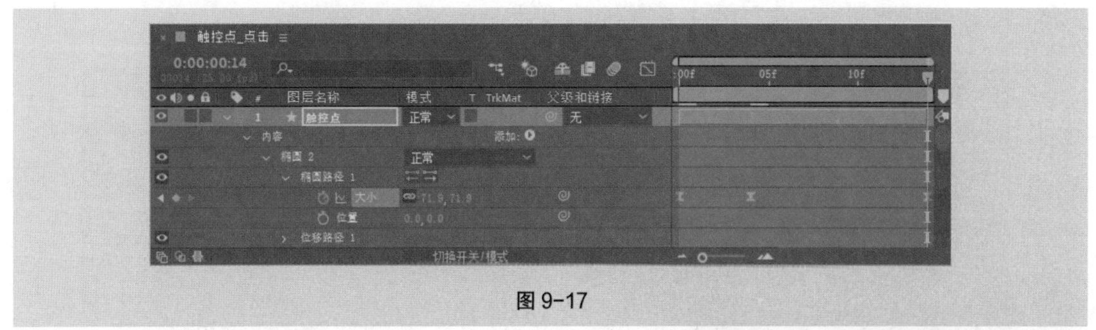

图 9-17

（8）将时间标签放置在 0:00:00:00 的位置，展开“椭圆 2 > 描边 1”选项组，设置“描边宽度”选项为 0.1，单击“描边宽度”选项左侧的“关键帧自动记录器”按钮，如图 9-18 所示，记录第 1 个关键帧。将时间标签放置在 0:00:00:04 的位置，设置“描边宽度”选项为 10.0，如图 9-19 所示，记录第 2 个关键帧。将时间标签放置在 0:00:00:14 的位置，设置“描边宽度”选项为 0.1，如图 9-20 所示，记录第 3 个关键帧。

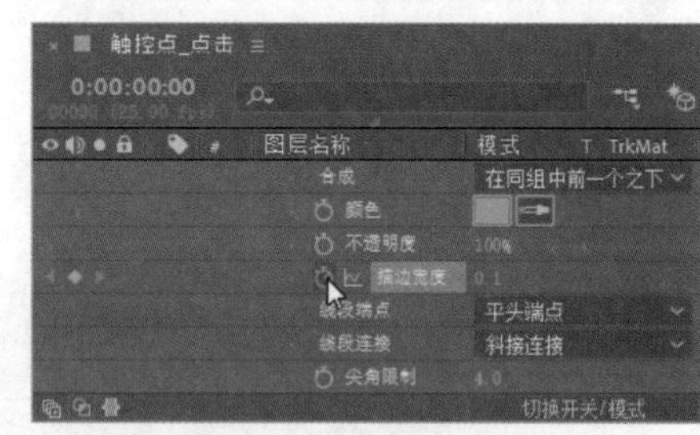

图 9-18

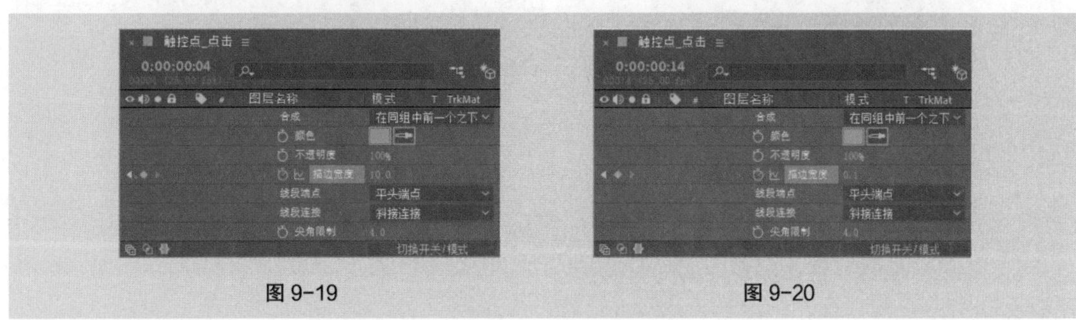

图 9-19　　图 9-20

（9）将时间标签放置在 0:00:00:00 的位置，展开“椭圆 2 > 变换：椭圆 2”选项组，设置“不透明度”选项为 0%，单击“不透明度”选项左侧的“关键帧自动记录器”按钮，如图 9-21 所示，记录第 1 个关键帧。将时间标签放置在 0:00:00:01 的位置，设置“不透明度”选项为 100%，如图 9-22 所示，记录第 2 个关键帧。

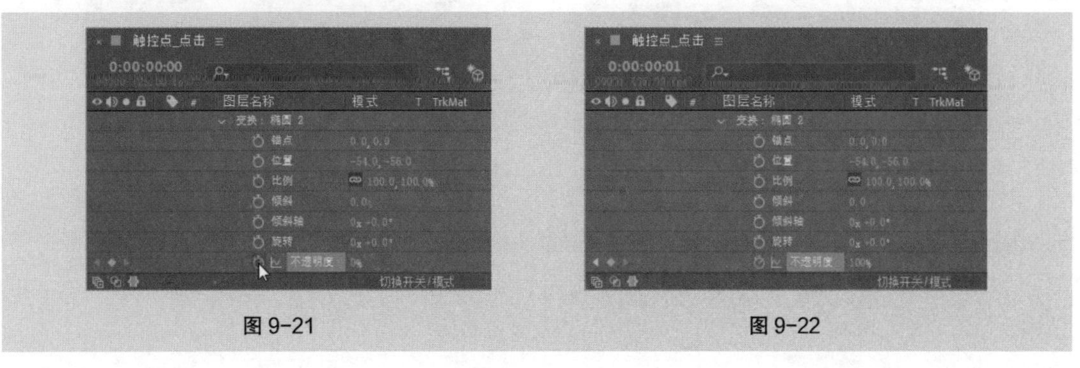

图 9-21　　图 9-22

（10）将时间标签放置在 0:00:00:12 的位置，单击“不透明度”选项左侧的“在当前时间添加或移除关键帧”按钮，如图 9-23 所示，记录第 3 个关键帧。将时间标签放置在 0:00:00:14 的位置，设置“不透明度”选项为 0%，如图 9-24 所示，记录第 4 个关键帧。

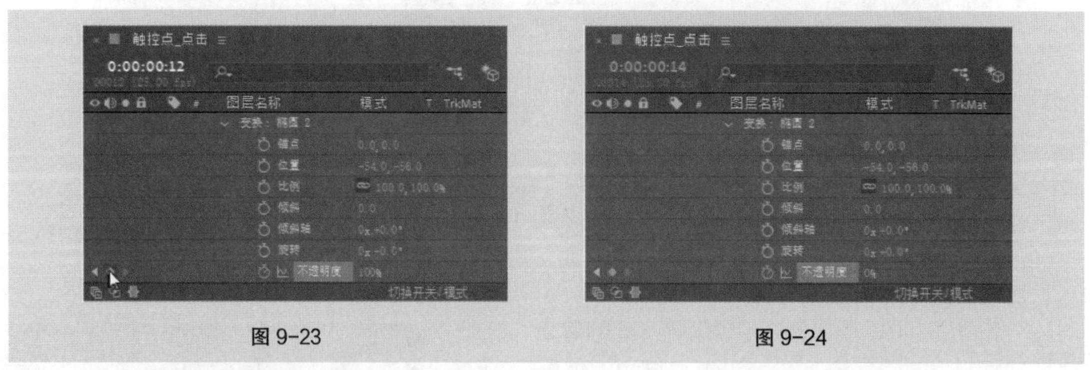

图 9-23　　图 9-24

（11）单击“不透明度”选项，将该选项关键帧全部选中，按 F9 键，将关键帧转为缓动关键帧，如图 9-25 所示。

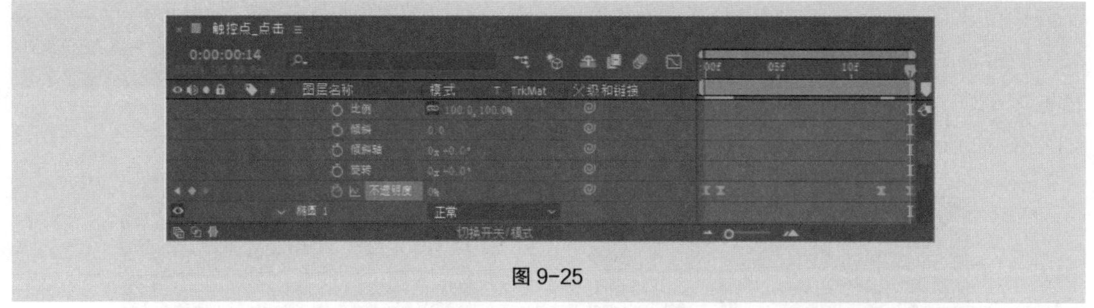

图 9-25

（12）将时间标签放置在 0:00:00:05 的位置，单击“椭圆 1 > 椭圆路径 1”选项组“大小”选项左侧的“关键帧自动记录器”按钮，如图 9-26 所示，记录第 1 个关键帧。将时间标签放置在 0:00:00:10 的位置，设置“大小”选项为“138.9，138.9”，如图 9-27 所示，记录第 2 个关键帧。

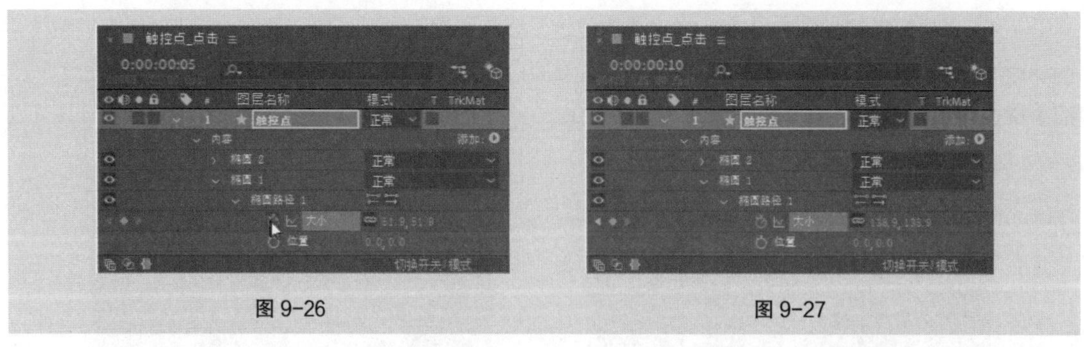

图 9-26　　图 9-27

（13）单击“大小”选项，将该选项关键帧全部选中，按 F9 键，将关键帧转为缓动关键帧。将时间标签放置在 0:00:00:05 的位置，单击“椭圆 1 > 描边 1”选项组“描边宽度”选项左侧的“关键帧自动记录器”按钮，如图 9-28 所示，记录第 1 个关键帧。将时间标签放置在 0:00:00:10 的位置，设置“描边宽度”选项为 0.1，如图 9-29 所示，记录第 2 个关键帧。

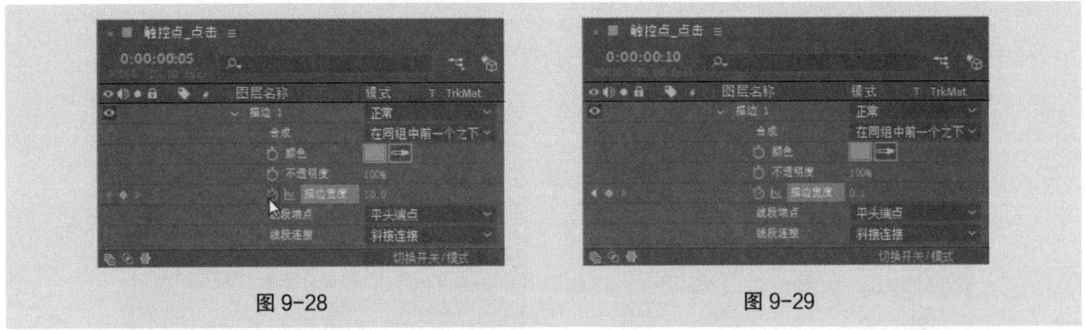

图 9-28　　图 9-29

（14）将时间标签放置在 0:00:00:04 的位置，展开“椭圆 1 > 变换：椭圆 1”选项组，设置“不透明度”选项为 0%，单击“不透明度”选项左侧的“关键帧自动记录器”按钮，如图 9-30 所示，记录第 1 个关键帧。将时间标签放置在 0:00:00:05 的位置，设置“不透明度”选项为 100%，如图 9-31 所示，记录第 2 个关键帧。

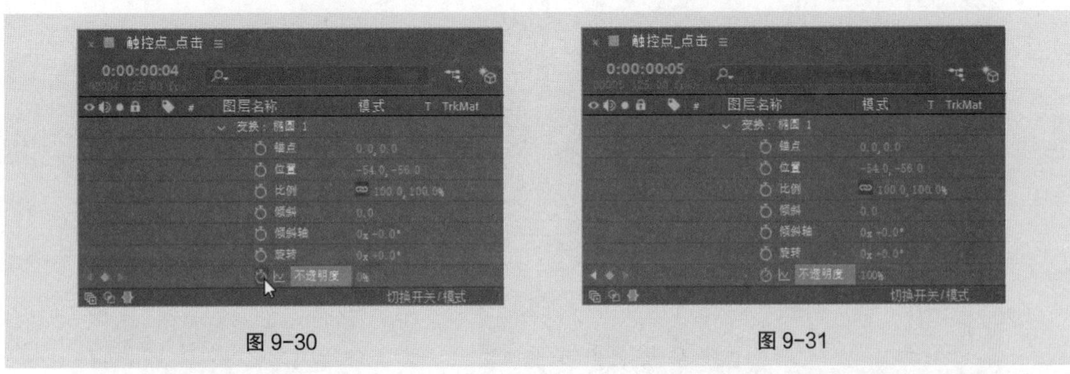

图 9-30　　图 9-31

（15）将时间标签放置在 0:00:00:08 的位置，单击“不透明度”选项左侧的“在当前时间添加或移除关键帧”按钮，如图 9-32 所示，记录第 3 个关键帧。将时间标签放置在 0:00:00:10 的位置，设置“不透明度”选项为 0%，如图 9-33 所示，记录第 4 个关键帧。

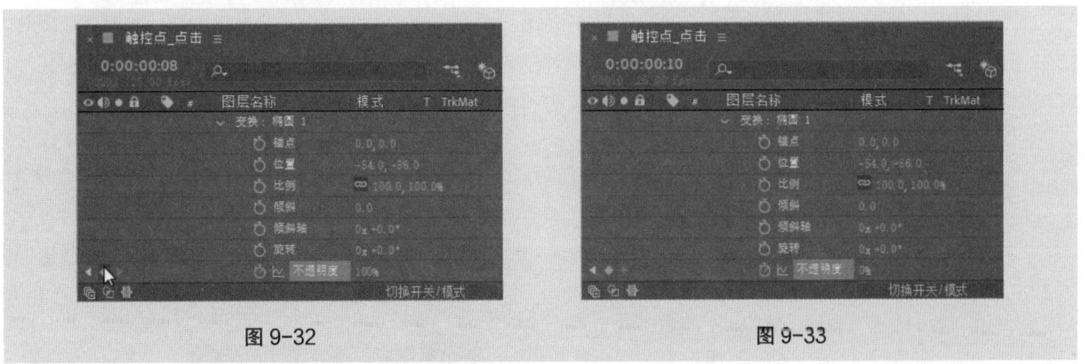

图 9-32　　图 9-33

（16）单击“不透明度”选项，将该选项关键帧全部选中，按 F9 键，将关键帧转为缓动关键帧，如图 9-34 所示。选中“触控点”图层，按 P 键，展开“位置”属性，设置“位置”选项为“150.0，150.0”，如图 9-35 所示。

2．制作“触控点＿纵向滑动”动画

（1）按 Ctrl+N 组合键，弹出“合成设置”对话框，在“合成名称”文本框中输入“触控点＿

纵向滑动”，设置“背景颜色”为浅青色（199、228、236），其他选项的设置如图 9-36 所示，单击“确定”按钮，创建一个新的合成“触控点 _ 纵向滑动”，如图 9-37 所示。

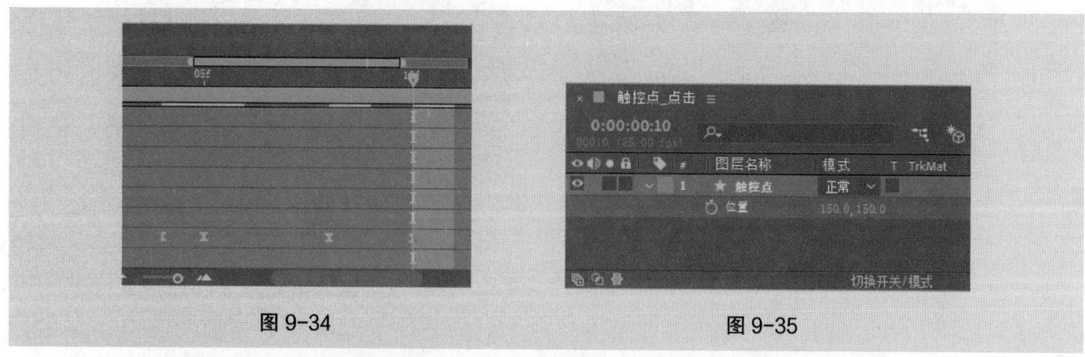

图 9-34　　图 9-35

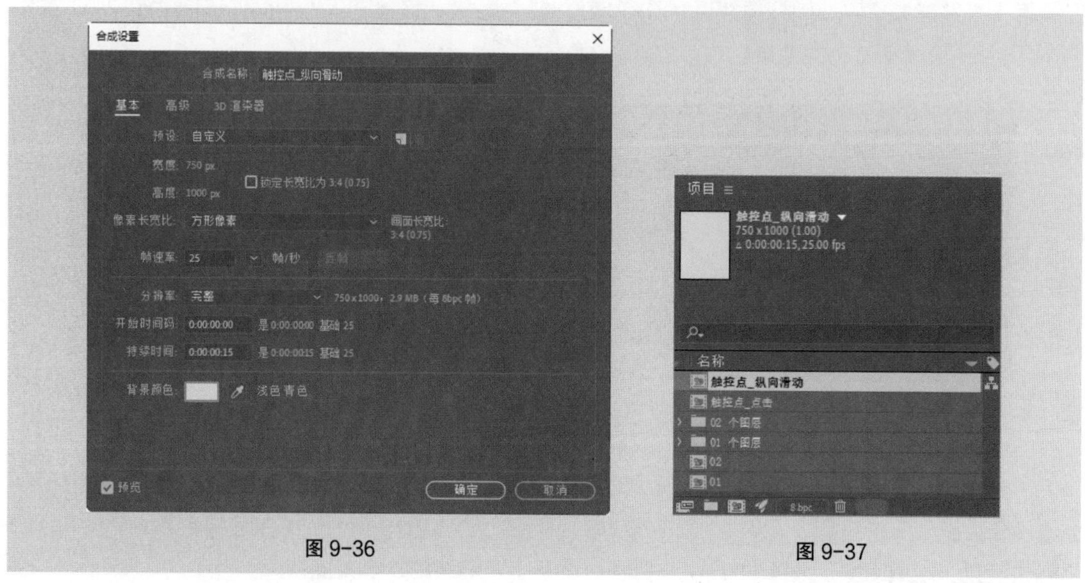

图 9-36　　图 9-37

（2）选择“圆角矩形”工具，在工具栏中设置“填充颜色”为白色，“描边颜色”为橙色（255、151、1），“描边宽度”为 3 像素，按住 Shift 键的同时在“合成”面板中绘制一个圆角矩形，如图 9-38 所示。在“时间轴”面板中自动生成“形状图层 1”图层，将其命名为“触控点”，如图 9-39 所示。

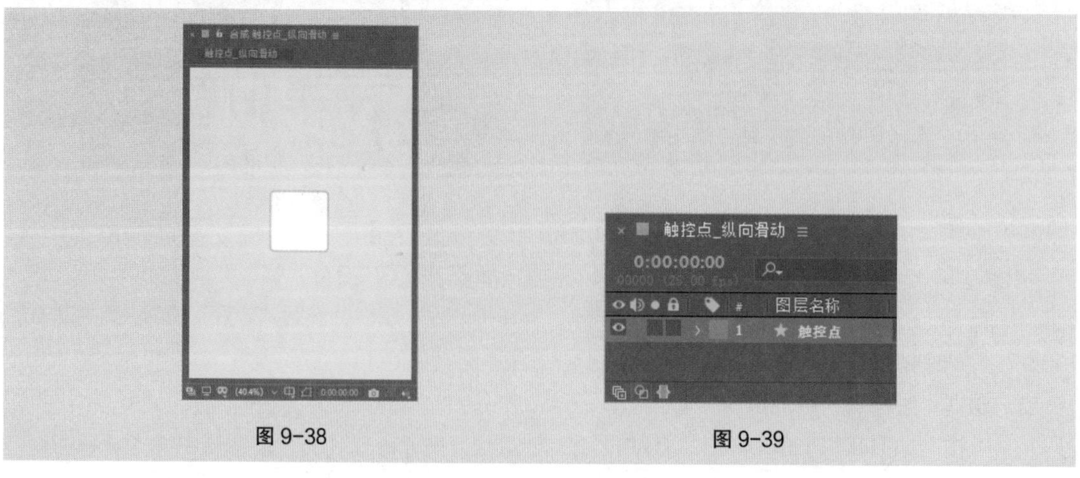

图 9-38　　图 9-39

（3）展开“触控点”图层“内容 > 矩形 1 > 矩形路径 1”选项组，设置“大小”选项为“51.9，51.9”，“圆度”选项为 70.0，如图 9-40 所示；展开“触控点”图层“内容 > 矩形 1 > 填充 1”选项组，设置“不透明度”选项为 0%，如图 9-41 所示。

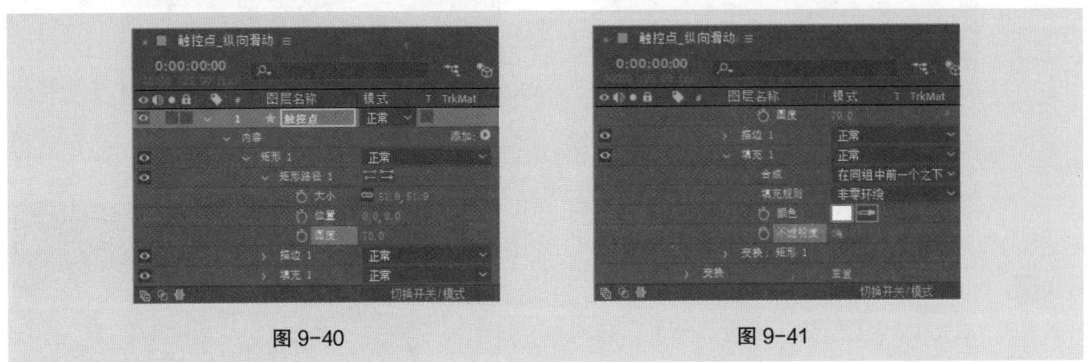

图 9-40　　图 9-41

（4）选中“触控点”图层，选择“向后平移（锚点）”工具，在“合成”面板中拖曳中心点到适当的位置，如图 9-42 所示。

（5）选中“矩形 1”选项组，单击“添加”右侧的按钮，在弹出的选项中选择“位移路径”。在“时间轴”面板“矩形 1”选项组中会自动添加一个“位移路径 1”选项组，展开“位移路径 1”选项组，设置“数量”选项为 -5.0，如图 9-43 所示。

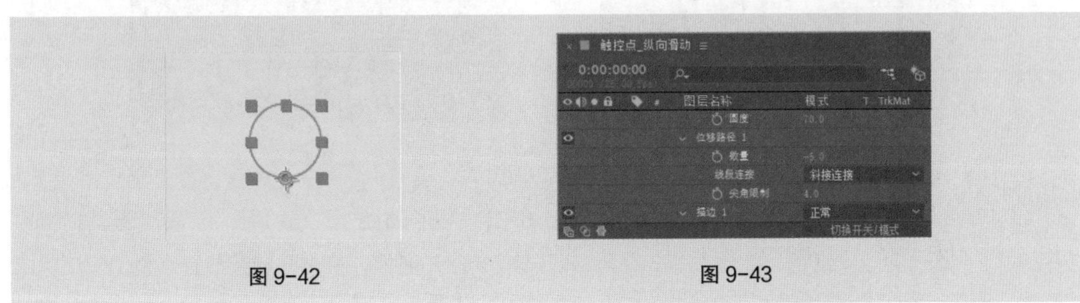

图 9-42　　图 9-43

（6）展开“触控点”图层“内容 > 矩形 1 > 描边 1”选项组，单击“描边宽度”选项左侧的“关键帧自动记录器”按钮，如图 9-44 所示，记录第 1 个关键帧。将时间标签放置在 0:00:00:03 的位置，设置“描边宽度”选项为 10.0，如图 9-45 所示，记录第 2 个关键帧。

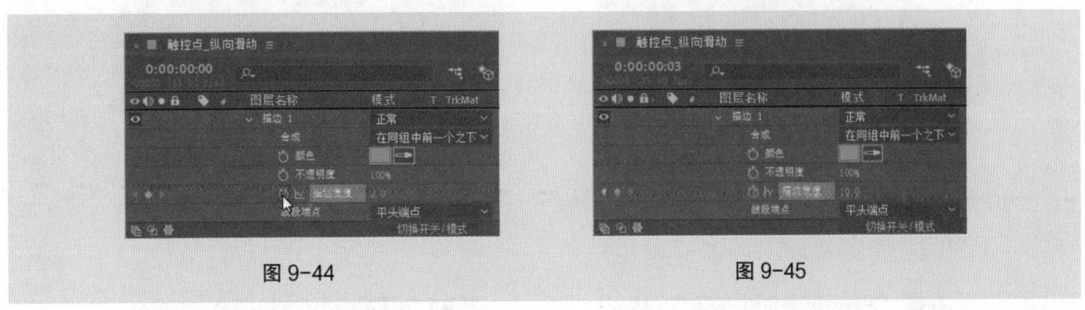

图 9-44　　图 9-45

（7）将时间标签放置在 0:00:00:12 的位置，单击“描边宽度”选项左侧的“在当前时间添加或移除关键帧”按钮，如图 9-46 所示，记录第 3 个关键帧。将时间标签放置在 0:00:00:15 的位置，设置“描边宽度”选项为 3.0，如图 9-47 所示，记录第 4 个关键帧。

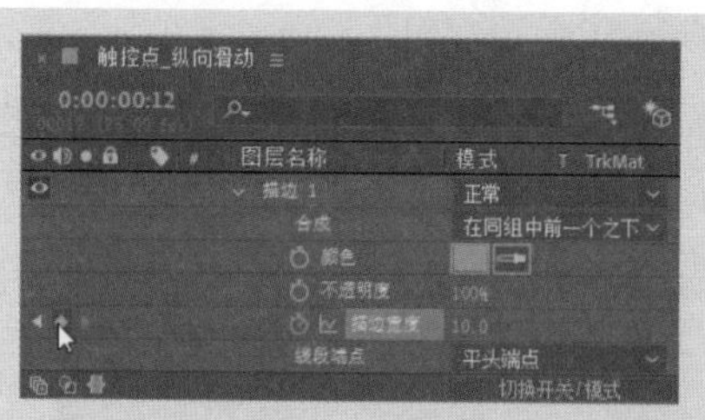

图 9-46

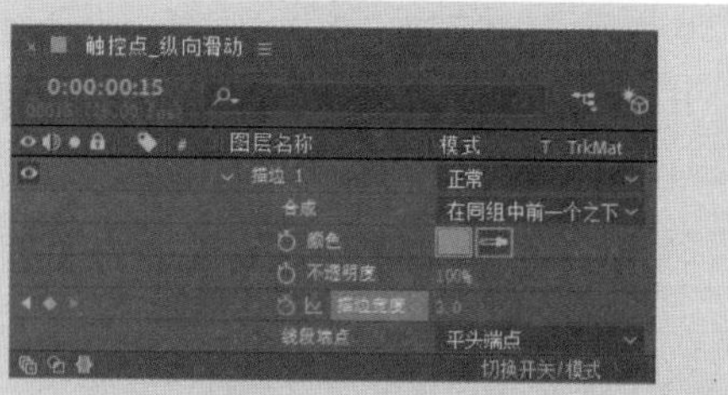

图 9-47

（8）将时间标签放置在0:00:00:06的位置，单击“矩形路径 1”选项组“大小”选项左侧的“关键帧自动记录器”按钮，如图9-48所示，记录第1个关键帧。将时间标签放置在0:00:00:09的位置，设置“大小”选项为“51.9，94.9”，如图9-49所示，记录第2个关键帧。将时间标签放置在0:00:00:12的位置，设置“大小”选项为“51.9，51.9”，如图9-50所示，记录第2个关键帧。

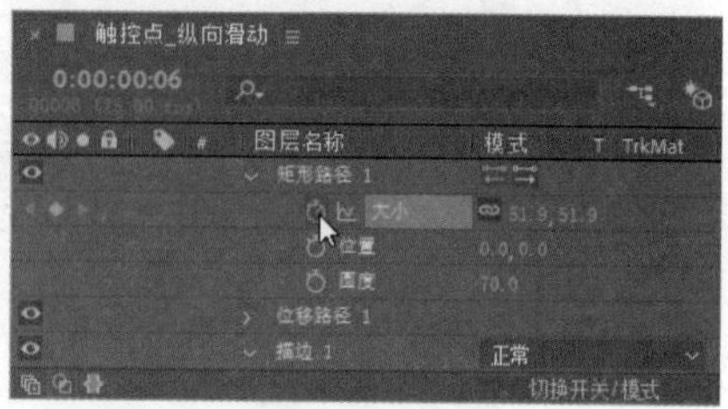

图 9-48

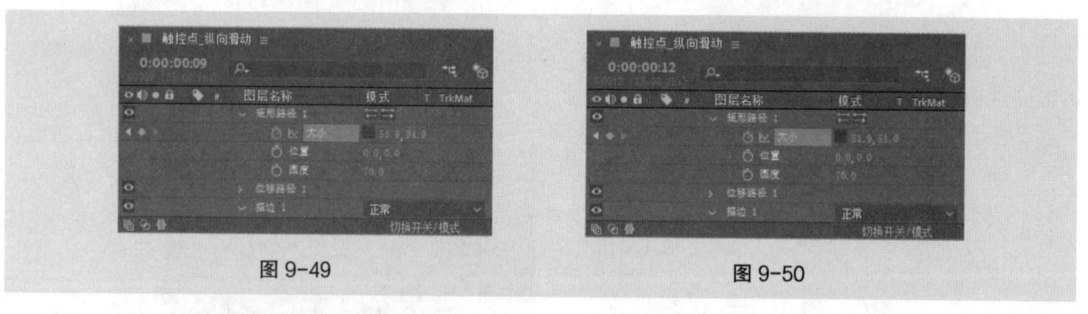

图 9-49　　图 9-50

（9）将时间标签放置在0:00:00:06的位置，单击“矩形路径 1”选项组“位置”选项左侧的“关键帧自动记录器”按钮，如图9-51所示，记录第1个关键帧。将时间标签放置在0:00:00:12的位置，设置“位置”选项为“0.0，-260.0”，如图9-52所示，记录第2个关键帧。

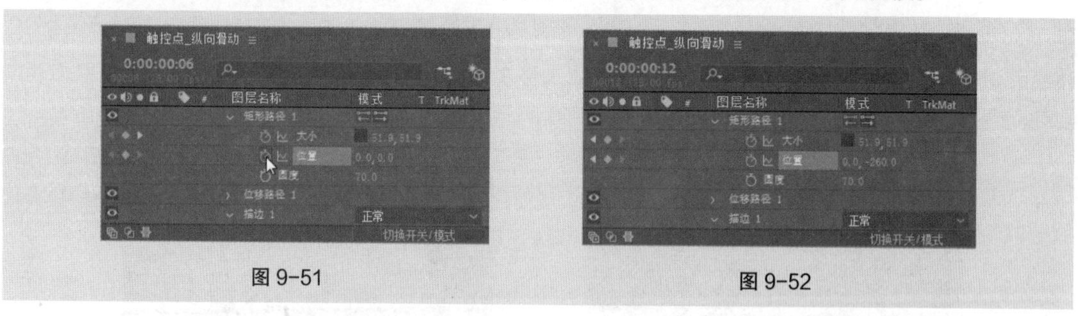

图 9-51　　图 9-52

（10）单击“位置”选项，将该选项关键帧全部选中，如图9-53所示。按F9键，将关键帧转为缓动关键帧，如图9-54所示。

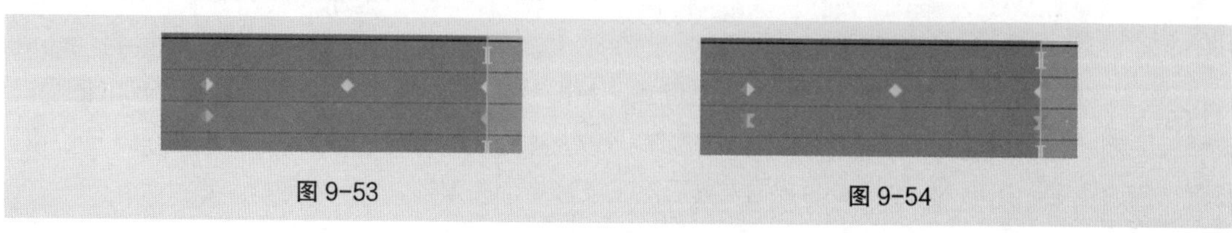

图 9-53　　图 9-54

（11）展开“矩形 1 > 变换：矩形 1”选项组，设置“不透明度”选项为 0%，单击“不透明度”选项左侧的“关键帧自动记录器”按钮⏱，如图 9-55 所示，记录第 1 个关键帧。将时间标签放置在 0:00:00:03 的位置，设置“不透明度”选项为 100%，如图 9-56 所示，记录第 2 个关键帧。

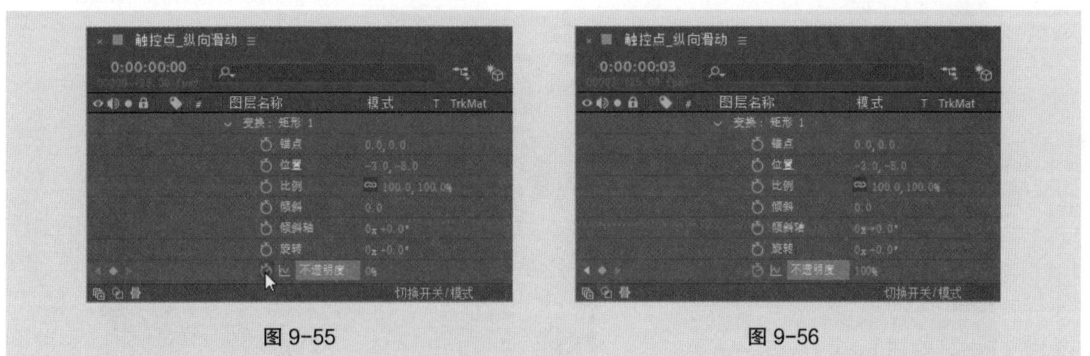

图 9-55　　图 9-56

（12）将时间标签放置在 0:00:00:12 的位置，单击“不透明度”选项左侧的“在当前时间添加或移除关键帧”按钮◆，如图 9-57 所示，记录第 3 个关键帧。将时间标签放置在 0:00:00:15 的位置，设置“不透明度”选项为 0%，如图 9-58 所示，记录第 4 个关键帧。

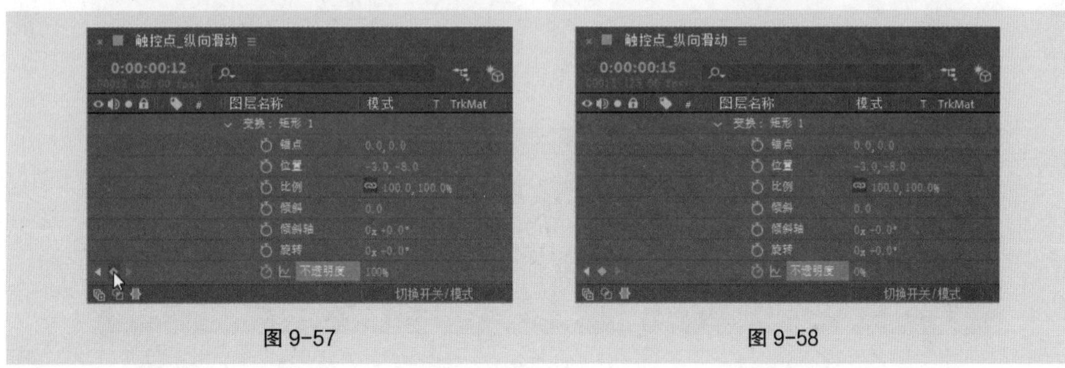

图 9-57　　图 9-58

（13）将时间标签放置在 0:00:00:09 的位置，选中“触控点”图层，按 P 键，展开“位置”属性，设置“位置”选项为“374.8，526.3”，如图 9-59 所示。“合成”面板中的效果如图 9-60 所示。

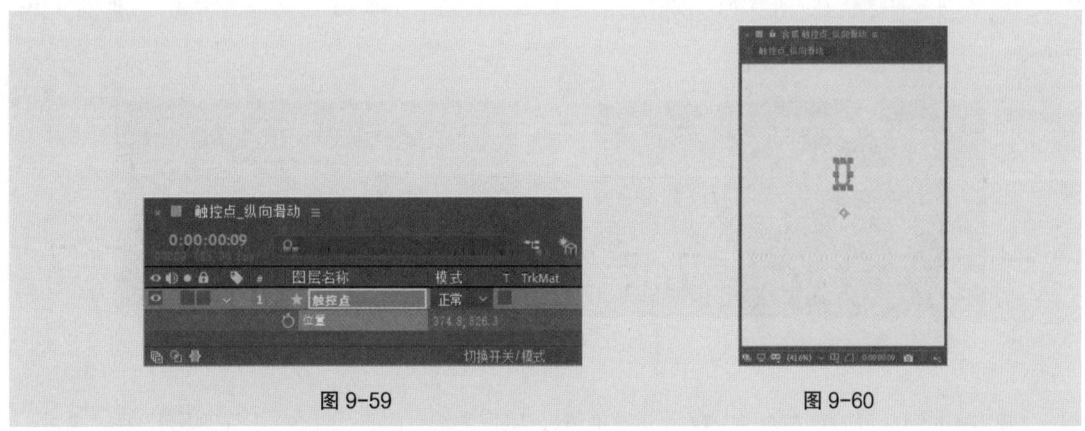

图 9-59　　图 9-60

3. 制作“触控点 _ 左向滑动”和“触控点 _ 右向滑动”动画

（1）在“项目”面板中选中“触控点 _ 纵向滑动”合成，按 Ctrl+D 组合键，复制合成，生成“触

控点 _ 纵向滑动 2”，将其重命名为“触控点 _ 左向滑动”，如图 9-61 所示。

（2）在“项目”面板中双击“触控点 _ 左向滑动”合成，进入合成编辑窗口。按 Ctrl+K 组合键，弹出“合成设置”对话框，在对话框中进行参数设置，如图 9-62 所示，单击“确定”按钮，完成设置。

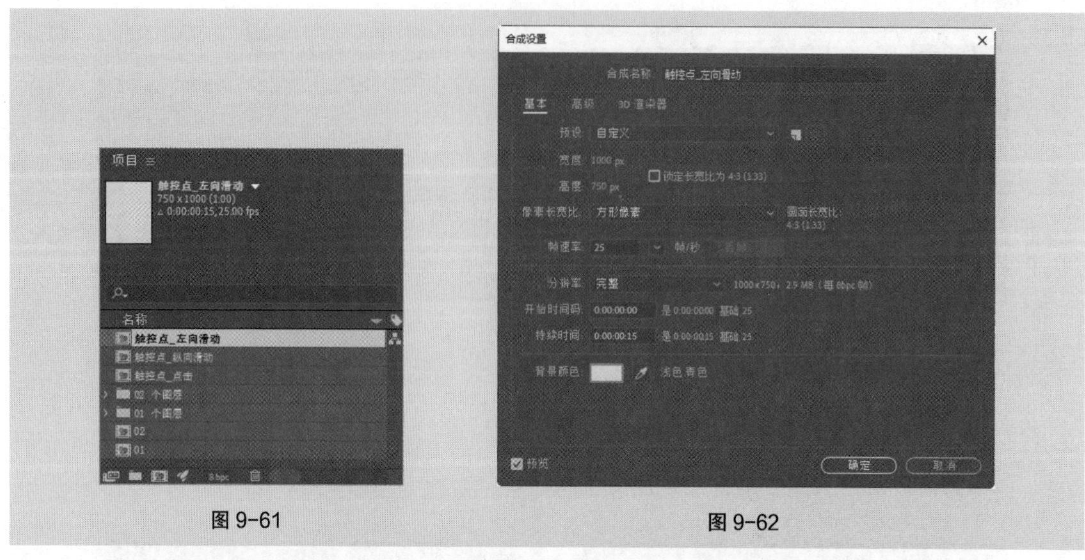

图 9-61　　图 9-62

（3）选中“触控点”图层，按 U 键，展开所有关键帧，如图 9-63 所示。

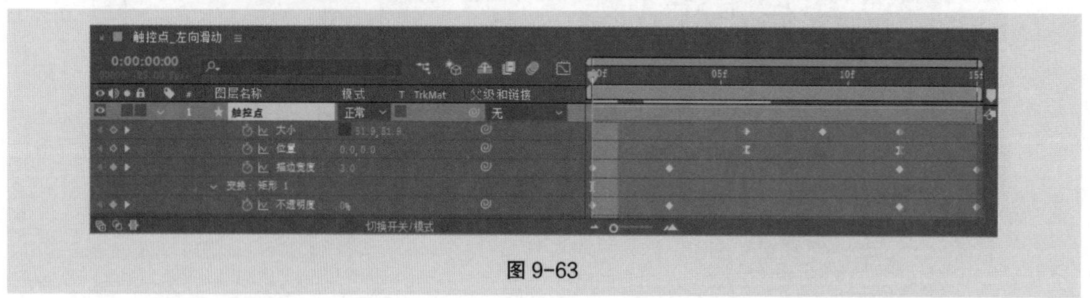

图 9-63

（4）将时间标签放置在 0:00:00:09 的位置，修改“大小”选项为“94.9，51.9”，如图 9-64 所示。将时间标签放置在 0:00:00:12 的位置，修改“位置”选项为“-260.0，0.0”，如图 9-65 所示。

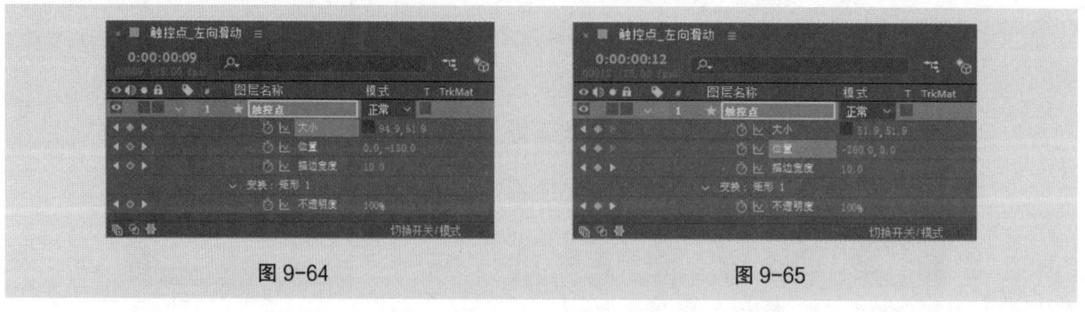

图 9-64　　图 9-65

（5）将时间标签放置在 0:00:00:09 的位置，选择“向后平移（锚点）”工具，在“合成”面板中拖曳中心点到适当的位置，如图 9-66 所示。按 P 键，展开“位置”属性，设置“位置”选项为“521.0，375.0”，如图 9-67 所示。

图 9-66　　图 9-67

（6）在“项目”面板中选中“触控点 _ 左向滑动”合成，按 Ctrl+D 组合键，复制合成，生成“触控点 _ 左向滑动 2”，如图 9-68 所示，将其重命名为“触控点 _ 右向滑动”，如图 9-69 所示。

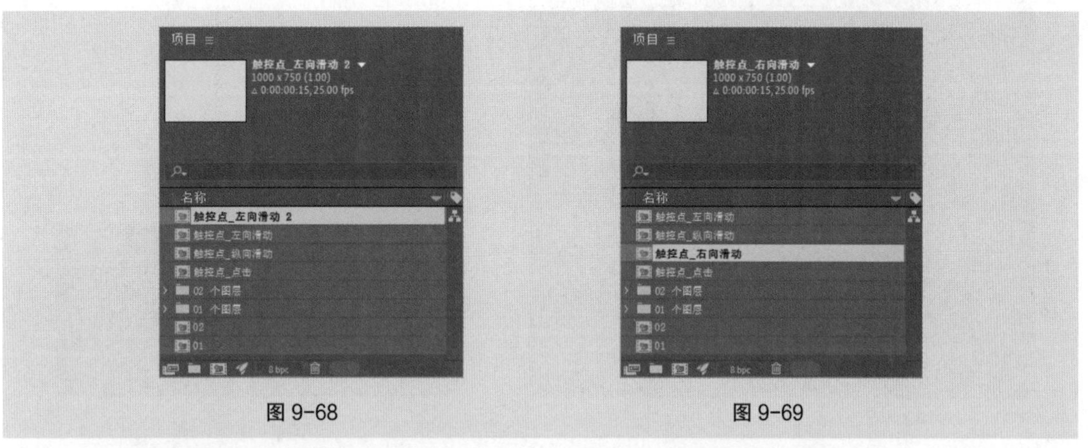

图 9-68　　图 9-69

（7）选中“触控点”图层，按 U 键，展开所有关键帧，如图 9-70 所示。

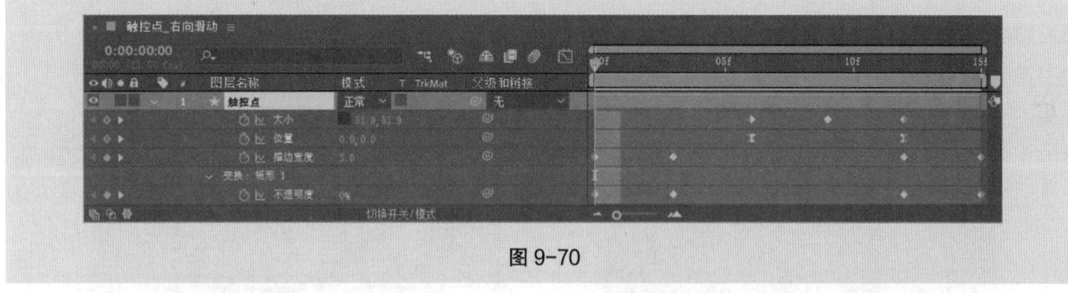

图 9-70

（8）将时间标签放置在 0:00:00:12 的位置，修改“位置”选项为“260.0，0.0”，如图 9-71 所示。将时间标签放置在 0:00:00:06 的位置，选择“向后平移（锚点）”工具，在“合成”面板中拖曳中心点到适当的位置，如图 9-72 所示。按 P 键，展开“位置”属性，设置“位置”选项为“479.0，375.0”，如图 9-73 所示。

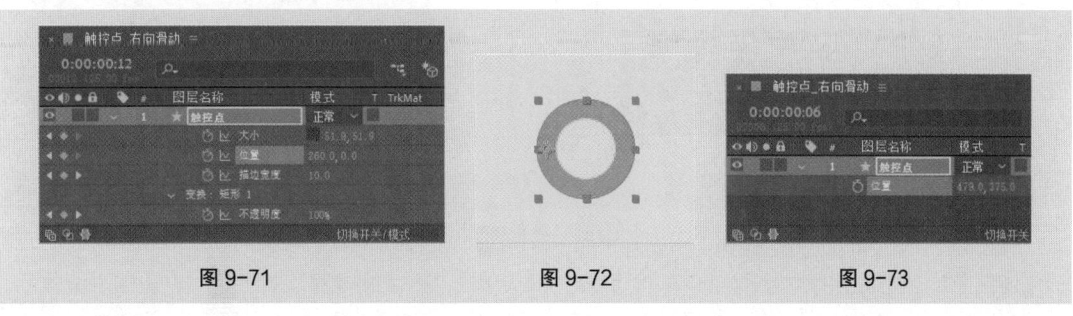

图 9-71　　图 9-72　　图 9-73

4．制作导航栏动画

（1）在“项目”面板中双击“01”合成，进入合成编辑窗口。按 Ctrl+K 组合键，在弹出的“合成设置”对话框中进行设置，如图 9-74 所示，单击“确定”按钮完成设置。

（2）在“时间轴”面板中双击“导航栏”图层，进入“导航栏”合成窗口。将时间标签放置在 0:00:00:06 的位置，选中“导航栏 - 背景”图层，按 T 键，展开“不透明度”属性，设置“不透明度”选项为 0%，如图 9-75 所示。

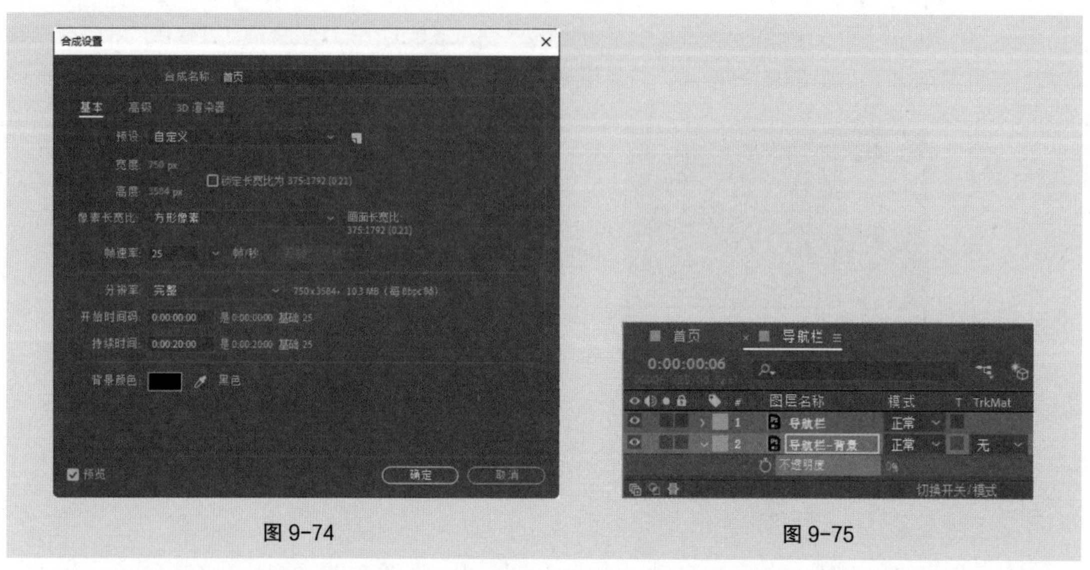

图 9-74　　图 9-75

（3）单击“不透明度”选项左侧的“关键帧自动记录器”按钮，如图 9-76 所示，记录第 1 个关键帧。将时间标签放置在 0:00:00:09 的位置，设置“不透明度”选项为 100%，如图 9-77 所示，记录第 2 个关键帧。

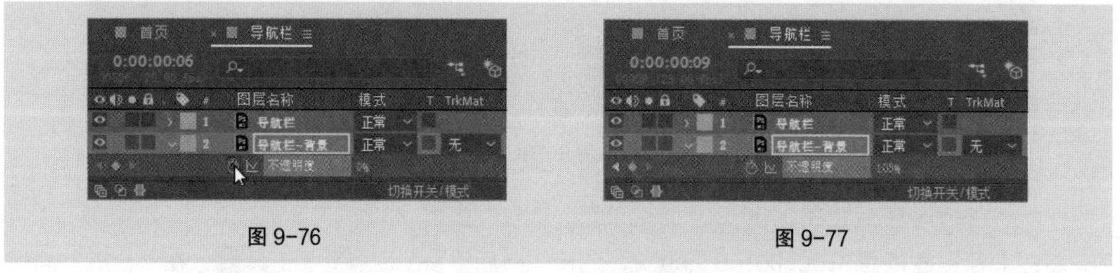

图 9-76　　图 9-77

（4）单击“不透明度”属性，将该属性关键帧全部选中，如图 9-78 所示。按 F9 键，将关键帧转为缓动关键帧，如图 9-79 所示。

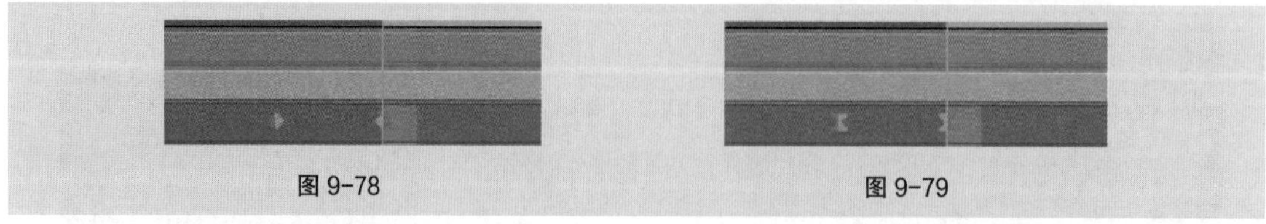

图 9-78　　图 9-79

（5）在“时间轴”面板中单击“图表编辑器”按钮，进入到图表编辑器面板中，如图 9-80 所示。分别拖曳控制点到适当的位置，如图 9-81 所示。再次单击“图表编辑器”按钮，退出图表编辑器。

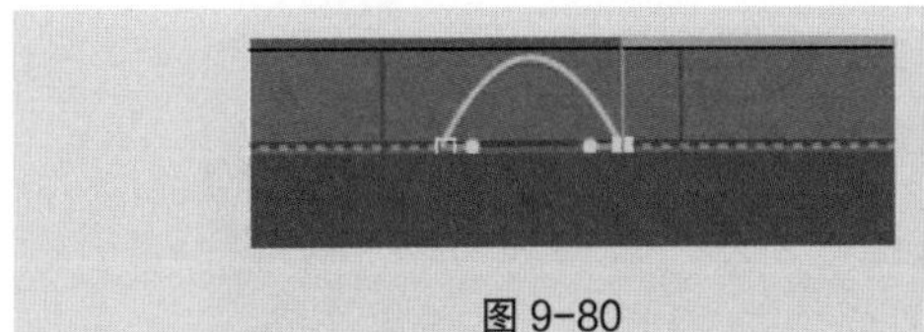
图 9-80

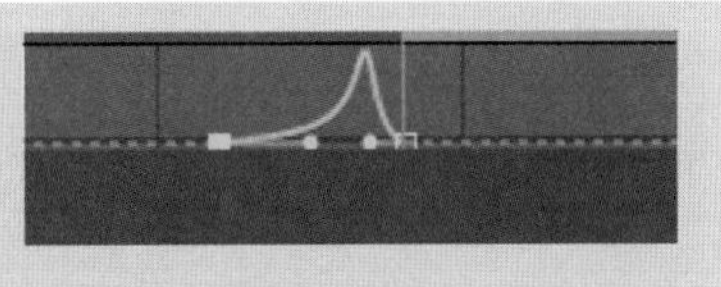
图 9-81

（6）进入“首页”合成，选中“标签栏”图层，按P键，展开“位置”属性，设置“位置”选项为“375.0，1541.0”，如图 9-82 所示。选中“Home Indicator”图层，按P键，展开“位置”属性，设置“位置”选项为“375.0，1592.0”，如图 9-83 所示。

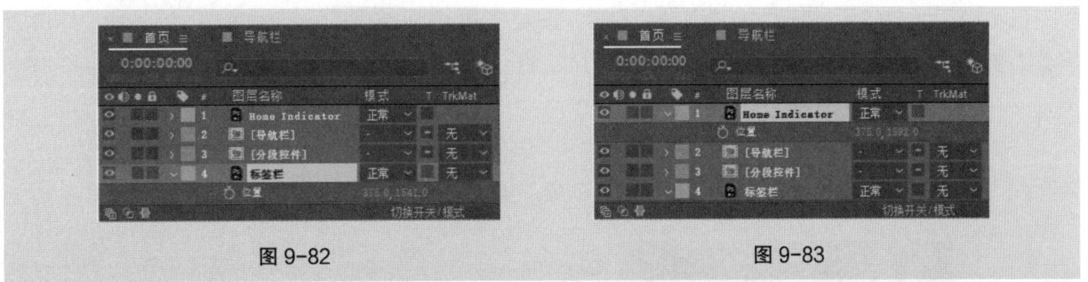
图 9-82　　图 9-83

（7）将“分段控件”图层的“父集和链接”选项设置为“5. 卡片”，如图 9-84 所示。将时间标签放置在 0:00:00:06 的位置，选中“卡片”图层，按P键，展开“位置”属性，如图 9-85 所示。

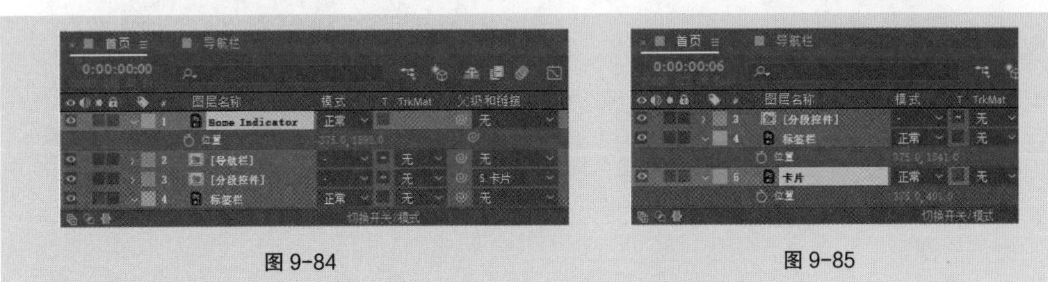
图 9-84　　图 9-85

（8）单击“位置”选项左侧的“关键帧自动记录器”按钮，如图 9-86 所示，记录第 1 个关键帧。将时间标签放置在 0:00:00:16 的位置，设置“位置”选项为“375.0，-196.0”，如图 9-87 所示，记录第 2 个关键帧。

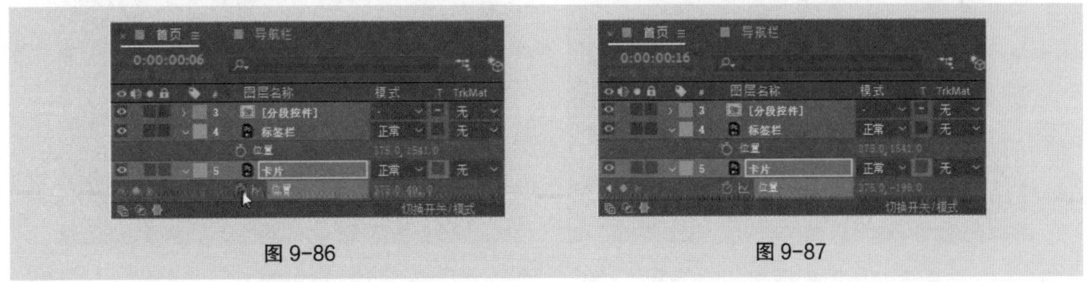
图 9-86　　图 9-87

（9）将时间标签放置在 0:00:00:06 的位置，选中“瀑布流”图层，按P键，展开“位置”属性，设置“位置”选项为“373.0，1792.0”，单击“位置”选项左侧的“关键帧自动记录器”按钮，如图 9-88 所示，记录第 1 个关键帧。将时间标签放置在 0:00:00:16 的位置，设置“位置”选项为“373.0，1193.0”，如图 9-89 所示，记录第 2 个关键帧。

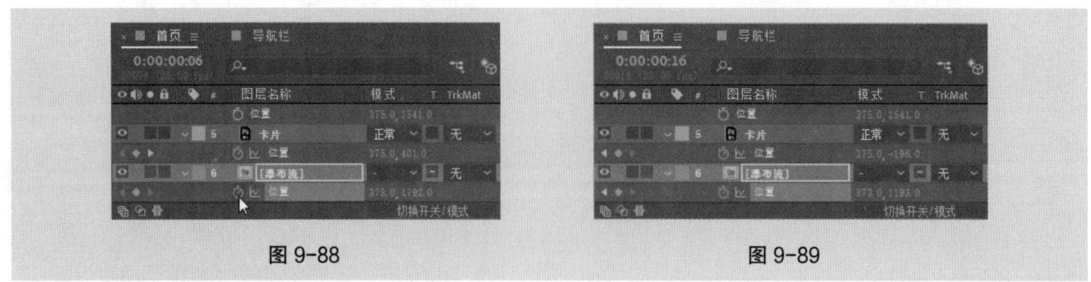

图 9-88　　图 9-89

5．制作分段控件动画

（1）在“时间轴”面板中双击“分段控件”图层，进入“分段控件”合成窗口中。选中“矩形 3”图层，按住 Shift 键的同时单击“九寨沟”图层，将“矩形 3”图层和“九寨沟”图层及中间的图层全部选中，如图 9-90 所示。

（2）选择“图层 > 预合成”命令，弹出“预合成”对话框，在“新合成名称”文本框中输入“文字动画”，其他选项的设置如图 9-91 所示，单击“确定”按钮，将选中的图层转为新合成。

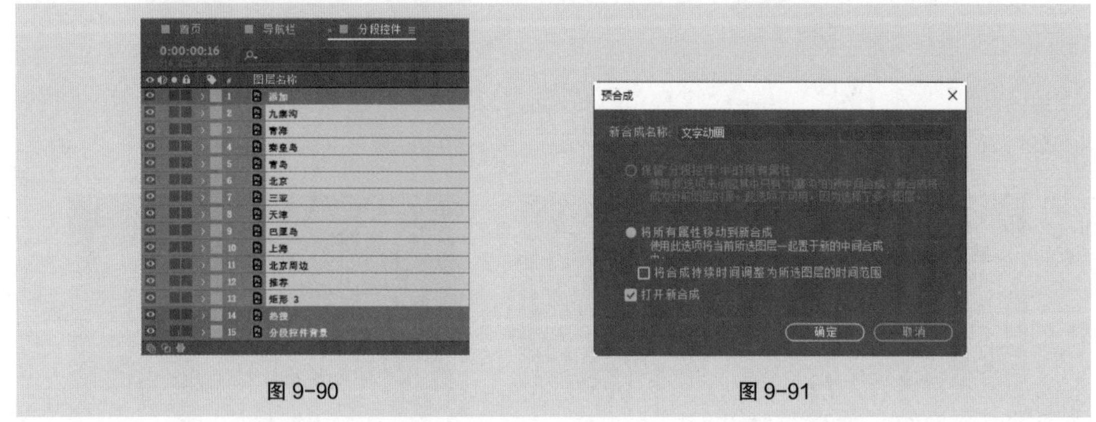

图 9-90　　图 9-91

（3）将“推荐”图层的“父集和链接”选项设置为“12. 矩形 3”，如图 9-92 所示。用相同的方法设置其他图层，如图 9-93 所示。

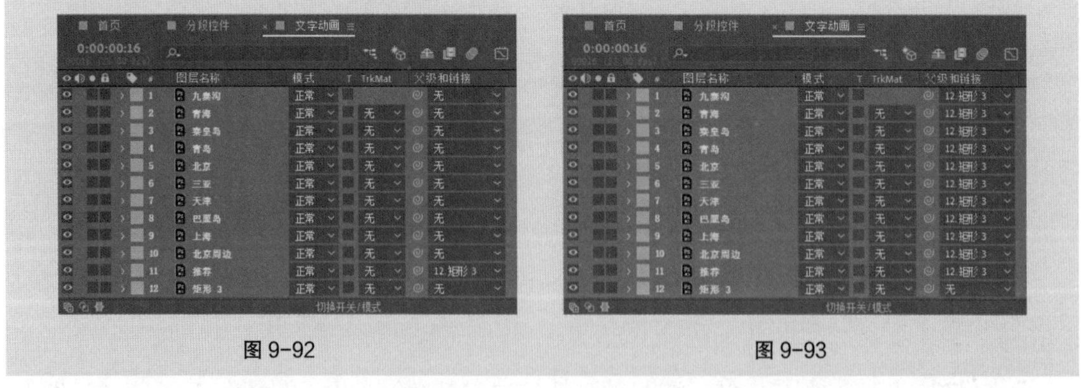

图 9-92　　图 9-93

（4）将时间标签放置在 0:00:01:06 的位置，选中“矩形 3”图层，按 P 键，展开“位置”属性，单击“位置”选项左侧的“关键帧自动记录器”按钮，如图 9-94 所示，记录第 1 个关键帧。将时间标签放置在 0:00:01:16 的位置，设置“位置”选项为“-430.0，1792.0”，如图 9-95 所示，记录第 2 个关键帧。

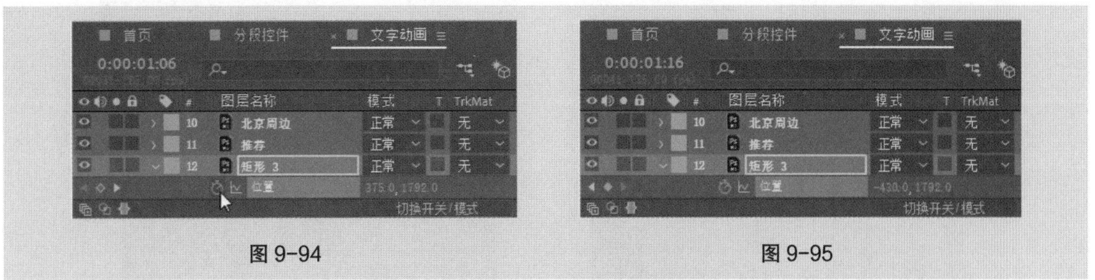

图 9-94　　图 9-95

（5）将时间标签放置在 0:00:01:19 的位置，设置“位置”选项为“-270.0，1792.0”，如图 9-96 所示，记录第 3 个关键帧。将时间标签放置在 0:00:02:09 的位置，单击“位置”选项左侧的“在当前时间添加或移除关键帧”按钮，如图 9-97 所示，记录第 4 个关键帧。

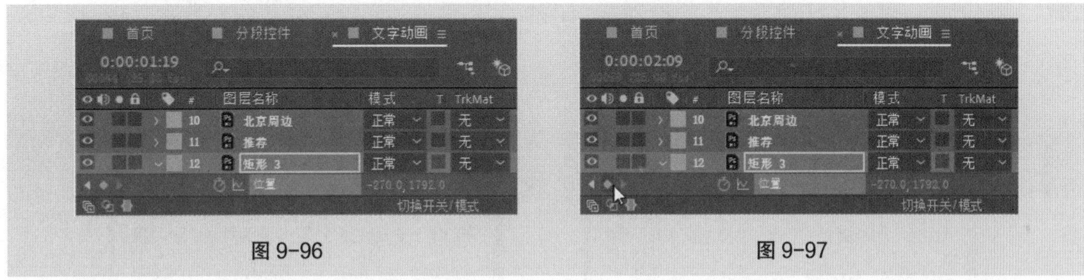

图 9-96　　图 9-97

（6）将时间标签放置在 0:00:02:19 的位置，设置“位置”选项为“535.0，1792.0”，如图 9-98 所示，记录第 5 个关键帧。将时间标签放置在 0:00:02:22 的位置，设置“位置”选项为“375.0，1792.0”，如图 9-99 所示，记录第 6 个关键帧。

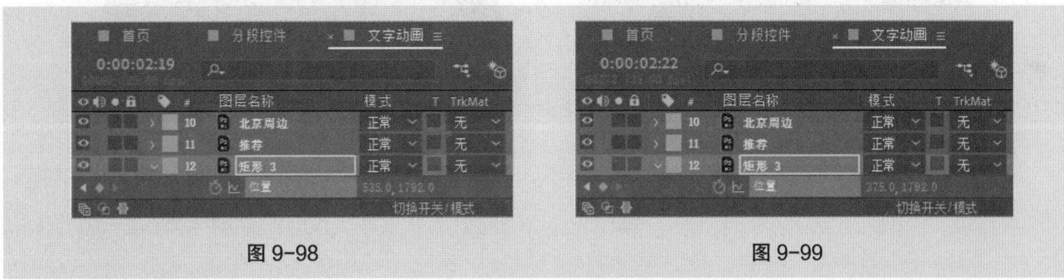

图 9-98　　图 9-99

（7）用鼠标右键单击“位置”属性的第 1 个关键帧，在弹出的菜单中选择“关键帧辅助 > 缓出”命令，将该关键帧转为缓出关键帧，如图 9-100 所示。用鼠标右键单击“位置”属性的第 2 个关键帧，在弹出的菜单中选择“关键帧辅助 > 缓入”命令，将该关键帧转为缓入关键帧，如图 9-101 所示。用相同的方法将“位置”属性的第 4 个关键帧转为缓出关键帧，第 5 个关键帧转为缓入关键帧，如图 9-102 所示。

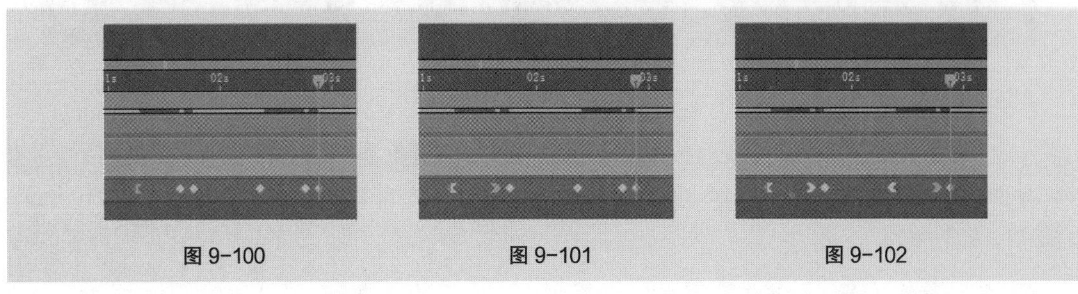

图 9-100　　图 9-101　　图 9-102

（8）在“时间轴”面板中单击“图表编辑器”按钮，进入到图表编辑器面板中，如图 9-103 所示。分别拖曳控制点到适当的位置，如图 9-104 所示。再次单击“图表编辑器”按钮，退出图表编辑器。

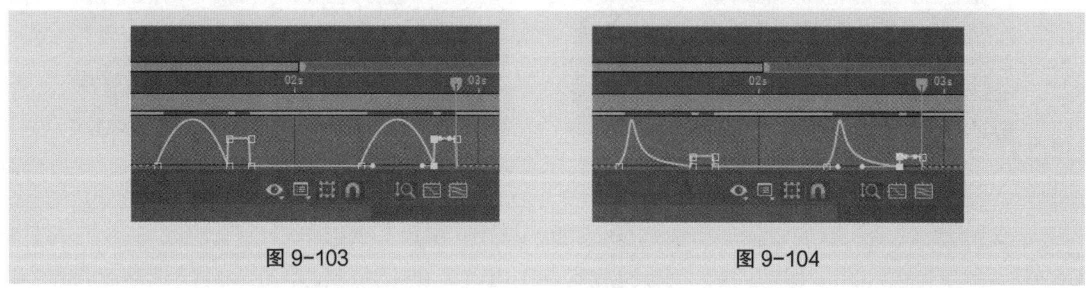

图 9-103　　图 9-104

（9）进入“分段控件”合成，“合成”面板中的效果如图 9-105 所示。选择“矩形”工具，选中“分段控件”图层，在“合成”面板中绘制一个矩形蒙版，效果如图 9-106 所示。

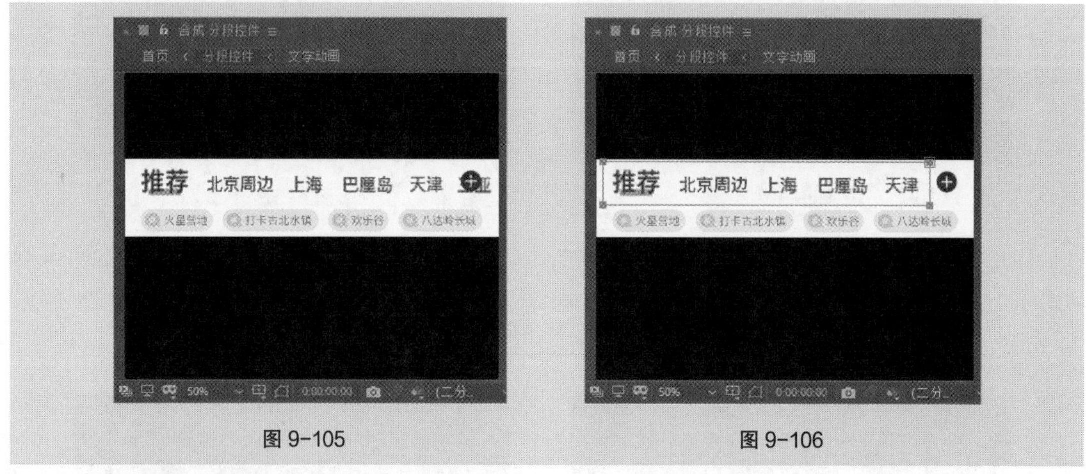

图 9-105　　图 9-106

6．制作瀑布流动画

（1）进入“首页”合成，双击“瀑布流”图层，进入“瀑布流”合成编辑窗口中。将“夏日城堡”图层的“父集和链接”选项设置为“10. 今日榜首”，如图 9-107 所示。将时间标签放置在 0:00:03:24 的位置，选中“今日榜首”图层，按 P 键，展开“位置”属性，如图 9-108 所示。

图 9-107　　图 9-108

（2）单击“位置”选项左侧的“关键帧自动记录器”按钮，如图 9-109 所示，记录第 1 个关键帧。将时间标签放置在 0:00:04:05 的位置，设置“位置”选项为“197.0，732.0”，如图 9-110 所示，记录第 2 个关键帧。

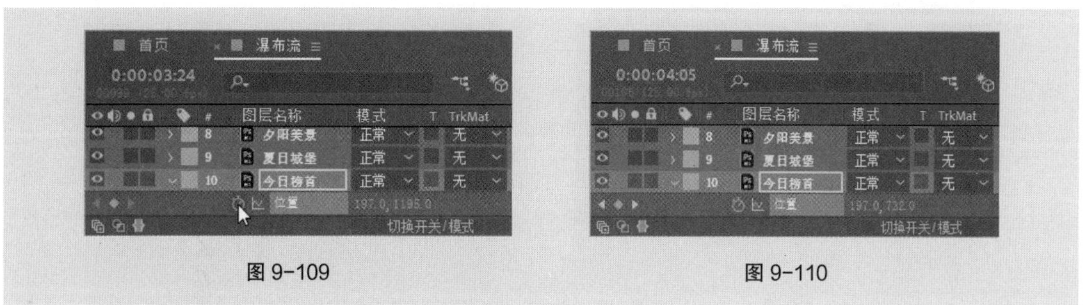

图 9-109　　图 9-110

（3）将时间标签放置在 0:00:06:13 的位置，单击“位置”选项左侧的“在当前时间添加或移除关键帧”按钮，如图 9-111 所示，记录第 3 个关键帧。将时间标签放置在 0:00:06:21 的位置，设置“位置”选项为“197.0，184.0”，如图 9-112 所示，记录第 4 个关键帧。

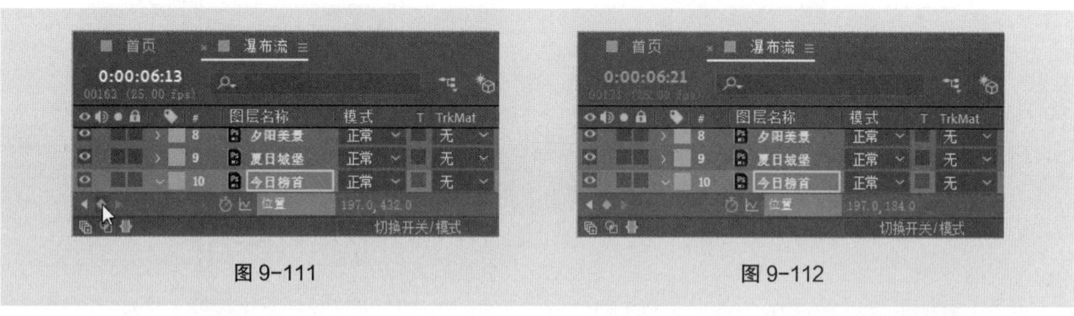

图 9-111　　图 9-112

（4）单击“今日榜首”图层的“位置”属性，将该属性关键帧全部选中。按 F9 键，将关键帧转为缓动关键帧，如图 9-113 所示。

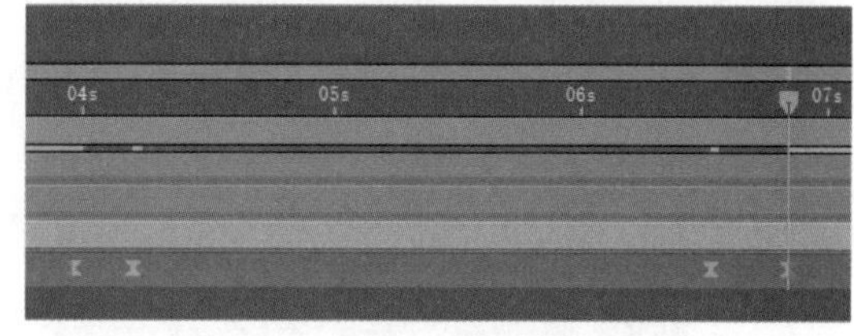

图 9-113

（5）将时间标签放置在 0:00:00:03 的位置，选中“夕阳美景”图层，按 P 键，展开“位置”属性，设置“位置”选项为“196.0，2200.0”，单击“位置”选项左侧的“关键帧自动记录器”按钮，如图 9-114 所示，记录第 1 个关键帧。将时间标签放置在 0:00:00:06 的位置，单击“位置”选项左侧的“在当前时间添加或移除关键帧”按钮，如图 9-115 所示，记录第 2 个关键帧。

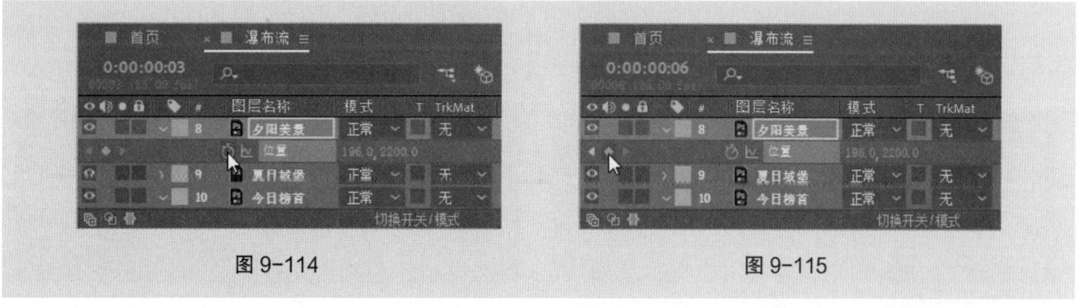

图 9-114　　图 9-115

（6）将时间标签放置在 0:00:00:14 的位置，设置“位置”选项为 196.0，1664.0，如图 9-116 所示，记录第 3 个关键帧。将时间标签放置在 0:00:03:24 的位置，单击“位置”选项左侧的“在当前时间添加或移除关键帧”按钮，如图 9-117 所示，记录第 4 个关键帧。

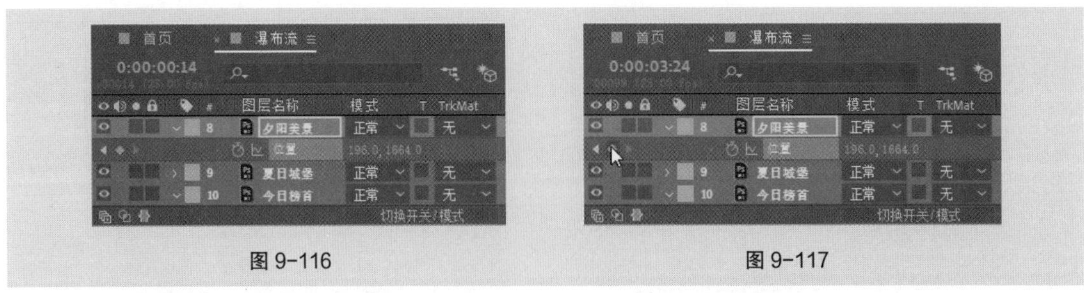

图 9-116　　图 9-117

（7）将时间标签放置在 0:00:04:02 的位置，单击“位置”选项左侧的“在当前时间添加或移除关键帧”按钮，如图 9-118 所示，记录第 5 个关键帧。将时间标签放置在 0:00:04:10 的位置，设置“位置”选项为“196.0，1204.0”，如图 9-119 所示，记录第 6 个关键帧。

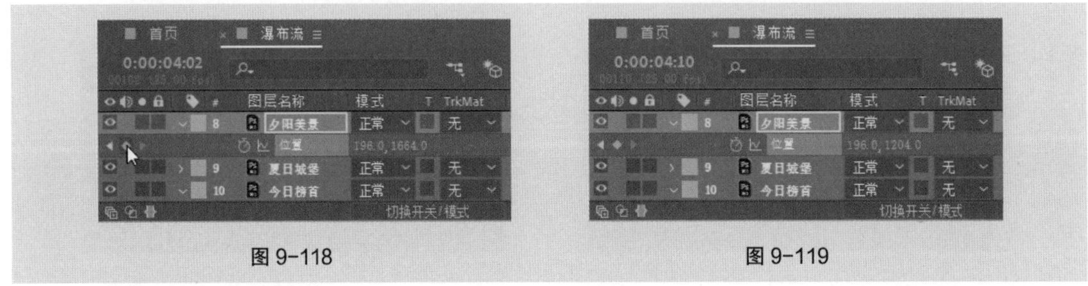

图 9-118　　图 9-119

（8）将时间标签放置在 0:00:06:13 的位置，单击“位置”选项左侧的“在当前时间添加或移除关键帧”按钮，如图 9-120 所示，记录第 7 个关键帧。将时间标签放置在 0:00:06:21 的位置，设置“位置”选项为“196.0，656.0”，如图 9-121 所示，记录第 8 个关键帧。

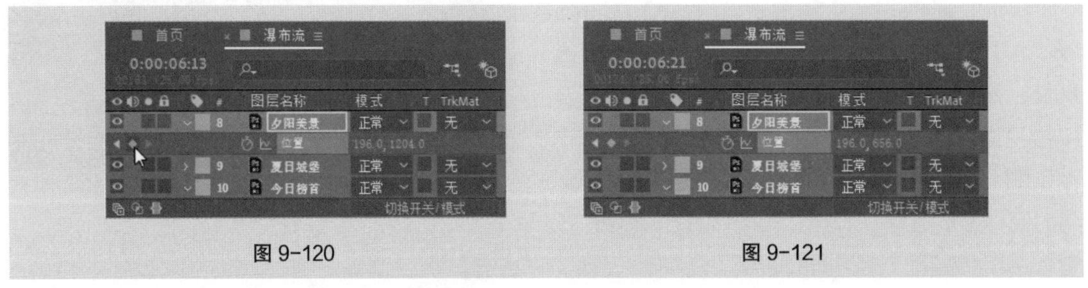

图 9-120　　图 9-121

（9）按住 Shift 键的同时，选中需要的“夕阳美景”图层“位置”属性关键帧，如图 9-122 所示。按 F9 键，将选中的关键帧转为缓动关键帧，如图 9-123 所示。

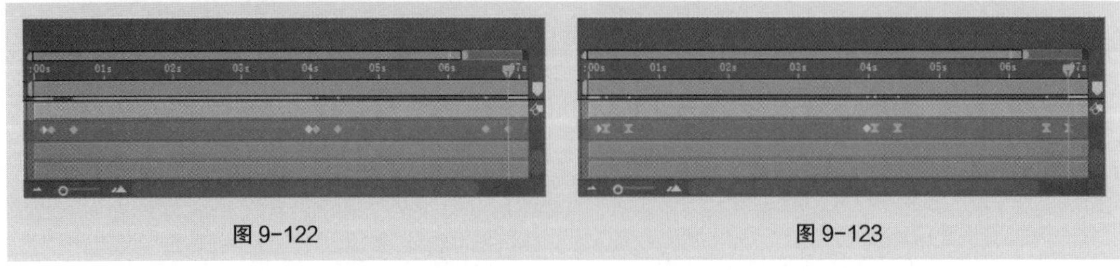

图 9-122　　图 9-123

（10）在“时间轴”面板中单击“图表编辑器”按钮，进入到图表编辑器面板中。分别拖曳控制点到适当的位置，如图 9-124 所示。再次单击“图表编辑器”按钮，退出图表编辑器。

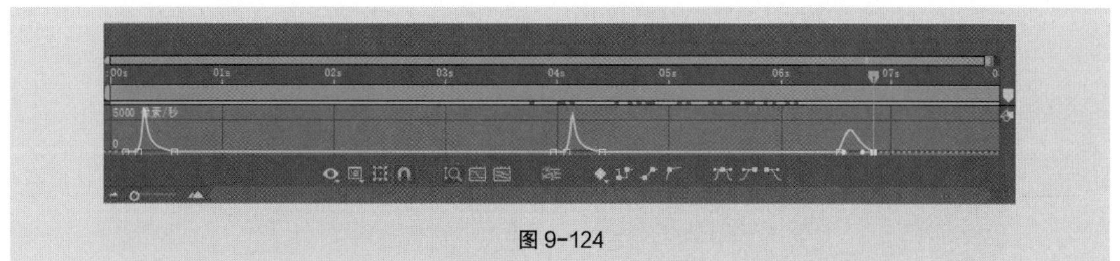

图 9-124

（11）将时间标签放置在 0:00:00:05 的位置，按 S 键，展开“缩放”属性，按住 Shift 键的同时，按 T 键，展开“不透明度”属性，分别单击“缩放”属性和“不透明度”属性左侧的“关键帧自动记录器”按钮，如图 9-125 所示，记录第 1 个关键帧。将时间标签放置在 0:00:00:06 的位置，设置“缩放”选项为“100.0，150.0%”，“不透明度”选项为 50%，如图 9-126 所示，记录第 2 个关键帧。

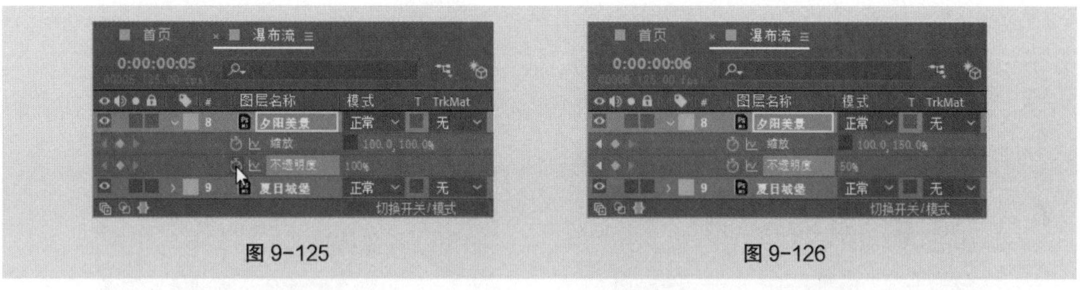

图 9-125　　图 9-126

（12）将时间标签放置在 0:00:00:14 的位置，设置“缩放”选项为“100.0，100.0%”，“不透明度”选项为 100%，如图 9-127 所示，记录第 3 个关键帧。框选“缩放”属性和“不透明度”属性全部关键帧，按 Ctrl+C 组合键，复制关键帧。将时间标签放置在 0:00:04:01 的位置，按 Ctrl+V 组合键，粘贴关键帧，如图 9-128 所示。

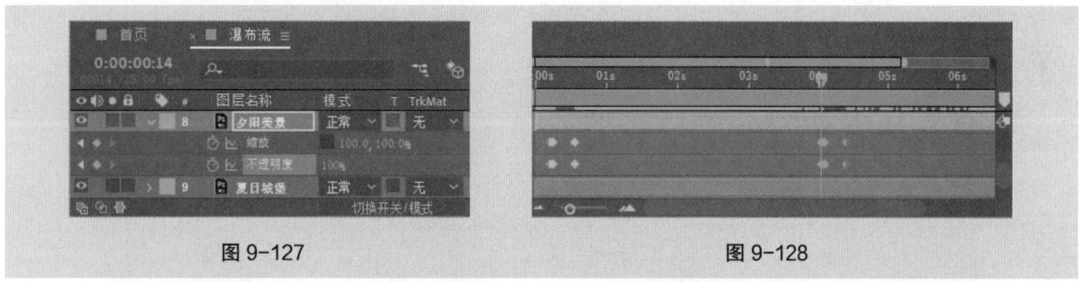

图 9-127　　图 9-128

（13）将时间标签放置在 0:00:00:03 的位置，选中“浪漫海景”图层，按 P 键，展开“位置”属性，设置“位置”选项为“552.0，2279.0”，单击“位置”属性左侧的“关键帧自动记录器”按钮，如图 9-129 所示，记录第 1 个关键帧。将时间标签放置在 0:00:00:09 的位置，单击“位置”选项左侧的“在当前时间添加或移除关键帧”按钮，如图 9-130 所示，记录第 2 个关键帧。

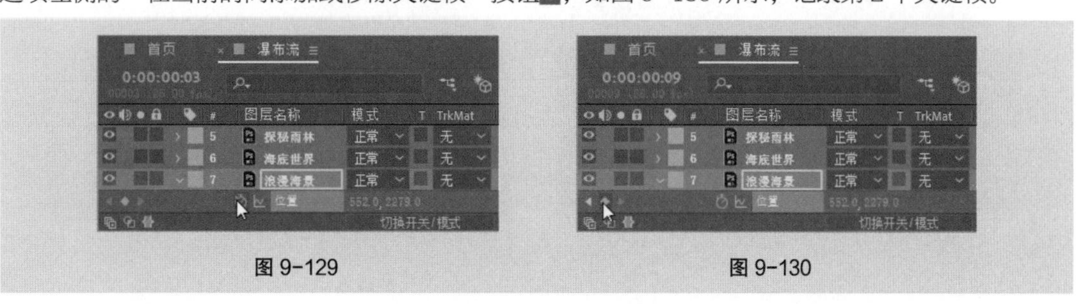

图 9-129　　图 9-130

（14）将时间标签放置在 0:00:00:17 的位置，设置“位置”选项为 552.0，1738.0，如图 9-131 所示，记录第 3 个关键帧。将时间标签放置在 0:00:03:24 的位置，单击“位置”选项左侧的“在当前时间添加或移除关键帧”按钮，如图 9-132 所示，记录第 4 个关键帧。

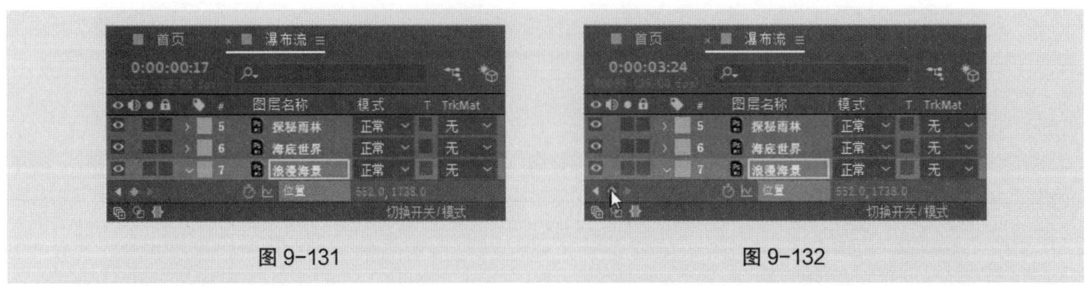

图 9-131　　图 9-132

（15）将时间标签放置在 0:00:04:05 的位置，单击“位置”选项左侧的“在当前时间添加或移除关键帧”按钮，如图 9-133 所示，记录第 5 个关键帧。将时间标签放置在 0:00:04:13 的位置，设置“位置”选项为“552.0，1275.0”，如图 9-134 所示，记录第 6 个关键帧。

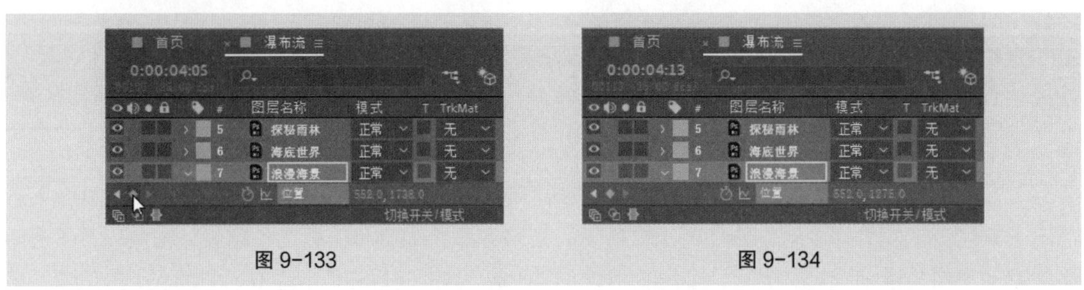

图 9-133　　图 9-134

（16）将时间标签放置在 0:00:06:13 的位置，单击“位置”选项左侧的“在当前时间添加或移除关键帧”按钮，如图 9-135 所示，记录第 7 个关键帧。将时间标签放置在 0:00:06:21 的位置，设置“位置”选项为“552.0，733.0”，如图 9-136 所示，记录第 8 个关键帧。

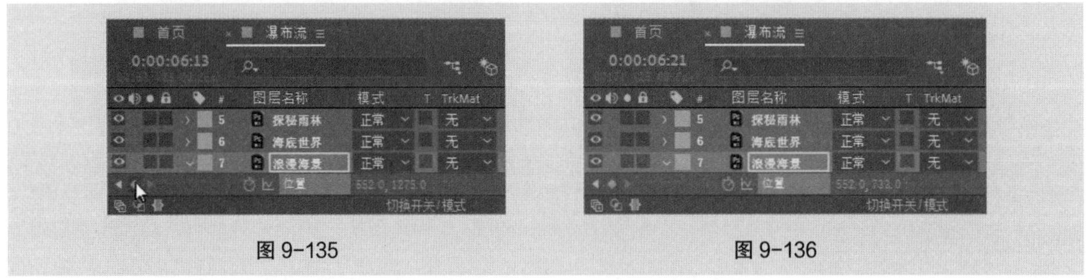

图 9-135　　图 9-136

（17）按住 Shift 键的同时，选中需要的“浪漫海景”图层“位置”属性关键帧，如图 9-137 所示。按 F9 键，将选中的关键帧转为缓动关键帧，如图 9-138 所示。

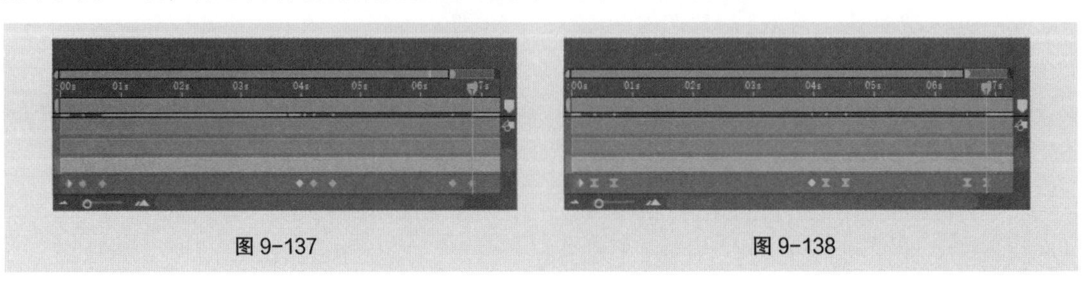

图 9-137　　图 9-138

（18）在“时间轴”面板中单击“图表编辑器”按钮，进入到图表编辑器面板中。分别拖曳控制点到适当的位置，如图 9–139 所示。再次单击“图表编辑器”按钮，退出图表编辑器。

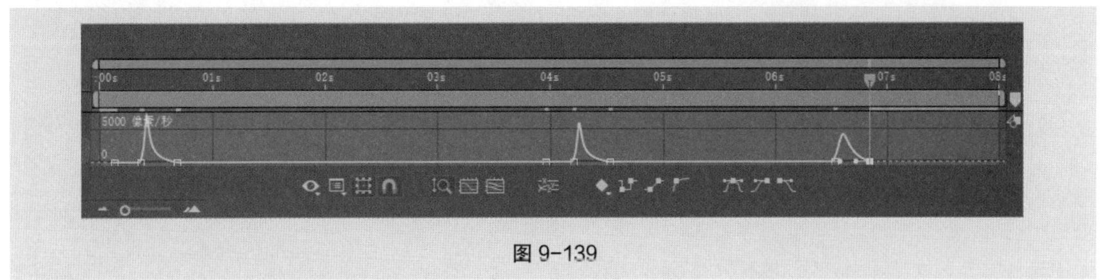

图 9–139

（19）将时间标签放置在 0:00:00:08 的位置，按 S 键，展开“缩放”属性，按住 Shift 键的同时，按 T 键，展开“不透明度”属性，分别单击“缩放”属性和“不透明度”属性左侧的“关键帧自动记录器”按钮，如图 9–140 所示，记录第 1 个关键帧。将时间标签放置在 0:00:00:09 的位置，设置“缩放”选项为“100.0，150.0%”，“不透明度”选项为 50%，如图 9–141 所示，记录第 2 个关键帧。

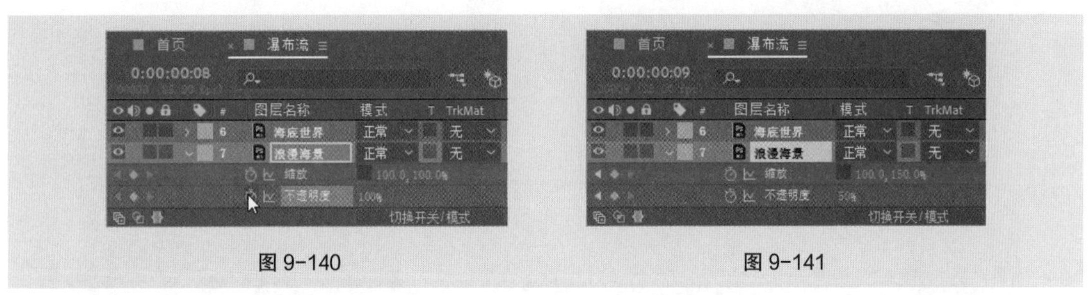

图 9–140　　图 9–141

（20）将时间标签放置在 0:00:00:17 的位置，设置“缩放”选项为“100.0，100.0%”，“不透明度”选项为 100%，如图 9–142 所示，记录第 3 个关键帧。框选“缩放”属性和“不透明度”属性全部关键帧，按 Ctrl+C 组合键，复制关键帧。将时间标签放置在 0:00:04:01 的位置，按 Ctrl+V 组合键，粘贴关键帧，如图 9–143 所示。

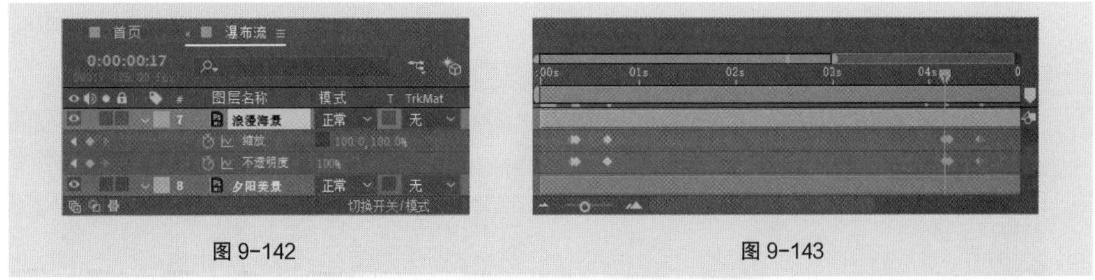

图 9–142　　图 9–143

（21）用上述的方法对其他图层进行“位置”属性、“缩放”属性和“不透明度”属性动画制作，并设置不同的出场时间，效果如图 9–144 所示。

7. 制作详情页动画

（1）在“项目”面板中双击“02”合成，进入合成编辑窗口。按 Ctrl+K 组合键，在弹出的“合成设置”对话框中进行设置，如图 9–145 所示，单击“确定”按钮完成设置。“项目”面板如图 9–146 所示。

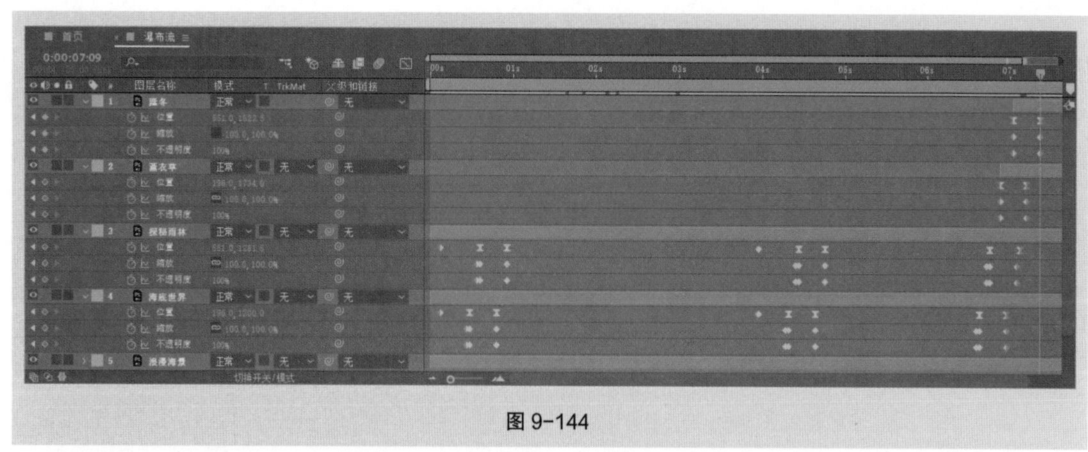

图 9-144

图 9-145

图 9-146

（2）选中“立即预定”图层，按 P 键，展开“位置”属性，设置“位置”选项为“375.0，1534.0”，如图 9-147 所示。选中“Home Indicator”图层，按 P 键，展开“位置”属性，设置“位置”选项为“375.0，1592.0”，如图 9-148 所示。

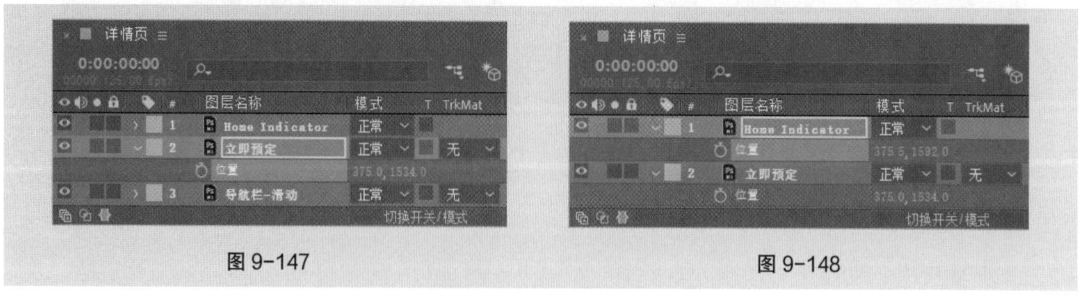

图 9-147

图 9-148

（3）将“列表 - 默认”图层的“父集和链接”选项设置为“6. 房屋信息”，如图 9-149 所示。用相同的方法设置其他图层，如图 9-150 所示。

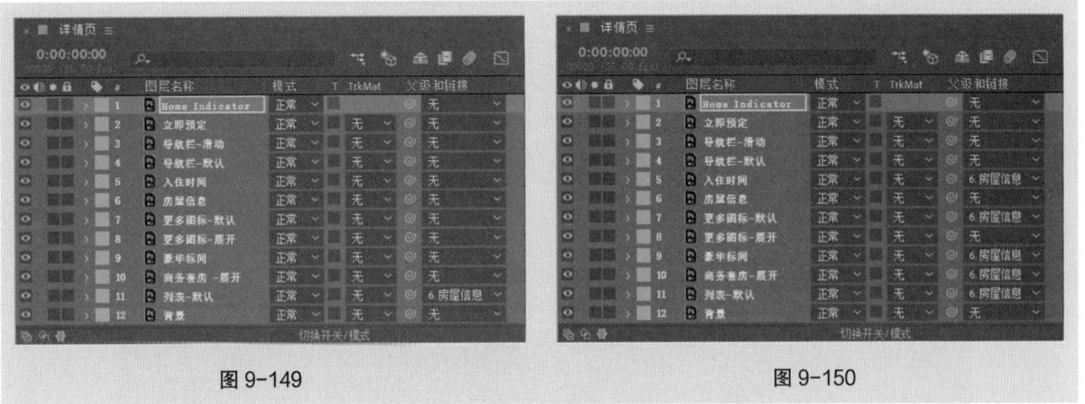

图 9-149　　图 9-150

（4）将时间标签放置在 0:00:03:05 的位置，选中“房屋信息”图层，按 P 键，展开“位置”属性，单击“位置”属性左侧的“关键帧自动记录器”按钮，如图 9-151 所示，记录第 1 个关键帧。将时间标签放置在 0:00:03:15 的位置，设置“位置”选项为“375.0，217.0”，如图 9-152 所示，记录第 2 个关键帧。

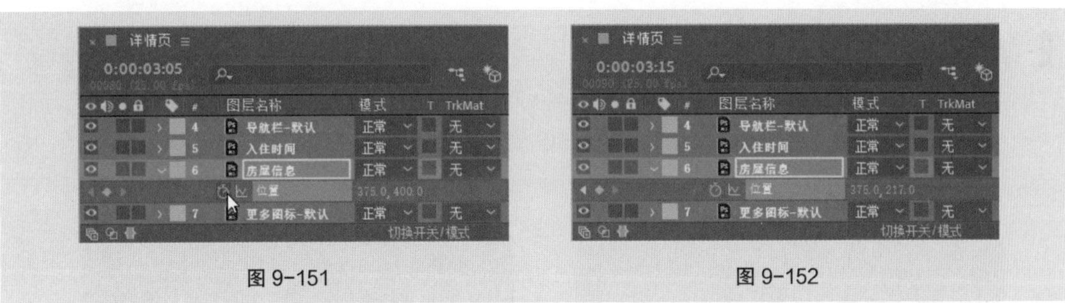

图 9-151　　图 9-152

（5）将时间标签放置在 0:00:05:03 的位置，单击“位置”选项左侧的“在当前时间添加或移除关键帧”按钮，如图 9-153 所示，记录第 3 个关键帧。将时间标签放置在 0:00:05:10 的位置，设置“位置”选项为“375.0，-171.0”，如图 9-154 所示，记录第 4 个关键帧。

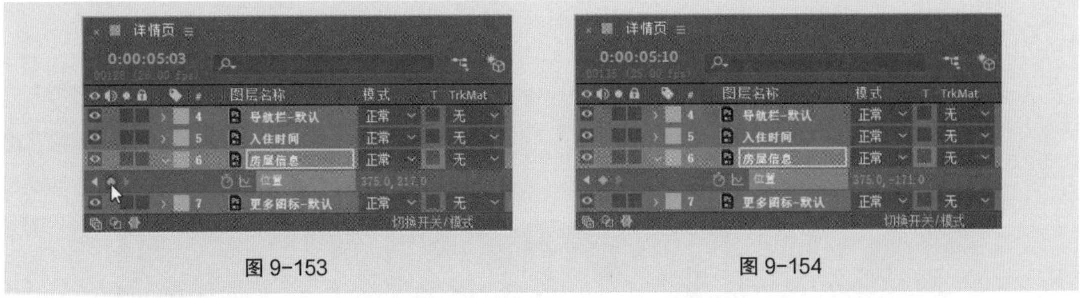

图 9-153　　图 9-154

（6）将时间标签放置在 0:00:05:20 的位置，选中“列表 - 默认”图层，按 P 键，展开“位置”属性，设置“位置”选项为“375.0，1755.0”，单击“位置”属性左侧的“关键帧自动记录器”按钮，如图 9-155 所示，记录第 1 个关键帧。将时间标签放置在 0:00:06:00 的位置，设置“位置”选项为“375.0，2395.0”，如图 9-156 所示，记录第 2 个关键帧。

（7）将时间标签放置在 0:00:05:20 的位置，选中“商务套房 - 展开”图层，按 Alt+ [键，设置动画的入点，如图 9-157 所示。

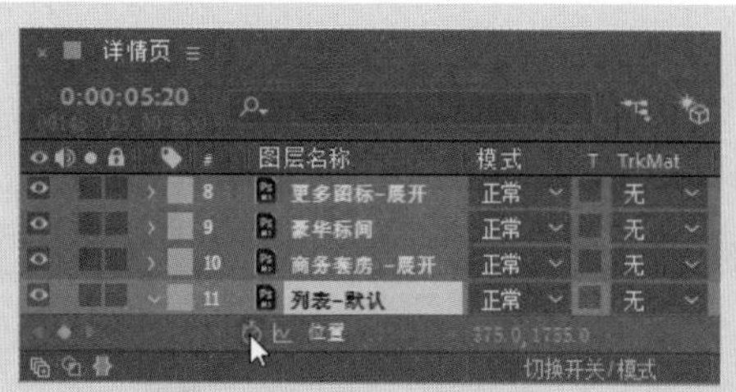

图 9-155

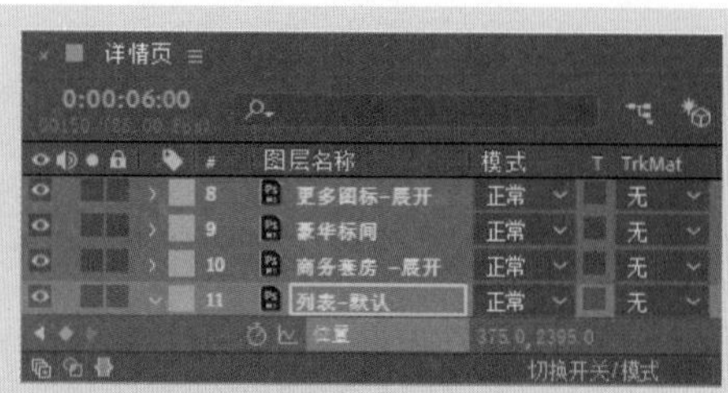

图 9-156

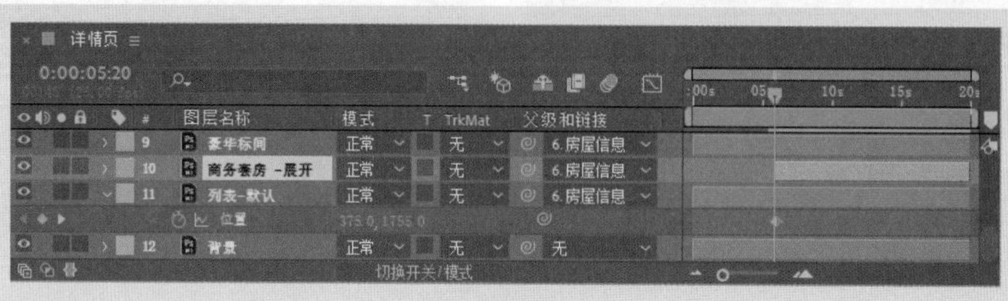

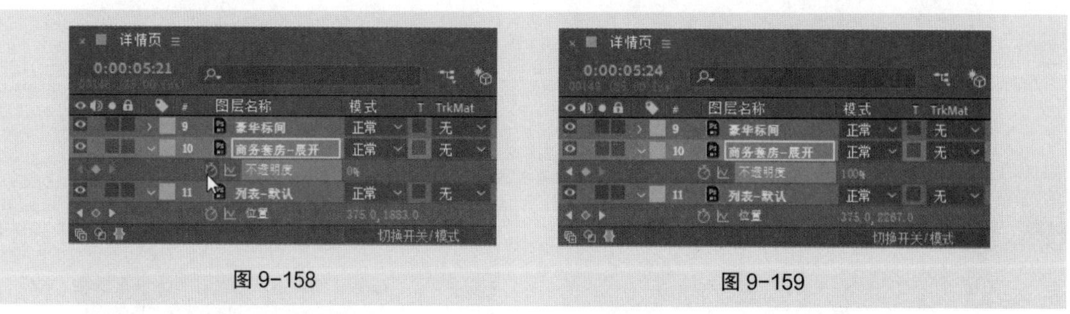
图 9-157

（8）将时间标签放置在 0:00:05:21 的位置，按 T 键，展开“不透明度”属性，设置“不透明度”选项为 0%，单击“不透明度”属性左侧的“关键帧自动记录器”按钮，如图 9-158 所示，记录第 1 个关键帧。将时间标签放置在 0:00:05:24 的位置，设置“不透明度”选项为 100%，如图 9-159 所示，记录第 2 个关键帧。

图 9-158

图 9-159

（9）将时间标签放置在 0:00:05:19 的位置，选中“更多图标 – 默认”图层，按 Alt+] 组合键，设置动画的出点。将时间标签放置在 0:00:05:20 的位置，选中“更多图标 – 展开”图层，按 Alt+ [组合键，设置动画的入点，如图 9-160 所示。

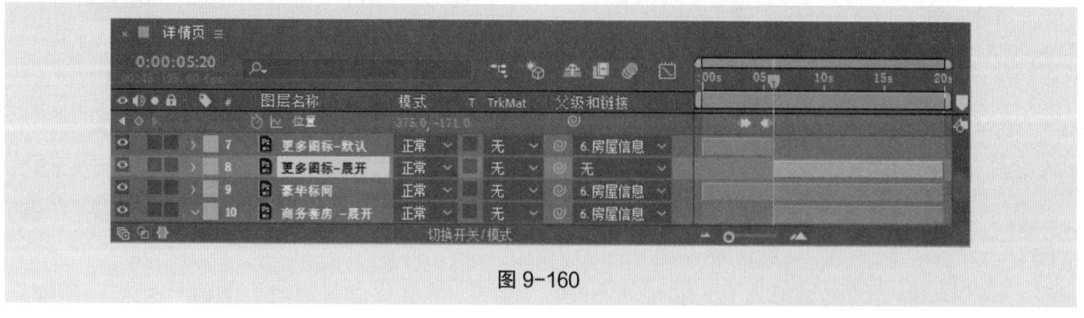
图 9-160

（10）将时间标签放置在 0:00:03:08 的位置，选中“导航栏 – 滑动”图层，按 T 键，展开“不透明度”属性，设置“不透明度”选项为 0%，单击“不透明度”属性左侧的“关键帧自动记录器”按钮，如图 9-161 所示，记录第 1 个关键帧。将时间标签放置在 0:00:03:16 的位置，设置“不透明度”选项为 100%，如图 9-162 所示，记录第 2 个关键帧。

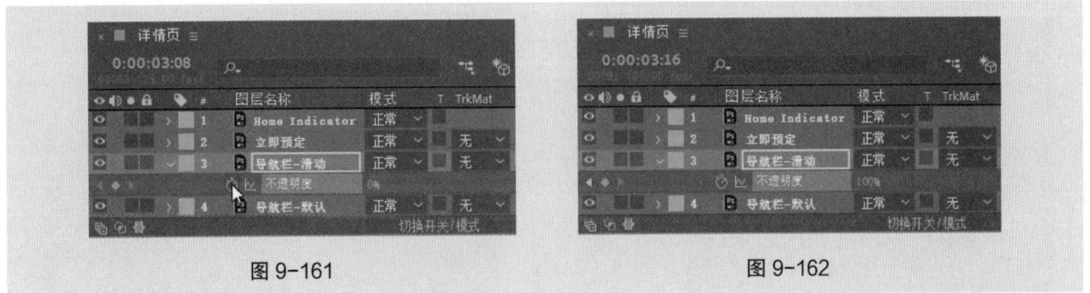

图 9-161　　图 9-162

（11）单击“不透明度”属性，将该属性关键帧全部选中。按 F9 键，将关键帧转为缓动关键帧，如图 9-163 所示。

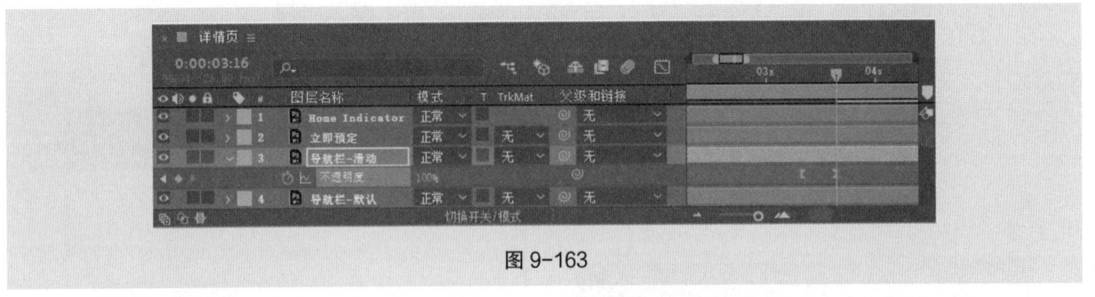

图 9-163

8．制作最终效果

（1）按 Ctrl+N 组合键，弹出“合成设置”对话框，在“合成名称”文本框中输入“最终效果”，设置“背景颜色”为浅青色（199、228、236），其他选项的设置如图 9-164 所示，单击“确定”按钮，创建一个新的合成“最终效果”。

（2）选择“圆角矩形”工具，在工具栏中设置“填充颜色”为白色，“描边宽度”为 0 像素，在“合成”面板中拖曳鼠标绘制图形，在鼠标未放开之前滚动鼠标中轴调整圆角大小，效果如图 9-165 所示。在“时间轴”面板中自动生成“形状图层 1”图层。

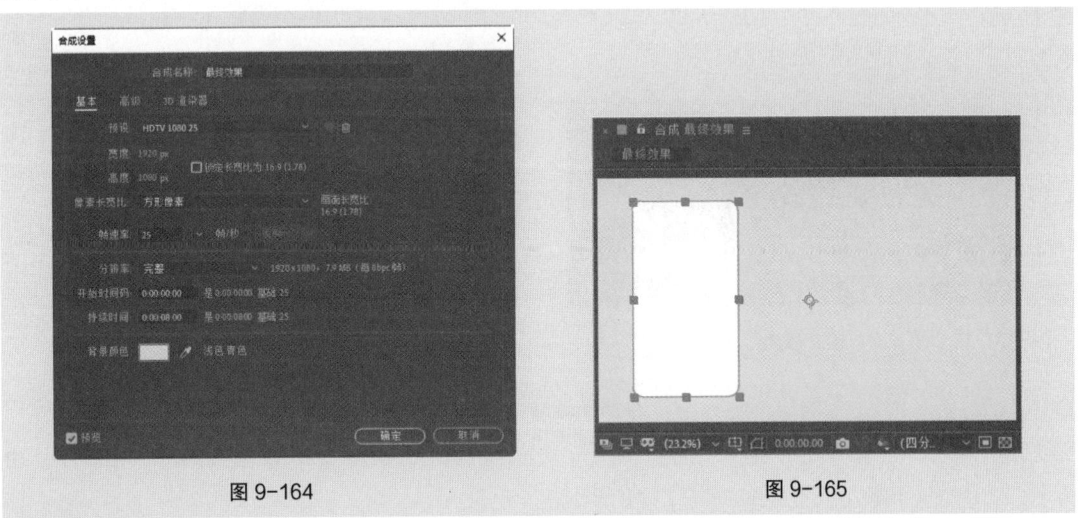

图 9-164　　图 9-165

（3）展开“形状图层 1”图层“内容 > 矩形 1 > 矩形路径 1”选项组，设置“大小”选项为“442.0，958.0”，“圆度”选项为 36.0，如图 9-166 所示。按 P 键，展开“位置”属性，设置“位置”选项为“696.5，539.0”，如图 9-167 所示。

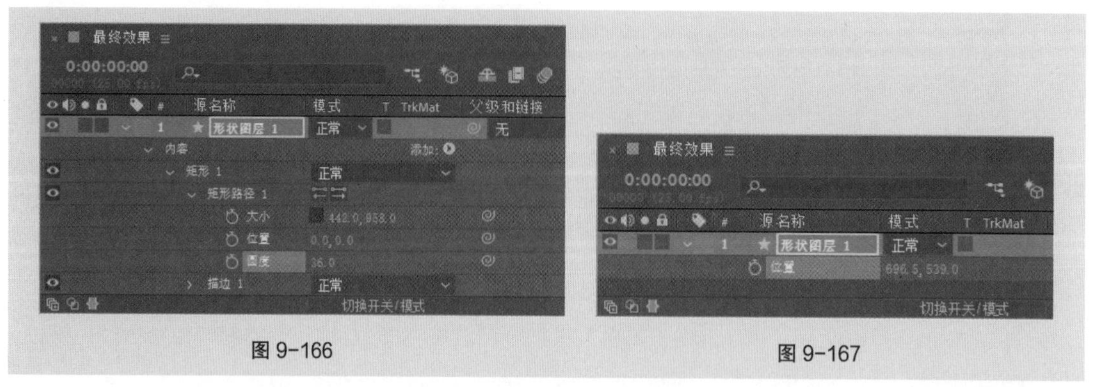

图 9-166　　图 9-167

（4）按 Ctrl+D 组合键，复制图层生成“形状图层 2”。按 P 键，展开“位置”属性，设置“位置”选项为“1235.5，539.0”，如图 9-168 所示。“合成”面板中的效果如图 9-169 所示。

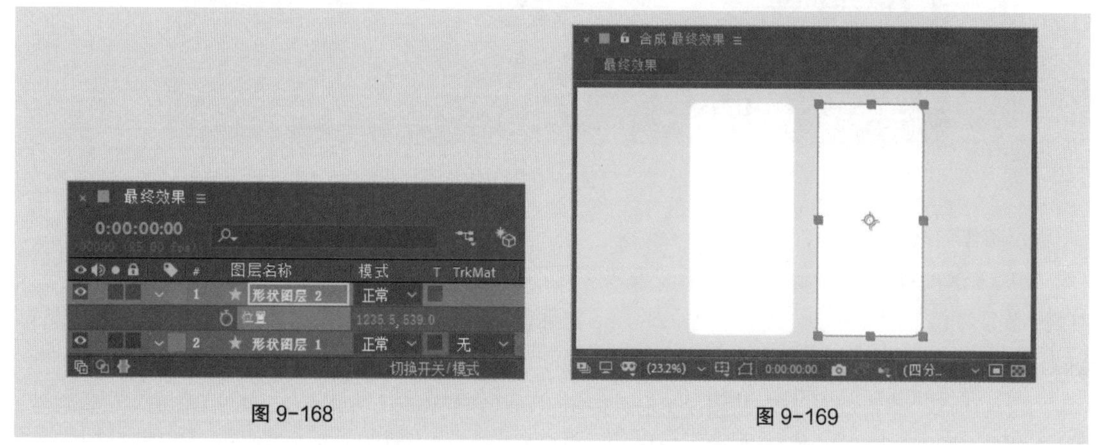

图 9-168　　图 9-169

（5）在“项目”面板中选中“首页”合成，将其拖曳到“时间轴”面板中并放置在“形状图层 1”图层的下方，如图 9-170 所示。将“首页”图层的“T　TrkMat”选项设置为“Alpha 遮罩‘形状图层 1’”，如图 9-171 所示。

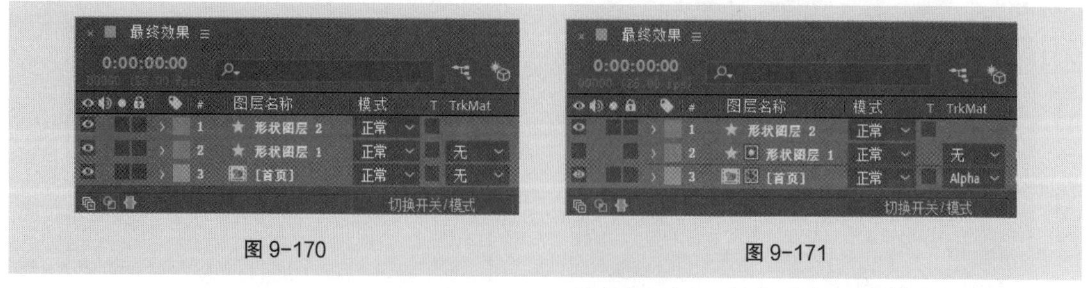

图 9-170　　图 9-171

（6）选中“首页”图层，按 S 键，展开“缩放”属性，设置“缩放”选项为“59.0，59.0%”，按住 Shift 键的同时按 P 键，展开“位置”属性，设置“位置”选项为“698.0，1120.0”，如图 9-172 所示。“合成”面板中的效果如图 9-173 所示。

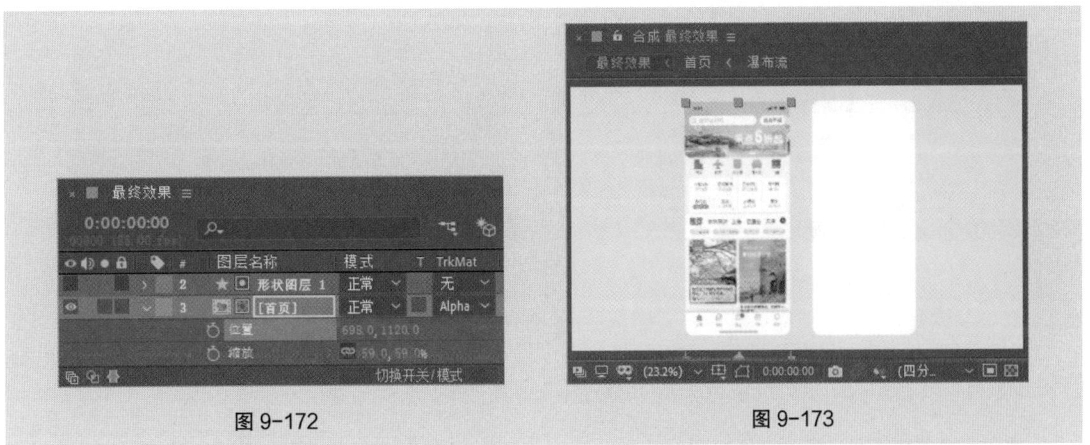

图 9-172　　图 9-173

（7）在“项目”面板中选中“详情页”合成，将其拖曳到“时间轴”面板中并放置在“形状图层 2”图层的下方，如图 9-174 所示。将“详情页”图层的“T　TrkMat”选项设置为“Alpha 遮罩‘形状图层 1’”，如图 9-175 所示。

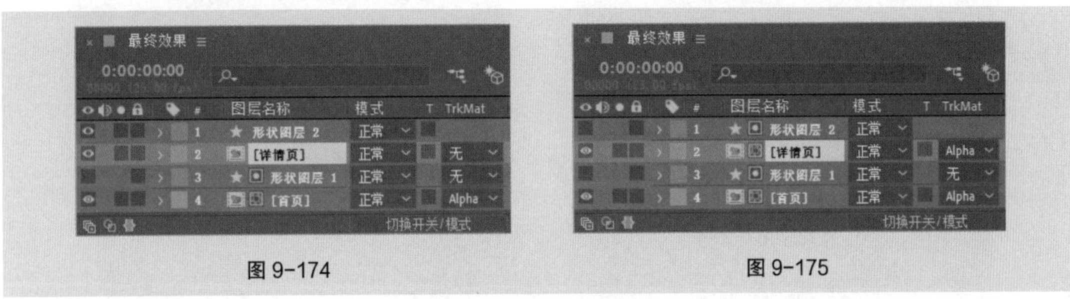

图 9-174　　图 9-175

（8）选中“详情页”图层，按 S 键，展开“缩放”属性，设置“缩放”选项为“59.0，59.0%”，按住 Shift 键的同时按 P 键，展开“位置”属性，设置“位置”选项为“1235.0，736.0”，如图 9-176 所示。“合成”面板中的效果如图 9-177 所示。

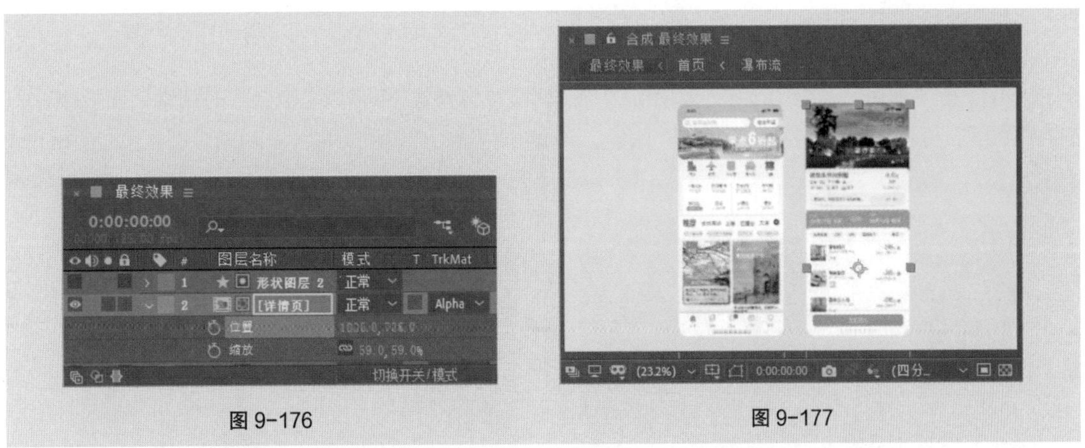

图 9-176　　图 9-177

（9）在“项目”面板中选中“触控点 _ 纵向滑动”合成，将其拖曳到“时间轴”面板中，并放置在“形状图层 2”图层的上方，如图 9-178 所示。按 P 键，展开“位置”属性，设置“位置”选项为“704.0，723.0”，如图 9-179 所示。

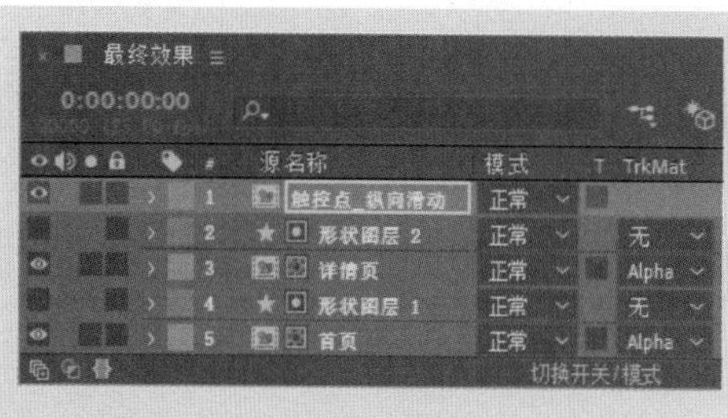

图 9-178

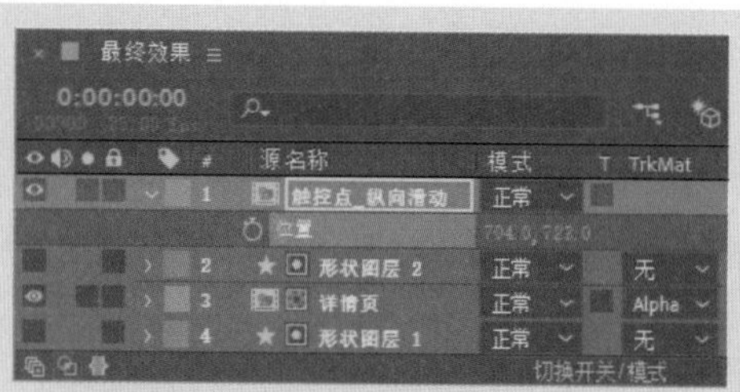

图 9-179

（10）在“项目”面板中选中“触控点 _ 左向滑动”合成，并将其拖曳到“时间轴”面板中，如图 9-180 所示。按 P 键，展开“位置”属性，设置“位置”选项为“851.0，201.0”，如图 9-181 所示。

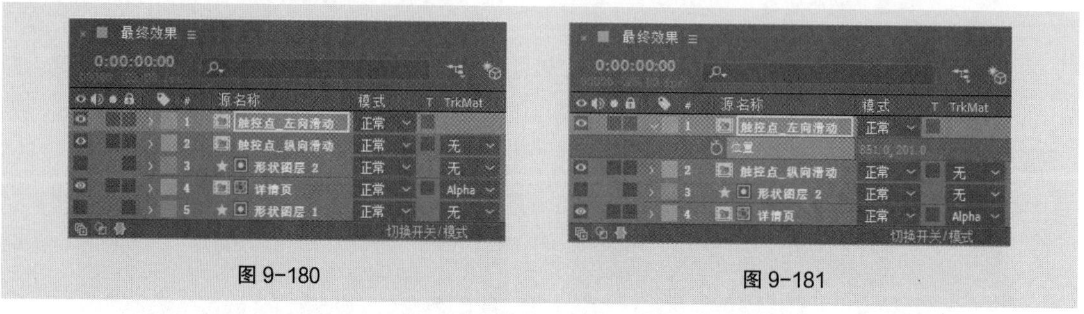

图 9-180

图 9-181

（11）将时间标签放置在 0:00:01:00 的位置，按 [键，设置动画的入点，如图 9-182 所示。

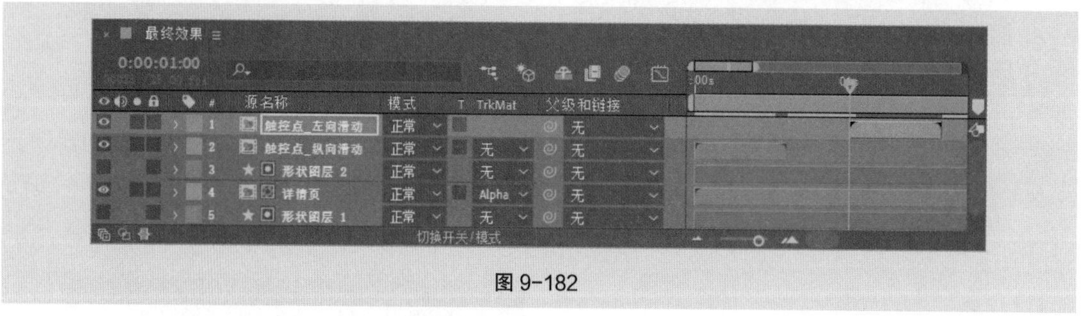

图 9-182

（12）在“项目”面板中选中“触控点 _ 右向滑动”合成，并将其拖曳到“时间轴”面板中，如图 9-183 所示。按 P 键，展开“位置”属性，设置“位置”选项为“512.0，201.0”，如图 9-184 所示。

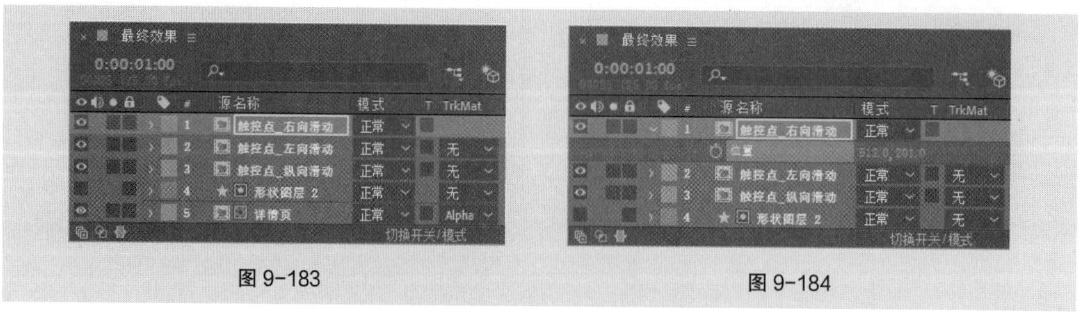

图 9-183

图 9-184

（13）将时间标签放置在 0:00:02:03 的位置，按 [键，设置动画的入点，如图 9-185 所示。

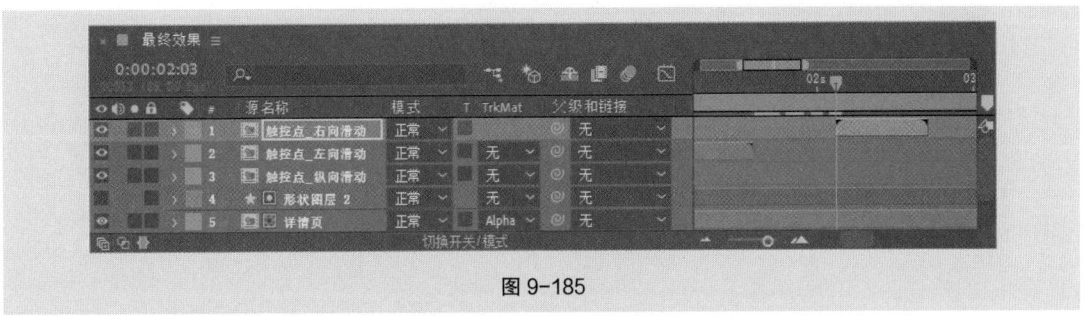

图 9-185

（14）在“项目”面板中选中“触控点＿纵向滑动”合成，并将其拖曳到“时间轴”面板中，如图 9-186 所示。按 P 键，展开“位置”属性，设置“位置”选项为“1240.0，632.0”，如图 9-187 所示。

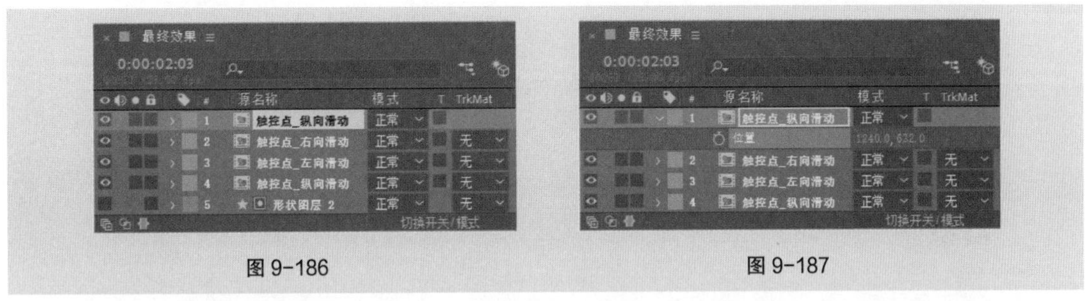

图 9-186　　图 9-187

（15）将时间标签放置在 0:00:03:00 的位置，按 [键，设置动画的入点，如图 9-188 所示。

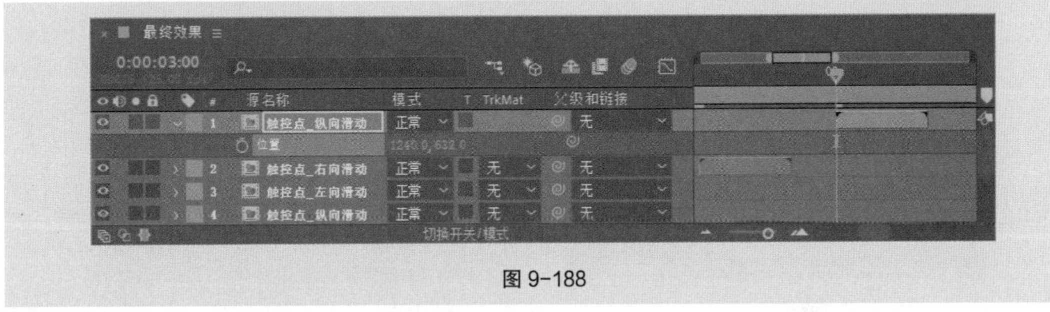

图 9-188

（16）按 Ctrl+D 组合键，复制图层，按 P 键，展开“位置”属性，设置“位置”选项为“696.0，724.0”。将时间标签放置在 0:00:03:18 的位置，按 [键，设置动画的入点，如图 9-189 所示。

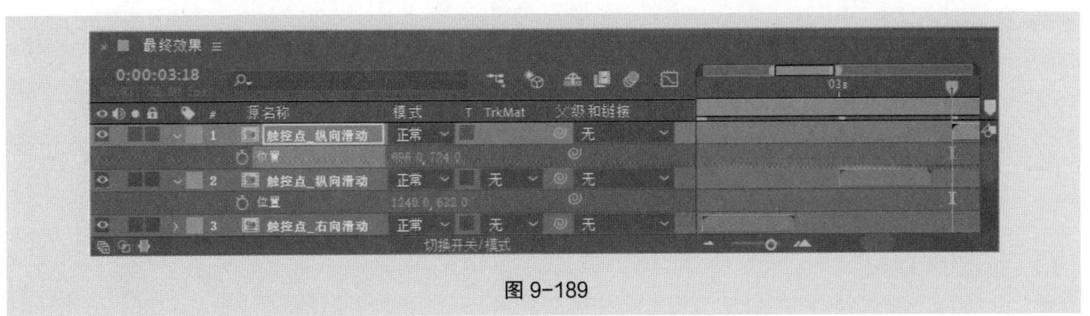

图 9-189

（17）按 Ctrl+D 组合键，复制图层，按 P 键，展开“位置”属性，设置“位置”选项为“1236.0，766.0”。将时间标签放置在 0:00:04:22 的位置，按 [键，设置动画的入点，如图 9-190 所示。

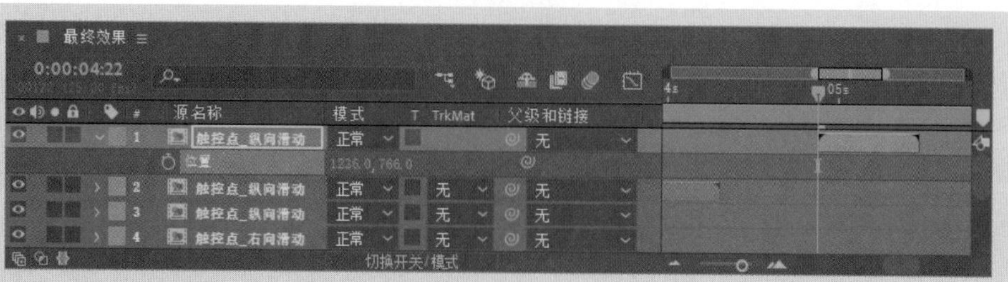

图 9-190

（18）按 Ctrl+D 组合键，复制图层，按 P 键，展开“位置”属性，设置“位置”选项为“690.0，738.0”。将时间标签放置在 0:00:06:07 的位置，按 [键，设置动画的入点，如图 9-191 所示。

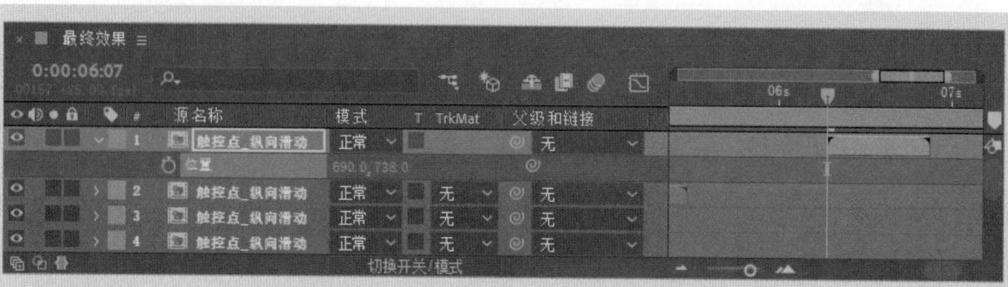

图 9-191

（19）在“项目”面板中选中“触控点 _ 点击”合成，并将其拖曳到“时间轴”面板中，如图 9-192 所示。按 P 键，展开“位置”属性，设置“位置”选项为“1410.0，429.0”，如图 9-193 所示。

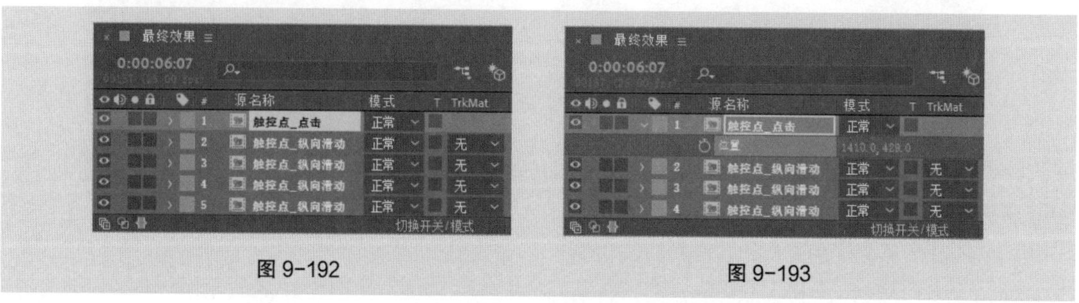

图 9-192　　图 9-193

（20）将时间标签放置在 0:00:05:15 的位置，按 [键，设置动画的入点，如图 9-194 所示。

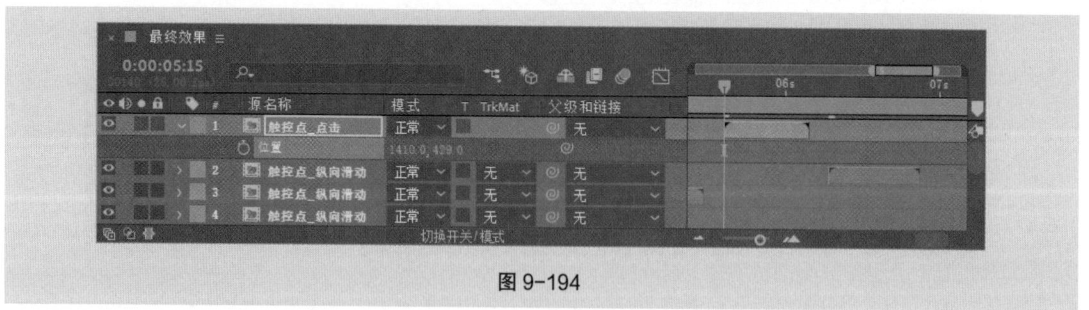

图 9-194

（21）选择“图层 > 新建 > 纯色”命令，弹出“纯色设置”对话框，在“名称”文本框中输入“背景”，将“颜色”设置为浅青色（199、228、236），单击“确定”按钮，在当前合成中建立一个新的浅青色纯色层，如图 9-195 所示。将“背景”图层拖曳到最底部，如图 9-196 所示。旅游出行 MG 交互界面制作完成。

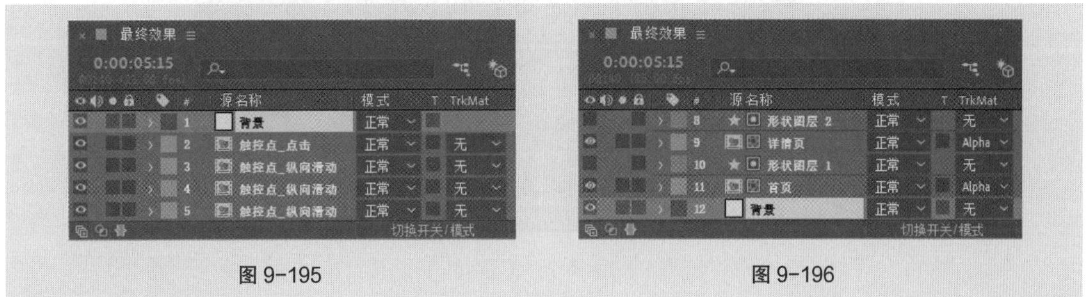

图 9-195　　　　图 9-196

9.1.3　文件保存

选择“文件 > 保存”命令，弹出“另存为”对话框，在对话框中选择要保存文件的位置，在“文件名”文本框中输入“工程文件”，其他选项的设置如图 9-197 所示，单击“保存”按钮，将文件保存。

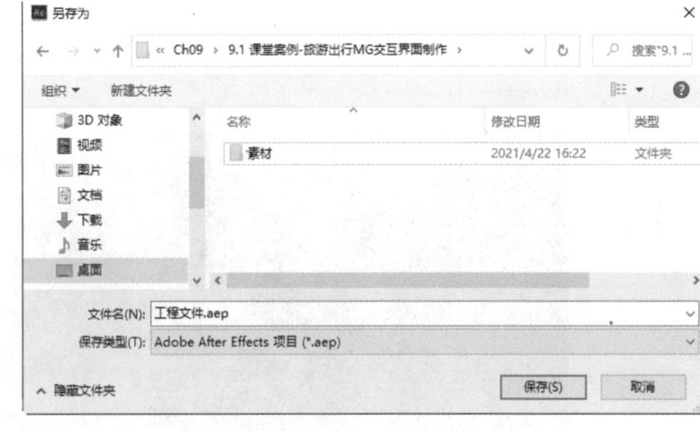

图 9-197

9.1.4　渲染导出

（1）选择“合成 > 添加到 Adobe Media Encoder 队列”命令，系统自动打开 Adobe Media Encoder 软件并将文件添加到 Adobe Media Encoder 软件“队列”面板中，如图 9-198 所示。

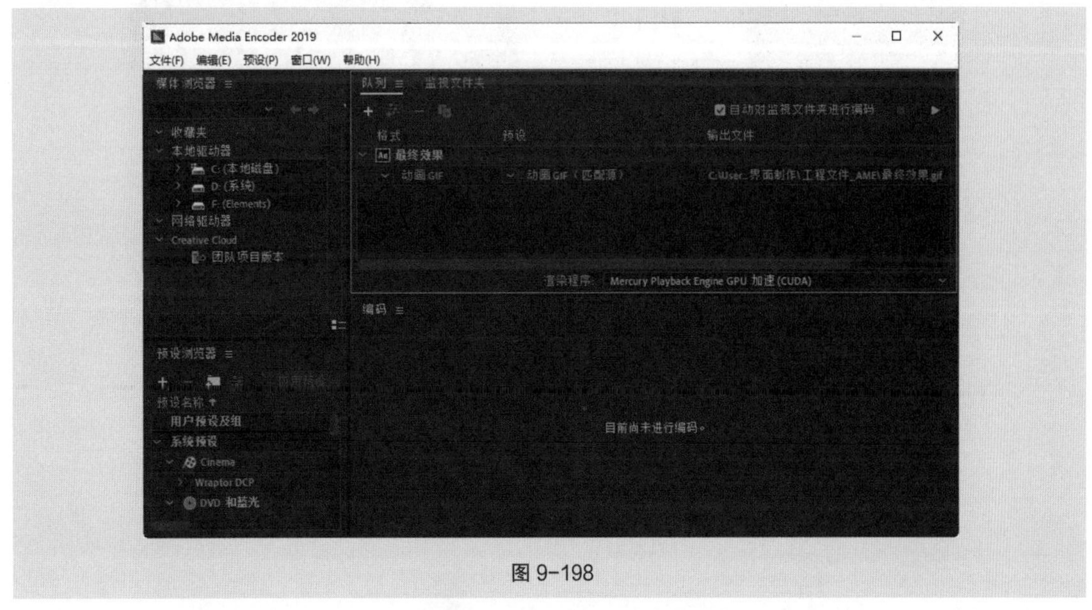

图 9-198

（2）单击“格式”选项组中的按钮，在弹出的列表中选择“动画 GIF”选项，其他选项的设置如图 9-199 所示。

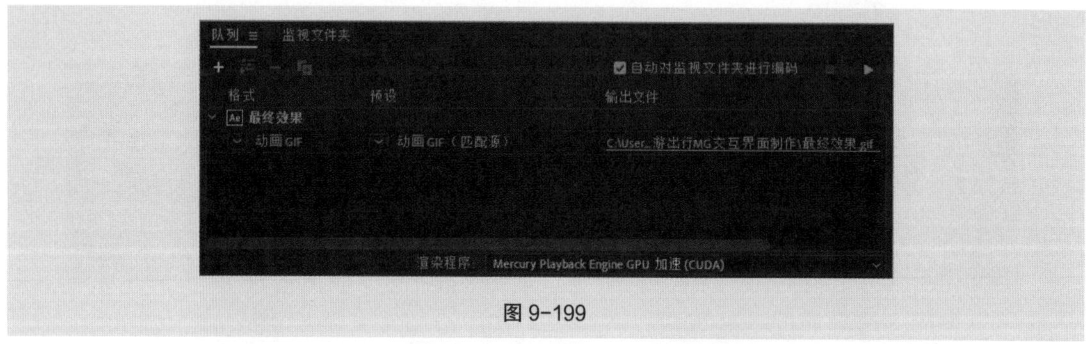

图 9-199

（3）设置完成后单击“队列”面板中的“启动队列”按钮 ▶ ，进行文件渲染，如图 9-200 所示。

图 9-200

（4）渲染完成后在输出文件位置可以看到视频文件，如图 9-201 所示。

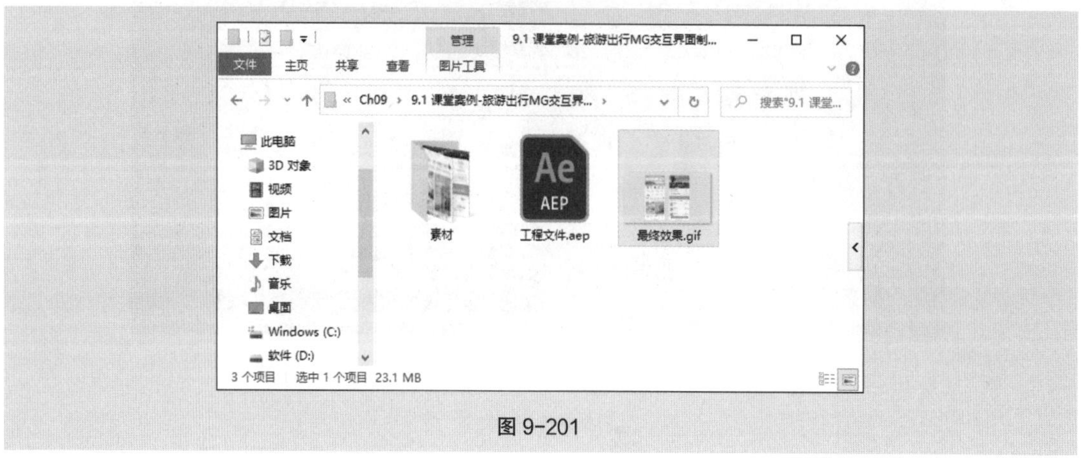

图 9-201

9.2 课堂练习——电商平台 MG 交互界面制作

【案例学习目标】综合使用基础属性、关键帧、图表编辑器、轨道遮罩、父集和链接以及合成嵌套。

【案例知识要点】使用圆角矩形工具绘制图形，添加“位移路径”以设置位移路径，使用“父集和链接”选项制作动画效果，使用“图表编辑器”按钮打开“动画曲线”并调节动画的运动速度，使用“T TrkMat”选项制作轨道遮罩效果。电商平台 MG 交互界面制作效果如图 9-202 所示。

【效果所在位置】云盘 \Ch09\ 电商平台 MG 交互界面制作 \ 工程文件 . aep。

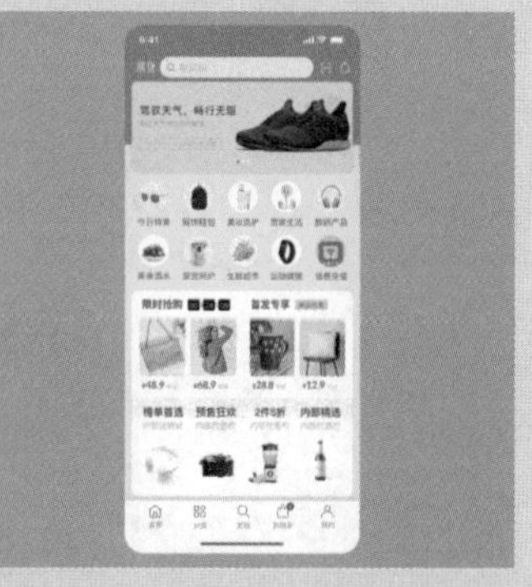

图 9-202

9.3 课后习题——食品餐饮 MG 交互界面制作

【案例学习目标】综合使用基础属性、关键帧、图表编辑器、轨道遮罩、父集和链接、合成嵌套和“Newton”插件。

【案例知识要点】使用图层基本属性制作动画效果，使用“父集和链接”选项制作动画效果，使用“图表编辑器”按钮打开“动画曲线”并调节动画的运动速度，使用“T TrkMat”选项制作轨道遮罩效果，使用“Newton”插件制作水果掉落效果。食品餐饮 MG 交互界面制作效果如图 9-203 所示。

【效果所在位置】云盘 \Ch09\ 食品餐饮 MG 交互界面制作 \ 工程文件 . aep。

图 9-203

第10章 10 MG 动画短片制作

本章介绍

MG 动画短片有别于传统动画短片，它不再通过角色塑造来进行故事阐述，而是将文字、图形以及图像等信息通过动画的方式进行信息传递。这类短片拥有方便直观、节约成本的传播优势，同时令用户可以更好地感受与接收信息。本章从实战角度对 MG 动画短片的素材导入、动画制作、文件保存以及渲染导出进行系统讲解与演练。通过对本章的学习，读者可以对 MG 动画短片有一个基本的认识，并快速掌握制作常用动画短片的方法。

学习目标

- 掌握 MG 动画短片的素材导入方法
- 掌握 MG 动画短片的制作方法
- 掌握 MG 动画短片的文件保存方法
- 掌握 MG 动画短片的渲染导出方法

10.1 课堂案例——家居装修 MG 动画短片制作

【案例学习目标】综合使用基础属性、关键帧、转换为可编辑文字、从文字创建形状、入点和出点、合成嵌套和效果预设等功能。

【案例知识要点】使用“转换为可编辑文字”命令将文字转为可编辑状态，使用“从文字创建形状”命令将文字转为轮廓，使用“入点”和“出点”控制画面的出场时间，使用“图表编辑器”按钮打开“动画曲线”调节动画的运动速度。家居装修 MG 动画短片制作效果如图 10-1 所示。

【效果所在位置】云盘 \Ch10\ 家居装修 MG 动画短片制作 \ 工程文件 . aep。

图 10-1

10.1.1 导入素材

（1）选择“文件 > 导入 > 文件”命令，在弹出的“导入文件”对话框中，选择云盘中的“Ch10\ 家居装修 MG 动画短片制作 \ 素材 \01.psd 和 02.mp3”文件，如图 10-2 所示，单击“导入”按钮，将文件导入“项目”面板中，如图 10-3 所示。

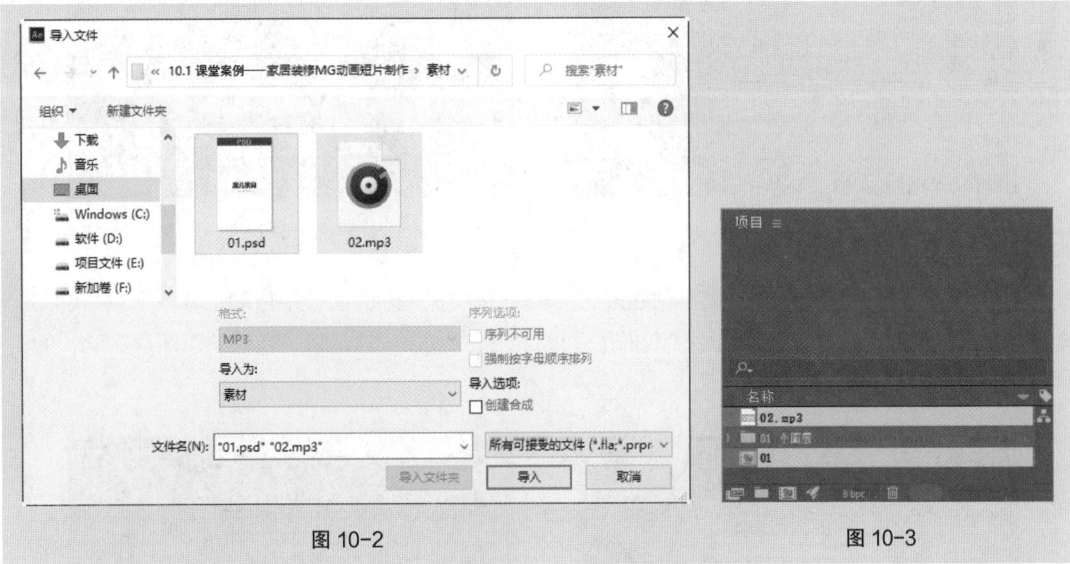

图 10-2

图 10-3

（2）在“项目”面板中双击“01”合成，进入“01”合成的编辑窗口。选择“合成 > 合成设置”命令，弹出“合成设置”对话框，在“合成名称”文本框中输入“最终效果”，“持续时间”设为 0:00:20:00，其他选项的设置如图 10-4 所示，单击“确定”按钮，完成选项的设置，如图 10-5 所示。

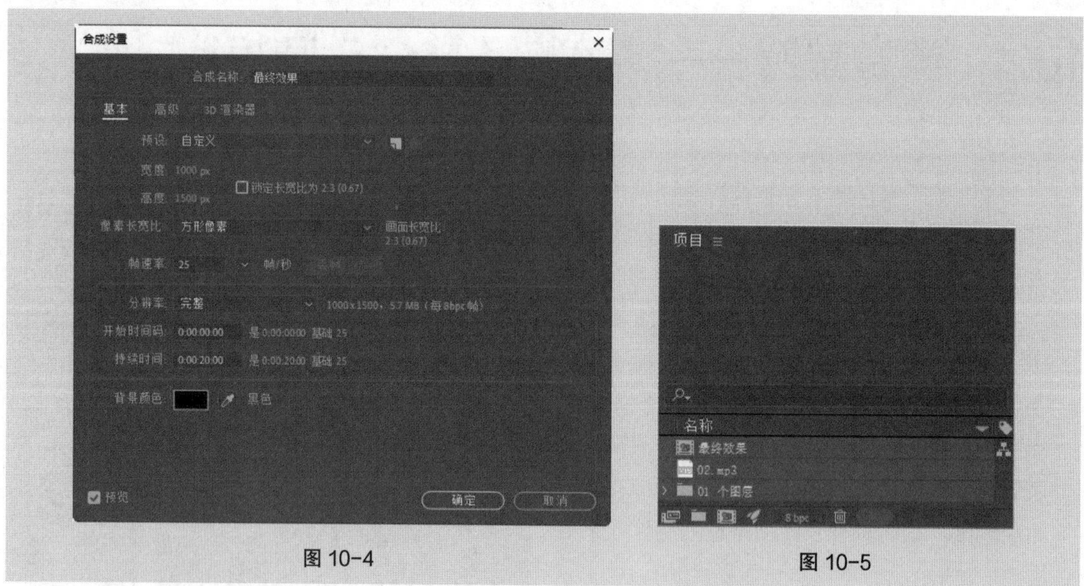
图 10-4

图 10-5

10.1.2 动画制作

1. 制作“画面 1”动画

（1）在“时间轴”面板中双击“画面 1”图层，进入“画面 1”合成的编辑窗口。在“图层 1”图层上单击鼠标右键，在弹出的菜单中选择“重命名”命令，将图层重命名为“背景”。选中“我们的”图层，如图 10-6 所示，选择“图层 > 创建 > 转换为可编辑文字”命令，将文字转为可编辑状态，如图 10-7 所示。

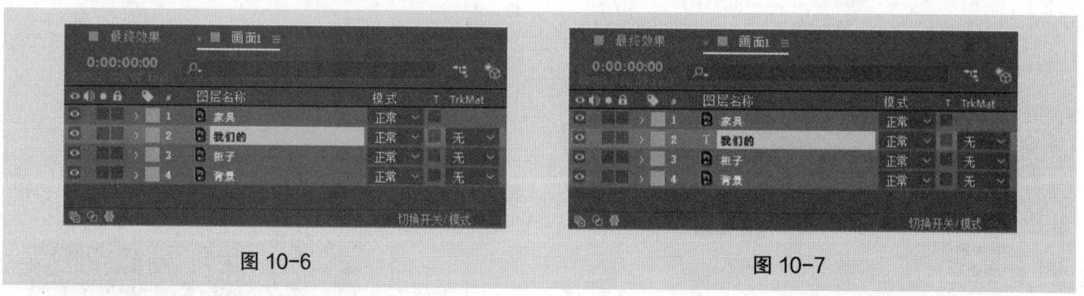
图 10-6

图 10-7

（2）选择“图层 > 创建 > 从文字创建形状”命令，在“时间轴”面板中自动生成一个“‘我们的’轮廓”图层，如图 10-8 所示。选中“我们的”图层，按 Delete 键，将“我们的”图层删除，效果如图 10-9 所示。

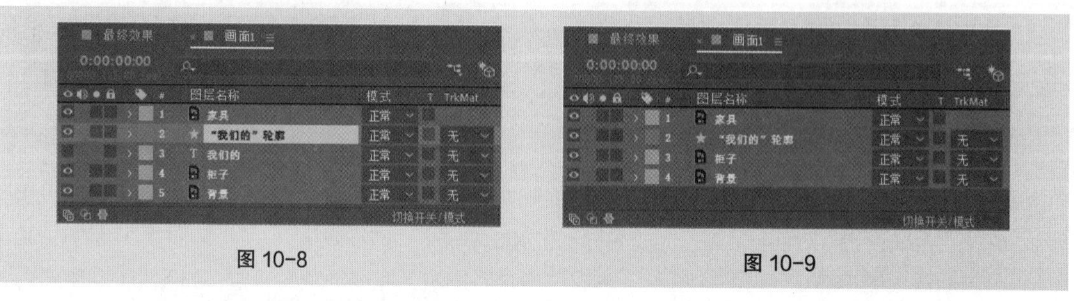
图 10-8

图 10-9

（3）展开“‘我们的’轮廓”图层中的“内容 > 我 > 变换：我”选项组，将时间标签放置在0:00:00:05的位置，单击“位置”选项左侧的“关键帧自动记录器”按钮，如图10-10所示，记录第1个关键帧。将时间标签放置在0:00:00:06的位置，设置“位置”选项为“-8.0，0.0”，如图10-11所示，记录第2个关键帧。

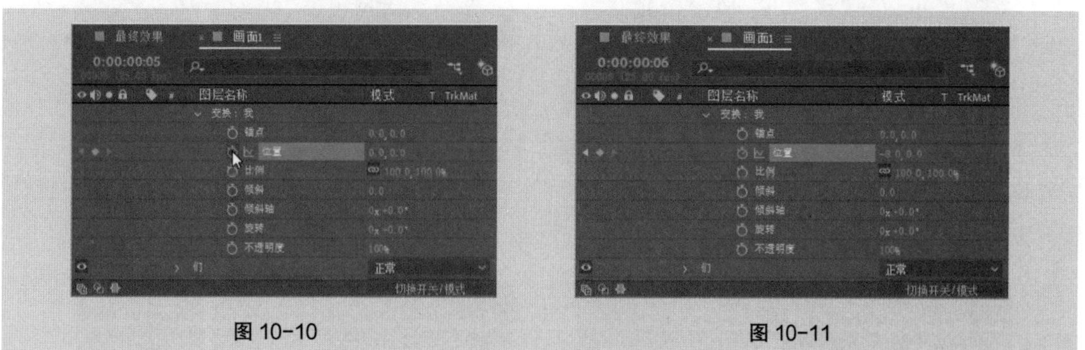

图10-10　　图10-11

（4）单击“位置”属性，将该属性的关键帧全部选中，如图10-12所示。按F9键，将关键帧转为缓动关键帧，如图10-13所示。

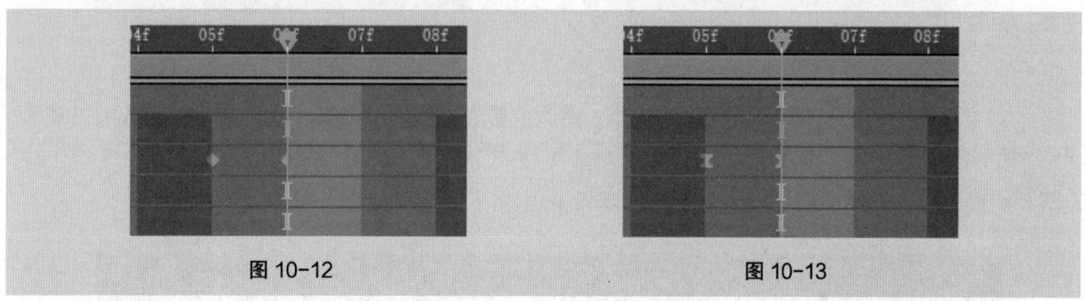

图10-12　　图10-13

（5）用步骤（3）和步骤（4）中的方法对“的”选项组中的“位置”属性进行动画制作，如图10-14所示。

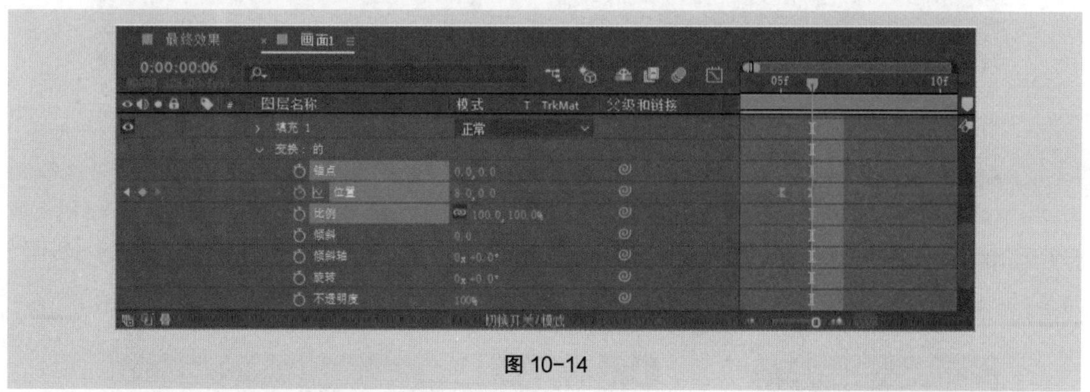

图10-14

（6）将时间标签放置在0:00:00:14的位置，选中“‘我们的’轮廓”图层，按T键，展开“不透明度”属性，单击“不透明度”选项左侧的“关键帧自动记录器”按钮，如图10-15所示，记录第1个关键帧。将时间标签放置在0:00:00:15的位置，设置“不透明度”选项为50%，如图10-16所示，记录第2个关键帧。

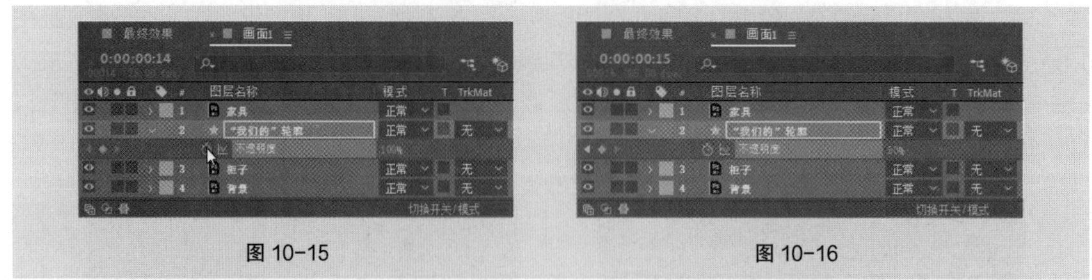

图 10-15　　图 10-16

（7）将时间标签放置在 0:00:01:03 的位置，单击“不透明度”选项左侧的“在当前时间添加或移除关键帧”按钮，如图 10-17 所示，记录第 3 个关键帧。将时间标签放置在 0:00:01:04 的位置，设置“不透明度”选项为 0%，如图 10-18 所示，记录第 4 个关键帧。

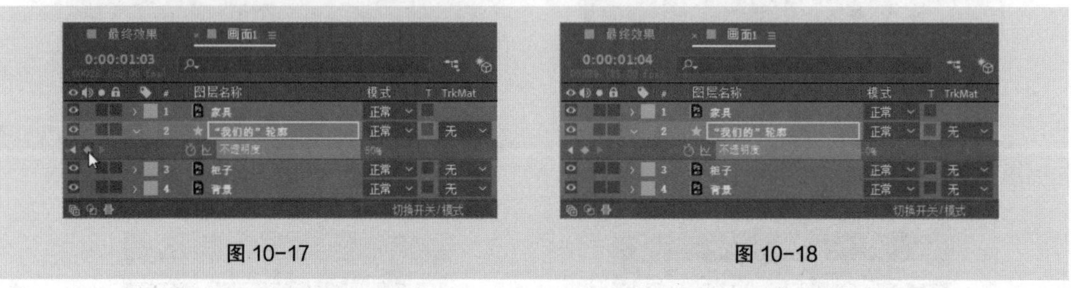

图 10-17　　图 10-18

（8）按 Alt+] 组合键，设置动画的出点。将时间标签放置在 0:00:00:15 的位置，选中“家具”图层，按 Alt+ [组合键，设置动画的入点。将时间标签放置在 0:00:01:04 的位置，按 Alt+] 组合键，设置动画的出点，如图 10-19 所示。将“家具”图层转为可编辑文字。

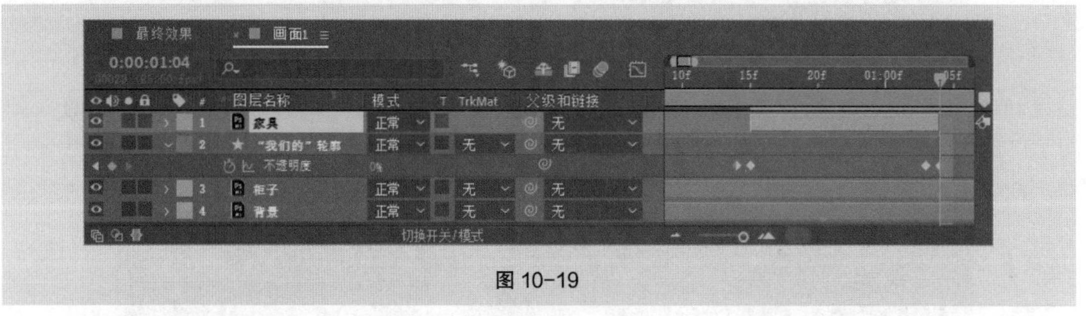

图 10-19

2．制作“画面 2”动画

（1）在“最终效果”合成中双击“画面 2”图层，进入“画面 2”合成的编辑窗口。在“时间轴”面板中用鼠标右键单击“图层 2”图层，在弹出的菜单中选择“重命名”命令，将其重命名为“背景”，如图 10-20 所示。将时间标签放置在 0:00:00:05 的位置，按 [键，设置动画的入点，如图 10-21 所示。

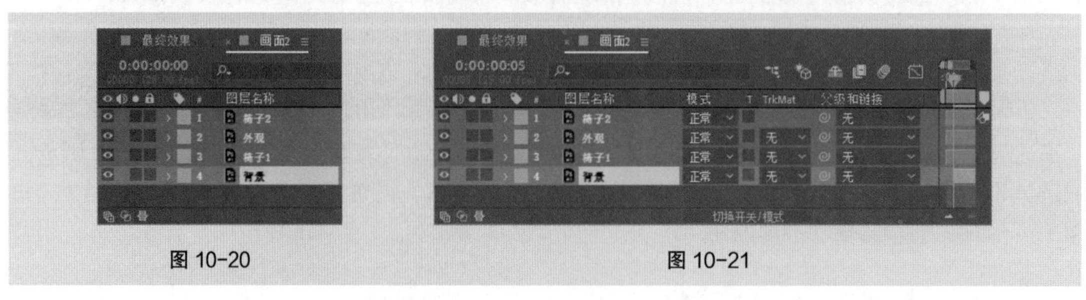

图 10-20　　图 10-21

（2）将时间标签放置在 0:00:00:00 的位置，选中“外观”图层，按 P 键，展开“位置”属性，设置“位置”选项为“7.0，756.0”，单击“位置”选项左侧的“关键帧自动记录器”按钮，如图 10-22 所示，记录第 1 个关键帧。将时间标签放置在 0:00:00:05 的位置，设置“位置”选项为“465.0，756.0”，如图 10-23 所示，记录第 2 个关键帧。

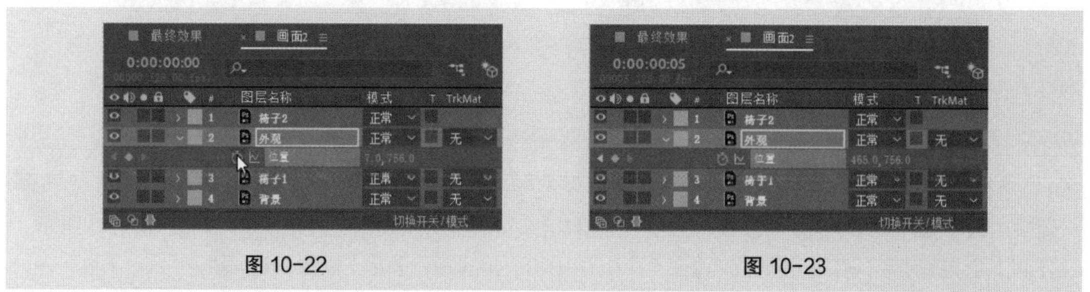

图 10-22　　图 10-23

（3）将时间标签放置在 0:00:00:09 的位置，选中“椅子 2”图层，按 [键，设置动画的入点。将时间标签放置在 0:00:00:15 的位置，按 P 键，展开“位置”属性，设置“位置”选项为“731.0，756.5”，单击“位置”选项左侧的“关键帧自动记录器”按钮，如图 10-24 所示，记录第 1 个关键帧。将时间标签放置在 0:00:00:20 的位置，设置“位置”选项为“675.0，756.5”，如图 10-25 所示，记录第 2 个关键帧。

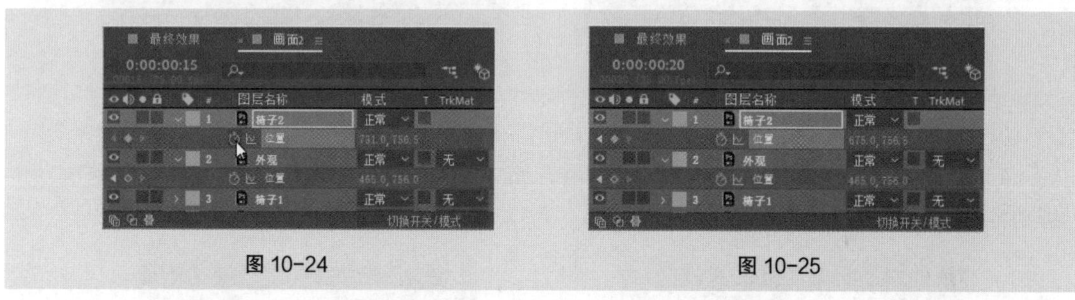

图 10-24　　图 10-25

（4）进入“最终效果”合成，将时间标签放置在 0:00:01:04 的位置，选中“画面 2”图层，按 [键，设置动画的入点，如图 10-26 所示。

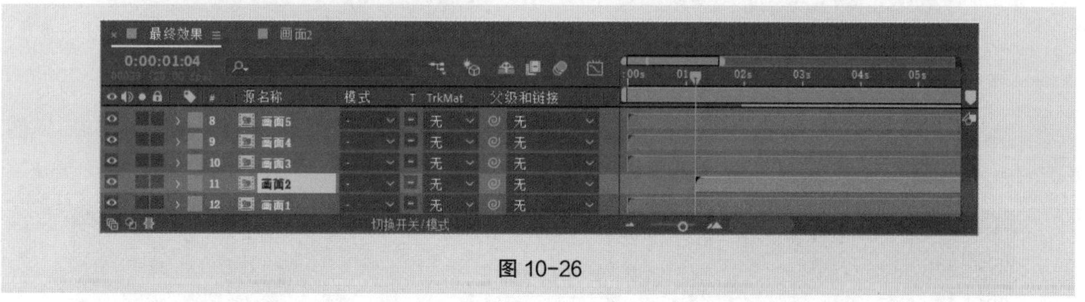

图 10-26

3. 制作“画面 3”动画

（1）将时间标签放置在 0:00:02:02 的位置，选中“画面 3”图层，按 [键，设置动画的入点。双击“画面 3”图层，进入“画面 3”合成窗口中。用鼠标右键单击“极简自然”图层，在弹出的菜单中选择“创建 > 转换为可编辑文字”命令，将其转换为可编辑文字，如图 10-27 所示。

（2）用鼠标右键单击“极简自然”图层，在弹出的菜单中选择“创建 > 从文字创建形状”命令，在“时间轴”面板中自动生成一个“‘极简自然’轮廓”图层，如图 10-28 所示。选中“极简自然”

图层，按 Delete 键，将“极简自然”图层删除。

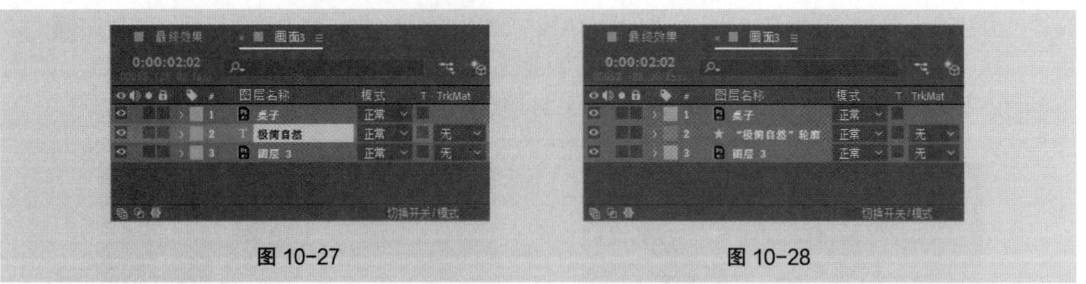

图 10-27　　　　图 10-28

（3）将时间标签放置在 0:00:00:05 的位置，展开“‘极简自然’轮廓”图层中的“内容 > 极 > 变换：极”选项组，单击“位置”选项左侧的“关键帧自动记录器”按钮，如图 10-29 所示，记录第 1 个关键帧。将时间标签放置在 0:00:00:08 的位置，设置“位置”选项为“4.0，0.0”，如图 10-30 所示，记录第 2 个关键帧。

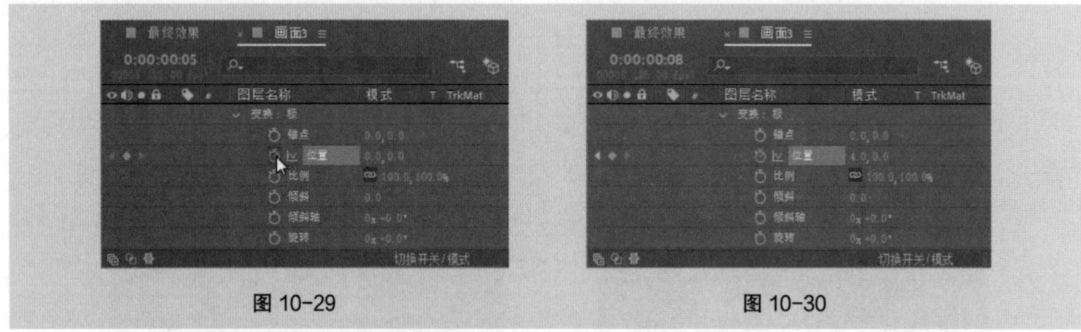

图 10-29　　　　图 10-30

（4）单击“位置”属性，将该属性关键帧全部选中，如图 10-31 所示。按 F9 键，将关键帧转为缓动关键帧，如图 10-32 所示。

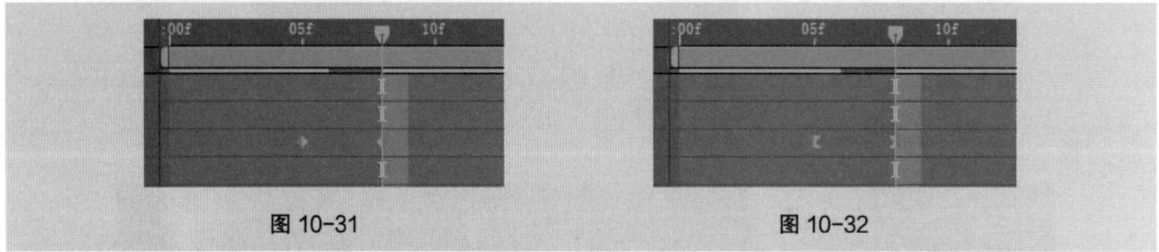

图 10-31　　　　图 10-32

（5）用步骤（3）和步骤（4）中的方法对“简”“自”“然”选项组中的“位置”属性进行动画制作，并设置不同的入场时间，效果如图 10-33 所示。

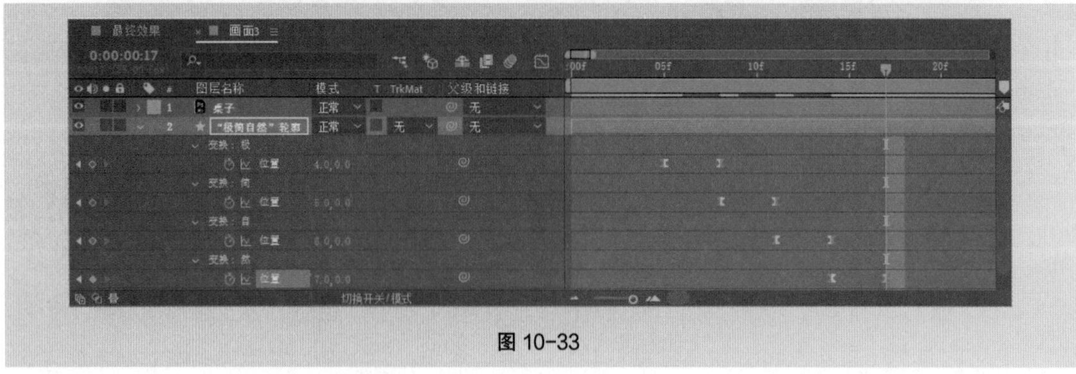

图 10-33

4．制作“画面 4”至“画面 8”动画

（1）进入“最终效果”合成，将时间标签放置在 0:00:03:14 的位置，选中“画面 4”图层，按 [键，设置动画的入点，如图 10-34 所示。

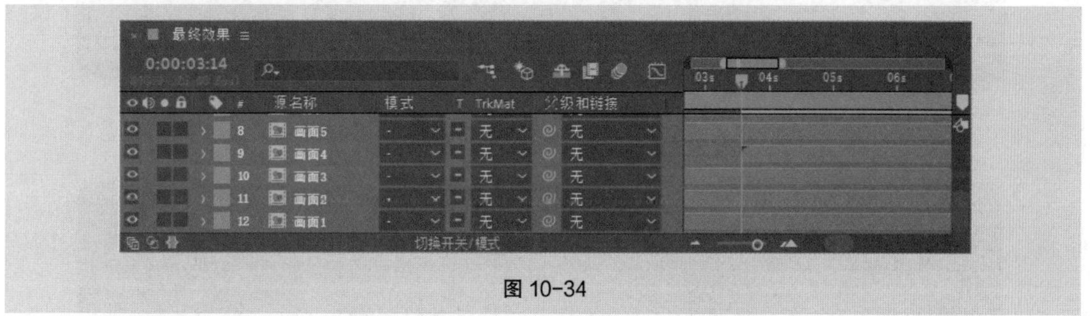

图 10-34

（2）双击“画面 4”图层，进入“画面 4”合成窗口中。将时间标签放置在 0:00:00:04 的位置，选中“环保耐用”图层，按 [键，设置动画的入点。

（3）将时间标签放置在 0:00:00:09 的位置，按 S 键，展开“缩放”属性，设置“缩放”选项为“40.0，40.0%”，单击“缩放”选项左侧的“关键帧自动记录器”按钮，如图 10-35 所示，记录第 1 个关键帧。将时间标签放置在 0:00:00:10 的位置，设置“缩放”选项为“100.0，100.0%”，如图 10-36 所示，记录第 2 个关键帧。

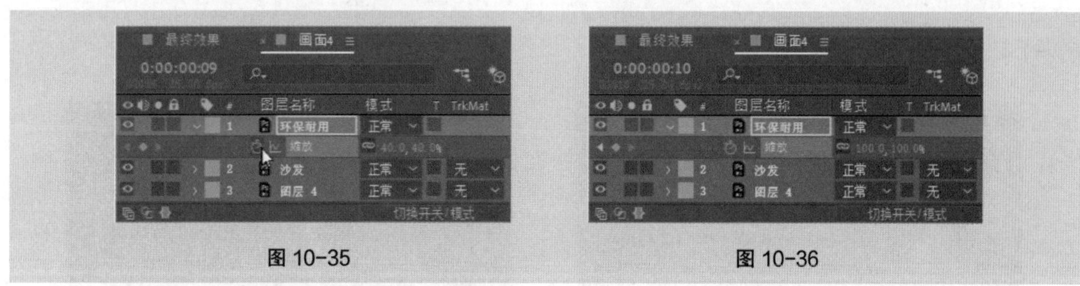

图 10-35　　图 10-36

（4）进入“最终效果”合成，将时间标签放置在 0:00:04:16 的位置，选中“画面 5”图层，按 [键，设置动画的入点，如图 10-37 所示。

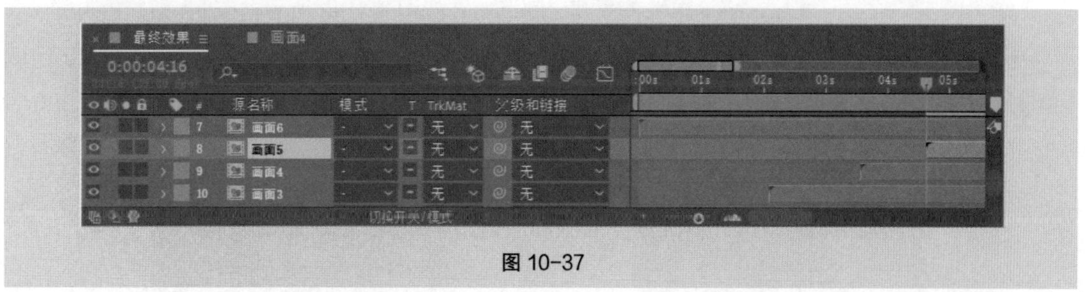

图 10-37

（5）将时间标签放置在 0:00:05:01 的位置，选中“画面 6”图层，按 [键，设置动画的入点，如图 10-38 所示。

（6）将时间标签放置在 0:00:05:16 的位置，选中“画面 7”图层，按 [键，设置动画的入点，如图 10-39 所示。

图 10-38

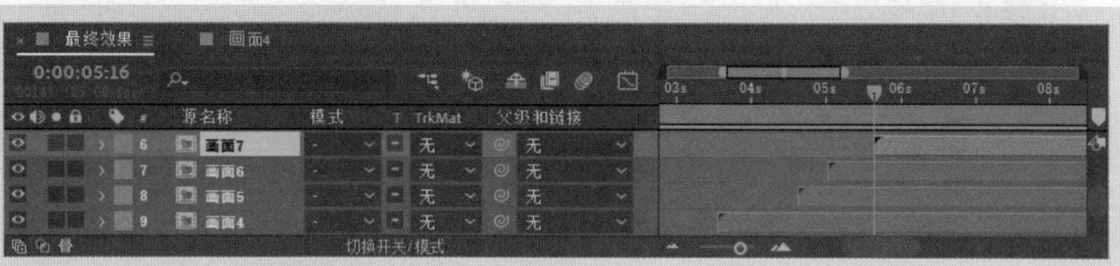

图 10-39

（7）双击“画面 7”图层，进入“画面 7”合成窗口中。将时间标签放置在 0:00:00:02 的位置，选中“无论一个扶手”图层，按 P 键，展开“位置”属性，设置“位置”选项为“-10.5，401.0”，单击“位置”选项左侧的“关键帧自动记录器”按钮，如图 10-40 所示，记录第 1 个关键帧。

（8）将时间标签放置在 0:00:00:06 的位置，设置“位置”选项为“511.5，401.0”，如图 10-41 所示，记录第 2 个关键帧。

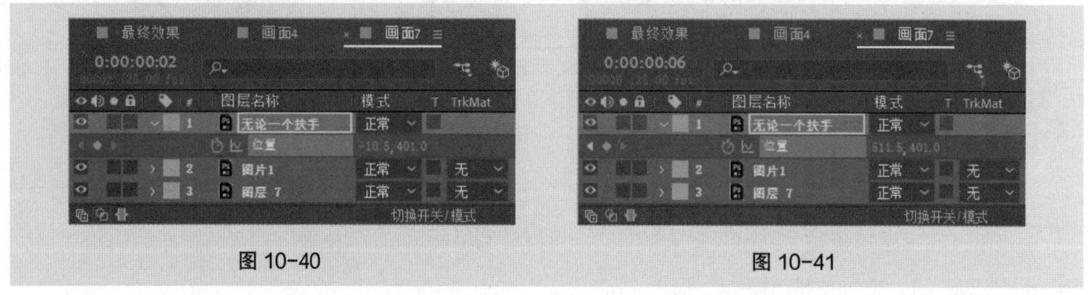

图 10-40　　图 10-41

（9）单击“位置”属性，将该属性关键帧全部选中，如图 10-42 所示。按 F9 键，将关键帧转为缓动关键帧，如图 10-43 所示。

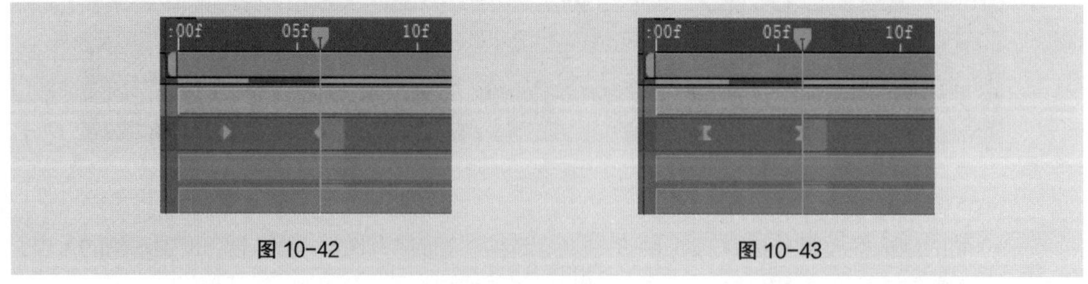

图 10-42　　图 10-43

（10）进入“最终效果”合成，将时间标签放置在 0:00:06:20 的位置，选中“画面 8”图层，按 [键，设置动画的入点，如图 10-44 所示。

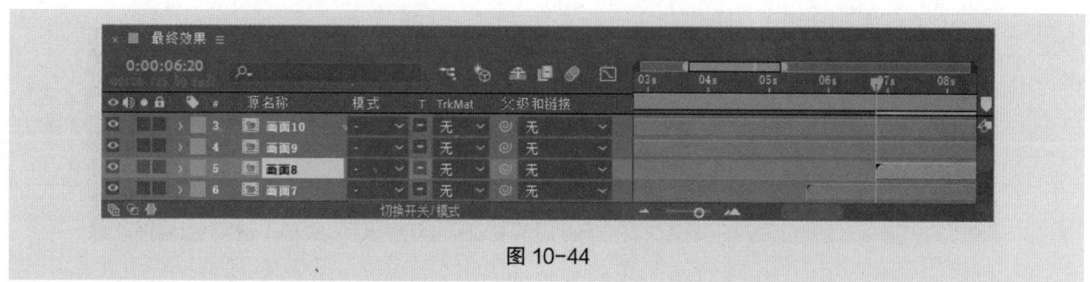

图 10-44

（11）双击“画面 8”图层，进入“画面 8”合成窗口中。用鼠标右键单击“还是”图层，在弹出的菜单中选择“创建 > 转换为可编辑文字”命令，将文字转为可编辑状态，如图 10-45 所示。用相同的方法将“一根椅腿”图层转为可编辑状态，如图 10-46 所示。

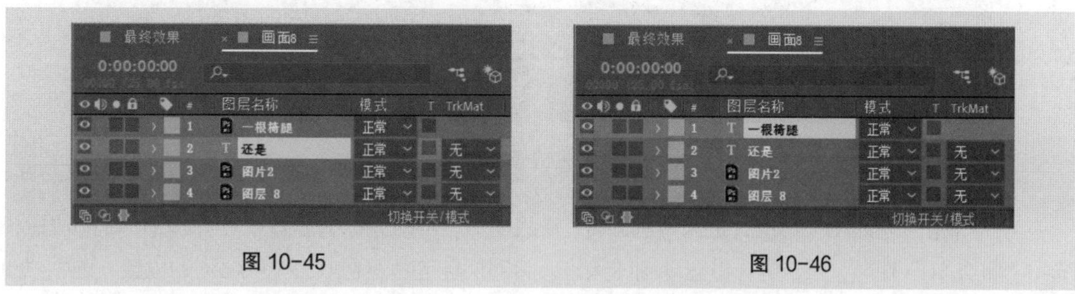

图 10-45

图 10-46

（12）将时间标签放置在 0:00:00:07 的位置，选中“一根椅腿”图层，按 [键，设置动画的入点。选择“窗口 > 效果和预设”命令，打开“效果和预设”面板，单击“动画预设”文件夹左侧的小箭头按钮将其展开，双击“Text > Animate In > 打字机”效果，如图 10-47 所示，应用效果。“合成”预览面板中的效果如图 10-48 所示。

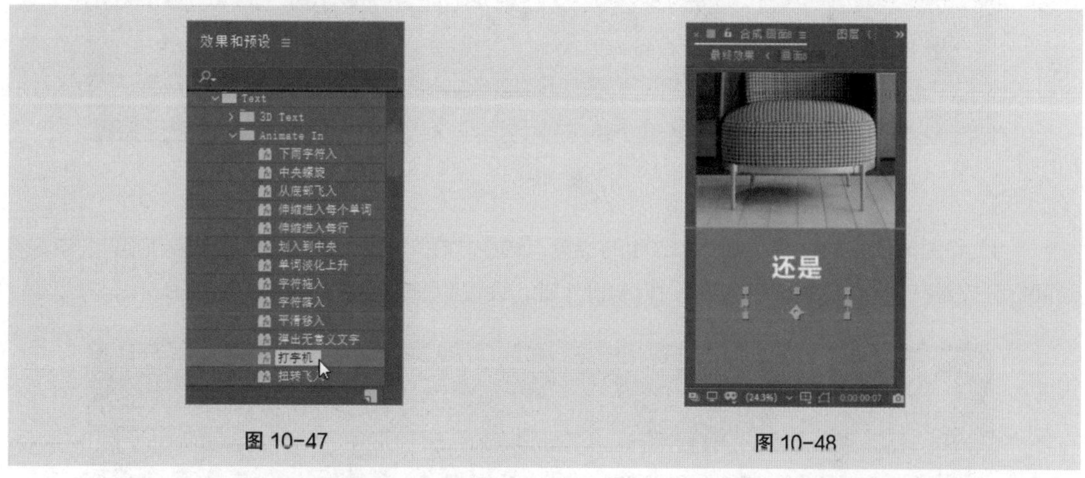

图 10-47

图 10-48

（13）选中“一根椅腿”图层，按 U 键，展开所有关键帧。将时间标签放置在 0:00:00:20 的位置，按住 Shift 键的同时拖曳第 2 个关键帧到时间标签所在的位置，如图 10-49 所示。

5. 制作“画面 9”动画

（1）进入“最终效果”合成，将时间标签放置在 0:00:07:21 的位置，选中“画面 9”图层，按 [键，设置动画的入点，如图 10-50 所示。

图 10-49

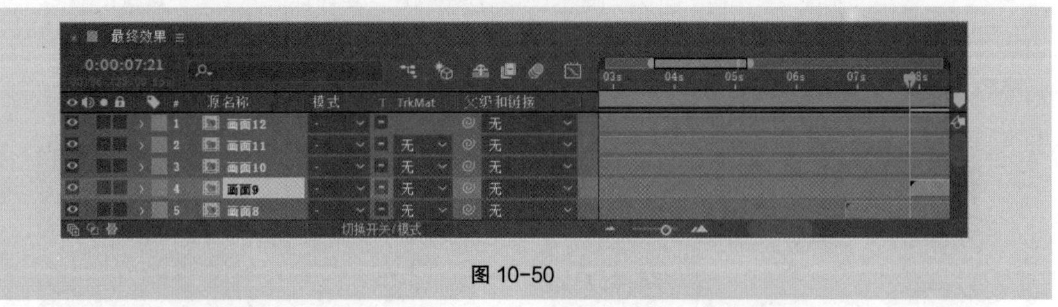

图 10-50

（2）双击“画面 9”图层，进入“画面 9”合成窗口。将时间标签放置在 0:00:00:13 的位置，选中“图层 10”图层，按 [键，设置动画的入点。将时间标签放置在 0:00:00:24 的位置，选中“图层 11”图层，按 [键，设置动画的入点，并将“图层 11”图层拖曳到“图层 10”图层的上方，如图 10-51 所示。

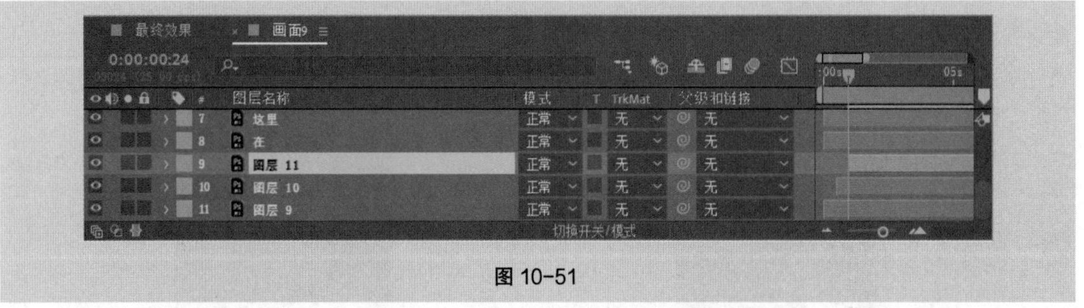

图 10-51

（3）将时间标签放置在 0:00:00:04 的位置，选中“在”图层，按 [键，设置动画的入点；将时间标签放置在 0:00:00:18 的位置，按 Alt+] 键，设置动画的出点，如图 10-52 所示。

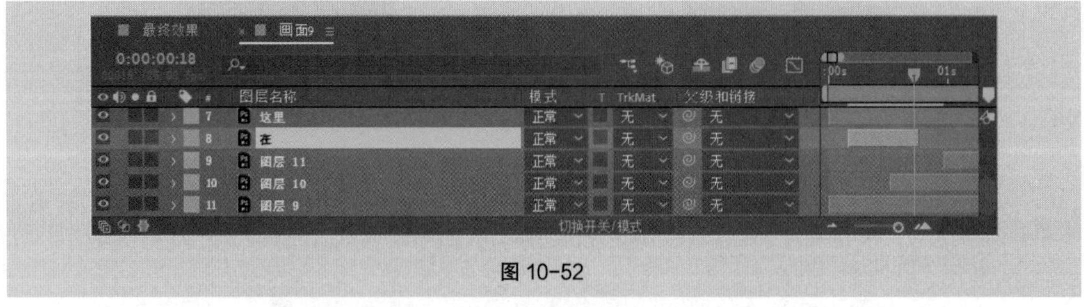

图 10-52

（4）将时间标签放置在 0:00:00:04 的位置，按 P 键，展开“位置”属性，设置“位置”选项为“300.0，757.5”，按住 Shift 键的同时按 S 键，展开“缩放”属性，设置“缩放”选项为“120.0，

120.0%”，分别单击“位置”选项和“缩放”选项左侧的“关键帧自动记录器”按钮，如图 10-53 所示，记录第 1 个关键帧。将时间标签放置在 0:00:00:09 的位置，设置“位置”选项为“343.0，757.5”，“缩放”选项为“100.0，100.0%”，如图 10-54 所示，记录第 2 个关键帧。

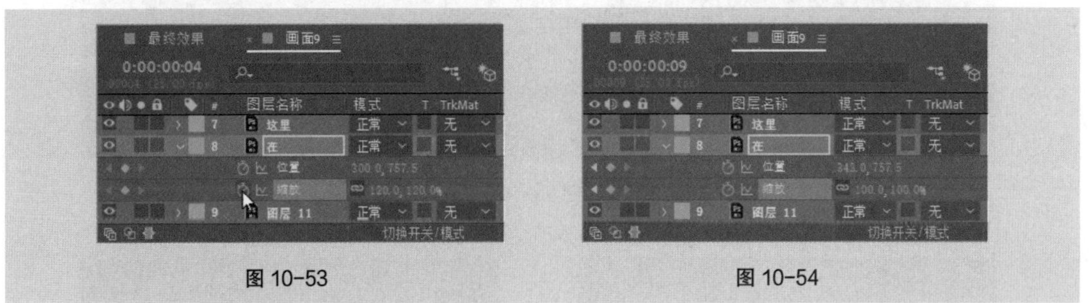

图 10-53　　图 10-54

（5）将时间标签放置在 0:00:00:13 的位置，单击“位置”选项左侧的“在当前时间添加或移除关键帧”按钮，如图 10-55 所示，记录第 3 个关键帧。将时间标签放置在 0:00:00:18 的位置，设置“位置”选项为“300.0，757.5”，如图 10-56 所示，记录第 4 个关键帧。

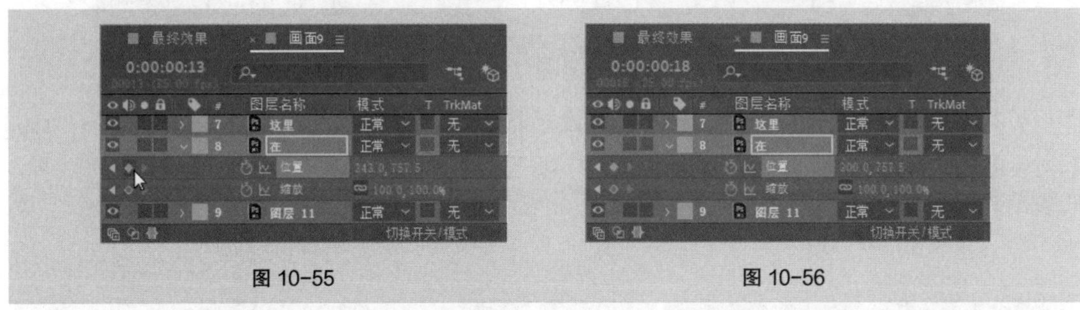

图 10-55　　图 10-56

（6）将时间标签放置在 0:00:00:04 的位置，按 T 键，展开“不透明度”属性，单击“不透明度”选项左侧的“关键帧自动记录器”按钮，如图 10-57 所示，记录第 1 个关键帧。将时间标签放置在 0:00:00:07 的位置，设置“不透明度”选项为 80%，如图 10-58 所示，记录第 2 个关键帧。

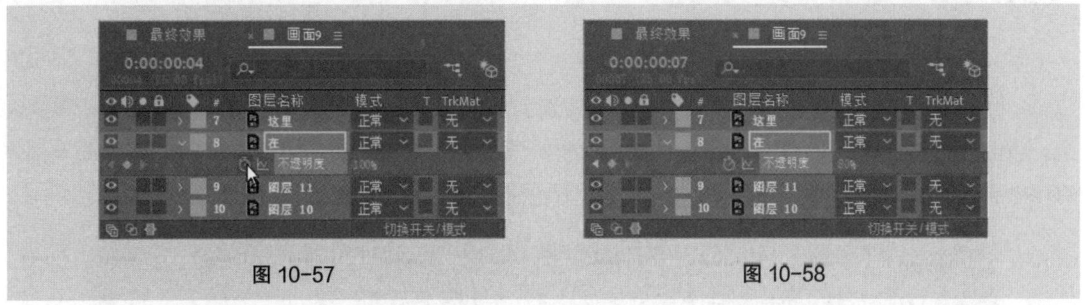

图 10-57　　图 10-58

（7）将时间标签放置在 0:00:00:11 的位置，选中“这里”图层，按 [键，设置动画的入点；将时间标签放置在 0:00:01:05 的位置，按 Alt+] 组合键，设置动画的出点，如图 10-59 所示。

（8）将时间标签放置在 0:00:00:13 的位置，按 P 键，展开“位置”属性，设置“位置”选项为“583.5，759.5”，单击“位置”选项左侧的“关键帧自动记录器”按钮，如图 10-60 所示，记录第 1 个关键帧。将时间标签放置在 0:00:00:18 的位置，设置“位置”选项为“540.5，759.5”，如图 10-61 所示，记录第 2 个关键帧。

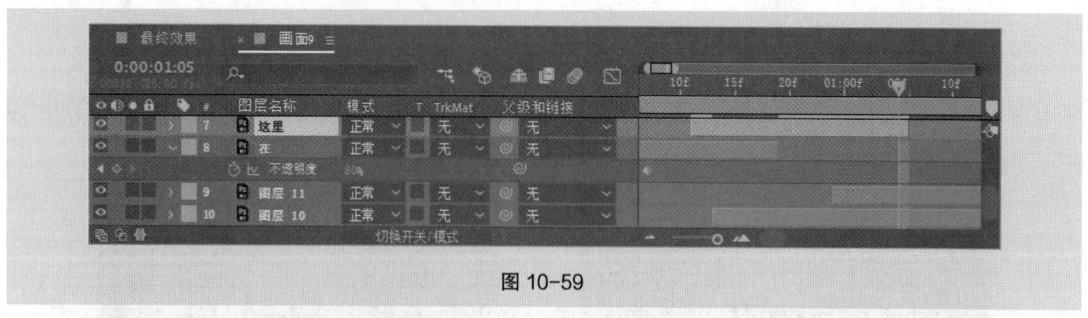
图 10-59

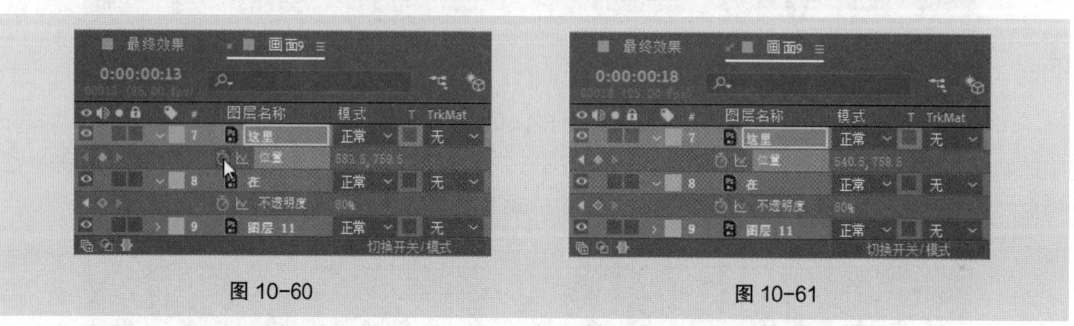
图 10-60　　图 10-61

（9）将时间标签放置在 0:00:01:03 的位置，设置“位置”选项为“192.5，759.5”，如图 10-62 所示，记录第 3 个关键帧。将时间标签放置在 0:00:01:06 的位置，选中“都没有”图层，按 [键，设置动画的入点。将时间标签放置在 0:00:02:00 的位置，按 Alt+] 组合键，设置动画的出点，如图 10-63 所示。

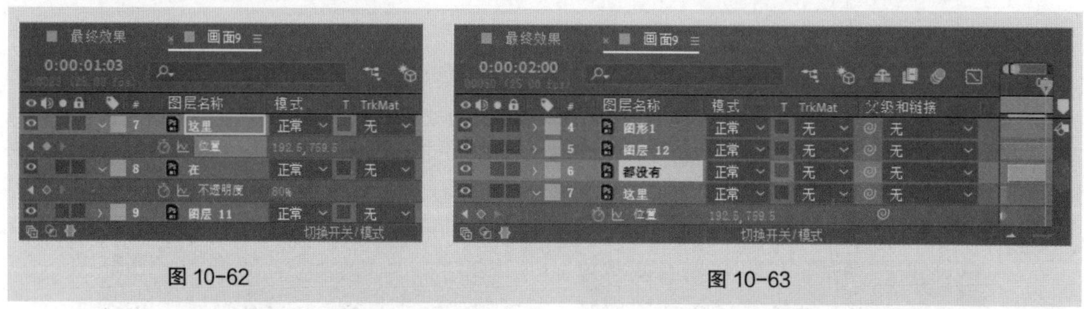
图 10-62　　图 10-63

（10）将时间标签放置在 0:00:02:01 的位置，选中“图层 12”图层，按 [键，设置动画的入点。将时间标签放置在 0:00:02:19 的位置，选中“图层 13”图层，按 [键，设置动画的入点，并将该图层拖曳到“图层 12”图层的上方，如图 10-64 所示。

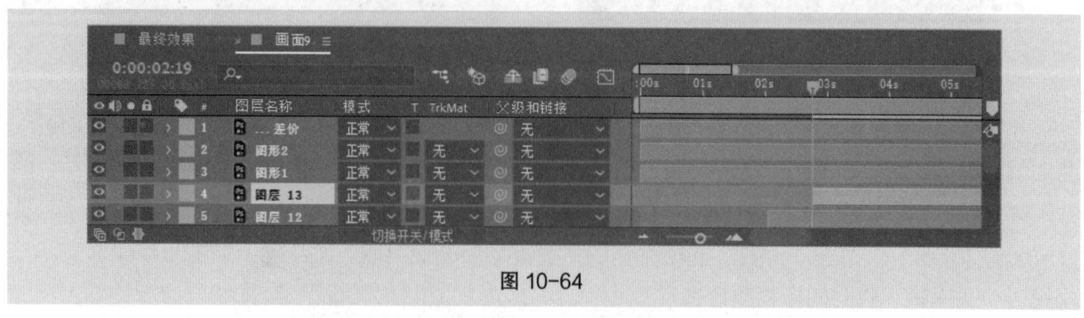
图 10-64

（11）将时间标签放置在 0:00:02:01 的位置，选中“图形 1”图层，按 [键，设置动画的入点。将时间标签放置在 0:00:02:20 的位置，按 Alt+] 组合键，设置动画的出点。用相同的方法设置“图形 2”图层，如图 10-65 所示。

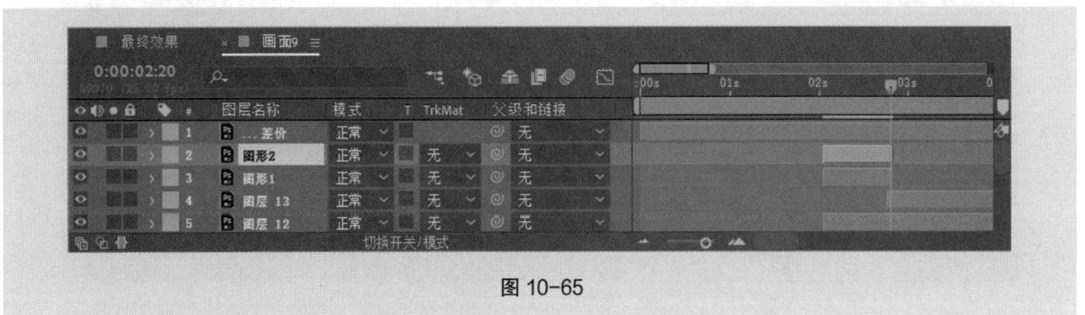

图 10-65

（12）将时间标签放置在 0:00:02:01 的位置，选中“图形 1”图层，按 P 键，展开“位置”属性，设置“位置”选项为“470.5，745.5”，单击“位置”选项左侧的“关键帧自动记录器”按钮 ⏱，如图 10-66 所示，记录第 1 个关键帧。将时间标签放置在 0:00:02:16 的位置，设置“位置”选项为“507.5，802.5”，如图 10-67 所示，记录第 2 个关键帧。

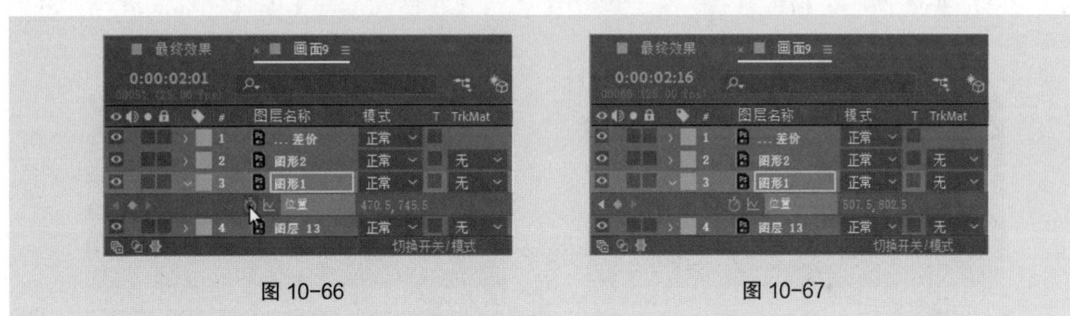

图 10-66　　图 10-67

（13）用鼠标右键单击“中间商赚差价”图层，在弹出的菜单中选择“创建 > 转换为可编辑文字”命令，将文字转为可编辑状态，如图 10-68 所示。按 Ctrl+D 组合键，复制图层，效果如图 10-69 所示。

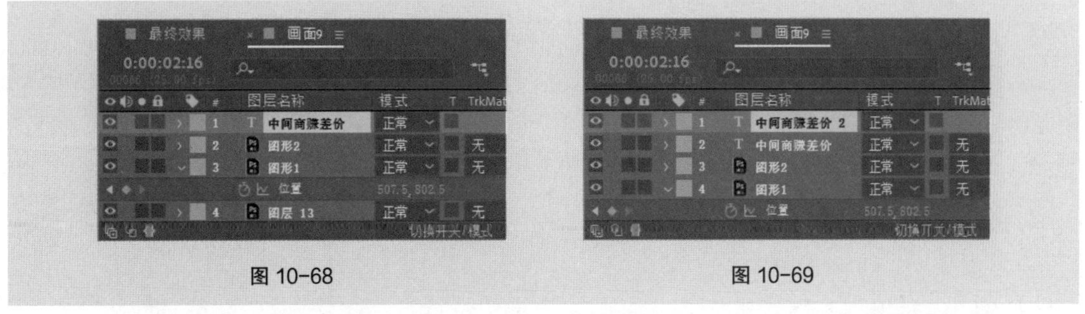

图 10-68　　图 10-69

（14）将时间标签放置在 0:00:02:21 的位置，选中“中间商赚差价”图层，按 [键，设置动画的入点。将时间标签放置在 0:00:03:06 的位置，按 Alt+] 组合键，设置动画的出点，如图 10-70 所示。

（15）选中“中间商赚差价”图层，在“字符”面板中，设置“填充颜色”为墨绿色（124、172、175），“描边颜色”为青绿色（126、182、185），其他选项的设置如图 10-71 所示。

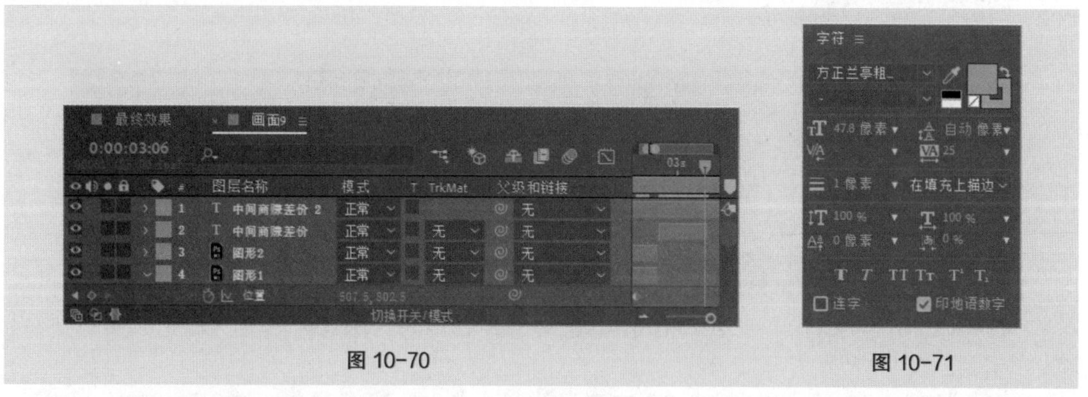

图 10-70　　图 10-71

（16）将时间标签放置在 0:00:02:23 的位置，选中“中间商赚差价 2”图层，按 [键，设置动画的入点。将时间标签放置在 0:00:03:10 的位置，按 T 键，展开“不透明度”属性，单击“不透明度”选项左侧的“关键帧自动记录器”按钮，如图 10-72 所示，记录第 1 个关键帧。将时间标签放置在 0:00:03:15 的位置，设置“不透明度”选项为 30%，如图 10-73 所示，记录第 2 个关键帧。

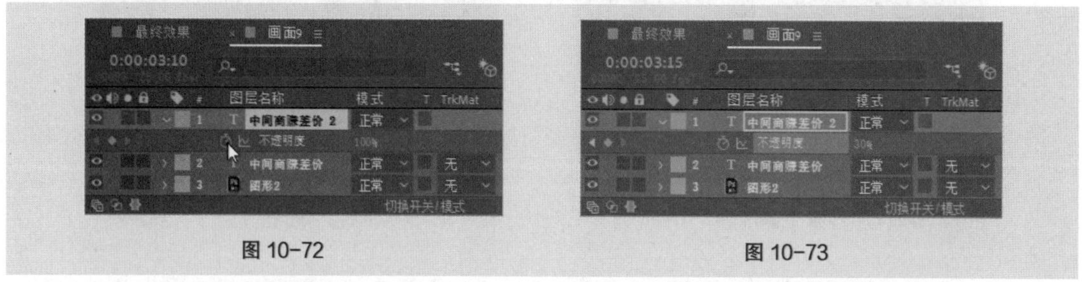

图 10-72　　图 10-73

（17）将时间标签放置在 0:00:03:20 的位置，设置“不透明度”选项为 100%，如图 10-74 所示，记录第 3 个关键帧。将时间标签放置在 0:00:04:00 的位置，设置“不透明度”选项为 30%，如图 10-75 所示，记录第 4 个关键帧。

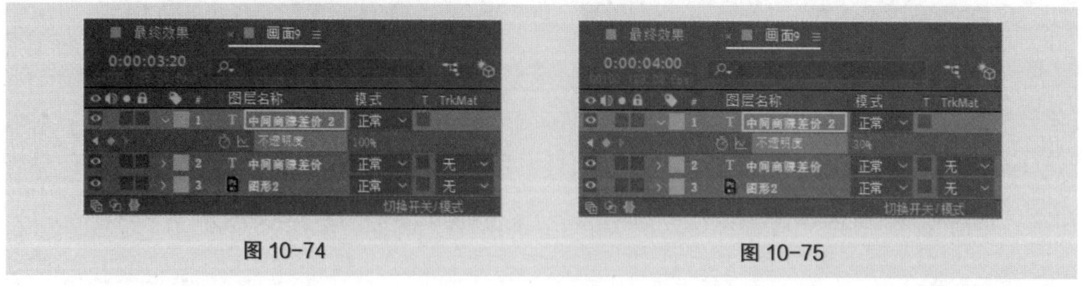

图 10-74　　图 10-75

（18）将时间标签放置在 0:00:04:01 的位置，设置“不透明度”选项为 5%，如图 10-76 所示，记录第 5 个关键帧。将时间标签放置在 0:00:04:06 的位置，设置“不透明度”选项为 100%，如图 10-77 所示，记录第 6 个关键帧。

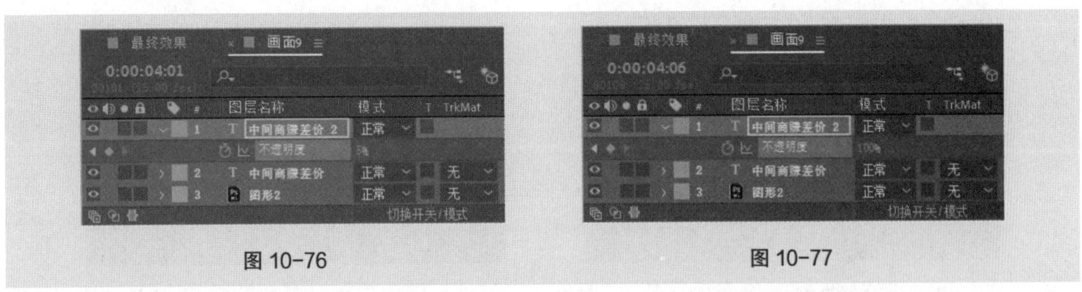

图 10-76　　图 10-77

（19）将时间标签放置在 0:00:02:01 的位置，在“合成”面板中的空白区域单击鼠标，取消所有对象的选择。选择“钢笔”工具，在工具栏中设置“描边颜色”为白色，“描边宽度”选项为 8 像素，在“合成”面板中绘制一条斜线，效果如图 10-78 所示。在“时间轴”面板中生成“形状图层 1”图层，如图 10-79 所示。

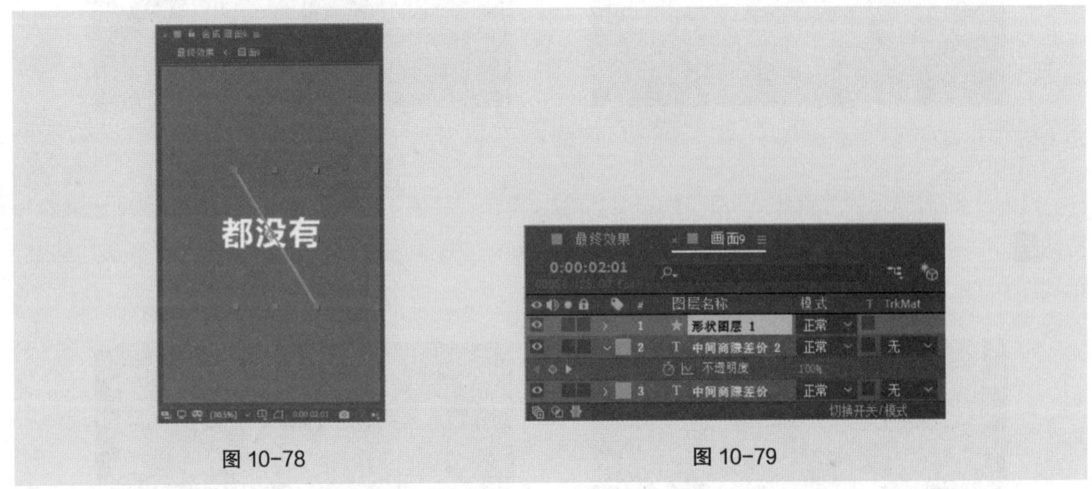

图 10-78　　图 10-79

（20）展开“形状图层 1”图层“内容”选项组，单击“添加”右侧的按钮，在弹出的选项中选择“修剪路径”项，如图 10-80 所示。在“时间轴”面板“内容”选项组中会自动添加一个“修剪路径 1”选项组，如图 10-81 所示。

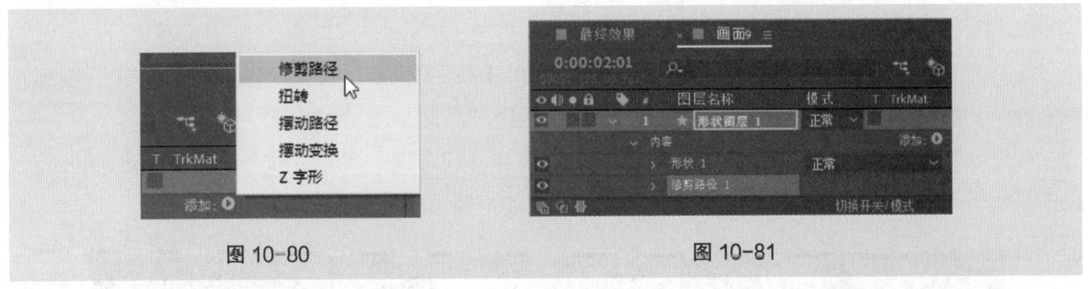

图 10-80　　图 10-81

（21）将时间标签放置在 0:00:01:10 的位置，设置“开始”选项为 100.0%，如图 10-82 所示。单击“开始”选项左侧的“关键帧自动记录器”按钮，如图 10-83 所示，记录第 1 个关键帧。

（22）将时间标签放置在 0:00:01:21 的位置，设置“开始”选项为 60.0%，如图 10-84 所示，记录第 2 个关键帧。将时间标签放置在 0:00:02:13 的位置，设置“开始”选项为 0.0%，如图 10-85 所示，记录第 3 个关键帧。

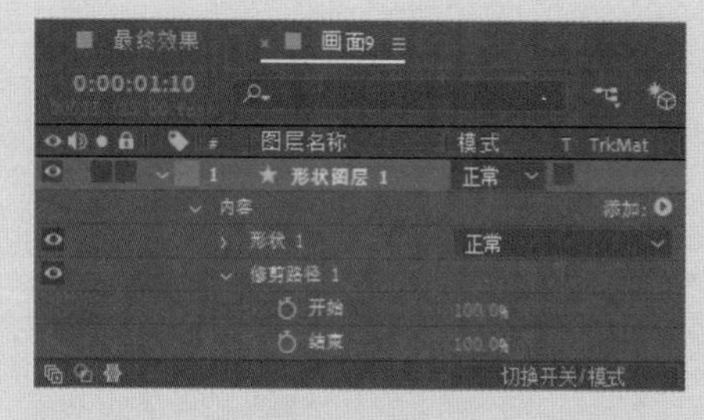

图 10-82

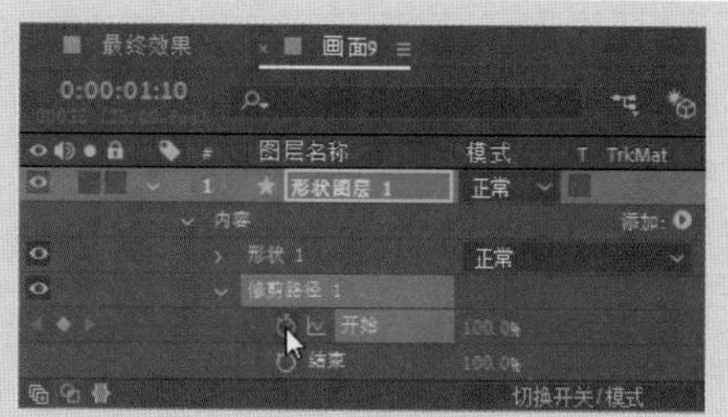

图 10-83

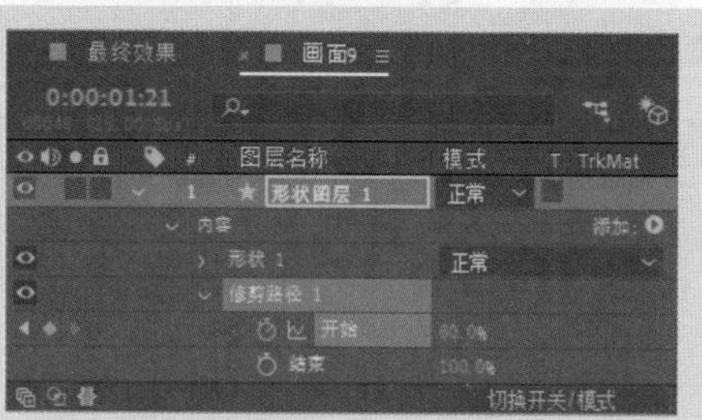

图 10-84

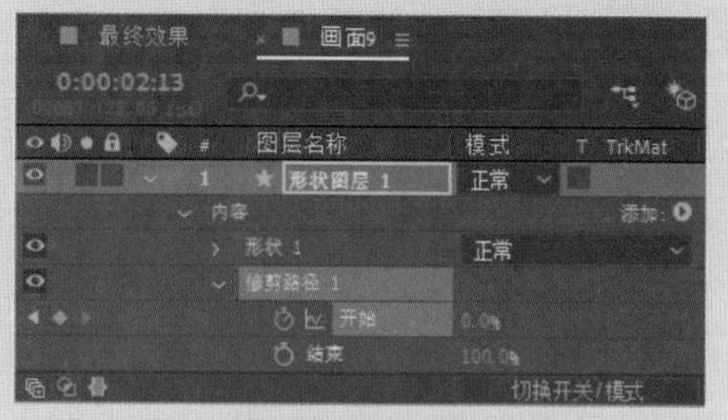

图 10-85

（23）将时间标签放置在 0:00:01:21 的位置，单击“结束”选项左侧的“关键帧自动记录器”按钮，如图 10-86 所示，记录第 1 个关键帧。将时间标签放置在 0:00:02:13 的位置，设置“结束”选项为 0.0%，如图 10-87 所示，记录第 2 个关键帧。

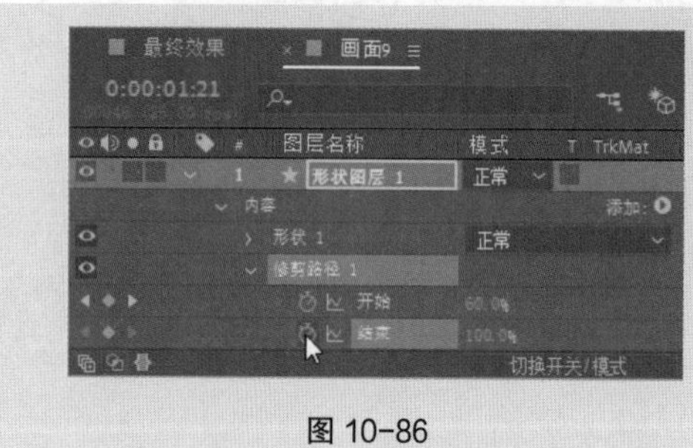

图 10-86

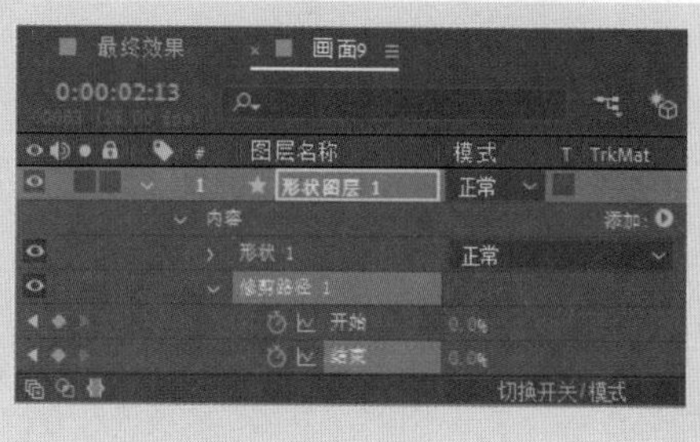

图 10-87

6. 制作“画面 10”动画

（1）进入“最终效果”合成，将时间标签放置在 0:00:12:06 的位置，选中“画面 10”图层，按 [键，设置动画的入点。双击“画面 10”图层，进入“画面 10”合成窗口。

（2）将时间标签放置在 0:00:00:05 的位置，选中“图层 15”图层，按 [键，设置动画的入点。选中“椅子”图层，按 [键，设置动画的入点，如图 10-88 所示。

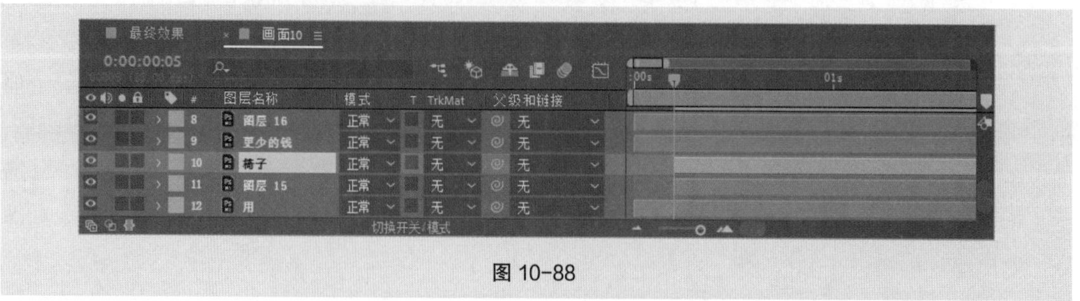

图 10-88

（3）将时间标签放置在 0:00:00:16 的位置，选中“图层 16”图层，按 [键，设置动画的入点，并将该图层拖曳到“更少的钱”图层的下方，如图 10-89 所示。

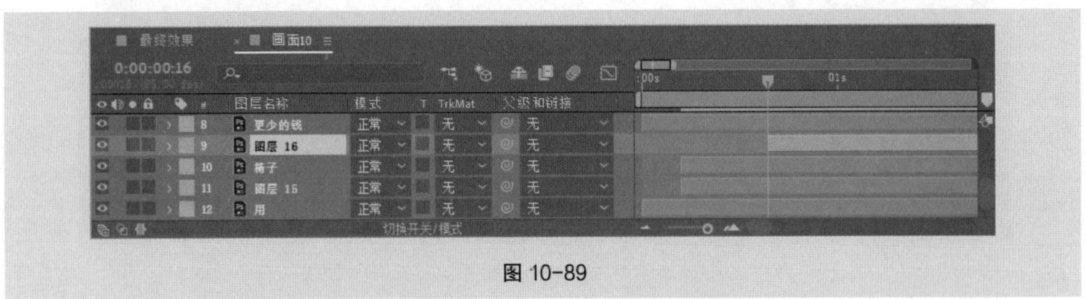

图 10-89

（4）将时间标签放置在 0:00:00:05 的位置，选中“更少的钱”图层，按 [键，设置动画的入点。将时间标签放置在 0:00:00:17 的位置，按 Alt+] 组合键，设置动画的出点，如图 10-90 所示。

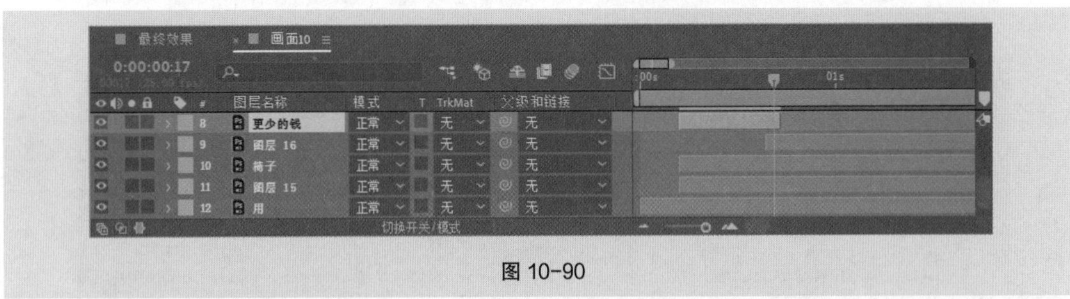

图 10-90

（5）将时间标签放置在 0:00:00:18 的位置，选中“黄色沙发”图层，按 [键，设置动画的入点。将时间标签放置在 0:00:00:22 的位置，按 Alt+] 组合键，设置动画的出点，如图 10-91 所示。

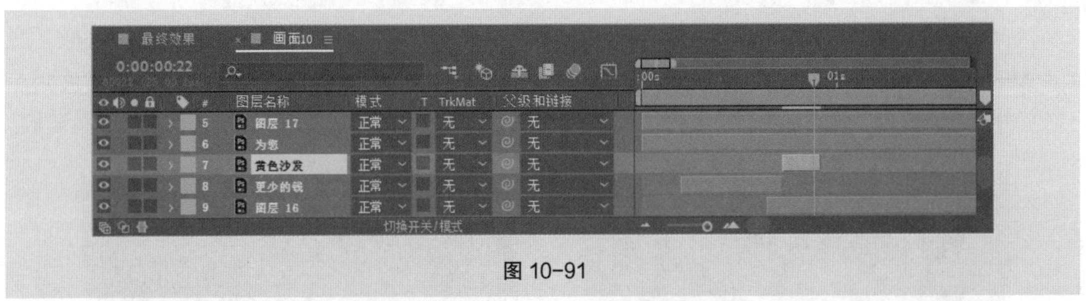

图 10-91

（6）将时间标签放置在 0:00:00:24 的位置，选中“图层 17”图层，按 [键，设置动画的入点，并将该图层拖曳到“黄色沙发”图层的上方，如图 10-92 所示。

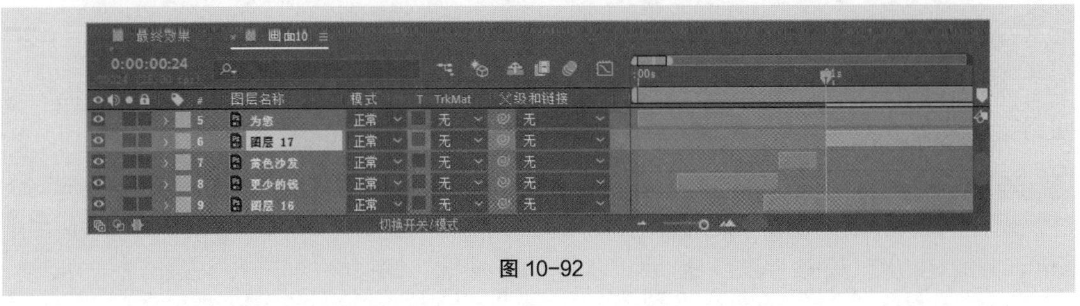

图 10-92

（7）将时间标签放置在 0:00:00:18 的位置，选中“为您”图层，按 [键，设置动画的入点。将时间标签放置在 0:00:01:01 的位置，按 Alt+] 组合键，设置动画的出点，如图 10-93 所示。

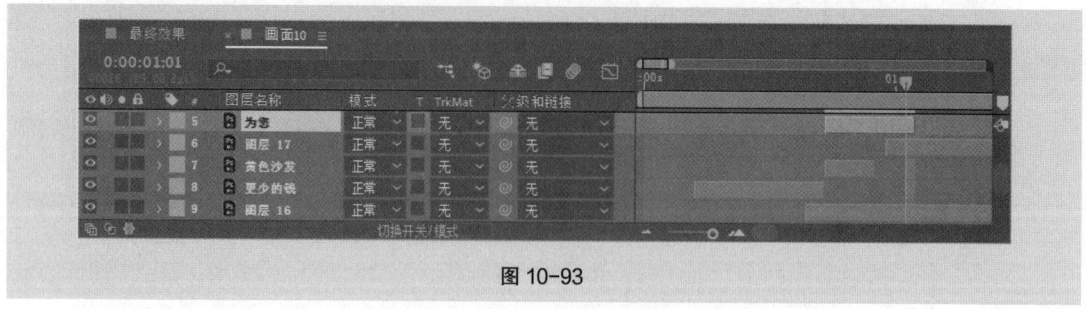

图 10-93

（8）将时间标签放置在 0:00:00:23 的位置，选中“灰色沙发”图层，按 [键，设置动画的入点。将时间标签放置在 0:00:01:03 的位置，按 Alt+] 组合键，设置动画的出点，并将该图层拖曳到“为您”图层的下方，如图 10-94 所示。

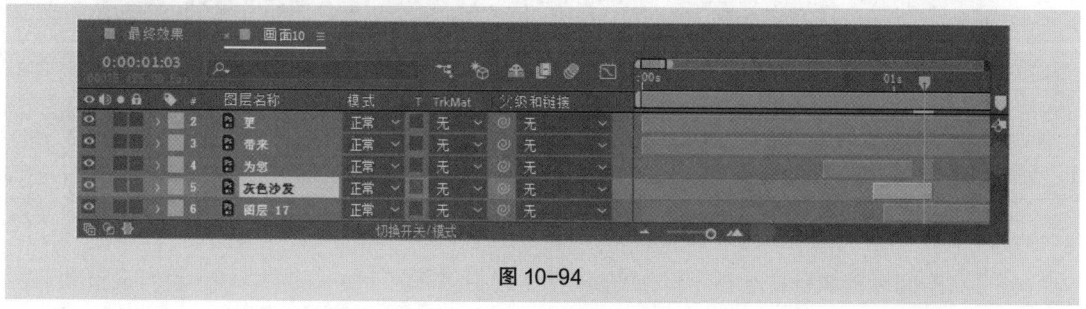

图 10-94

（9）将时间标签放置在 0:00:01:02 的位置，选中“带来”图层，按 [键，设置动画的入点。将时间标签放置在 0:00:01:13 的位置，按 Alt+] 组合键，设置动画的出点。

（10）将时间标签放置在 0:00:01:05 的位置，按 S 键，展开“缩放”属性，单击“缩放”选项左侧的“关键帧自动记录器”按钮，如图 10-95 所示，记录第 1 个关键帧。将时间标签放置在 0:00:01:14 的位置，设置“缩放”选项为“70.0，70.0%”，如图 10-96 所示，记录第 2 个关键帧。

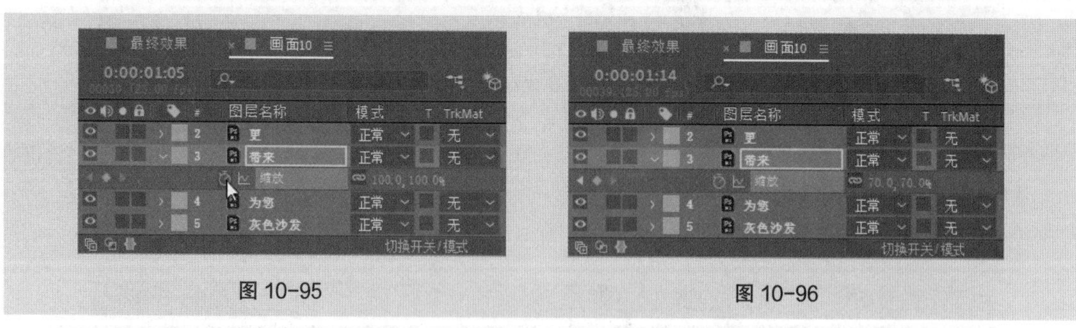

图 10-95　　图 10-96

（11）将时间标签放置在 0:00:01:14 的位置，选中“更”图层，按 [键，设置动画的入点。将时间标签放置在 0:00:01:20 的位置，按 Alt+] 组合键，设置动画的出点。

（12）将时间标签放置在 0:00:01:15 的位置，按 S 键，展开“缩放”属性，单击“缩放”选项左侧的“关键帧自动记录器”按钮，如图 10-97 所示，记录第 1 个关键帧。将时间标签放置在 0:00:01:21 的位置，设置“缩放”选项为“80.0，80.0%”，如图 10-98 所示，记录第 2 个关键帧。

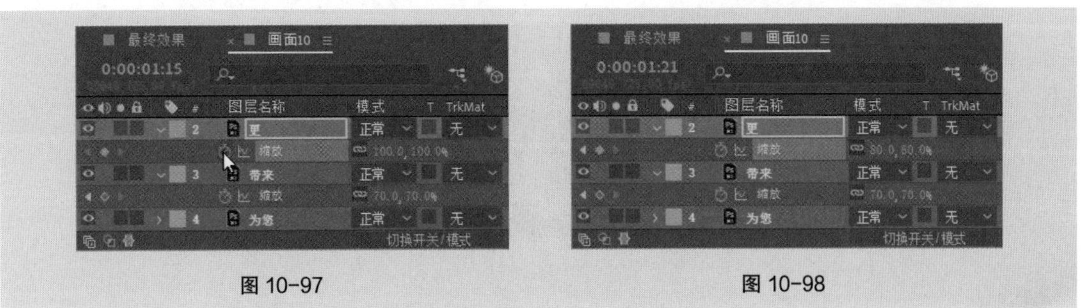
图 10-97　　图 10-98

（13）将时间标签放置在 0:00:01:21 的位置，选中“优质的服务”图层，如图 10-99 所示，按 [键，设置动画的入点。将时间标签放置在 0:00:01:23 的位置，按 S 键，展开“缩放”属性，单击“缩放”选项左侧的“关键帧自动记录器”按钮，如图 10-100 所示，记录第 1 个关键帧。

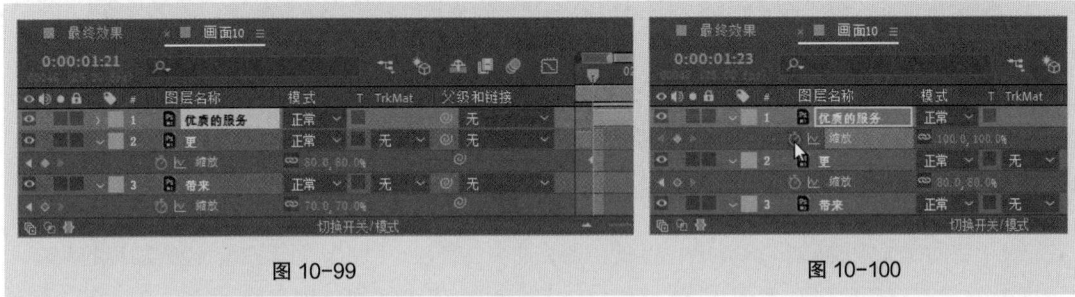
图 10-99　　图 10-100

（14）将时间标签放置在 0:00:02:00 的位置，设置“缩放”选项为“90.0，90.0%”，如图 10-101 所示，记录第 2 个关键帧。将时间标签放置在 0:00:02:02 的位置，设置“缩放”选项为“100.0，100.0%”，如图 10-102 所示，记录第 3 个关键帧。

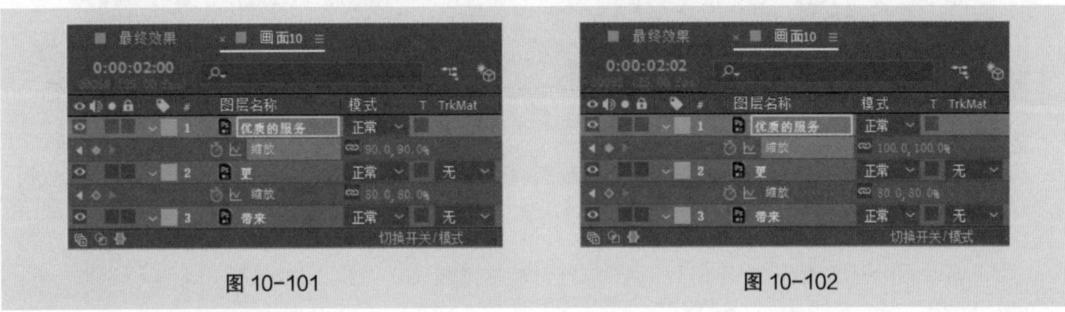
图 10-101　　图 10-102

7. 制作“画面 11”动画

（1）进入“最终效果”合成，将时间标签放置在 0:00:14:17 的位置，选中“画面 11”图层，按 [键，设置动画的入点。双击“画面 11”图层，进入“画面 11”合成窗口。

（2）将时间标签放置在 0:00:00:04 的位置，选中“家具 1”图层，按 Alt+] 组合键，设置动画的出点。将时间标签放置在 0:00:00:05 的位置，选中“家具 2”图层，按 [键，设置动画的入点。将时间标签放置在 0:00:00:10 的位置，按 Alt+] 组合键，设置动画的出点，如图 10-103 所示。

（3）将时间标签放置在 0:00:00:11 的位置，选中“家具 3”图层，按 [键，设置动画的入点。将时间标签放置在 0:00:00:16 的位置，按 Alt+] 组合键，设置动画的出点。

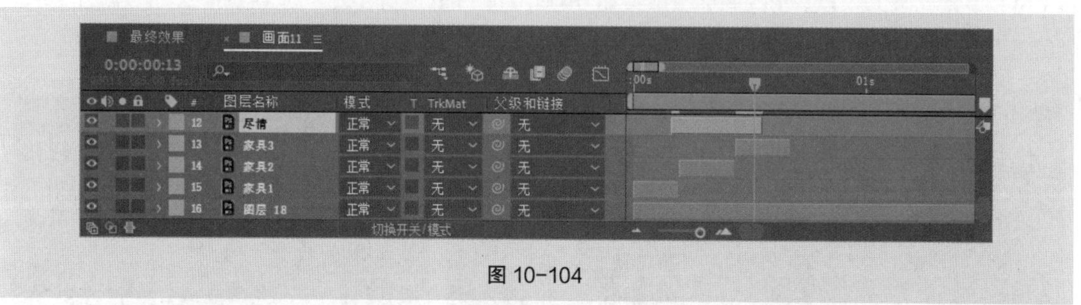

图 10-103

（4）将时间标签放置在 0:00:00:04 的位置，选中“尽情”图层，按 [键，设置动画的入点。将时间标签放置在 0:00:00:13 的位置，按 Alt+] 组合键，设置动画的出点，如图 10-104 所示。

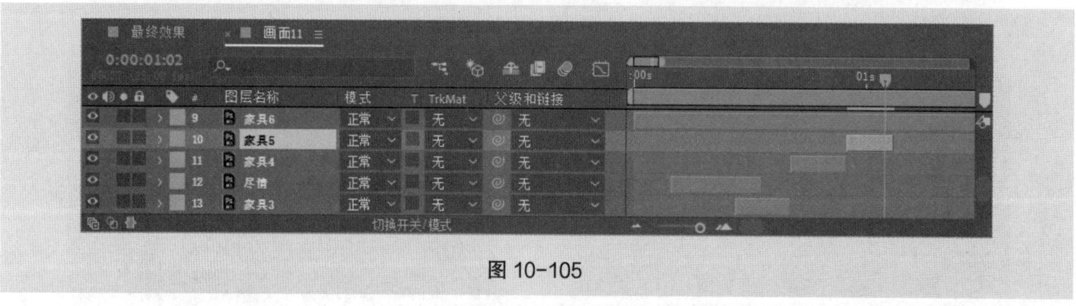

图 10-104

（5）将时间标签放置在 0:00:00:17 的位置，选中“家具 4”图层，按 [键，设置动画的入点。将时间标签放置在 0:00:00:22 的位置，按 Alt+] 组合键，设置动画的出点。

（6）将时间标签放置在 0:00:00:23 的位置，选中“家具 5”图层，按 [键，设置动画的入点。将时间标签放置在 0:00:01:02 的位置，按 Alt+] 组合键，设置动画的出点，如图 10-105 所示。

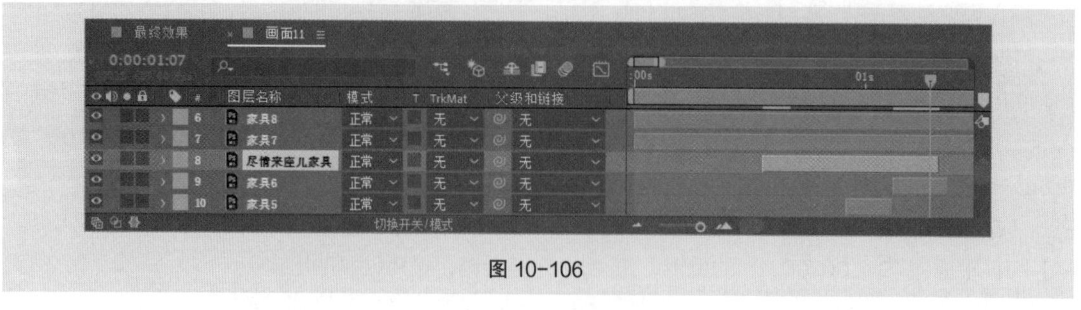

图 10-105

（7）将时间标签放置在 0:00:01:03 的位置，选中“家具 6”图层，按 [键，设置动画的入点。将时间标签放置在 0:00:01:08 的位置，按 Alt+] 组合键，设置动画的出点。

（8）将时间标签放置在 0:00:00:14 的位置，选中“尽情来座儿家具”图层，按 [键，设置动画的入点。将时间标签放置在 0:00:01:07 的位置，按 Alt+] 组合键，设置动画的出点，如图 10-106 所示。

图 10-106

（9）将时间标签放置在 0:00:01:09 的位置，选中“家具 7”图层，按 [键，设置动画的入点。将时间标签放置在 0:00:01:14 的位置，按 Alt+] 组合键，设置动画的出点。

（10）将时间标签放置在 0:00:00:15 的位置，选中“家具 8”图层，按 [键，设置动画的入点。将时间标签放置在 0:00:01:20 的位置，按 Alt+] 组合键，设置动画的出点，如图 10-107 所示。

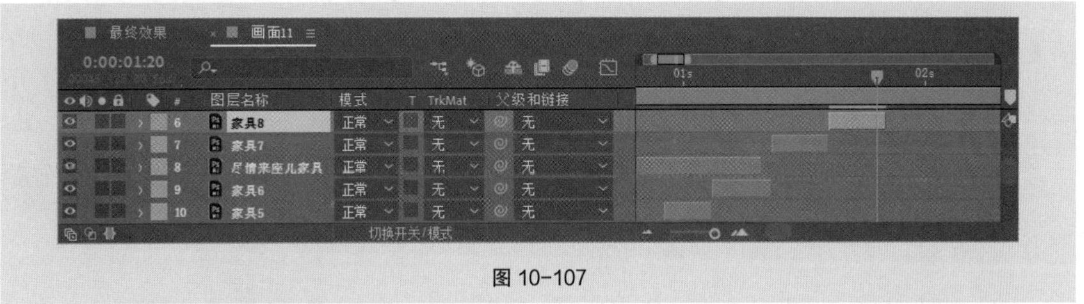

图 10-107

（11）将时间标签放置在 0:00:01:21 的位置，选中“家具 9”图层，按 [键，设置动画的入点。将时间标签放置在 0:00:02:01 的位置，按 Alt+] 组合键，设置动画的出点。

（12）将时间标签放置在 0:00:02:02 的位置，选中“家具 10”图层，按 [键，设置动画的入点。将时间标签放置在 0:00:02:07 的位置，按 Alt+] 组合键，设置动画的出点，如图 10-108 所示。

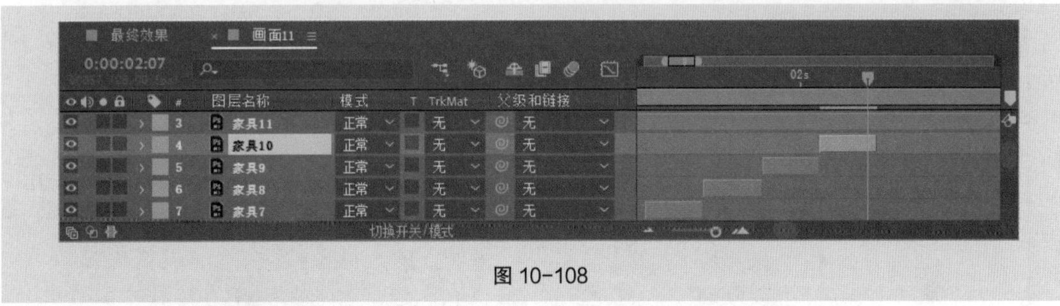

图 10-108

（13）将时间标签放置在 0:00:02:08 的位置，选中“家具 11”图层，按 [键，设置动画的入点。将时间标签放置在 0:00:02:14 的位置，按 Alt+] 组合键，设置动画的出点。

（14）将时间标签放置在 0:00:02:15 的位置，选中“家具 12”图层，按 [键，设置动画的入点。将时间标签放置在 0:00:01:08 的位置，选中“购物吧”图层，按 [键，设置动画的入点，如图 10-109 所示。

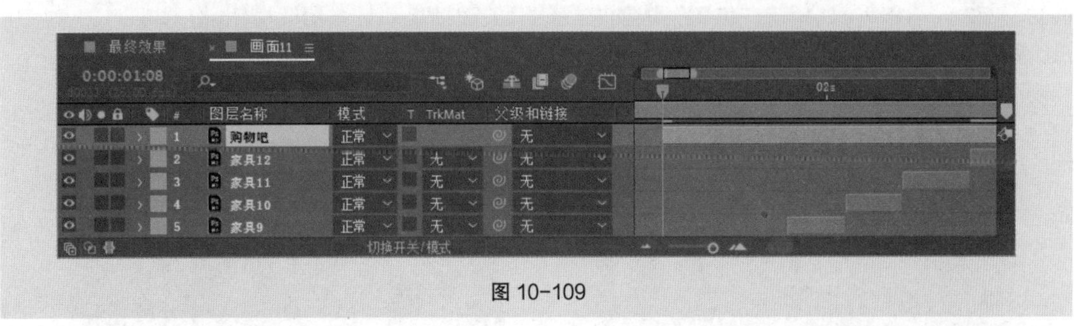

图 10-109

8. 制作“画面 12”动画

（1）进入“最终效果”合成，将时间标签放置在 0:00:17:09 的位置，选中“画面 12”图层，

按 [键，设置动画的入点。双击“画面 12”图层，进入“画面 12”合成窗口。

（2）用鼠标右键单击“座儿家具”图层，在弹出的菜单中选择“创建 > 转换为可编辑文字”命令，将其转换为可编辑文字，如图 10-110 所示。用相同的方法将“网址”图层转为可编辑文字，效果如图 10-111 所示。

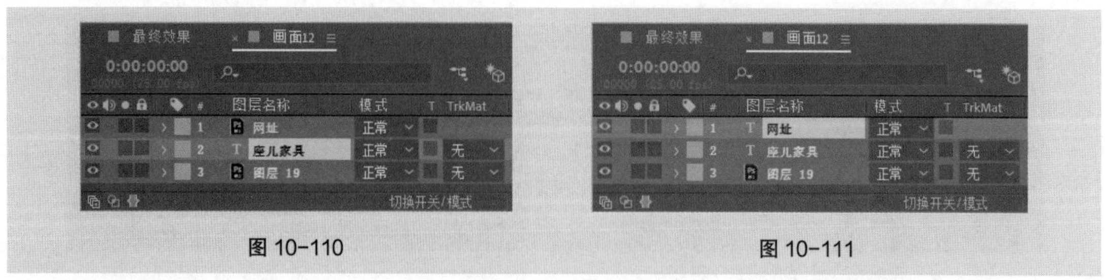

图 10-110　　图 10-111

（3）将时间标签放置在 0:00:00:02 的位置，选中“座儿家具”图层，选择“窗口 > 效果和预设”命令，打开“效果和预设”面板，单击“动画预设”文件夹左侧的小箭头按钮将其展开，双击“Text > Animate In > 淡化上升字符”效果，应用效果。“合成”预览面板中的效果如图 10-112 所示。

（4）选中“座儿家具”图层，按 U 键，展开所有关键帧。将时间标签放置在 0:00:00:12 的位置，按住 Shift 键的同时拖曳第 2 个关键帧到时间标签所在的位置，如图 10-113 所示。

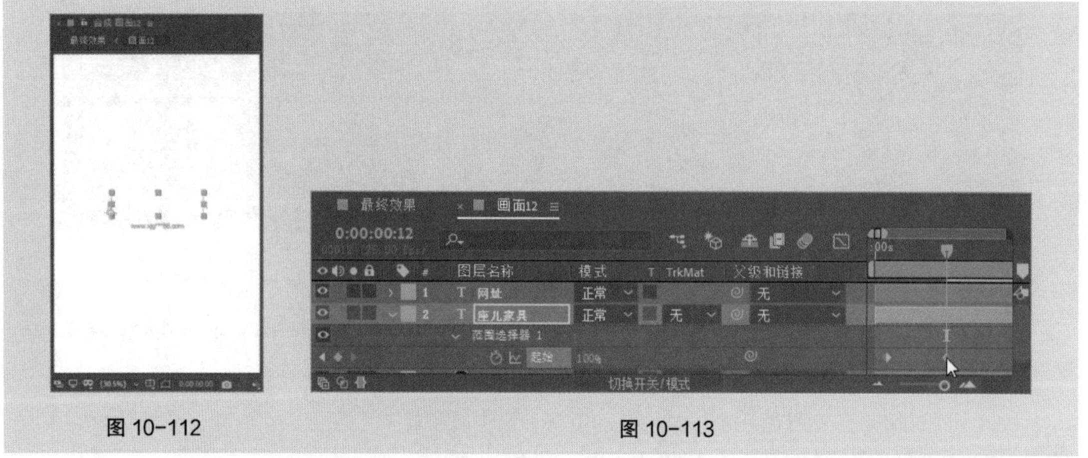

图 10-112　　图 10-113

（5）将时间标签放置在 0:00:00:17 的位置，按 P 键，展开“位置”属性，设置“位置”选项为“272.6，815.7”，单击“位置”选项左侧的“关键帧自动记录器”按钮，如图 10-114 所示，记录第 1 个关键帧。将时间标签放置在 0:00:00:22 的位置，设置“位置”选项为“272.6，746.7”，如图 10-115 所示，记录第 2 个关键帧。

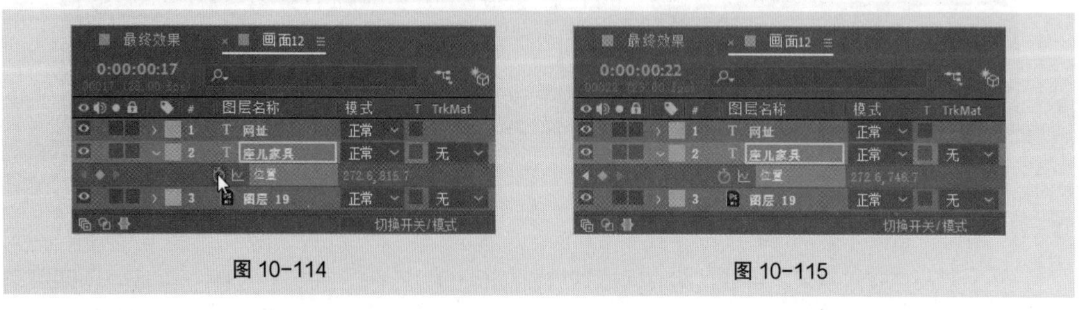

图 10-114　　图 10-115

（6）选中“网址”图层，按 S 键，展开“缩放”属性，设置“缩放”选项为“0.0，0.0%”，单击“缩放”选项左侧的“关键帧自动记录器”按钮，如图 10-116 所示，记录第 1 个关键帧。将时间标签放置在 0:00:01:03 的位置，设置“缩放”选项为“60.7，60.7%”，如图 10-117 所示，记录第 2 个关键帧。

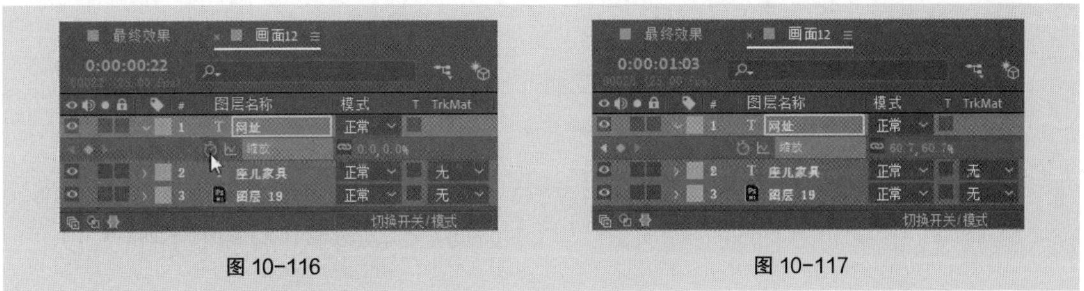

图 10-116　　图 10-117

（7）进入“最终效果”合成，在“项目”面板中选中“02.mp3”文件，将其拖曳到“画面 1”图层的下方，如图 10-118 所示。

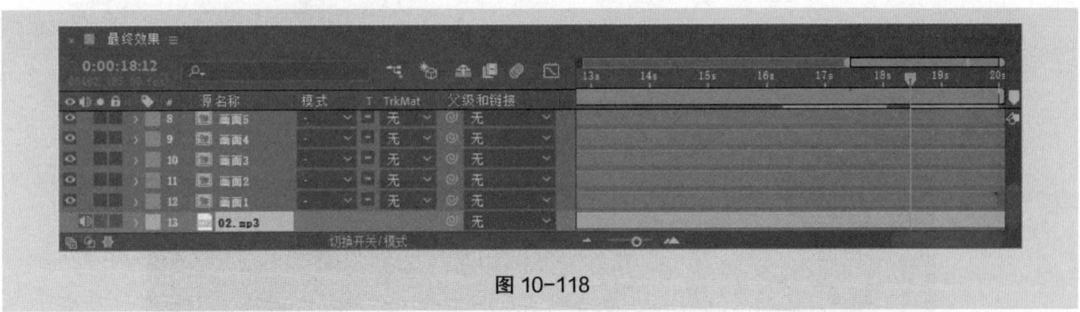

图 10-118

（8）将时间标签放置在 0:00:19:24 的位置，选中“02.mp3”图层，按 Alt+] 组合键，设置动画的出点，如图 10-119 所示。家居装饰 MG 动画短片制作完成。

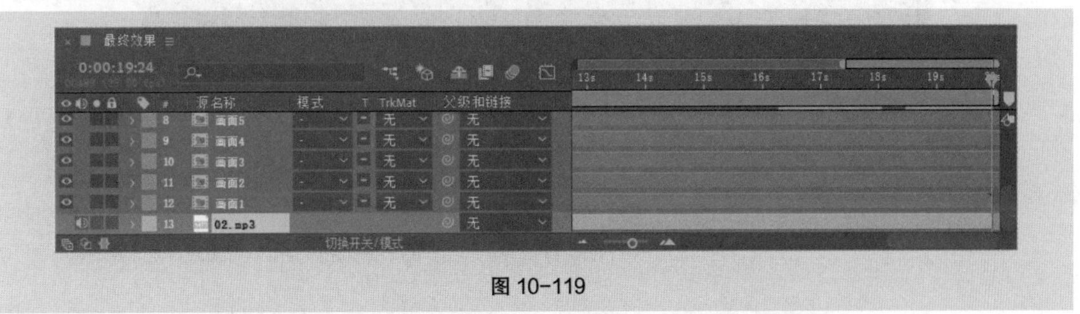

图 10-119

10.1.3　文件保存

选择“文件 > 保存”命令，弹出“另存为”对话框，在对话框中选择要保存文件的位置，在“文件名”文本框中输入“工程文件”，其他选项的设置如图 10-120 所示，单击“保存”按钮，将文件保存。

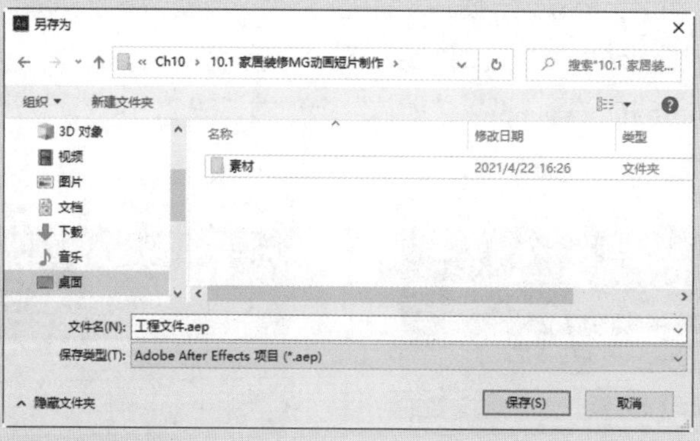

图 10-120

10.1.4 渲染导出

（1）选择“合成 > 添加到 Adobe Media Encoder 队列”命令，系统自动打开 Adobe Media Encoder 软件并将文件添加到 Adobe Media Encoder 软件“队列”面板中，如图 10-121 所示。

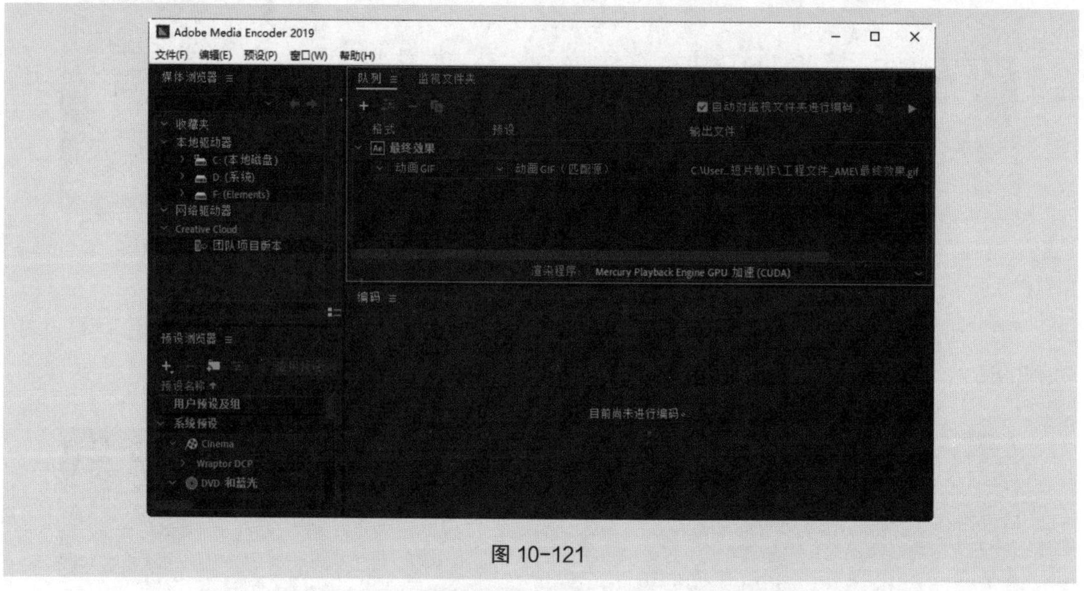

图 10-121

（2）单击“格式”选项组中的按钮，在弹出的列表中选择“H.264”选项，其他选项的设置如图 10-122 所示。

图 10-122

（3）设置完成后单击“队列”面板中的“启动队列”按钮 ，进行文件渲染，如图 10-123 所示。

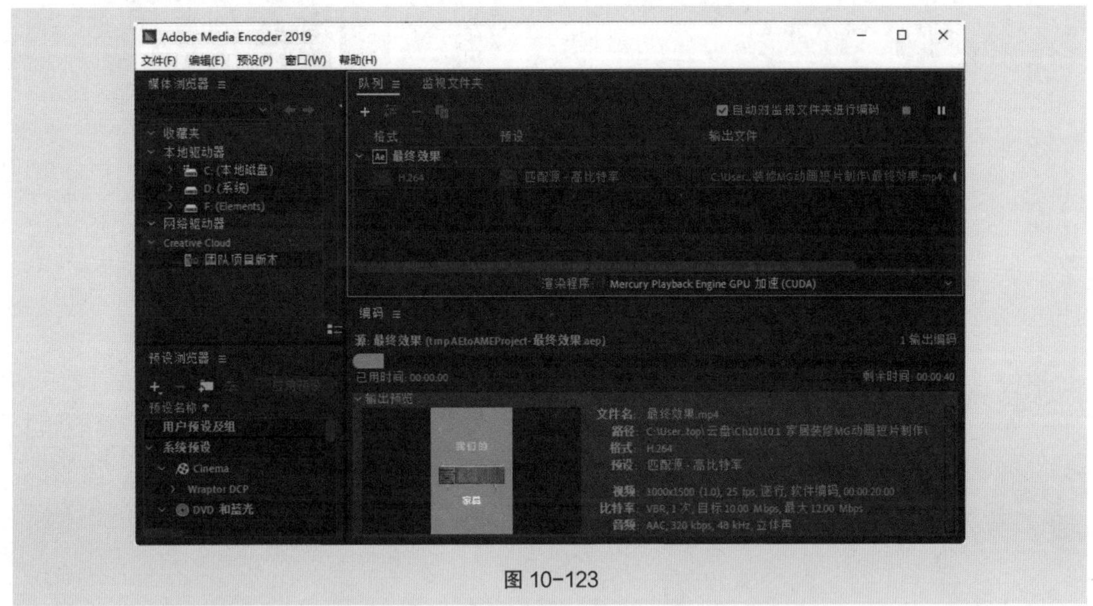

图 10-123

（4）渲染完成后在输出文件位置可以看到视频文件，如图 10-124 所示。

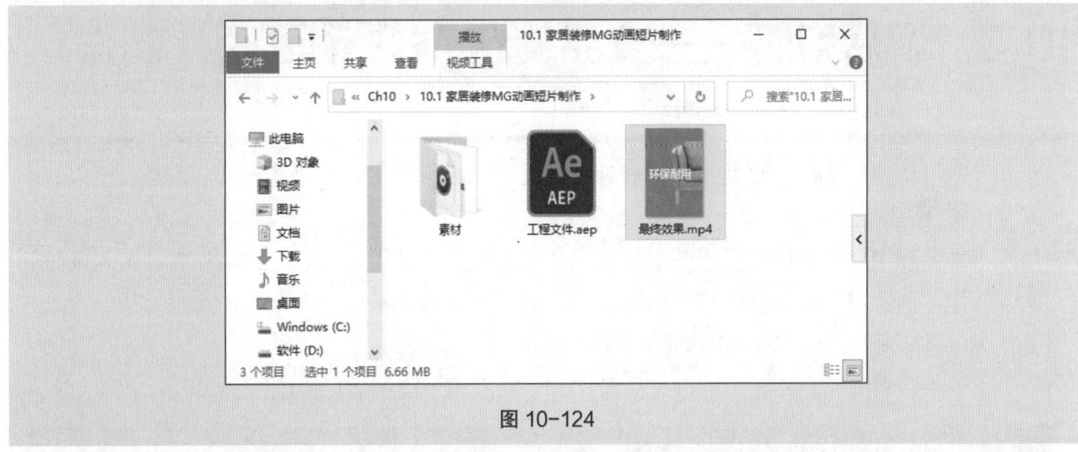

图 10-124

10.2 课堂练习——电子数码 MG 动画短片制作

【案例学习目标】综合使用基础属性、关键帧、蒙版路径、入点和合成嵌套。

【案例知识要点】使用图层基本属性制作动画效果，使用“蒙版路径”选项制作动画效果，使用“入点”选项控制动画入场时间。电子数码 MG 动画短片制作效果如图 10-125 所示。

【效果所在位置】云盘 \Ch10\ 电子数码 MG 动画短片制作 \ 工程文件 . aep。

图 10-125

10.3 课后习题——食品餐饮 MG 动画短片制作

【案例学习目标】综合使用基础属性、关键帧、蒙版扩展、父集和链接、入点、出点、预合成和合成嵌套。

【案例知识要点】使用图层基本属性制作动画效果，使用“入点”选项控制动画入场时间，使用“预合成”命令制作雪糕动画效果，使用“父集和链接”选项制作动画效果。食品餐饮 MG 动画短片制作效果如图 10-126 所示。

【效果所在位置】云盘 \Ch10\ 食品餐饮 MG 动画短片制作 \ 工程文件 . aep。

图 10-126